エッセンシャル

Essential
Plant Physiology

植物生理学
農学系のための基礎

Amane Makino
牧野 周
Masao Watanabe
渡辺正夫
Koji Murai
村井耕二
Hitoshi Sakakibara
榊原 均［著］

講談社

本書内で出典を示していない写真は，
ウェブ上のフリー素材などを使用しています。

まえがき

私たち人類は，すべての生命活動の営みにおいて植物の恵みを受けている。植物は現在の地球大気をつくり，かつ食物連鎖の出発点である有機物を太陽エネルギーを使って合成し，提供している。この植物の発芽，成長，生殖という生活環全体を通じての生命現象を理解する学問体系が「植物生理学」である。植物学の一分野で，光合成，呼吸，栄養，形態形成，成長，生殖，発生，遺伝，植物ホルモン，環境応答などが課題対象となる。広義な植物科学の基礎・基盤となる学問であり，これまで多くの優れた「植物生理学」の成書や教科書が出版されてきた。しかし，それらの多くは理学系の学部や大学院で植物学を専攻する学生向けの本であり，同じく植物を学ぶ農学系，とりわけ生産農学や農芸化学などの学科やコースで植物を専攻する学生のための「植物生理学」の本が限られていることに気づかされる。近年，食糧問題や環境問題の社会課題解決が求められるなか，人類の生命活動に直接かかわる植物の科学の中枢に位置づけられる植物生理学の重要性は，理学・農学の垣根を越えてすでに明らかである。

本書ではそうした背景を十分に意識した，理学・農学系で植物を学ぶ多くの学生のための教科書を目指した。そのため，従来の植物生理学の教科書とは趣を異にする内容を包含する。最初に，植物科学が人類の食糧生産から発生した学問であるという歴史を解説し，現在進行中の食糧問題から未来に向けての課題と関連分野の最先端の技術革新について記した。つづけて，植物生理学の本題として，まず，植物の形態と機能を生活環から概観し，重点分野として，光合成，栄養生理，生殖，遺伝学，さらにはゲノム科学からホルモンやストレス応答のシグナル伝達などを取り上げた。遺伝学，ゲノム科学，シグナル伝達などの項目を設けたのは，今日の植物生理学の発展は分子生物学と分子遺伝学によるところが大きいためである。本書では，全体を通して，基礎概念から最先端の研究成果などを図や写真を多く取り入れて解説し，その中で重要な用語は強調して表示し，専門性の高い語句については欄外に補足説明を入れた。また，各章ではコラムとして，関連した話題を息抜きのできる読み物として取り上げた。本書を読むことで，植物に親しみをもち，植物を学ぶことの歓びを感じていただけたなら幸いである。

最後に，本書を通読・査読いただいた，岡山大学資源植物科学研究所の坂本亘教授，宮崎大学農学部の稲葉丈人准教授，稲葉靖子准教授，および京都大学の間藤 徹名誉教授に心より御礼申し上げたい。また，本書の出版において最初の企画から最後までご尽力いただいた講談社サイエンティフィクの五味研二氏に心より御礼申し上げる。

2022年9月

牧野 周・渡辺正夫・村井耕二・榊原 均

『エッセンシャル植物生理学』Contents

Column

第1章

歴史から見た食糧生産と植物科学

今日，人類は世界全体でいったい何を食糧[*1]とし，どれだけ食べているのであろうか？　国連食糧農業機関（Food and Agriculture Organization of the United Nations, FAO）[*2]が2020年に公表している人類の全食糧データを重量ベースに換算すると，80%以上を植物から直接摂取していることがわかる。なかでも，たった3種の禾《か》穀類《こくるい》（cereal）[*3]コムギ（wheat, *Triticum aestivum* L.），イネ（rice, *Oryza sativa* L.），トウモロコシ（corn, *Zea mays* L.）から全食糧の半量を超える55%を得ている。地球上に30万種以上の植物種が存在することを考えると驚くべき値である。なお，カロリーベースでもほぼ近い割合になる。2020年の飼料用を含む作物生産量は多いものから順に，トウモロコシが11.6億トン，イネが7.6億トン，コムギが7.6億トンで，ジャガイモ（potato, *Solanum tuberosum* L.）が3.6億トン，ダイズ（soybean, *Glycine max* Merrill.）が3.5億トンと続く。

人類は，狩猟生活から動物の家畜化に成功した一方で，野生植物の**栽培化**（domestication）を進めて農耕を基盤とした生活へと移行し，植物への食糧依存度を高めてきた。本章ではまず，主要作物の栽培化から農業へと発展するなかで，学問としての植物科学が生まれた1800年代の流れを紹介する。さらに，1900年代に入り食糧増産に貢献してきた植物科学の歴史を解説し，現在進行する食糧問題を解決するための植物科学の課題についても考える。

＊1　食糧：現在では「食料」という表記が一般的であるが，「食糧」という表記は資源、エネルギー的な意味を有することから，本書では「食糧」を用いた。

＊2　国連食糧農業機関（FAO）：食糧，作物の生産・流通を通じた世界各国の生活の向上を目的とした国際連合の機関の1つ。1945年10月に設立された。人類の生活・栄養水準向上，食糧・農産物の効率的生産と配分，これらを推進するための技術援助などを行っている。

＊3　禾穀類：子実（種子と果実）の収穫を目的に栽培されるイネ科植物。イネ，ムギ類，トウモロコシなどの作物が代表例。

1.1 ◆ 主要作物の栽培化

1.1.1 ◇ 植物の栽培化と文明

古代アッシリア人はナツメヤシに雌雄があることを知っており，それらを**交雑**[*4]（人工受粉，cross-pollination）していたという当時の様子が約3000年前のレリーフに記されている（**図1.1**）。このことから，少なくとも人類が紀元前から人工受粉により採種，あるいは**品種改良**（crop breeding）・**育種**（breeding）に近い作業を行っていた可能性がある。同時期に古代ギリシャでは，哲学者アリストテレス[*5]の弟子である博物学者テオプラストスが，植物に関する重要な概念を観察に基づいて構築している。その中には植物の分類と発生，繁殖形態，環境への応答など

＊4　交配と交雑について：交配を英語で表記するとcrossあるいはcrossingという単語が出てくる。交雑の場合にはcross, crossingのほかにhybridizationという単語が充てられる場合があり，hybridizationは雑種形成の英語表記でもある。本書では「交配」という言葉は，A系統の雌ずいにB系統の花粉をかけるというように「配偶する相手を意図する」ときに使用した。一方，「交雑」は交配後に「種子形成が起こる」ことに力点が置かれているときに使用した。

＊5　アリストテレス：古代ギリシャの哲学者で，自然科学者でもある。自然科学における著書も多く，天体，宇宙，気象，動植物を対象とした自然の観察から体系化した。

図1.1 **新アッシリア王朝時代の遺跡から発掘されたレリーフに記されている人工受粉の様子**

［大英博物館所蔵，"Pair of eagle-headed protective spirits with Sacred Tree"］

が含まれる。テオプラストスは植物を体系的に論じた書『植物誌(*Historia Plantarum*)』を著し，その先駆的な功績から「植物学の祖」と呼ばれている。

また，人類が文明を興したときには，その文明を支えるための主たる食糧となる作物があったことは言うまでもない。実例をあげれば，メソポタミア文明ではコムギ，インド・中国文明ではイネ，マヤ文明ではトウモロコシ，インカ文明ではジャガイモが文明を支えた食糧であった。

1.1.2◇バビロフの遺伝子中心説

現在の主要作物は，人類が狩猟生活から農耕生活へと移行していく過程で，その栽培化が進められてきたと考えられている。ソ連(現 ロシア)の植物遺伝学者バビロフ(Nikolai Vavilov)は，1928年に特定の作物種から見たときに**遺伝的多様性**(genetic diversity)が高いところが栽培の起源地であるとする「遺伝子中心説(centers of origin)」という考え方を提唱し，中央アジア・地中海沿岸・南米などを含む八大中心地を各作物の起源地とした。例をあげると，中央アジアではダイコン(radish, *Raphanus sativus* L.)・リンゴ(apple, *Malus domestica*)，地中海沿岸ではキャベツ(cabbage, *Brassica oleracea* L.)・レタス(lettuce, *Lactuca sativa* L.)・オリーブ(olive, *Olea europaea* L.)，南米ではジャガイモ・トマト(tomato, *Solanum lycopersicum* L.)・ワタ(cotton, *Gossypium hirsutum* L.)などがその起源地とされている(**図1.2**)。

栽培化にともない，起源種では二倍体であった植物において，生産性の向上に大きく影響する**倍数化**(polyploidy)[*6]が生じている。実際の例として，コムギは異質六倍体[*7]，イチゴ(strawberry, *Fragaria x ananassa*)は異質八倍体，ジャガイモは同質四倍体など，高次倍数体の作物は多数見られる。また，栽培化の起源地がどこであるかについては，現在

＊6　倍数化：ゲノムを構成する染色体の組が自然数単位で増加する現象。同一のゲノム，異質のゲノムで倍数化することをそれぞれ同質倍数化，異質倍数化と呼ぶ。倍数性と倍数体作物については，第6章6.3節，コラム6.1も参照。

＊7　コムギの場合，A, B, Dゲノムから構成されており，ゲノム構成はAABBDDと表記される異質六倍体(allohexaploid)である。

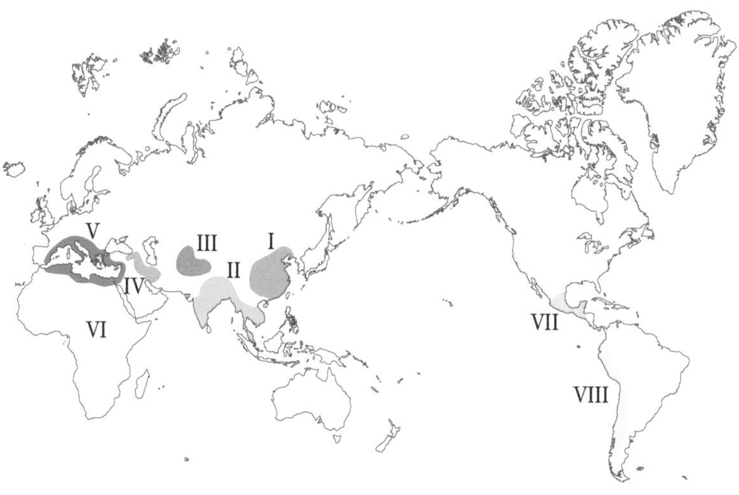

図1.2 **バビロフによる栽培作物の起源の八大中心地**
［田中正武，栽培植物の起原（NHKブックス），日本放送出版協会（1975），図1より改変］

では近縁野生種のゲノム配列との比較などから，バビロフの時代とは異なる場合があり，今後ゲノム解析技術が進歩することによって，進化の過程でどのようにゲノム，遺伝子の変化があり，現在の栽培作物になったのかが理解されていくものと期待される（ゲノム解析技術の進歩については，第6章コラム6.8，6.9を参照）。

図1.2に示したI～VIIIの地図上の位置が起源地とされる代表的な作物は，それぞれ以下の通りである*8。

I. 中国：ソバ，ダイズ，ハクサイ，イネ
II. インド・東南アジア：イネ，ナス，キュウリ，サトイモ，バナナ
III. 中央アジア：タマネギ，ダイコン，ホウレンソウ，リンゴ，ブドウ
IV. 近東：パンコムギ，マカロニコムギ，オオムギ，ニンジン
V. 地中海沿岸：キャベツ，オリーブ，エンドウ，テンサイ
VI. アビシニア：オクラ，コーヒー
VII. 中米：トウモロコシ，カボチャ，サツマイモ
VIII. 南米：ジャガイモ，ワタ，タバコ，トマト，ラッカセイ

＊8　**図1.2**のIからVIIIの主な作物の「和名（英名，学名）」を以下にあげる。
・ソバ（buckwheat, *Fagopyrum esculentum*）
・ハクサイ（Chinese cabbage, *Brassica rapa* L.）
・ナス（eggplant, *Solanum melongena* L.）
・キュウリ（cucumber, *Cucumis sativus* L.）
・タマネギ（onion, *Allium cepa* L.）
・ホウレンソウ（spinach, *Spinacia oleracea* L.）
・ブドウ（grape, *Vitis vinifera*, *V. labrusca*）
・オオムギ（barley, *Hordeum vulgare* L.）
・ニンジン（carrot, *Daucus carota* L.）
・エンドウ（pea, *Pisum sativum* L.）
・テンサイ（beet, *Beta vulgaris* L.）
・オクラ（okra, *Abelmoschus esculentus* L.）
・コーヒー（coffee, *Coffea arabica* L.）
・カボチャ（pumpkin, *Cucurbita maxima* Duchesne, *C. moschata* Duchesne）
・サツマイモ（sweet potato, *Ipomoea batatas*（L.）Lam.）
・タバコ（tobacco, *Nicotiana tabacum* L.）
・ラッカセイ（peanut, *Arachis hypogaea* L.）
作物の英名，学名については巻末の「作物名索引」も参照。

1.2 ◆ 農業の発展と植物科学の曙

農耕生活から発展し，農業は世界の各地で個別に発生していった。中世（10世紀）になると，北アフリカ，近東，ヨーロッパでは灌漑技術（水車，揚水装置，ダムなど）が使われるようになった。加えて，栽培作物の種類も増え，そうした変化に対応するために三圃式《さんぽしき》輪作*9（休耕を挟む3年周期の輪作）が考案されるなど，農業の効率が徐々に向上した。

中世後期（12～13世紀）の欧州では，領主による荘園制の農業が展開

＊9　三圃式輪作：中世ヨーロッパで広く行われた農業形態。連作による地力消耗を防ぐために農地を3つに区分し，1区を休耕とする輪作を行う。夏にオオムギ，マメ類など，冬にコムギ，ライムギなどを作付けすることと，休耕地として家畜を放牧することを，ローテーションを組んで行い，地力（5頁欄外注＊11参照）回復を図った。

Column 1.1

植物の栽培化と受粉システムの変化

農業生産の現場において，種子・果実を食用とするイネ・トマトの場合，一部の例外を除いて，受粉・受精を経た子実(種子と果実をあわせて「子実」と表現する)形成が重要となる。一方，葉・根を食用とするキャベツ・ダイコンの場合，収穫時に受粉・受精を必要としない。

受粉・受精のしくみについては第5章で記述するが，植物の花の多くは，1つの花に雄ずい(雄しべ)と雌ずい(雌しべ)を有する両性花である。この場合，自殖により遺伝的多様性を失う危険性がある。その危険を避けるために，植物は雌雄異熟，自家不和合性などの形質により，他殖性を維持している。自家不和合性とは，自己花粉では受精に至らず，非自己花粉で受精するという，被子植物が遺伝的多様性を維持するために有する機構の1つである。それに対して自己花粉でも受精に至る場合を自家和合性という。一方で，小学校から高等学校の理科教育において「植物が自殖だけでなく，他殖も可能である」ことは意外と語られていない。そのため，植物は自殖性と思われがちであるが，半数程度の植物種は他殖性である。

ところが，人類が植物を栽培するにあたっては，自家不和合性などの他殖性を促進するしくみは厄介者となる。簡単に受精できず，種子・果実を得ることができない。これでは，安定的な子実生産ができず，農耕そのものが定着しない可能性もある。実際，現在の栽培イネは自家不和合性を失い自殖性であるが，一部のイネの野生種は自家不和合性を有しており，他殖性である。すなわち，野生イネの中から自家不和合性を失い，自殖性に適応できた個体を人類が選抜できたからこそ，農耕が成立したといえるだろう。同様に自家不和合性を失った植物種には栽培トマトなどがある。トマト近縁野生種(*Solanum peruvianum* syn. *Lycopersicon peruvianum*)の中には，自家不和合性と自家和合性を示す個体が存在する。自家不和合性の雌ずい因子であるRNA分解酵素(*S*-RNase)遺伝子の解析から，活性中心のヒスチジン残基のアスパラギン残基への変化が自家和合性の原因であることが示された。もちろん，すべての種子・果実を食する作物で他殖性が失われているわけではなく，例えば，バラ科果樹のリンゴ・ナシ・オウトウなどは自家不和合性を示すため，和合組み合わせとなる別品種の花粉親が必要となる。一方，アブラナ科作物のキャベツ・ダイコンも自家不和合性であるが，葉・根を食用とするため栽培には影響しない。現在では，経済的なF_1雑種採種(第5章5.3.2項参照)体系に自家不和合性形質が利用されている。なお，受粉・受精が行われず，果実肥大が起こる単為結果も栽培化に影響し，単為結果を促す植物成長調整剤として合成オーキシンが用いられている(単為結果現象については，第5章5.4.2項，第9章コラム9.6を参照)。

普段何気なく見ている野菜，果実を人類による栽培化や，それにともなう生殖システムの変化という観点から見ると，栽培化の歴史とそれにともなって変化した形質が見えてくる。

された。このときの主要な作物は，ムギなどの禾穀類やマメ類(pulses)[*10]，果樹であった。しかしながら，コロンブスの新大陸発見により，新大陸原産の多くの作物(トウモロコシ，ジャガイモ，サツマイモ，キャッサバ(cassava, *Manihot esculenta* Crantz)，トマト，ワタ，パイナップル，タバコなど)が導入されて作物の種類が一挙に豊富になったこともあり，農業は徐々に産業化していった。そうした作物が欧州全体に広がり，さらには東アジアへと拡大していき，多様な作物の普

＊10　マメ類は菽穀類(しゅこくるい)とも呼ぶ。

図1.3 | **ユスタス・フォン・リービッヒ(1803〜1873)**

ドイツの有機化学者。彼が教授を務めたドイツ・ヘッセン州のギーセン大学は現在,「ユスタス・リービッヒ大学ギーセン」と改名されている。

図1.4 | **グレゴール・メンデル(1822〜1884)**

オーストリア帝国(現在のチェコ)の中等実業学校の教師で，修道士でもあった。修道院の庭でエンドウを材料として8年間の交雑実験を行い，その結果から「遺伝の法則」を導き出した。

図1.5 | **チャールズ・ダーウィン(1809〜1882)**

イギリスの自然科学者。進化の自然選択説を著書『種の起源(*On the Origin of Species*)』に記した。加えて，動植物の家畜化・栽培化，自家不和合性，花形態の異形性，植物の蔓(つる)の動きなどに関する著書もある。

及により食糧としての大きな商品価値が生まれたことで商品として取り交わされるようになった。特にトウモロコシの普及は早かったとされている。さらに，人口の増加によって需要も増え，耕地面積の拡大や作付け回数の増加，地力《ちりょく》*11を改善するための輪作栽培技術の改良も行われ，作物の増産も重要な課題となった。その後，西北ヨーロッパで進行した産業革命と並行して進行した農業の労働力と土地生産性の向上が作物の増産に大きく貢献した。

作物の増産という課題は，農業研究ひいては植物科学の誕生へとつながった。1700年代に入ると，欧州の一部で飼料用マメ科植物を取り入れた輪作農業が行われ，飼料の作付けにともなう家畜の増産と作物の増産に相関が見られ，家畜糞による作物増産効果が唱えられた。やがて，1800年代になると，家畜の多い農家で高収量が得られることが指摘され，作物の収量は家畜糞尿堆肥の供給量，すなわち土壌の腐植によって決定されるという考えが定説となった。一方で，マメ科作物そのものの輪作効果も指摘されるようになり，マメ科牧草やビートなどの飼料作物を取り入れた四圃式農業も行われるようになった。そうした背景の下，1840年にドイツの有機化学者リービッヒ(Justsu von Liebig, **図1.3**)は，植物は土壌中の腐植ではなく無機物を栄養とする考えを著書『化学の農業と生理学への応用(*Die Chemie in ihrer Anwendung auf Agricultur und Physiologie*)』で発表し，植物の腐植栄養説を否定し，無機栄養説を唱えた。

一方，この時期には，新しい作物の導入にともない，作物の優良系統*12の選抜が行われるようになり，種苗も商業の対象となった。交雑

＊11　地力：作物を栽培する土壌が有する作物を生育させるための栄養供給能力のこと。土壌の保水力(物理的側面)，土壌のpHや有機物含有率(化学的側面)，土壌微生物叢(生物的側面)などから評価される。

＊12　系統：遺伝的背景が異なる個体間での交雑の後，自殖を繰り返すことで遺伝的純度を高め，ある程度の遺伝的多様性は含むものの，実験的に利用可能な植物個体あるいはその種子。

Column 1.2

農芸化学の父リービッヒはアカデミックハラスメントの原点?

リービッヒは窒素の施肥に関して，雨水や大気中のアンモニアが植物の窒素源であると考え，窒素肥料ではなくその他の無機栄養素の必要性に固執した。そうしたリービッヒの頑なな研究姿勢と学生に対する強い成果の要求は，学生らに不信感を生じさせたという逸話が残っている。のちの作物増産が窒素肥料によって支えられたことを考えれば，リービッヒの大気アンモニア説は根本的な誤りであった。しかしながら，彼の無機栄養説は植物の栄養や成長に関する学説に大きな新風を吹き込んだだけではなく，タンパク質の栄養学的研究や微生物による発酵研究などの基礎を築いたことから,「農芸化学の父」と呼ばれるようになった。

による作物の改良が試みられるようになり，1866年にオーストリア帝国(現在のチェコ)の教師(修道士)であったメンデル(Gregor Mendel, **図1.4**)が「遺伝の法則(Mendel's law of heredity)」を発表した。時を同じくして，1859年にイギリスの自然科学者ダーウィン(Charles Darwin, **図1.5**)は『種の起源(*On the Origin of Species*)』を発表した。すべての生物種は共通の祖先から長い時間をかけて自然選択を通して進化したと唱え，栽培化された植物の改良も人為的なものであれ偶発的なものであれ，進化と同じプロセスであることを指摘した[*13]。このようにして「経験と勘」に頼っていた農業に科学的観点が持ち込まれるようになった。

＊13　自然選択と人為選択では，概念がかなり重なる部分が存在するように見えるが，同じとは言えない。

1.2.1◇リービッヒの無機栄養説と最小養分律

ドイツのリービッヒが『化学の農業と生理学への応用』を著した当時，植物の栄養と成長に関する見解は定まってなかった。家畜糞尿堆肥による作物増収効果があったことから有機栄養を主体とした「腐植栄養説(humus nutrient theory)」が唱えられるなか，リービッヒは「無機栄養説(mineral nutrient theory)」を提唱した。彼は，植物の成長増加量に対する土壌重量の減少は著しく少ないことと，植物の無機元素の量は植物の乾燥重量に対して非常に少ないことから，植物の「独立栄養(autotrophism)[*14]説」を示した。さらに彼は，植物の成長は植物が成長するために一番不足する無機栄養素の量によって制限されるという「**最小養分律**(law of the minimum)」を主張し，その栄養素を補給することで植物の成長が促進されると唱えた。

＊14　独立栄養：栄養素として有機化合物を必要とせず，無機物だけを栄養としてこれらを同化し，自身の代謝で有機物を合成して生命活動を営む栄養形式。植物の場合，根などから吸収した無機物を栄養源に光エネルギーで光合成を行うことにより有機物を合成している。第2章2.2.1項で「寄生植物」について記しているが，寄生植物には寄生の程度により，完全あるいは部分的な従属栄養生物体がある。

1.2.2◇メンデルの遺伝の法則

オーストリア帝国・ブリュン(現 チェコ・ブルノ)の高等実業学校の教師であったメンデルは，エンドウの種子と背丈などの違いからその遺伝性に関する3つの法則を発見し，1866年の「雑種植物の研究(Versuche über Pflanzen-Hybriden)」と題した論文に,「分離の法則」,「優性の法則」,

Column 1.3

江戸時代の変化朝顔

小学校低学年の生活科(古くは理科)の授業ではアサガオを栽培することが多い。早朝の開花の様子を夏休みの観察日記などに記すこともある。一方で，東京・入谷の朝顔市のように，アサガオは夏の風物詩になっていたりもする。

現在でも一部の愛好家の間で栽培，育種が行われている「変化朝顔」(農学・植物生理学の分野では，作物の名称はカタカナで記すのが一般的であるが，古くからの固有名詞であるため，漢字で表記した)と呼ばれる，一見アサガオの花，葉とは思えないような形態をしている植物がある(写真)。この形態異常の多くは「トランスポゾン」という動く遺伝子の挿入・欠失が原因である(トランスポゾンについては，第6章コラム6.1，第8章コラム8.6を参照)。花の生殖器官に異常が出ることが多く，種子形成に至らず，自殖後代を得ることができない。そのため，ヘテロ接合体を自殖することで劣性ホモ接合体を得て，特異な形態を維持する手法をとっている(ホモ・ヘテロ接合体については，第6章6.2節を参照)。この手法は江戸時代から行われているが，当時は人工交配の技術もなく，自然交雑で生じた種子から多重劣性を示す個体を「経験と勘」で選抜したと推定される。変化朝顔が広く栽培された時期は江戸時代の文化文政期から嘉永安政期(1800年代初頭から中期)であり，メンデルの遺伝の法則の発見以前，あるいは同時期であるが，江戸時代の日本人がその法則性を見いだすには至らなかった。

写真 | **変化朝顔の花の形態**

左から順に，采咲牡丹，獅子咲牡丹，車咲牡丹変異体の花。近年の研究によりこうした変異を起こす原因遺伝子が単離・解析されつつある。[写真は九州大学・仁田坂英二准教授 提供]

「独立の法則」を記した。発表当初はあまり注目されていなかったが，メンデルの死後，1900年に3人の独立した研究者が再発見し，メンデルが見いだした遺伝の法則が注目されるようになった。メンデルの遺伝の法則については，第6章6.2節で詳しく説明する。

1.2.3 ◇ ダーウィンの進化論

イギリスの自然科学者ダーウィンは，1859年に著書『種の起源』を発表し，生物の**自然選択**(natural selection)による進化論を説いた。種の中には多様な変異が内包されており，形質を規定する変異が特定の環

Column 1.4

栽培植物の自殖性と他殖性

ダーウィンは著書『*The Effects of Cross and Self Fertilisation in the Vegetable Kingdom*（植物界における他家受精と自家受精の効果）』の中で，多くの植物種を材料として自殖と他殖の後代での大きさを比較し，インゲン，エンドウなどの例外を除いて，自殖を重ねることで「近交弱勢（inbreeding depression）」が生じることを実験的に示した。逆に，他殖を行うことで一定の多様性が保たれ，特定の組み合わせで親よりも旺盛な生育を示す「雑種強勢」と考えられる記述もある（1.3.3項参照）。また，自家花粉では種子が形成されない「自家不和合性」現象が広く植物界に存在していることも記している（第5章5.3節，コラム5.5参照）。

一方で，マルバアサガオを材料に自殖を重ねると，他家受精に由来する植物よりも大きく育つ自家受精由来の植物の出現が観察され，その植物は「ヒーロー（Hero）」と名づけられた。一般的に遺伝的な交流がある他家受精のほうが有利と考えられがちであるが，この実験は「数代の自家受精で劣性有害遺伝子を除くことができる」ことを示しており，交雑相手が少ない場合には自殖が有利となって進化する可能性を示している。類似の現象として，1991年にカナダの進化生物学者バレット（Spencer Barrett）とイギリスの集団遺伝学者チャールズワース（Deborah Charlesworth）はカズザキホテイアオイ（*Eichhornia paniculata*）を実験材料として，5世代の自家受精を行うことにより最初の野生状態の植物よりも花数が増加したという結果を見いだしている。いずれも，植物が生育している環境に適応できる可能性を有していることを明確に示した実験結果である。

境に暴露されたとき，その環境に適応できるような変異をもつ個体が後代に子孫を残すという考え方である。著書の書き出しは，「動植物の育種により多様な品種が産み出され，同種でありながら，多様性を保持している。この育種過程は人為的な淘汰であるが，自然界での自然淘汰の時間軸を速めたものだ。」[*15]というところから論理がスタートしているように，ダーウィンのそれまでの経歴，興味などが凝縮されていることが理解できる。

＊15 『種の起源』で定義された自然選択とは異なった方向選択として人為選択が存在することから，人類による栽培化と進化は必ずしも同一ではない。

1.3 ◆ 主要作物の増産戦略

1900年代に入ると，いくつかの重要な技術革新がなされ，世界の農業が大きく変わった。開墾技術の進歩により耕地面積が大きく拡大され，脱穀機や刈取り機，トラクターなどが開発されて農業の機械化が進んだ[*16]。機械化が進んだ結果，エネルギー源は馬などの家畜から石炭やガソリンへと置き換わった。さらには，安価な窒素肥料の開発，病虫害を防ぐ革新的な**殺虫剤**（insecticide）や**殺菌剤**（fungicide, microbicide）の開発，広大な農耕地での雑草防除のための**除草剤**（herbicide）の開発などの技術革新も進んだ。

一方，そうした技術革新を受けて作物側の改良も進み，「**緑の革命**

＊16 牽引用家畜がトラクターに置き換わったことが，現在でもトラクターの動力表示に「馬力」が使われる所以である。馬力は仕事率の単位であり，日本で使われている単位PS（ドイツ語のpferde starkeに由来）について，1 PSは735.5 W（ワット）に相当する。

(green revolution)」と称されるコムギ(パンコムギ)とイネの短稈《たんかん》*17育種や，雑種強勢を利用したハイブリッドコーン(トウモロコシ)などの開発も行われた。ここでは，今日までの作物増産に関して特にインパクトの強い技術革新について紹介する。

*17　稈(かん)：イネ・タケなどの，中空になっている茎のこと。

1.3.1◇肥料と農薬の開発

A. 空気中の窒素を利用した安価な窒素肥料製造：ハーバー・ボッシュ法

作物増産におけるもっとも大きな技術革新は，大気中の窒素からアンモニアを合成する**ハーバー・ボッシュ法**(Haber–Bosch process)の開発

Column 1.5

ハーバー・ボッシュ法は原子力開発と並ぶ聖域侵害?

エリスマン(Jan Erisman)らは2008年に，“How a century of ammonia synthesis changed the world(ハーバー・ボッシュ法の開発は，世界のその後の100年間をどのように変えたか)”という論文を発表した。2008年の世界人口は67億人まで増加しているが，ハーバー・ボッシュ法の開発がなかったとしたら，32億人にとどまっていたとしている。また，ハーバー・ボッシュ法による窒素肥料で養われる人口は，世界人口の約半数に達するとしている(図)。

現在の人類の身体を構成する窒素の30％は，大気由来の窒素であると推定されている。窒素循環を制限要因とした地球上の食物連鎖は明らかに崩れ，ただ1種の生物，ヒトのみが異常繁殖する構図となった。空気中の窒素を使った食糧の増産は，ある意味，原子力開発と並んで人類が手を付けてはいけない聖域に踏み込んでしまった技術開発であったのかもしれない。

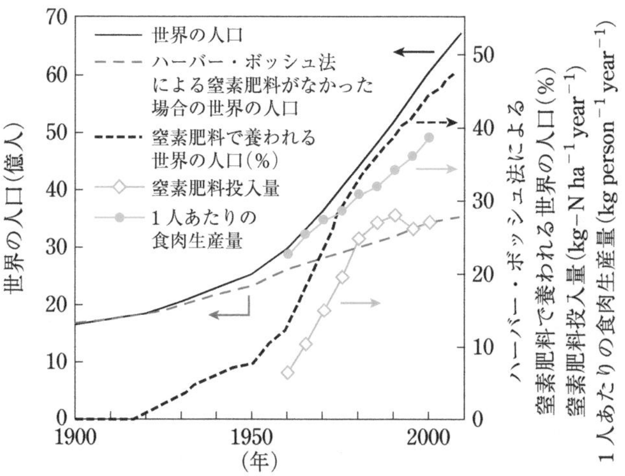

図 | **ハーバー・ボッシュ法による窒素肥料の製造開始後100年間の世界人口と窒素利用の変遷**

[J. W. Erisman et al., Nat. Geosci. **1**: 636–639(2008), Fig. 1を改変]

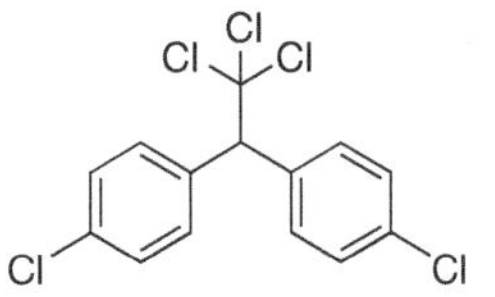

DDT

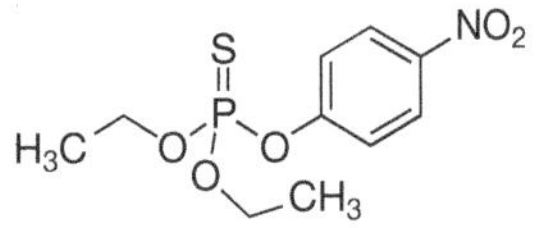

パラチオン

図1.6 | **DDTとパラチオンの化学構造**

である。1908年にドイツの物理化学者ハーバー(Fritz Haber)と工業化学者ボッシュ(Carl Bosch)は，空気中に多量に存在する窒素(N_2)を500℃，500気圧，鉄触媒の存在下で水素(H_2)と反応させて，アンモニア(NH_3)を合成することに成功した。1913年には，その製法を使ったアンモニア合成工場がドイツに建設された。作物生産においてもっとも不足する栄養素は窒素であり，その窒素をきわめて安価にしかも多量に生産できるハーバー・ボッシュ法の開発は，その後，人類の生存戦略を一変させている。ハーバーは1918年に「アンモニア合成法の開発」によりノーベル化学賞を受賞した。現在では，ハーバー・ボッシュ法により年間に固定されるアンモニア窒素量は2億トンにもおよび，自然界の窒素固定の総量を超えている。

B. 奇跡の殺虫剤DDTから低毒性易分解殺虫剤へ

1600年代には，除虫菊やタバコの浸出液などが殺虫作用のある天然物として利用されていた。1800年代になると，石灰イオウ合剤，ボルドー液(Cu剤)が殺菌・殺虫剤として利用され始め，1900年代には有機合成による農薬が登場した。もっとも広く利用され，大きな効果をあげたのが有機塩素系殺虫剤として開発された**DDT**(dichlorodiphenyl-trichloroethane，**図1.6**)である。

DDTそのものは，1800年代後半にオーストリアの有機化学者によって合成されていたが，1939年にスイスの化学者ミューラー(Paul Müller)によって人体毒性の少ない効果的な合成殺虫剤として実用化された。1941年には市販され，第二次世界大戦中にシラミが媒介する発疹チフスの防除や蚊が媒介するマラリアの防除に高い効力を発揮した。人類の二大感染症抑制に大きく貢献したことから，ミューラーは1948年にノーベル医学・生理学賞を受賞した。ミューラーは自身のノーベル賞受賞記念講演で，「DDTは人間や家畜，作物への毒性が皆無である一方，昆虫への**選択毒性**(selective toxicity)[*18]が強く，持続性が高く，何よりも安価で革命的な農薬である」と強調した。DDTは農業や医療の分野において，きわめて高い効力を発揮して世界中で広く利用され，「奇跡の殺虫剤」と呼ばれた。1963年のアメリカでは約8万トンが生産され，作物増産に大きく貢献した。

しかしながら，その後多量のDDT散布による環境への悪影響が議論されるようになった。持続性の高い薬剤であることは同時に**残留毒性**(residual toxicity)が高いことを意味した(コラム1.8参照)。1960年代には生体への安全性に問題を生じる可能性のある農薬に対して，選択毒性や易分解性などに関する基準値が設けられるようになった。DDTは日本では1971年に，アメリカでは1973年に使用禁止となり，現在では50ヵ国以上でDDTの使用が禁止されている。奇跡の殺虫剤もミューラーの開発から30年余りで農業生産の現場から追放されることなった[*19]。

＊18　選択毒性：特定の生物だけに著しく作用する毒性。ヒトや水生動物などへの毒性が低く，昆虫や雑草などに強く作用する性質をもつものが殺虫剤や農薬に利用される。

＊19　ちなみに，こうした経緯から，DDTはプロレスの「頭落とし」という危険技の名称として使われている。

＊20　有機リン系殺虫剤：リン酸エステル化合物を含む殺虫剤。神経細胞(ニューロン)間での情報伝達時には，神経伝達物質アセチルコリンがシナプス間隙に放出され，電気刺激が伝達される。この伝達を停止させるために機能する酵素がアセチルコリンエステラーゼであり，アセチルコリンはコリンと酢酸に分解される。パラチオン，マラチオン，スミチオンなどの有機リン系殺虫剤は，昆虫内でアセチルコリンエステラーゼのはたらきを特異的に阻害し，昆虫は死に至る。

＊21　ピレスロイド系殺虫剤：除虫菊(シロバナムシヨケギク)の花に含まれる殺虫成分であるピレスリン類と化学構造的に類似した合成化合物からなる殺虫剤。

＊22　ネオニコチノイド系殺虫剤：タバコに含まれるニコチンの類似化合物。昆虫の中枢神経に存在するニコチン性アセチルコリン受容体を阻害する殺虫剤。

＊23　いもち病：糸状菌であるいもち病菌(*Pyricularia oryzae*)により葉，穂などが枯れ，大きな収量減をもたらす。

一方，易分解性の**有機リン系殺虫剤**(organophosphorus-based pesticide)[*20]の開発も進み，1944年にはパラチオン(**図1.6**)が戦時下のドイツで合成された。しかしながら，パラチオンはヒトへの毒性が強く，日本では1971年にDDTと同時に使用禁止となった。現在ではマラチオンなどの低毒性の有機リン系，除虫菊の有効成分をもとに開発された合成ピレスロイド系[*21]，およびタバコのニコチン類似アルカロイド成分をもとに開発されたネオニコチノイド系[*22]などの殺虫剤が使われている。また，有機水銀系農薬はいもち病[*23]に著しい効果のある農薬として使用されていたが，残留毒性の問題から1973年に使用禁止となった。

そのほかに**生物農薬**(biopesticide)[*24]として，鱗翅目《りんしもく》[*25]，鞘翅目《しょうしもく》[*26]，双翅目《そうしもく》[*27]などの昆虫に対して殺虫性を示すものとしてBT剤が有名である。BT剤として効果のある結晶性タンパク質(Cryトキシン)は細菌*Bacillus thuringiensis*が産生し，鱗翅目などの幼虫に殺虫効果を示す。*B. thuringiensis*は1901年に養蚕昆虫学者の石渡繁胤《いしわたりしげたね》によってカイコ(*Bombyx mori*)に卒倒病[*28]を引き起こす病原細菌として同定された。その後，このBT剤を産生する天敵微生物を利用した害虫の生物的防除の検討も行われ，BT剤はアメリカでは1960年に農薬登録され，利用された。それに対して日本では養蚕への影響が考慮され，使用禁止，輸入禁止品とされた。1982年にCryトキシン活性のみがあり，菌が死んでいる状態の殺芽胞[*29]としたBT剤が農薬登録され，使用が許可されている。なお，このCryトキシンを生産するように遺伝子を組換えた作物も育成され，利用されている(1.4.3項参照)。

C. 除草剤2,4-D

2,4-D(2,4-dichlorophenoxyacetic acid，**図1.7**)は，第二次世界大戦中にイギリスの3つの研究グループによって，選択的除草効果のある合成ホルモン剤として合成された。1946年に，コムギ，トウモロコシ，イネなどの栽培における除草剤として市販されている。2,4-Dは，植物ホルモンであるオーキシン[*30]様の作用がある。一般に双子葉植物の茎頂に作用して異常な細胞分裂を発生させる効果があるが，イネ科植物には影響が小さい。現在でも，選択性をもち，低毒性で安価な除草剤として広く使用されている。しかしながら，**図1.7**に示すように含塩素フェノール化合物であるため土壌汚染の問題が指摘されている。

1.3.2 ◇ 緑の革命：コムギとイネの短稈育種

1960年代に入ると，人類は世界の食糧総生産の約半量を占めるコムギとイネの爆発的な増産に成功する。ハーバー・ボッシュ法の開発によって窒素肥料を安価に入手できるようになった人類ではあったが，それまでのコムギやイネの在来品種は，一定以上の肥料を投入すると倒伏し，かえって収量が低下するという問題に直面していた。そのようなな

＊24　生物農薬：菌類，昆虫などが産生する物質を利用した農薬。化学的に合成された農薬よりもヒト，環境などへの安全性が高いなどの利点がある。

＊25　鱗翅目：チョウ目ともいう。チョウ・ガの仲間で，翅に鱗粉があることが特徴。コナガ，メイガ，ヨトウガなどの害虫が含まれる。

＊26　鞘翅目：コウチュウ目ともいう。昆虫の中で最大の種を含む分類群。成虫はクチクラからなる硬化した外骨格で覆われている。前翅が硬化した鞘状の翅(鞘翅)が特徴。ハムシ，ゾウムシなどの害虫が含まれる。

＊27　双翅目：ハエ目ともいう。後翅が退化して「平均棍」という飛行のバランスに関わる器官に変化していることが特徴。ハモグリバエ，ウリミバエなどの害虫が含まれる。

＊28　卒倒病：カイコの軟化病の一種。病原細菌*B. thuringiensis*が産生するCryトキシンによりカイコは食中毒のような状態になり，下痢などを起こして，乾燥死する。

＊29　芽胞：細菌は生育する環境が悪くなると芽胞(spore)をつくるとされる。BT剤における殺虫作用成分はCryトキシンであり，芽胞膜にCryトキシンと免疫学的に同一の性質をもつタンパク質が存在することなどから芽胞の殺虫活性が議論された。その結果，これらがBT剤に混入しない「殺芽胞」という状態にあるBT剤が農薬として承認されている。

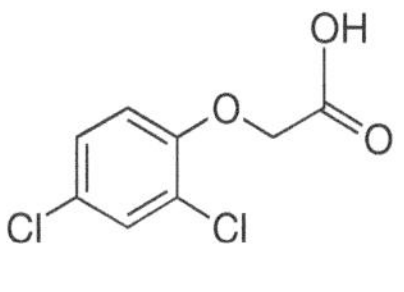

図1.7 | **2,4-Dの化学構造**

＊30　オーキシン：植物の生理・発生現象を制御する植物ホルモンの一種。天然のオーキシンとして，インドール-3-酢酸が知られている。細胞の伸長，分裂，分化などを促進する作用があり，胚発生のほか，根や葉の発生，茎や根の屈性反応(光や重力で曲がる反応)など植物の発生・成長現象に広く関わる。オーキシンのほか，植物ホルモンについては，第9章を参照。

図1.8 | **緑の革命の立役者，稲塚権次郎（1897～1988，左：コラム1.6参照）とノーマン・ボーローグ（1914～2009，右）**

1981年に金沢で開催された日本育種学会での写真。生涯1度だけの出会いであった。
[写真は千田 篤氏 提供]

図1.9 | **1966年，フィリピンの国際イネ研究所（IRRI）で‘低脚烏尖’と‘ペタ’との交雑により育種された奇跡のイネ‘IR8’**

か，ロックフェラー財団がメキシコシティー郊外に設立した国際トウモロコシ・コムギ改良センター（International Maize and Wheat Improvement Center, CIMMYT）*31で，アメリカの植物育種学者ボーローグ（Norman Borlaug，**図1.8**）らが1962年から1963年にかけてコムギの短稈品種‘ピチック’，‘ペンジャモ’，‘ソノーラ’を育成した。時をほぼ同じくして，ロックフェラー財団がフィリピン・マニラ郊外に設立した国際イネ研究所（International Rice Research Institute, IRRI）で1966年にイネの短稈品種‘IR8’が開発された（**図1.9**）。1.5 mほどの草丈があったコムギ・イネの従来種が1 mほどの短稈種となったことによって，多量の施肥をしても倒伏しにくく草型の乱れない，施肥に応じた収量の増加が見込める安定的な生産が実現した。このコムギとイネの短稈育種は，世界の食糧生産に大きな影響を与えたことから「緑の革命」と呼ばれた（コラム1.6参照）。

コムギとイネの短稈性を制御する遺伝子，半矮性《はんわいせい》（semidwarf）遺伝子は，植物ホルモンであるジベレリンの生合成や情報伝達に関わる遺伝子の変異により生じたものである*32。1.3.4項で紹介する放射線照射で育成されたイネの短稈種も，同じ半矮性遺伝子の変異によるものであることがのちの分子遺伝学的な研究でわかっている。

緑の革命によるコムギとイネの増産は，世界の食糧危機回避にとどまらず，需要の増加を上回る増産を可能とし，今日までの世界の人口増加を支えてきた（**図1.10**）。本来であれば競合栽培において不利である短稈種が，除草剤の開発と普及により増産可能となった点も見逃せない。さらに，短稈化は生殖成長期における稈の成長に必要な光合成産物が直接可食部に投資されることにつながり，今日の**収穫指数**（harvest index）*33の改善につながる大きな増産効果ももたらしている。

*31　略称であるCIMMYTは，スペイン語Centro Internacional de Mejoramiento de Maíz y Trigoに由来する。

*32　イネに対する半矮性付与の原因は，ジベレリン合成経路のGA_{20}酸化酵素遺伝子群の1つに自然突然変異が入り，その酵素機能が低下したために，出穂期の節間伸長に関わるジベレリンの作用が減衰したことである。それに対して，オオムギの半矮性遺伝子は，植物のステロイドホルモンであるブラシノステロイドの情報伝達遺伝子の変異により生じたとされている。ジベレリンの生合成については，第9章9.2.2項およびコラム9.1を参照。

*33　収穫指数：収穫係数ともいう。収穫部重（可食部重）を作物体全重で割った値。収穫部が地上部の場合は，通常全重には根部重は含めない。

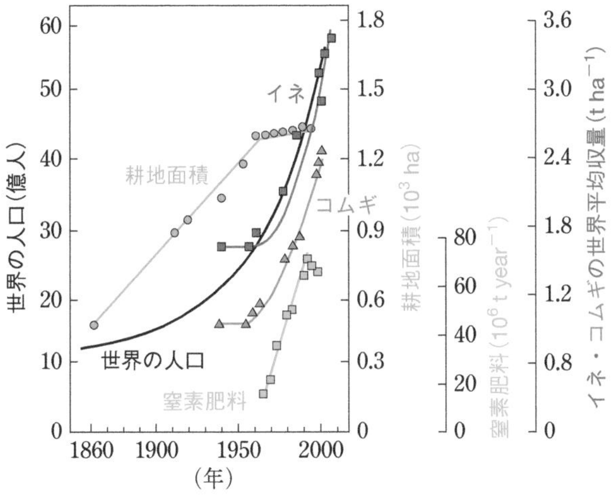

図1.10 | **20世紀におけるイネとコムギの平均収量，窒素肥料の利用量，耕地面積，および世界の人口の推移**

[ロイド・エバンス著，日向康吉 訳，100億人への食糧，学会出版センター(2006)，図17を改変]

1.3.3 ◇ 雑種強勢：ハイブリッドコーン(トウモロコシ)

特定の組み合わせの交雑に由来する**雑種第一代**(F_1：first filial generation)[*34]が，両親よりも優れた形質を示す現象を**雑種強勢**(hybrid vigor)[*35]と呼ぶ。自殖第二代(F_2)では，遺伝子が分離することから，

＊34　F_2以降は前の世代の自殖植物を示す。例えば，F_2植物はF_1植物を自殖して得られた種子から出現した個体を示す。

＊35　雑種強勢は**ヘテロシス**(heterosis)とも呼ばれる。

Column 1.6

緑の革命は日本発の成果

コムギの短稈育種としてもっとも古い記録は，1935年に岩手県立農事試験場の稲塚権次郎(図**1.8**)が育成した‘小麦農林10号’であり，品種‘白達磨’の半矮性形質が交雑により導入されたものである。第二次世界大戦後，GHQ(General Headquarters，連合国最高司令官総司令部)によって，小麦農林10号はアメリカに持ち込まれ，1954年にボーローグに送付され，1962年以降一連のコムギ短稈種が育種されている。ボーローグは有史上もっとも人類の生存に貢献した科学者として，1970年にノーベル平和賞を受賞している。ボーローグ本人を含め，世界中の人々が短稈種の起源Norin 10(アメリカに持ち込まれたときの品種名)は日本の稲塚によって育種された‘小麦農林10号’であることを知ったのはボーローグのノーベル平和賞受賞後のことであった。

イネの半矮性遺伝子の起源は台湾在来種にある。日本統治下にあった台湾農事試験場の磯永吉らによって，台湾在来イネの形質評価が行われた。さらに，日本品種である‘神力’，‘亀治’などが有する形質の導入が試みられ，‘台中65号’などの「蓬萊米」が育成された。この育種過程において，イネ短稈系統である‘低脚烏尖(Dee-Geo-Woo-Gen，ていきゃくうせん)’が見いだされている。1949年に低脚烏尖と在来品種の交雑により，短稈種である‘台中在来1号’が育成されている。その後，この低脚烏尖が国際イネ研究所において，インドネシア育成品種‘ペタ(Peta)’と交雑され，奇跡のイネ‘IR8’が誕生した(図**1.9**)。

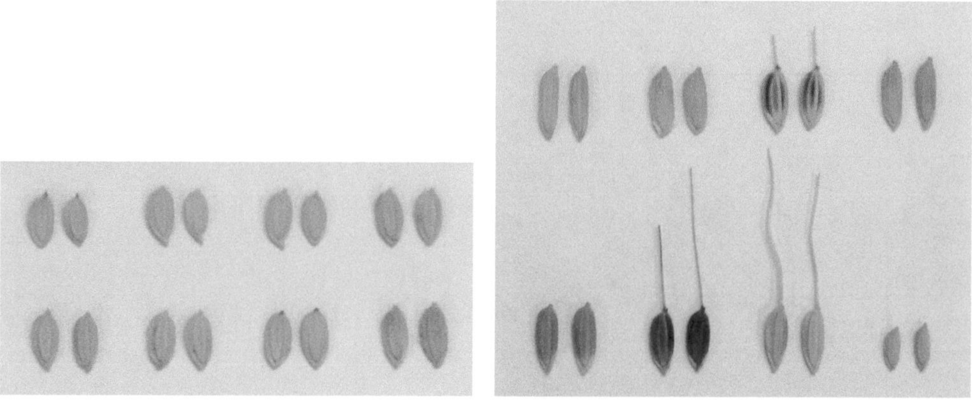

図1.11 | **代表的なジャポニカ種とインディカ種の種子**

(左)ジャポニカ種の代表的な品種。左上から右下の順に，水稲農林1号，日本晴，ササニシキ，コシヒカリ，ひとめぼれ，山田錦，台中65号，Gemdjah Beton。(右)インディカ種の代表的な品種。左上から右下の順に，IR64，Peta，Chinsurah Boro II，Bhasamanik，Dular，Tepa I，Kasalath，Badshabhog。

ジャポニカ種とインディカ種を比較すると，籾(もみ)の大きさ，形，色，芒(のぎ：第6章177頁欄外注＊29参照)の有無などにおいてインディカ種のほうが多様性が大きい。

[種子は東北大学・佐藤雅志博士 提供]

雑種第一代のみが育種に利用されている。雑種強勢現象の発見は100年以上前に遡るが，雑種強勢のメカニズムについては，優性説[*36]，超優性説[*37]，エピスタシス説[*38]などが提唱されているものの，現時点でその分子機構は不明である。

雑種強勢は，一般的に他殖性作物で顕著にあらわれ，その代表例がトウモロコシである。トウモロコシは雌雄異花であり，雄花(雄穂)は茎の先端に着生し，雌花(雌穂)は腋芽から生じる(第5章5.3.1項参照)。特定の組み合わせの交雑で雑種強勢があらわれる現象を利用した育種を一代雑種(F_1)育種[*39]と呼ぶ。トウモロコシにおいて一代雑種育種を用いて品種改良を行うには，異なる2系統間で交雑種子を得るための除雄作業が必要であった。しかしながら，除雄には多大な労力が必要とされることから，**細胞質雄性不稔**(cytoplasmic male sterility)[*40]形質が利用されるようになった。安定的な稔性回復が生じるT型細胞質雄性不稔性[*41]を有する系統が一代雑種育種に用いられ，1960年代後半には栽培面積の85％でこのT型細胞質を有するトウモロコシが生産された。ところが，1970年代になると，このT型細胞質を有するトウモロコシを特異的に罹病させる糸状菌(ごま葉枯病菌)のレース(race)[*42]が発生し，このシステムによる品種改良が崩壊した。このため，現在でもトウモロコシの雑種種子生産には人手による交配が主流である。

雑種強勢は自殖性作物においても見られ，イネでは**ジャポニカ種**(*japonica*)[*43]と**インディカ種**(*indica*)[*44](**図1.11**)の交雑で雑種強勢を試みる例が多い。イネのF_1種子生産量の多くは中国が占めており，片親を不稔にし，人手で穂を揺らして花粉を飛散させることで雑種種子生産が行われている。現在では，交雑の煩雑さを軽減するために栽培法な

＊36　優性説：片親の機能喪失した劣性対立遺伝子が交雑を通じて，もう片方の親由来の機能型である優性対立遺伝子で機能補完され，両親よりも生育旺盛になるという説。

＊37　超優性説：両親はホモ接合体であるのに対して，雑種はヘテロ接合体であることから，両親よりも生育旺盛になるという説。

＊38　エピスタシス説：ヘテロ接合体となった異なる遺伝子座間での相互作用がホモ接合体よりも優れているという説。

＊39　一代雑種育種：雑種第一代であるF_1個体が，両親であるP世代(親世代)よりも生育などにおいて優れているという性質を利用した育種技術。

＊40　細胞質雄性不稔：両性配偶子の成熟過程に機能する遺伝子が機能不全を起こすことで，成熟した卵細胞・花粉ができず，種子形成に至らないことを**不稔**(sterility)という。雄性不稔性には核ゲノムにコードされた稔性回復遺伝子のみで制御される「核遺伝子型雄性不稔」と，細胞質のミトコンドリアゲノムと核ゲノムにコードされた稔性回復遺伝子の相互作用で稔性が制御される「細胞質雄性不稔」がある。

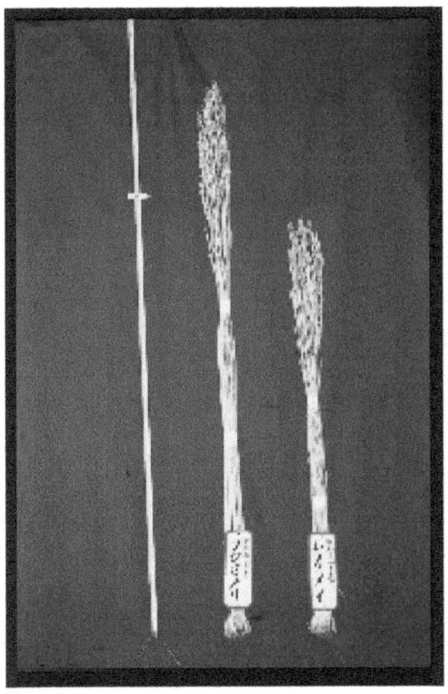

| 図1.12 | ‘フジミノリ’（左）と‘レイメイ’（右）の草丈の違い
[写真は放射線利用技術データベースより引用]

どが改良されつつある。

ナス科，ウリ科などの果菜類のように，一度の交配で大量の種子生産が可能な作物種のほとんどは手交配で雑種種子生産が行われている。この育種技術は雑種強勢を発現させるだけでなく，優性形質の場合，耐病性，良食味などの形質を両親からもたせることができるために，一代雑種育種が利用されている。

1.3.4 ◇ 放射線遺伝学とその応用

1900年代初頭，アメリカの遺伝学者マラー（Hermann Muller）はショウジョウバエを使って放射線で遺伝子変異が生じることを発見した。一般に染色体（ゲノムサイズ）が大きい植物では放射線の影響を受けやすい。実際，長崎に投下された原子爆弾[*45]に由来する放射線の影響が植物でも調査されている。被爆したイネに結実した種子の後代の表現型が10年以上にわたって継続的に調査された結果，花粉稔性と種子稔性の低下，発芽率の低下，染色体レベルの変異（異数性（aneuploidy）[*46]，転座（translocation）[*47]）などが観察されている。

イネでは，冷害[*48]といもち病[*23]に強い多収品種‘フジミノリ’に対するコバルト60（^{60}Co）を線源としたガンマ線[*49]の照射により，短稈品種‘レイメイ’が1960年代に育成された（**図1.12**）。一方，1960年に農林省の独立研究機関として放射線育種場（現 農研機構 次世代作物開発研究センター）が創設され，ナシ（pear, *Pyrus pyrifolia* Nakai）品種‘二十世紀’に黒斑病[*50]耐性をもたせた‘ゴールド二十世紀’，自家和合性（self-compatibility）で人工受粉を必要としない‘おさ二十世紀’などが育成されている（自家不和合性については，第5章5.3.2項，コラム5.5を参照）。

放射線育種に用いられるガンマ線は照射する物質に対して比較的均一

＊41　T型細胞質雄性不稔はテキサスA&M大学のJohn Rogersによって同定された。「T」はTexasの頭文字の「T」に由来する。他の細胞質雄性不稔にはS（USDA）型，C（Charrua）型がある。

＊42　レース：病原性が異なる菌の系統。形態，生態などの生理的性質には差異がない。

＊43　ジャポニカ種：籾の粒形が楕円であり，胚乳に蓄積したデンプンのアミロース含量が低く，アミロペクチン含量が高い。そのため，米飯にすると，つや，柔らかみが出る。

＊44　インディカ種：籾の粒形が長粒の種が多く脱粒性が強い。デンプンのアミロース含量が高いことから，米飯にすると粘り気のない米となる。

＊45　原子爆弾：原子核分裂反応をエネルギー源とする兵器。アメリカにおいてマンハッタン計画の下で開発され，1945年7月16日にニューメキシコ州で人類初の原爆実験（プルトニウム型原子爆弾：トリニティ実験）が行われ，同年8月に原子爆弾として投下された。

＊46　異数性：本来そのゲノムが有する染色体よりも1ないし複数の染色体が増減する現象。トリソミック（三染色体），モノソミック（一染色体），ナリソミック（零染色体）などが観察される。

＊47　転座：染色体の一部が切断され，別の染色体に付着することで染色体の再配列が起こる現象。

＊48　冷害：北海道，東北地方で観察される低温によるイネの収量が低下する被害。低温により生育の遅延が生じる場合（遅延型冷害），生殖器官形成・成熟期，受粉・受精時の低温による障害型冷害が知られている。原因として，花粉発達異常，受粉・受精の不成立があげられ，低温に対する生殖器官の感受性は雌ずいより雄ずいのほうが高く，不稔が起こりやすい。

＊49　ガンマ線：波長が10 pm（1 pm ＝ 10^{-12} m）よりも短い電磁波。放射線の一種で，ガンマ線，重イオンビームのいずれも電離放射線である。

＊50　黒斑病：ナシの葉，果実などに黒い病斑ができ，落葉，腐敗により果実が落下するナシの主要病害。糸状菌*Alternaria kikuchiana*によって引き起こされる。

図1.13 | 理研・仁科加速器科学研究センターのリングサイクロトロン(左)と重イオンビームを自動で照射する装置(右)
[写真は理化学研究所 仁科加速器科学研究センター 提供]

図1.14 | 重イオンビーム育種で作出されたサクラ
左：淡い黄色の'仁科蔵王'，右：四季咲きの'仁科乙女'。
[写真は理化学研究所 仁科加速器科学研究センター 提供]

にエネルギーを与えることから，遺伝子であるDNA全体に変異を与える。一方，原子から電子を除いた荷電粒子をサイクロトロンなどにより加速した重イオンビーム(重粒子線)も育種に用いられる(**図1.13**)。重イオンビームには，電磁波であるガンマ線とは異なり質量と電荷があり，炭素，窒素，アルゴン，ネオン，鉄などのイオンが用いられる。荷電粒子の飛跡に沿って局所的にエネルギーを与えられるため，修復が困難なDNAの二本鎖切断などが誘発され，ガンマ線照射とは異なる変異が創出可能となる。この方法を使ってさまざまな植物種(サクラ，イネ，キク，カンキツ，ペチュニア，カーネーション，ソバ，ヒエなど)で新品種が育成されている(**図1.14**)。今後の発展が期待される育種技術である。

Column 1.7

栽培化にともなう種子の脱粒性と休眠性の制御

植物が栽培化される過程において受粉システムの変化が重要であることはコラム1.1で述べた通りであるが，それ以外に重要な要素として**脱粒性**(shattering habit)，**種子の休眠性**(seed dormant habit)があげられる。植物側から考えれば，種子を植物体周辺に広げるために「脱粒性」は重要である。加えて，脱粒後，一斉に発芽することなく，異なった休眠時間を有していれば，多様な環境下に植物を繁殖させることができる。しかしながら，農耕を行う人類からすれば，結実した果実，種子が脱落することは収穫上問題であり，必要以上の労働力を要することにつながる。また，播種後，発芽がそろうことで，収穫期をそろえることができる。

脱粒性(果実，種子の脱落)は茎と果実をつなぐ「果柄・花柄(peduncle)」のいずれかに離層(abscission layer)形成がなされることで生じ，リンゴ，カキ，トマトなどの果実に見ることができる。リンゴ，カキのほとんどは生食用であるのに対して，トマトは世界的に見ると生食用も重要ではあるが，加工用トマトの需要がジュース，ケチャップ，ソースなど多様であり，リンゴ，カキとは大きく様相が異なる。加工用トマトの場合，人手で収穫するのではなく，機械化栽培で植物体ごと収穫することがコスト低下につながる。そのため，機械化栽培に適した加工用トマトでは離層形成を制御する*JOINTLESS*遺伝子(MADSドメイン(第5章140頁欄外注＊23参照)を有する転写因子をコード)が，2000年にトマト変異体から単離・解析された(写真)。トマトの離層を形成しない変異体である*jointless*系統にリンゴ由来のオルソロガス遺伝子(orthologous gene：共通の祖先遺伝子から種分化よって分岐した遺伝子。それに対して，ゲノム内での遺伝子重複によって生じた相同な遺伝子をパラロガス遺伝子と呼ぶ)である*MdJb*野生型遺伝子を導入すると，離層形成の回復が見られた。つまり，トマトとリンゴという異なる種であるが，離層形成に関与する遺伝子は共通している。なお，*JOINTLESS*遺伝子，*jointless*遺伝子については，優性対立遺伝子は大文字斜体，劣性対立遺伝子は小文字斜体表記という遺伝学の表記に従った。詳細は第6章6.2節および165頁欄外注＊13の説明を参照いただきたい。

一方，ムギ類が栽培される場所の多くは乾燥地帯であるが，日本の本州以南の場合，ムギ類の収穫期は梅雨に重なる。このときに問題となるのが「**穂発芽性**(vivipary)」である。穂発芽のメカニズムについては，第7章7.3.3項を参照していただきたい。育種とはこうした何とも難しいいくつもの課題を解決しなければならない学問，技術である。

写真 | **離層が形成されない*jointless*遺伝子破壊系統と離層形成される野生型のトマト**

(a) *jointless*遺伝子破壊系統のトマト品種では離層形成が見られない。(b)一方，野生型のトマト果実では，○で囲んだ部分に離層が形成されたり，すでに離層から果実が脱落した部分も観察される。なお，野生型(wild type, WT)とは，自然集団においてもっとも広範に見られる表現型，あるいはそれを示す遺伝子型を表す。

[写真はカゴメ株式会社 提供]

1.4 ◆ 進行する食糧問題と植物科学の役割

1.4.1 ◇ 進行する食糧問題

A. 肥料・農薬依存の限界

先に，肥料や農薬に関する多くの技術革新が画期的な食糧増産に結びついてきたことを述べた。作物増産は，植物科学の進歩というよりは，むしろ安価な窒素肥料やDDTおよび2,4-Dなどの工業的技術革新による成果であったといえる。しかしながら，その結果は大きな副次的作用，すなわち環境破壊をもたらすことになった。

ハーバー・ボッシュ法による窒素の固定量が自然界の窒素固定の総量を超えたことはすでに述べたが，実際の農業の生産現場では施肥窒素量の半分程度しか作物には吸収利用されていない。残り半分の窒素は，一部には次年以降の作物に利用されるものもあるが，多くは環境汚染源となって，自然環境に放出されている。それらは，地下水の硝酸汚染，窒素酸化物としての大気汚染や地球温暖化ガスあるいはオゾン層破壊，生態系の富栄養化および酸性化の原因となっている。

奇跡の殺虫剤といわれたDDTも，持続性の高い農薬であることは同時に残留毒性が高いことを意味し，食物連鎖を通じて生物濃縮されるこ

Column 1.8

1960年代には指摘されていた21世紀の農業の環境問題「沈黙の春」

海洋生物学者でアメリカ内務省職員であったカーソン(Rachel Carson，写真)は，1962年出版の著書『沈黙の春(*Silent Spring*)』の中で，DDTがもたらす副次的な悪影響について包括的に整理し，自然生態系の破壊を警鐘している。彼女の警鐘は世界に衝撃を与え，DDTに限らず，生体への安全性に問題が発生する可能性のある農薬には基準値が設けられるようになり，規制につながった。彼女はその著書の中で，「1種類の作物だけを栽培する現代農業は自然生態系の中での種を保持するバランスを破壊する危険を有するものである」と説く一方で，合成殺虫剤を全面否定しているわけではない。一部には後に否定される内容も含まれているが，60年後の今日にも通じる環境と人間活動とのかかわりの問題を鋭く突いた名著である。ちなみに，「沈黙の春」とは「鳥たちが鳴かなくなった春」を意味する。

写真 **『沈黙の春』の著者レイチェル・カーソン(1907～1964)**

1960年代に環境問題を告発したアメリカ内務省魚類野生生物局の水産生物学者。

ともわかり，現在は農業生産の現場では使用されていない。その後，選択毒性や易分解性の観点から定められた安全基準値を満たす有機リン系の殺虫剤やネオニコチノイド系殺虫剤などが新規に開発された。しかしながら，農薬の対象となる害虫の分類が自然科学的な分類によるものではない以上，生物の多様性保持を可能とする殺虫剤を開発することは限りなく不可能であると考えられる[*51]。

＊51　同様の問題は除草剤にも当てはまる。除草剤の対象となる雑草の分類も自然科学的な分類によるものではないため，生物の多様性保持との両立は難しい。新たな選択的殺虫剤や除草剤の開発のための技術革新が求められる。

B. 所得増加にともなう食の質的変化：穀物から畜産物へ

作物生産に対する需要は，人口増加以外に，低開発国の経済発展にともなう食の質的変化によっても大きく増加する。2013年現在，世界全体で生産されている食用作物総生産量の55%が人間の直接的な食用に，40%が家畜飼料用に使われている。牛肉1 kgを生産するのに飼料用の穀類作物10 kg，豚肉1 kgの生産には穀類作物5 kg，鶏肉1 kgの生産には穀類作物3 kgが消費される。例えば，アメリカで生産される食用作物のうち，人間が直接食用としているのはたったの27%で，67%が飼料用である。一方，インドでは90%を人間が直接食用としており，飼料用は7%にすぎない。しかしながら，低開発国を中心とした経済発展にともなって食糧に占める畜産物の割合が増えれば，重量換算比からわかるように世界全体での食糧難は加速する。

ちなみに，日本では直接食用としている割合は生産量の94%と先進国の中では例外的に高いが，これは家畜飼料をほとんど輸入に頼っているためである。**図1.15**に示すように，1955年と比べ2015年では食糧消費量における畜産物の割合が非常に高くなっている。日本の場合は，

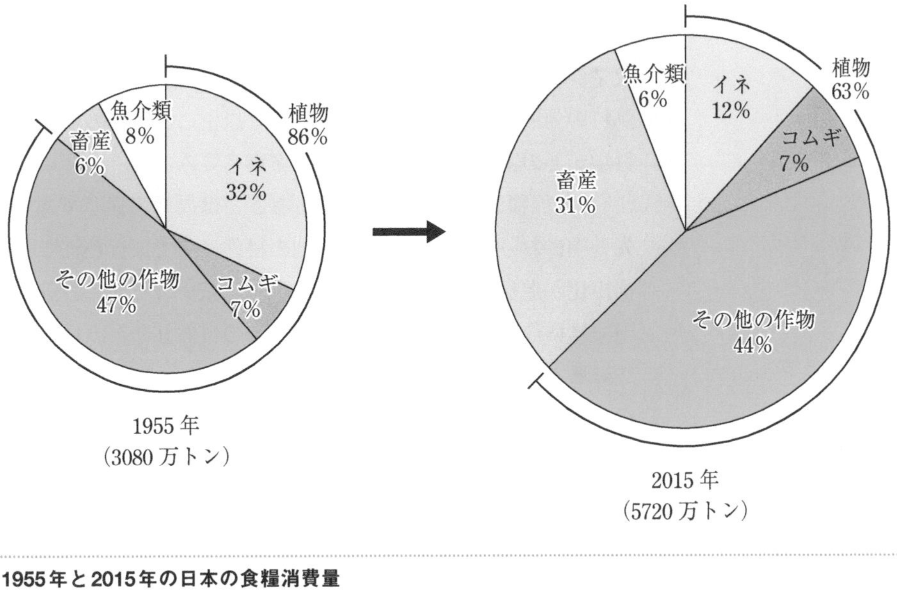

図1.15 | **1955年と2015年の日本の食糧消費量**
農林水産省「食料需給表」のデータから重量ベースで換算したもの。1955年の年間食糧消費量は3080万トンであったが，2015年には5720万トンになっている。

2021年の食糧自給率が38%で，G7の先進国中で最低であることが，国家としての食糧安全保障の観点から特に問題視されている。ただし，輸入飼料分を考慮しない国産食糧の自給率はカロリーベースで47%，金額ベースで58%となる(2022年)。さらに，日本における**食品ロス**(food loss)は年間600万トンを超え，食品廃棄物は年間2500万トンにも達している。これは国内全食糧消費の40%に相当する。こうした現状を考えれば，不足する食糧を世界中からかき集めている日本の実態はあまりにもひどいと言わざるを得ない。

C. 化石燃料の代替物として使われる穀類作物

地球温暖化対策のため，化石燃料の代替物としてバイオ燃料が注目されている。しかしながら，バイオ燃料の生産が，食用・飼料用の穀物相場の高騰を招いていると指摘されている。この原因の1つはアメリカやブラジルなどの穀類作物生産国におけるトウモロコシのバイオエタノールへの利用拡大である。世界のトウモロコシ総生産量の40%である約4億トンを生産するアメリカでは，そのうちの30%にあたる1億2000万トンをバイオ燃料生産に充てている(2021年アメリカ農務省発表)。今後は食糧とは競合しない非食糧バイオマスの活用に向けた方針転換に迫られるが，廃棄物バイオマスや，非可食部のセルロース系バイオマスを中心としたバイオ燃料のエネルギー変換効率はまだまだ低く，新たな技術革新が求められている。

1.4.2 ◇ 食糧増産のために植物科学に期待されること

オーストラリアの作物学者エバンス(Lloyd Evans)は，世界の食糧増産の方策として次の6つをあげている：(1)耕地面積の拡大，(2)土地面積あたりの作物収量の増産，(3)年あたりの作物耕作回数の増加，(4)低収量作物から高収量作物への切り替え，(5)連作障害の回避，(6)家畜用飼料の効率向上(飼料用作物の減少)。以下にこれらの項目について植物科学がどのように貢献できるのか考察してみる。

「耕地面積の拡大」が困難であることは周知の通りである(**図1.10**)。先進国においては耕作可能な土地の耕作はすでに行われていて，むしろ都市化が進むことによって，耕地面積は減少の方向にある。一方，途上国では耕作適地はまだ残っているものの自然林などの耕地への転換は自然破壊と生物多様性消失の大きな要因であり，世界のコンセンサスは得られない。また，途上国の都市化の進行速度は先進国よりはるかに速い。

しかしながら，全耕地面積は地球上の陸上面積の10%程度のみであり，多くの土地は耕作不適地として利用されていない。耕作不適地の多くは乾燥地帯や不良土壌地帯で，そうした土地で栽培可能な乾燥ストレスや貧栄養に耐性をもつ作物種の作出は植物科学の貢献が期待される分野である。「緑の革命」がもともと緑豊かで灌漑が可能な作物生産適合地帯で起こされた革命であるならば，いわゆる緑に乏しい栽培不適合地帯で新たな作物生産を可能とする「**茶色の革命**(brown revolution)」が植物科学には望まれる。ただし，そうした不良土壌地帯に自生する植物群の生産性はきわめて低いことを認識しておく必要がある。人類が植物科学の英知によって，砂漠で生育可能なイネを作出したとしても，土壌劣化の激しい貧栄養環境で生育可能なコムギを作出したとしても，いわゆる一般的な農耕地におけるイネやコムギの収穫量はとても望めない。そうした環境ストレス耐性の獲得にかかる窒素などの栄養の投資やバイオマスの投資が，光合成などの本来の成長のためのプロセス以外に必要となるからである。

「土地面積あたりの作物収量の増産」は1960年以降，「緑の革命」を通して人類が食糧増産に成功してきた方策である。安価な肥料と短稈育種および除草剤の普及という同時に誕生した3つの技術革新によってもたらされた。その延長上の方策で新たな技術革新が植物科学には期待される。例えば，植物側の肥料利用効率の向上(第4章4.5.3項参照)や，薬剤耐性，害虫耐性を組み込んだ作物の作出(1.4.3項参照)などである。一方，トウモロコシでは，雑種強勢による環境ストレス耐性，病害虫耐性および密植耐性形質の発現が増産に貢献していることがわかっている。そうしたメカニズムの解明や優良形質導入への応用も植物科学に期待される課題である。また，トウモロコシでは，イネやコムギの短稈育種で成功を収めた収穫指数の向上も次なる増産の戦略であろう。

「年あたりの作物耕作回数の増加」に関しては，主要作物の早生化*52が行われている。植物科学の進展によって開花のメカニズムやさまざまな形質を決定する遺伝子の同定が進み，応用技術も実用化されつつある(第5章5.1.1項参照)。これらの技術は栽培化面積の拡大にもつながる。例えば，短い夏を上手に利用したイネやダイズ栽培の北上化があげられる(第5章コラム5.1参照)。

*52　早生化：「わせか」と読む。開花・子実の成熟期を早くすることにより収穫時期を早期にすること。農学では作物の早晩性を「早生(わせ)」，「中生(なかて)」，「晩生(おくて)」と表現する。

「低収量作物から高収量作物への切り替え」は，現在も進行しつつあり，生産性の高いコムギ，イネ，トウモロコシなどの作付けは拡大しているのに対し，相対的に生産性の低いマメ科作物の作付けは減少傾向にある。しかしながら，低施肥条件下においても持続的な栽培が可能なマメ科作物の増産のための研究は，今後の植物科学に期待されるところであろう。

「連作障害」の要因は，同一作物を繰り返し栽培することによって，土壌病害，栄養素欠乏，根圏微生物の偏りなどが引き起こされることが原因とされている。対策としては古くから輪作が行われているが，土壌の条件に合う作物への品種改良や，栽培する作物の組み合わせに関する技術革新が求められる課題である。

「家畜用飼料の効率向上」に関しては，先に低開発国の経済発展にともなう食の質的変化によって，畜産物への食糧依存度が大きく増加していることを述べた。人類の食糧問題を考えるときには，飼料用作物の生産をいかに抑え減少させていくかが重要な課題となる。食品加工にともなう廃棄物の有効利用も考えられるが，家畜側のミトコンドリアの代謝エネルギー効率を向上させる研究も進んでいる。

そのほか，地球環境の変化も作物生産には大きな影響を及ぼす。二酸化炭素（CO_2）濃度の上昇は光合成速度を上げる大きな要因であるので（第3章3.3節参照），一般に作物増産の方向にはたらく。しかしながら，温暖化による影響は複雑である。高緯度地域の農業には栽培期間の拡大につながることも予想されるが，人口増加の著しい低緯度地域の農業には，高温障害や乾燥化により，確実に栽培期間の短縮をもたらす。また，地球全体の植物の生態系そのものに大きな影響を与えるので，それが作物生産にどのような副次的作用をもたらすのか，さらには予測できない気候変動が多くなり災害が増えるなど，未知の部分がかなり多い。環境との調和と持続性がとりわけ強調される農業生産であるが，この分野に関して植物科学が解明しなくてはならない課題は非常に多い。しかしながら，このような長期的視点に立った研究に取り組む研究者は少ない。

1.4.3 ◇ 遺伝子組換え作物

これまでの品種改良は交雑と選抜により行われ，目的は従来品種とは異なる農業形質[*53]を有する品種の創出であった。近縁種との交雑[*54]による**遺伝子移入**（introgression）[*55]は可能であるが，交雑ができない植物種からの優良遺伝子の取り込みは不可能である。ところが，1970年代初頭に，遺伝子の切り貼りに必要なハサミとノリの役割を果たす**制限酵素**（restriction enzyme）[*56]，**DNAリガーゼ**（DNA ligase）[*57]による遺伝子操作が可能となった。このことは，「種の壁」を越えてどのような生物種からも遺伝子を取り込み，形質を変えられることを意味する。

1980年代には，植物に感染する細菌である**アグロバクテリウム**（*Agrobacterium*）と組織培養を組み合わせることで植物に対する外来遺伝子の導入もできるようになった[*58]。さらに，1990年代には，イネ，トマト，ナタネ，トウモロコシなどに耐病性，除草剤耐性，害虫抵抗性などを示す外来遺伝子を導入した**遺伝子組換え作物**（genetically modified crops）が実用化され，アメリカを中心に栽培されている。害虫抵抗性に関しては，1.3.1項B.で記したCryトキシンの遺伝子を導入した遺伝子組換え作物が育成された。開発初期は問題にならなかったが，栽培年数を経るごとに耐性を有する害虫が出現し，遺伝子組換えによる害虫抵抗性付与における問題となっている。加えて，耐病性，除草剤耐性遺伝子を導入した作物でも同様の問題が生じている。2014年現在，遺伝子組換え作物は1.8億ヘクタールで栽培され，世界で栽培されているダイズ，トウモロコシ，ナタネ，ワタに占める遺伝子組換え品種の栽培比率はそれぞれ82%，30%，25%，68%となっている。なお，遺伝子組換え食品の

＊53　農業形質：作物が有している形質の中で，各種抵抗性，播種から開花・結実までの日数，種子・果実の形態・重量，機能性成分の含有量，良食味，製粉適性などの作物栽培，利用，加工などを行う際に重要となる形質。

＊54　交雑により子孫を残すことができる生物の関係が同一種と定義されている。動物の場合，この定義はきわめて厳密に制限されていることから種間交雑種ができることは稀である。それに対して，植物の場合は同一属の異なる種，場合によっては異なる属間でも交雑してゲノム倍加が生じ，子孫を残すことができる。ゲノム倍加については，第6章6.3節を参照。

＊55　遺伝子移入：異種間交雑により，特定のゲノム領域（例えば耐病性など）が交雑した相手の植物種ゲノムに挿入されること。耐病性などの必要形質を野生種から栽培種に導入するときに利用される。

＊56　制限酵素：細菌などの原核生物に由来する特定の塩基配列を認識してその内部（あるいはその近傍）のDNAを切断する酵素。細菌などがもつ，ウイルス感染に対する防御機構の1つでもある。

＊57　DNAリガーゼ：同一制限酵素で切断した別のDNA（例えば，ゲノムDNAとプラスミドDNA）を結合させるときに利用する酵素。

＊58　アグロバクテリウム法と呼ばれる。土壌細菌であるアグロバクテリウムに内在しているT-DNAが植物細胞に挿入されるというしくみを利用して，導入する遺伝子をT-DNA上に構築し，アグロバクテリウムを植物に感染させることで遺伝子導入（形質転換）を行う。

安全性は，日本の場合，既存食品との「実質的同等性*59」などの概念をもとに審査され*60，在来作物への影響はカルタヘナ法で規制されている(第6章6.4.3項参照)。このように，現在は耐病性，除草剤耐性，害虫抵抗性を付与した遺伝子組換え作物が中心であるが，実験室レベルでは不良環境に耐性のある作物や光合成機能を改善した新規作物の創出が進められており，さらなる技術革新が期待される。

*59　実質的同等性：遺伝子組換え作物の安全性評価を行うときの概念。遺伝子組換え作物と非遺伝子組換え作物(従来の作物)と，遺伝的な形質(色，形など)，食品構成成分(アレルゲンなど)などの点から比較したとき，両者の安全性が同程度と判断できれば，その遺伝子組換え作物は安全とされる。

*60　日本は遺伝子組換え作物の栽培国ではないが，年間数千万トンもの遺伝子組換え作物を輸入している輸入大国である。

1.4.4◇ゲノム情報を活用したDNAマーカー育種

メンデルの「遺伝の法則」が確立された後，近接した遺伝子間では物理的距離に応じた相同染色体間での**組換え**(recombination)が生じることが示された(第6章6.1.2項参照)。相同染色体*61間においてどの程度の頻度で組換えが生じるのかという情報を1本の直線上に示した地図を**連鎖地図**(linkage map)と呼ぶ。当初，連鎖地図には形態的な違いで判別できるマーカーが載せられていた。その後，タンパク質，遺伝子間での多型に由来する**アイソザイム**(isozyme)*62，**制限酵素断片長多型**(restriction fragment length polymorphism, RFLP)*63などのマーカーも連鎖地図に加えられ，特定の形態，タンパク質，遺伝子の連鎖関係を利用することを通じて，効率的な育種が可能になった。

*61　相同染色体：同一の遺伝子が同じ順序で並んでいる染色体。イネ，シロイヌナズナのように染色体に番号が記されている場合は，同一番号が記されている染色体を指す。

*62　アイソザイム：同じ酵素活性を有しているが，タンパク質を構成するアミノ酸配列などの違いがある酵素の一群。

*63　制限酵素断片長多型：ゲノムDNAなどを特定の制限酵素で切断したとき，目的とするDNA断片長が個体間で多型を示す状況，または，その解析手法。

近年，DNA塩基の配列情報をより高速で安価に解析できる技術が登場し，品種改良などでターゲットに設定した作物のゲノム配列を決定することが可能になった(第6章コラム6.8，6.9参照)。育種目標とする形態的特徴，食味，収量性を制御する遺伝子の周辺領域に存在する品種・系統間などでのDNA塩基配列多型(塩基の置換，繰り返し配列の回数の違いなど)を利用したマーカーを構築できるようになった。これにより品種・系統間のDNA多型を**PCR**(polymerase chain reaction)*64で増幅されるゲノム断片の大きさから判別できるDNAマーカー選抜が可能になった。アイソザイム, RFLPなどの従来の手法では検出に時間がかかっていたが，短時間で多検体の遺伝子判別ができるようになり，個体，系統選抜時の育種効率が格段に向上した(**図1.16**)。

*64　PCR(ポリメラーゼ連鎖反応)：DNAの二本鎖を熱変成により一本鎖にし，それぞれの鎖に特異的に結合できる20塩基程度のプライマーを結合させ，熱耐性があるDNAポリメラーゼを用いて，特定の遺伝子断片を短時間で増幅させる手法。この方法を考案したアメリカのマリス(Kary Mullis)は1993年にノーベル化学賞を受賞した。

遺伝子組換えの技術革新に加えて，ゲノム解読コストの低減が加速することにより，DNAマーカー育種技術はこれまで以上に重要になると想定される。

1.4.5◇遺伝子組換え作物からゲノム編集作物へ

遺伝子組換え作物を作出する場合の問題点として，染色体上の目的の位置に遺伝子を導入することがきわめて困難であるということがある。このため，導入された位置により導入遺伝子および導入位置周辺に位置する遺伝子の発現に影響が出る。また，標的とした遺伝子を外来遺伝子と入れ替える**相同組換え**(homologous recombination)技術は植物では困難である。こうしたことから，遺伝子組換え作物(1.4.3項参照)として

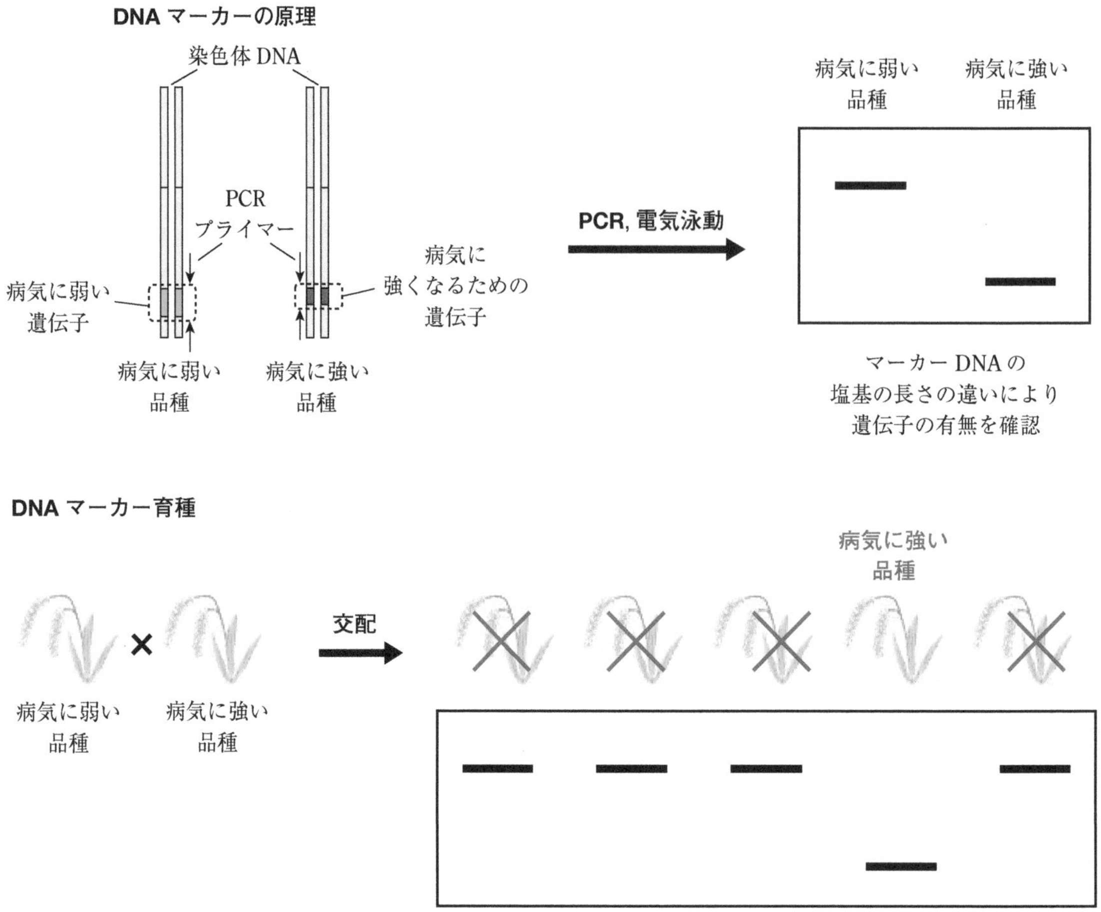

図1.16 | DNAマーカーを用いた効率的な耐病性系統の選抜の原理

栽培される作物種は限定されている。しかしながら，植物に外来遺伝子を導入するという研究に用いられるアグロバクテリウム法，パーティクルガン法*65などの技術は有用であり，遺伝子導入技術を基盤とした技術革新も進展している。

こうした遺伝子組換え技術に加え，人工DNA切断酵素を用いることによって目的とするゲノム上のDNA配列を認識して切断し，目的の配列に変換（置換・挿入など）できる「**ゲノム編集**(genome editing)」が可能となった。ゲノム編集技術は，本来生物が有していない外来遺伝子を導入するのではなく，特定の遺伝子に変異を導入するものである。原理的には，遺伝子に塩基挿入，欠失を起こさせるため，放射線などによる変異と同じである。ゲノム編集を行うために必要となる導入遺伝子は交雑で除去することができるため，ゲノム編集作物は日本国内では遺伝子組換え作物には分類されない。

2000年以降に3つのゲノム編集技術が開発された。先駆け的技術はDNA結合能をもつジンク（亜鉛Zn）フィンガードメインと制限酵素FokI

＊65　パーティクルガン法：植物に導入する遺伝子をプラスミドなどにクローニングし，そのDNAを金粒子に吸着させ，高圧ガスにより植物細胞に導入する。組織培養などによりこの細胞塊から形質転換体を得る手法。

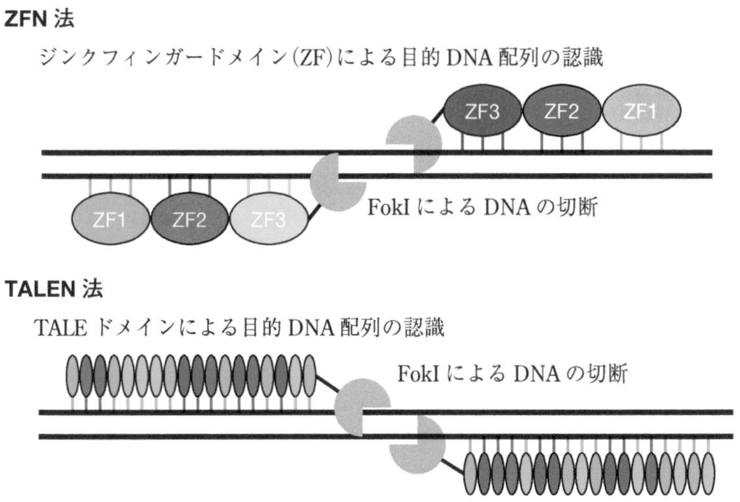

図1.17 | **ZFN法，TALEN法によるゲノム編集の原理**

のDNA切断ドメインを融合した人工制限酵素(zinc-finger nuclease, ZFN)により目的とするDNA配列で切断するZFN法である(**図1.17**)。しかしながら，任意の配列を認識できるようなZFNの設計が困難であり，ゲノム中の目的DNA配列以外の類似配列(オフターゲット)を編集してしまう(オフターゲット作用という)確率が高いという問題も有していた。

第2の技術は，ZFNの代わりに植物病原菌*Xanthomonas*が産生する転写因子[*66]様タンパク質であるTALE(Transcription activator-like effector)ドメインと制限酵素FokIを融合させた人工制限酵素(TALE nuclease, TALEN)により目的のDNA配列を切断するTALEN法である(**図1.17**)。TALEN法はZFN法よりも配列認識の正確性があり，編集に必要なベクターなどの設計も容易であった。

第3の手法はZFN法，TALEN法のような人工制限酵素を用いる技術ではなく，古細菌由来のRNA依存性制限酵素Cas9とターゲット配列に対する相補的RNA(ガイドRNA，gRNA)を組み合わせた**CRISPR–Cas9**(clustered regularly interspaced short palindromic repeats(CRISPR)/CRISPR-associated protein 9)法である(**図1.18**)。まず，制限酵素Cas9とgRNAが複合体を形成する。gRNAがターゲット配列と一致し，ターゲット配列近傍にPAM配列(protospacer adjacent motif：**図1.18**の場合は5′–NGG–3′，Nは任意の塩基，Gはグアニン)が存在するときにのみ複合体内でDNAが切断され，ゲノム編集が起こる。

CRISPR–Cas9法は，ZFN法，TALEN法とは異なり，特異的なDNA配列に結合できるタンパク質ではなく，相補的なgRNA配列を設計することから実験系の構築は容易である。すでにゲノム情報をもっている植物の場合，オフターゲット配列を予測することができ，目的とする

＊66　転写因子：遺伝子のプロモーターに位置する特定の塩基配列(シス配列)を認識して結合し，RNAポリメラーゼと協働して転写の調節を行うタンパク質。

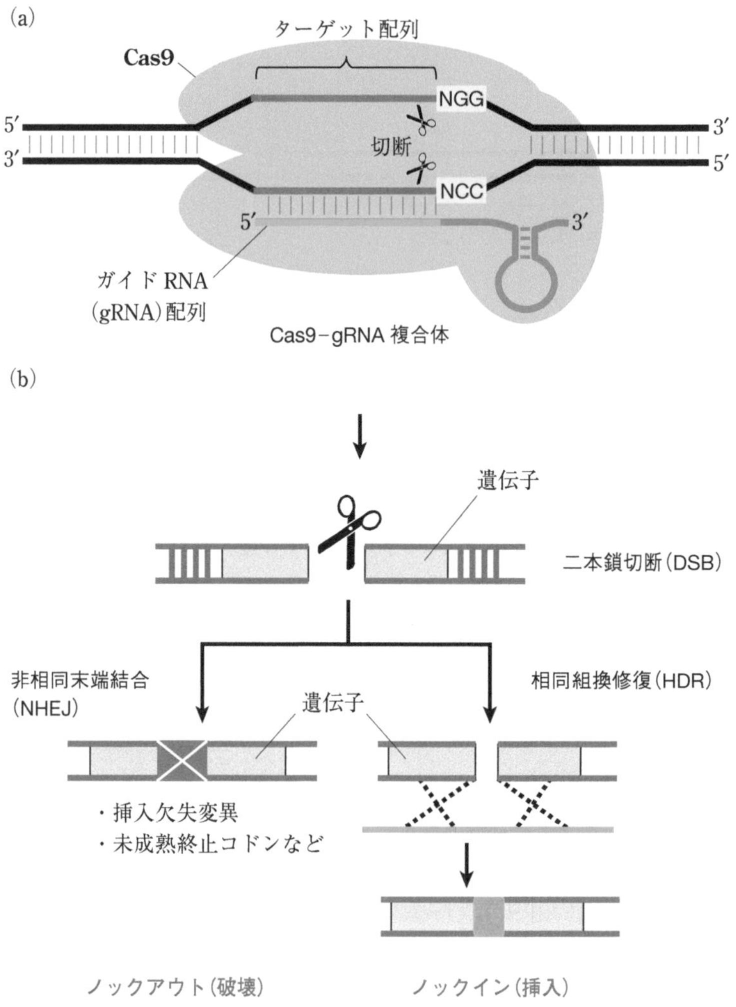

図1.18 | **CRISPR-Cas9法によるゲノム編集(a)および遺伝子の破壊と遺伝子への塩基挿入(b)の原理**

DNA配列でのみゲノム編集が起こるようにすることが可能である。gRNAの配列予測，塩基を挿入する技術(ノックイン)などにおいてCRISPR-Cas9法に工夫が加えられた手法が日進月歩で開発されている。実際，DNA切断により大規模なゲノム欠損などが生じる問題を解決するために，DNA切断を行わないゲノム編集技術として塩基編集技術(base editing : Target-AID，base editor(BE)などとも呼ばれる)が構築されている。これはDNA塩基において脱アミノ化する現象に着目した手法である。2017年に開発された技術はアデニンベースエディター(adenine base editor, ABE)と呼ばれ，アデニンが脱アミノ化されて生じるヒポキサンチン(イノシンの塩基部分)が生体内でグアニンと誤認されることでアデニンがグアニンに変換される現象を利用したものである。この技術を用いて，ジベレリンのシグナル伝達因子をコードする*DELLA*遺伝子[*67]の塩基編集がトマトを材料に行われ，草丈・葉の形状

＊67　*DELLA*遺伝子：ジベレリン(GA)のシグナル伝達系において，GAの機能発現を抑制している。GAとその受容体であるGID1が結合するとDELLAタンパク質がユビキチン化されてユビキチン-26Sプロテアソーム系(第9章211頁欄外注＊2参照)により分解され，GAに対する応答が生じる。ジベレリンのシグナル伝達については，第9章9.3.2項を参照。なお，一般に遺伝子名は斜体(italic)で，タンパク質名は立体(roman)で表記する。

Column 1.9

科学の発展による「光と影」

科学技術が発展すると，人類に幸福がもたらされるという光の部分だけでなく，その裏の人類に不幸をもたらすという影の部分がある。原子核が崩壊することの発見は原子核物理学を発展させ，放射線を利用してレントゲン，CT(computed tomography，コンピューター断層撮影)での撮影が可能になった。また，先述のように，放射線による農作物の品種改良も行われてきた。一方で，原子爆弾が開発されて広島，長崎に投下され，現在でも世界を複数回破壊できる原子爆弾がいくつかの国で保有されている。また，ハーバー・ボッシュ法を確立したハーバーは，この手法を応用して毒ガスなどの化学兵器の開発にも関与している。世界二大感染症であるマラリアと発疹チフスの克服と食糧増産に大きく貢献したDDTも今では環境汚染の象徴である。有機リン系殺虫剤のターゲットとなる作用機序は昆虫の神経系で機能するアセチルコリンエステラーゼの阻害であり，宗教団体オウム真理教によりその阻害効果が著しく高い化合物サリンが製造され，松本サリン事件や地下鉄サリン事件という殺人事件が引き起こされた。さらに，2018年11月に香港で開催された第2回ヒトゲノム編集国際サミットにおいて，中国の研究者がヒト胚に対してゲノム編集を行い，双子の女児が誕生したことを発表した。標的としない遺伝子へのオフターゲット作用による影響や，ゲノム編集を行ったヒト胚を母胎にもどすことの倫理的な問題など多くの論点があり，世界的なレベルでの議論が必要とされている。

このように，科学を研究する者には，その光の部分だけでなく，影の部分も理解したうえでの行動が求められる。

や，単為結果性の変化が観察されている。塩基編集技術が作物に対しても適用可能であることが示され，実用化への基盤も整備されつつある(単為結果性とジベレリンの関係については，第9章コラム9.6を参照)。

こうした簡便性と高い汎用性から，CRISPR-Cas9法によるゲノム編集技術を構築したフランスの生物学者シャルパンティエ(Emmanuelle Charpentier)とアメリカの生化学者ダウドナ(Jennifer Doudna)は2020年にノーベル化学賞を受賞した。

2022年時点においてゲノム編集作物として，GABA(γ-アミノ酪酸)[*68]を高蓄積するトマト(日本)，オレイン酸リッチのダイズ(アメリカ)が商業化されている。糸状菌が原因であるうどんこ病[*69]耐性コムギが中国で作られ，実用化に向けて進展しており，今後も多くのゲノム編集作物が実用化されていくものと考えられる。

＊68　GABA：gamma aminobutyric acidの略。アミノ酸の一種で，血圧上昇を抑制する効果がある。

＊69　うどんこ病：多様な野菜，果樹，草花を宿主とする糸状菌によって引き越される病害。葉，茎など植物の至るところに感染し，うどん粉(小麦粉)をまき散らしたような白い斑点症状として観察される。宿主とする植物種によって感染する菌が異なり，ムギ類に感染するうどんこ病菌として*Blumeria graminis*，モモ・イチゴ・キュウリでは*Sphaerotheca*属，ブドウ・キュウリでは*Erysiphe*属の糸状菌が同定されている。なお，英語ではpowdery mildewと呼ばれる。

1.5◆まとめ

食糧となる作物の栽培は文明の起源である。メソポタニア文明のコムギ，インド・中国文明のイネ，マヤ文明のトウモロコシ，インカ文明のジャガイモがそれである。これら4種の作物は，現在でも人類の主要食糧であり，重量ベースでは全食糧の60%にも及ぶ。

新大陸の発見によって，トウモロコシやジャガイモがヨーロッパへ流入し，農業生産が急速に産業化された。さらに，人口の増加によって作物増産が重要な課題となり，農業研究ひいては植物科学が誕生した。1840年にリービッヒが「植物の無機栄養説」を実証して肥料学が生まれた。1866年にメンデルが「遺伝の法則」を発表して遺伝学が誕生し，1859年にダーウィンが種の内包する多様性に基づく自然選択による進化を見いだして「種の起源」を発表し，育種学に応用された。

1900年代に入ると世界の農業は大きく変わった。開墾技術の進歩により耕地面積が拡大されるなか，1908年に安価な窒素肥料製造法であるハーバー・ボッシュ法が開発され，1939年には奇跡の農薬といわれたDDTが開発された。1940年代には2,4-Dに代表される除草剤も開発された。そうした技術革新を受けて作物側の改良も進み，1960年代に入ると「緑の革命」と称されたコムギとイネの短稈育種や，雑種強勢を利用したハイブリッドコーンなども育種され，現在の作物増産へつながった。

しかしながら，それらの技術革新は大きな副次的作用である環境破壊をもたらした。農業には地球生態系との共生も強く求められ，生態系サービス[*70]を活用する産業への変換が模索されている。一方で，今世紀半ばには100億人に達するといわれている人口を養うための食糧増産も喫緊の課題となっている。そうしたなか，ゲノム情報を活用したDNAマーカー育種法はルーティン化し，新品種作物作出が進んでいる。遺伝子組換え作物も，世界70ヵ国で食糧として利用され，2019年の作付面積は全耕地面積の13%に達した。耐病性，除草剤耐性，害虫抵抗性作物が中心であるが，実験室レベルでは新規作物の創出も進んでいる。また，CRISPR-Cas9法によるゲノム編集技術も急速に進展し，すでにトマトで実用品種が創出されている。今後は，そのような新しい科学技術を駆使して，緑に乏しい栽培不適地帯で新たな作物生産を可能とする「茶色の革命」や多肥に依存しない肥料利用効率の改善した新規作物の創出，雑種強勢による環境ストレス耐性，病害虫耐性および密植耐性形質のメカニズム解明と優良形質の導入への応用などが植物科学に期待される。

*70　生態系サービス：生態系が有する機能の中で，人類の利益になるもの。例えば，気候の調節，自然災害の緩衝，花粉の運搬などを示す。

第2章

植物の生活環から見た形態と機能

作物として栽培される植物のほとんどは**被子植物**(angiosperms)である。栽培される植物に限っても，形態にはさまざまな特徴があるが，一方で高い共通性も見られる。植物体の多様な形態は多様な機能とも強く関係している。本章では，植物が有する基本的な機能の各論を学ぶ前の基礎として，植物の形態と機能の特徴について概観する。

2.1◆植物の生活環

種子植物[*1]は**種子**(seed)から**発芽**(germination)し，**成長**(growth)[*2]・**生殖**(reproduction)を経て次世代である種子になる。この一連の過程を**生活環**(life cycle)と呼ぶ。こうした**有性生殖**(sexual reproduction)過程を中心とした植物の生活環を**図2.1**に示す。一方，植物は有性生殖だけではなく，**挿し木**(cutting)などの**無性生殖**(asexual reproduction)も可能である。農業において無性生殖を利用した繁殖技術は重要である。

ここでは被子植物を対象とする。被子植物の生活環全体においては，**核相**(nuclear phase)[*3]が$2n$である状態がほとんどであり，核相がnである状態は**花粉**(pollen)および**卵細胞**(egg cell)を形成するための**減数分裂**(meiosis)から**重複受精**(double fertilization)までに限られる。それに対し，農作物として扱われることが稀な陸上植物進化の基部に位置する**コケ**(bryophyte)，**シダ植物**(pteridophyte)では，生活環全体において核相がnの期間が長い。

2.1.1◇発芽から栄養成長まで

穀類であるイネ科のイネ，ムギ，トウモロコシは**単子葉植物**(monocotyledon, monocot)で，マメ類，野菜，果樹の多くは**双子葉植物**(dicotyledon, dicot)である。ここでは双子葉植物を例にして発芽からの成長過程を概観する。

種子から発芽したばかりの状態を**芽生え**(seedling)と呼ぶ。芽生えの状態においては，種子に内包されている**子葉**(cotyledon)が展開し，**茎《けい》頂《ちょう》分裂組織**(shoot apical meristem，シュート[*4]頂分裂組織とも呼ぶ)を取り囲むように**幼芽**(plumule)は葉に発達する(**図2.2**(a))。幼根より上側で，子葉より下側の部分を**胚軸**(hypcotyl)と呼ぶ。**分裂組織**(meris-

＊1　種子植物：繁殖のために種子を形成する被子植物と裸子植物をあわせて種子植物という。

＊2　成長：植物の場合，あまり形が変わらず，比較的単純な量的な増加のみが見られるため，古くから「生長」という言葉が使われてきた。一方，動物の場合，量的な変化に加えて，形態的な変化(質的な変化)も見られることから，「成長」という言葉が使われてきたとされている。混乱を防ぐため，2つの言葉は1956年発行の『学術用語集 植物編』(文部省)から「成長」に統一された。こうした背景から，農学では「生長」という漢字を使うことが多かったが，「成長」という表記が一般化されたことから，ここでは「成長」を使用する。

＊3　核相：染色体のセットであるゲノムの存在様式のこと。対となる相同染色体が存在する状態を複相と呼び，$2n$と表記される。卵核や精核は減数分裂の結果として生じる胚のうや花粉に由来するため，単相となっており，nと表記される。中央細胞の極核は2個であるため，核相は$2n$となる。なお，nの文字は斜体(italic)表記とすることが通例である。

＊4　シュート：茎とその上にできる多数の葉を1つの単位とみなしてシュート(shoot)と呼ぶ。苗条，芽条とも呼ばれるが，一般的には英語をカタカナ表記したシュートが用いられる。

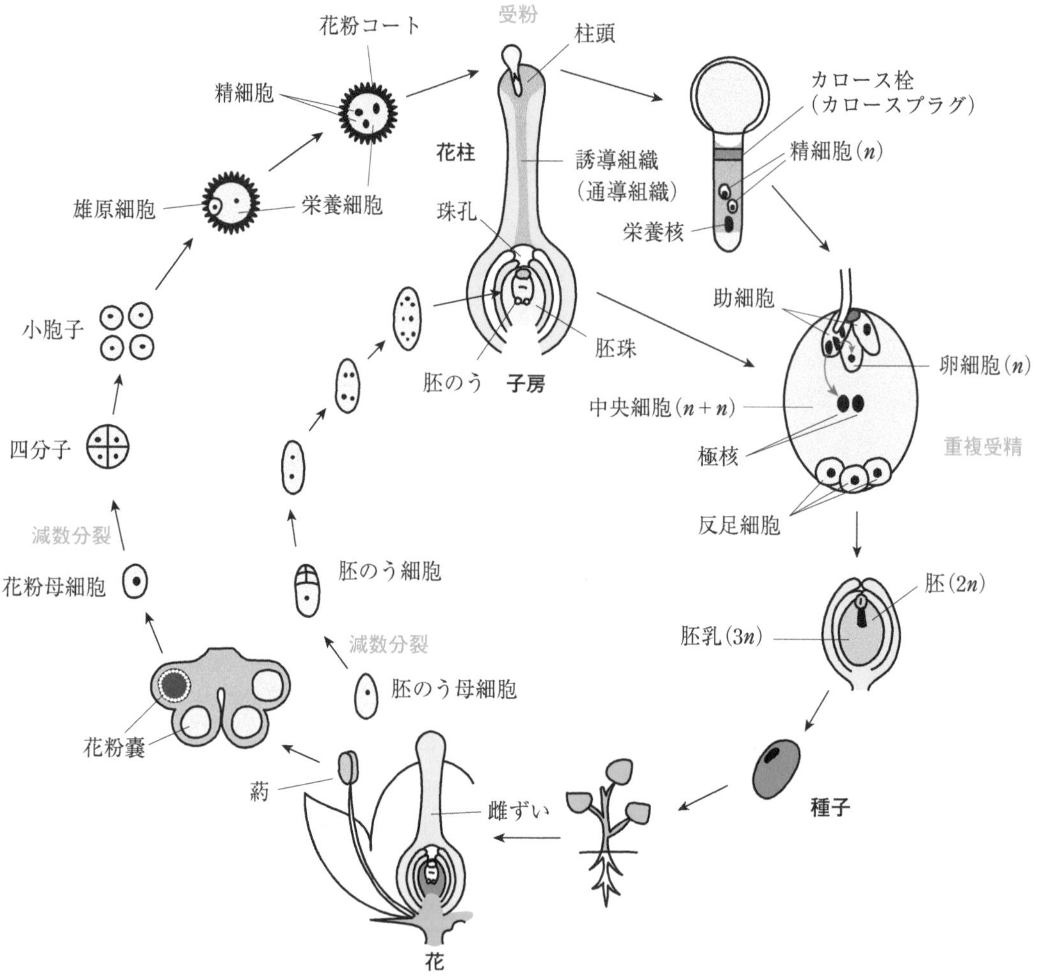

図2.1 | **有性生殖過程を中心とした植物の生活環**
種子発芽，栄養成長などを除いた表記とした。
[横田明穂 編，植物分子生理学入門，学会出版センター(1999)，図3.7より改変]

tem)は未分化な細胞塊であり，植物の地上部と地下部の先端に存在する。地上部を茎頂分裂組織，地下部を**根端分裂組織**(root apical meristem)と呼ぶ(形成過程については第7章7.1.3項を，分裂組織の維持過程についてはコラム2.4を参照)。根端分裂組織は土壌などからの保護，重力方向などの環境からの情報を感知できる根冠(root cap)に覆われている。かつては茎，根の成長点と呼ばれていた。

本葉展開後，葉の茎との付け根部分から**腋芽**《えきが》(axillary bud，あるいは**側芽**《そくが》(lateral bud))が形成される(**図2.2**(b))。植物種によって腋芽の伸長のしやすさは異なる。一方で，腋芽を伸長させるほうが作物としては収量増につながることが多い。茎頂分裂組織である頂芽を切除すると，**頂芽優勢**(apical dominance)*5が崩れ，腋芽の伸長が促進される。

腋芽(側芽)という言葉が一般的であるが，イネ，ムギ，トウモロコシなどのイネ科の場合には，**分げつ**(tiller，漢字では**分蘖**と書く)という言

*5 頂芽優勢：茎先端の頂芽が成長しているとき，腋芽(側芽)の成長が抑制され，頂芽の成長が優勢であること。

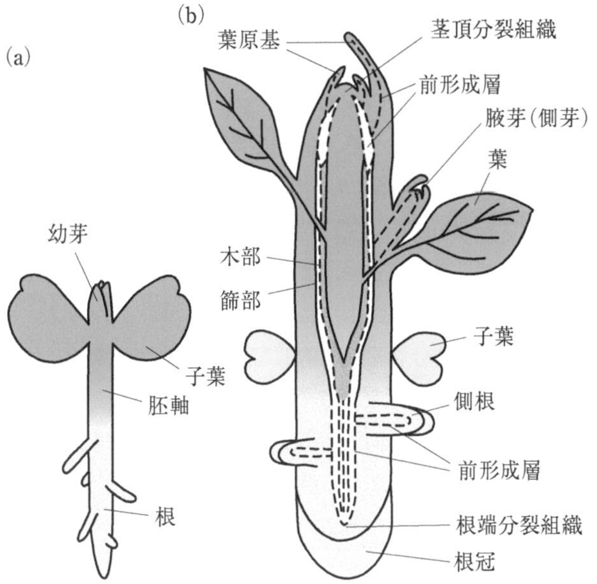

図2.2 **双子葉植物の基本的形態**
(a)芽生え，(b)本葉展開後。
[原 襄，植物の形態 増訂版，裳華房(1984)，図4.3より改変]

図2.3 **樹木の切り口からの蘖(ひこばえ)**
切断により休眠していた腋芽が伸長してきた状態。
[写真は東北大学・増子(鈴木)潤美氏 提供：東北大学片平キャンパス]

葉を使う。蘖は「ひこばえ」と読み，樹木を切った切り株から腋芽が成長したもののことを指す(**図2.3**)。

2.1.2◇生殖成長への転換から受粉・受精・種子形成まで

特定の系統，栽培条件を例外として，植物が栄養成長から生殖成長に移行するための基本栄養成長相が存在する。基本栄養成長相を経て，生殖成長に移行することを**相転換**(phase transition)と呼ぶ。果樹のような多年生の樹木の場合には，開花・結実ができるようになった後は**栄養成長**(vegetative growth)と**生殖成長**(reproductive growth)が混在している。生殖成長に相転換すると花器官が形成され，**受粉**(pollination)・**受精**(fertilization)後に種子が形成される。

動物の受精は精子と卵細胞の融合であるが，ほとんどの被子植物では，精細胞は卵細胞と中央細胞という2つの異なる細胞と重複受精し，**精細胞**(sperm cell)と**卵細胞**(egg cell)の核が融合して**胚**(embryo)が，精細胞と**中央細胞**(central cell)の核が融合して**胚乳**(endsperm)ができる(**図2.1**)。多くの植物種では胚乳は退化しており，種子内は子葉だけとなる。胚乳が観察できる植物種としては，イネ，ムギ，トウモロコシなどの穀類と，果樹であるカキ(persimmon, *Diospyros kaki* L.)などが知られている。

なお，受粉から受精に至る過程については第5章で，胚と胚乳の発生については第7章で詳細に解説する。

2.1.3◇多様な繁殖様式

栽培作物の多くは被子植物であり，その主たる繁殖様式は，上述の「有性生殖」を経た種子形成によるものであるが，一方で，「無性生殖」，つまりクローンとしての繁殖が可能である植物もある。植物の無性生殖には，ジャガイモの**塊茎**《かいけい》(tuber, **図2.4**)，サツマイモの**塊根**《かいこん》(tuberous root)，イチゴの**ランナー**(stolon，**分枝**および**匍匐枝**《ほふくし》とも呼ぶ：**図2.5**)，タマネギ・チューリップの**鱗茎**《りんけい》(bulb)，ナガイモの**ムカゴ**(aerial tuber, 珠芽)*6などがある。いずれの無性生殖においても，分化した塊茎，塊根などが茎頂分裂組織と根端分裂組織を有しており，適切な条件にすることにより繁殖が可能となる。

*6　ムカゴ：漢字では零余子あるいは珠芽と書かれる。腋芽が養分を貯えて肥大化した部分で，植物の栄養繁殖器官の1つである。ヤマノイモ，オニユリ，ノビルなどで見られる。

また，植物によっては同種あるいは近縁の植物種への**接ぎ木**(grafting)や，土への**挿し木**(cutting)により，個体を増殖することも可能である。接ぎ木，挿し木は植物の葉の付け根に存在している腋芽(側芽)を成長させて，植物体のクローンを作製する技術とも言い換えられる。接ぎ木の場合，同じ科に分類される植物を**台木**(root stock)として，**挿穂**《さしほ》(scion)*7を接ぎ木することが一般的である(**図2.6**)*8。また，果樹の場合には高接ぎと呼ばれる樹木の高い位置に異なる品種を接ぎ木する手法が用いられる(**図2.7**)。この手法により新品種の苗木を植える場合よりも早期に新品種の果実の生産が可能となる。このような手法による接ぎ木技術は双子葉植物で可能である。それに対して，主要穀物，食糧であるイネ，コムギ，トウモロコシ，バナナなどを含む単子葉植物では，双子葉植物と同様の手法では高確率の接ぎ木は困難であった。しかしながら，発芽中の種子内の胚から幼芽を切除し，別の植物の幼芽と置き換

*7　挿穂：挿し木，接ぎ木を行うために，植物から切り取った植物体の一部分。

*8　接ぎ木の成否を制御する分子機構として，細胞壁の一部であるβ-1,3-グルカンを分解するβ-1,3-グルカナーゼが関与しているという報告もある。この知見を応用し，遠縁の植物種を台木にした接ぎ木も可能になることが期待される。

図2.4 | **ジャガイモ塊茎の「目」からの植物体形成**

ジャガイモのくぼみ部分を「目」(図2.13参照)と呼ぶが，形態学的には葉腋に相当する。適切な条件にすることで休眠が打破され，腋芽が植物体になる(左の赤丸で囲んでいる部分の大きさで成長度合いがわかる)。右のように切断したジャガイモを種イモとして土壌に埋めることで栽培に用いる。なお，前年度収穫されたイモや市場に流通している食用のイモを用いると，ウイルスなどに感染している可能性があり，収量が下がるだけでなく，周辺で栽培されているジャガイモなどに悪影響があることから，ジャガイモの栽培にはウイルスなどの感染がない種イモが利用される。左の写真は水耕栽培。腋芽の基部から発根している。
[写真は東北大学・伊藤加奈氏 提供]

図2.5 | **イチゴのランナーによる繁殖**

親植物の腋芽の茎が伸長し，節位の部分から根，茎，葉が形成される。形成された部位をポットなどで受けることで，増殖できる。[写真は著者撮影]

図2.7 | **ウンシュウミカンを台木として開発中のカンキツ新品種候補を穂木とした高接ぎ**

(左)台木の一部を削り穂木を接ぎ木し，水分の蒸発を防止するためにテープなどでシールする。(右)穂木と台木がつながると穂木の腋芽が伸長してくる。カンキツの場合，一般的に接ぎ木を行うのは3月上旬頃で，腋芽の伸長は5月下旬頃である。

[写真は愛媛県庁今治支局しまなみ農業指導班・中川雅之氏 提供]

図2.6 | **カンピョウの台木にスイカを穂木として挿し木した植物**

子葉だけを残したカンピョウ(＝台木：左右に展開した子葉)に，スイカを胚軸部分で切断したもの(＝挿穂：上下に展開した子葉とその上部)を挿入し，クリップなどで留めると，維管束系が融合して台木と挿穂が結合できる。カンピョウとスイカはいずれもウリ科に属する。

[写真は愛媛県立西条農業高等学校・別府和則氏 提供]

図2.8 | **アジサイの挿し木による増殖**

挿穂に使った茎のうち，左の枝の腋芽から葉が展開でき，挿し木が成立したことがわかる。

[写真は東北大学・伊藤加奈氏 提供]

えることで幼芽と幼根の間で木部，篩部それぞれの連結が生じ，単子葉植物においても接ぎ木が可能となっている。

一方，挿し木の場合，滅菌したバーミキュライト(vermiculite)[*9]や鹿沼土などの土壌へ，挿し木切断面に植物ホルモンを含む発根促進剤[*10]を塗布して，挿し木を行うことが一般的である(**図2.8**)。果樹の場合，すべて接ぎ木・挿し木で増殖させるため，育種過程で品種として登録された原木は一本しか存在しない[*11]。つまり，原木から挿穂を確保することで，同一の品種を繁殖している。挿し木，接ぎ木のどちらの手法で増殖しやすいかは，植物種によって異なる。春の到来を告げ，桜最前線とも呼ばれる‘ソメイヨシノ’[*12]は発根性の問題から挿し木よりも接ぎ木のほうが繁殖の成功率が高い。このため，現在のように‘ソメイヨシ

＊9　バーミキュライト：ケイ酸塩鉱物の一種であり，農業・園芸用の土壌改良剤としても用いられる。

＊10　植物ホルモンを含む発根促進剤：オーキシン活性を有する化学合成薬剤で，インドール酪酸，α-ナフチルアセトアミド，フェノキシ酢酸などが用いられる。

＊11　リンゴ品種‘ふじ’を例にとると，1939年に農林省園芸試験場東北支場(現・農研機構果樹研究所)において‘国光’の雌ずいに‘デリシャス’の花粉を交配し，得られた種子から選抜された‘東北7号’が‘リンゴ農林1号’として登録され，後に「ふじ」と命名された。この原木は育成された支場である青森県藤崎町にあったが，現在は現・研究所がある岩手県盛岡市に移植されている。リンゴの場合は，台木に接ぎ木して増殖する。

＊12　ソメイヨシノの両親がどの種であるのかについては長年議論されてきた。2019年に全ゲノム情報解析からエドヒガンとオオシマザクラを祖先にもつ雑種であることが示されている。なお，全ゲノム情報解析については，第6章コラム6.8を参照。

ノ’が日本全国に広がる過程では，接ぎ木によるクローン増殖がなされたと推定されている。

2.2 ◆ 植物の基本的な形態と機能

植物に限らず，生物体は特定の機能を発揮するために，その機能に適した形態をとっている。ここでは，植物が有している形態的特徴と機能がどのように連動しているかを理解するために，特定の植物種に限定せずに農学で扱う植物をいくつか例にとって解説する。

植物は**根**(root)，**茎**(stem)，**葉**(leaf)という植物体を構成する単位である**器官**(organ)からなる。花は生殖に特化した器官であり，進化の過程で葉から変化したものである。このため，植物を構成する器官は根，茎，葉の3つとされる。器官を構成する形態的，機能的に類似した**細胞**(cell)の集まりを**組織**(tissue)という。**表皮**(epidermis)，**気孔**(stomata)，**根毛**(root hair)のように，1つの細胞からなる組織もあれば，**木部**(xylem)，**篩部**(phloem)のように複数の細胞種から組織が構成される場合もある。植物細胞は**細胞壁**(cell wall)に取り囲まれ，その内側に**細胞膜**(cell membrane)がある。

2.2.1 ◇ 根の形態と機能

根の先端部分の構造を模式的に**図2.9**に示す。根は土壌中の水，無機栄養素を吸収し，それらを地上部に輸送するために分化した器官である。形態学的に見た場合，根は主根と側根から構成され，根の表面には根毛が観察される。根毛は根の表皮細胞が水，無機栄養素などを吸収するために分化し，根の表面積を拡大する機能を有している(第4章4.1.1項参照)。また，地上部を支持するためにも重要である。イモ類のように塊根などを形成する場合もあるが，この場合は地上部の光合成産物などを転流し，貯蔵している。イモは成長点である茎頂分裂組織と根端分裂組織を有していることから，栄養繁殖が可能である。根と茎の境界はどこであるのかがわかりやすい例として，ニンジン，ダイコンのような根が肥大する植物がある。これらの植物では側根(lateral root)の痕跡が見られる部分が根であり，それより上は胚軸がつながって肥大したものである(**図2.10**)。

タバコが産生するニコチン*13は害虫などへの防御において重要な機能を有しており，全身に存在しているが，生合成は根で行われ，地上部に輸送される。漢方薬として利用されるオタネニンジン(高麗ニンジン)のサポニン*14などの二次代謝産物も根で産生される。

イネ科のイネ，ムギなどでは，アミノ酸の一種であるムギネ酸*15が根から分泌される。ムギネ酸は土壌中の3価鉄イオン(Fe^{3+})と結合し，可溶性のキレート化合物を形成することにより，アルカリ性土壌におけ

*13　ニコチン：ナス科植物が有しているアルカロイドの一種。ナス科の中でもタバコ類の葉に多く含有される。

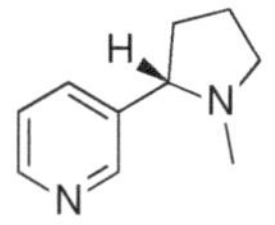

ニコチンの化学構造

*14　サポニン：植物体が生合成する配糖体(糖類の還元末端にヒドロキシ基をもつ有機化合物が結合した化合物)の一種。薬理作用，毒性があるサポニンが知られている。

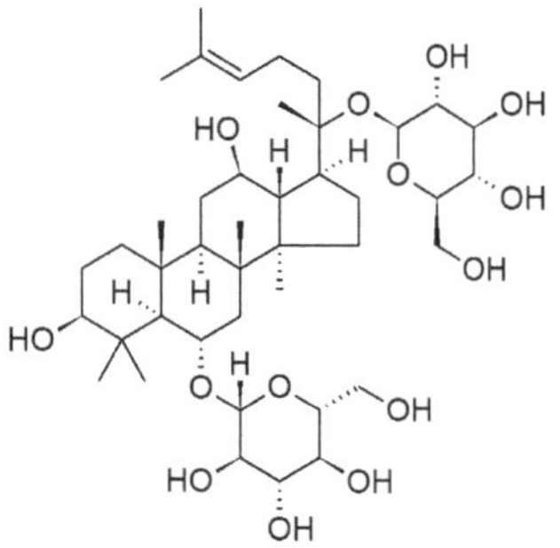

オタネニンジンの根が含有するサポニン・ジンセノサイドRg1の化学構造

*15　ムギネ酸：東北大学農学研究所の高城成一博士によりオオムギの根から単離されたアミノ酸の一種。ムギネ酸の前駆体はメチオニンであり，ニコチアナミンなどを経て生合成されることが東京大学農学部の森 敏博士，西澤直子博士により解明された。第4章コラム4.6を参照。化学構造は第4章図4.24を参照。

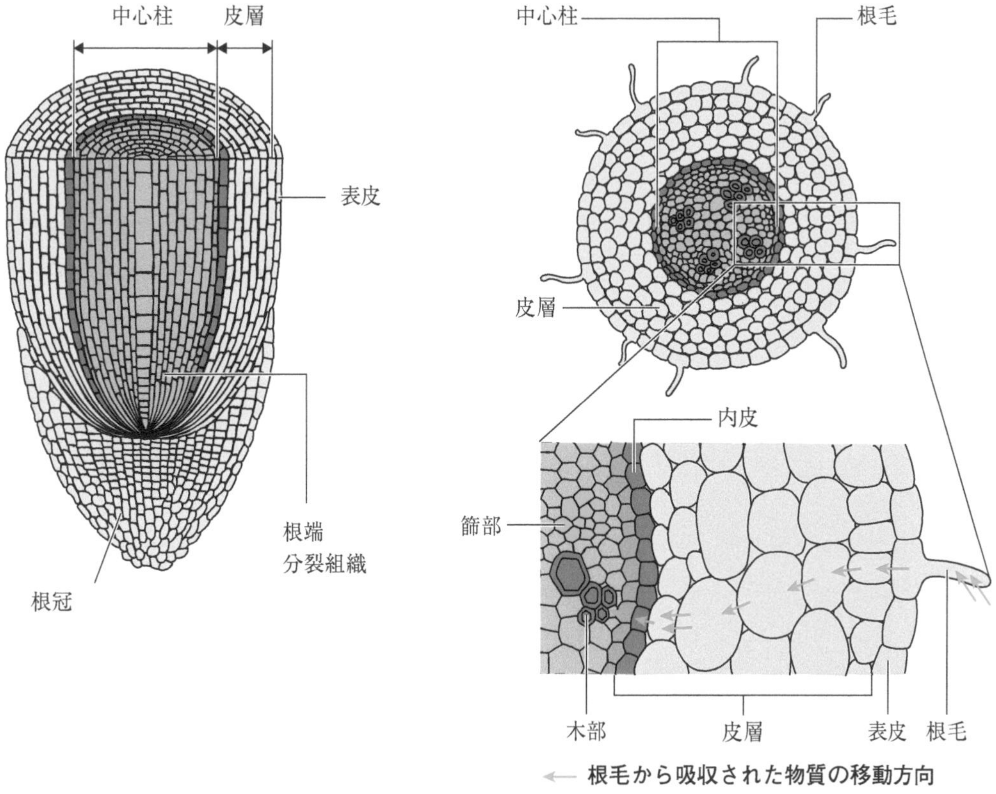

図2.9 | **根の先端の構造**

根毛から吸収された水，無機栄養素は，木部を通じて植物の地上部へ輸送される。

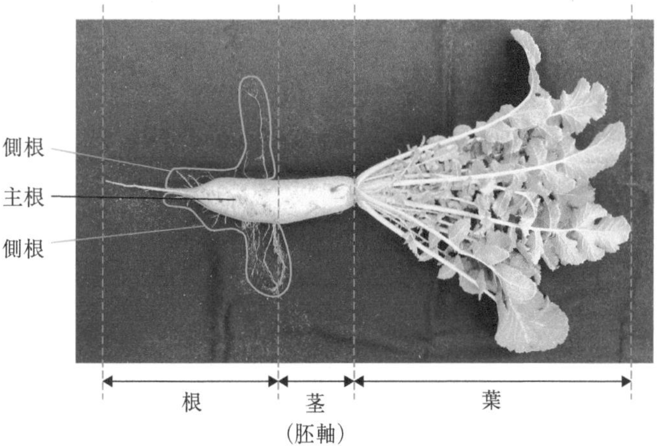

図2.10 | **ダイコンの根と茎**

細い根(側根)が出ている部分が根(主根)。主根から横に伸びた細い根(青色での囲み部分)が側根。根よりも上の部分は茎(胚軸)が肥大したもの。生殖成長の後，葉の中央部から茎が伸長(抽苔(ちゅうだい)という：第5章133頁欄外注＊4参照)し，花蕾が生じ，開花に至る。

[写真は東北大学 伊藤加奈氏・増子(鈴木)潤美氏 提供]

る根からの鉄吸収に関与している。根から分泌されるカロテノイド[*16]系の二次代謝産物であるストリゴラクトン[*17]は，寄生植物[*18]ストライガの種子発芽を誘導する物質として同定された。こうしたネガティブな性質を有するストリゴラクトンを根から分泌する理由の1つが，土壌中の菌類と根の共生体である菌根を形成するアーバスキュラー菌根菌[*19]との共生である。ストリゴラクトンが菌との共生を促進し，土壌中の菌糸を通したリン酸などの宿主植物への供給に関与している(第4章4.4.1項B.，第9章9.2.8項参照)。

＊16　カロテノイド：植物で合成される黄色，橙色，赤色系の色素。ニンジンなどに含まれるカロテン類(β–カロテン，リコピン)やトウモロコシの種子などに含まれるキサントフィル類(ゼアキサンチン)などに分類される。

＊17　ストリゴラクトン：ハマウツボ科ストライガに対して種子発芽誘導活性があるカロテノイド誘導体。植物の分枝抑制機能を有する。第9章9.2.8項，9.3.8項を参照。

Column 2.1

一年生と多年生の違い

果樹や林木を除き，ほとんどの作物は半年程度の栽培期間で収穫を行う。では，そうしたほとんどの作物は「一年生」と呼んでよいのであろうか。ハクサイ，カブは春先になると，いわゆる，菜の花を咲かせ，菜種油となる種子を鞘の中に形成する。では，元の植物体を春先と同じような適切な環境条件に置き続けるとどうなるであろうか。残念ながら，ハクサイ，カブの場合には植物体は枯死する。つまり，ハクサイ，カブは一年生植物といえる。一方，日本の主穀であるイネの収穫後に，切り株から葉が出て，場合によっては種子が形成された田んぼを見たことがある方もいるだろう。これはイネの茎頂分裂組織が植物の基部にあり，蘖(ひこばえ)が生じたことによる(図**2.3**)。この蘖をポットに移植し，冬の最低気温を20℃くらいにして冬越しできれば，個体そのものを永年で維持することが可能である。キャベツは現在では周年栽培が可能であるが，秋に播種して春に収穫した場合，収穫した茎の基部には腋芽が残っており，そこから栄養成長する。夏場を越すことができれば，同程度とはいえないが，冬にはキャベツを収穫できる。つまり，イネ，キャベツは一見，一年生に思われるが，実は多年生植物である(図)。

では，一年生と多年生の違いは何であろうか。単純に言えば，植物体が栄養成長期から生殖成長期に移行したとき，茎頂分裂組織だけでなく，すべての腋芽が葉芽から花芽に転換してしまう植物を一年生，一部の腋芽が葉芽として残る植物を多年生ととらえると理解しやすい。茎頂分裂組織が葉芽から花芽に移行する遺伝子の発現を抑制するために，低分子RNAが機能しているという報告もある。なお，「一年生草本」と「一年性草本」という表記が混在して場合がある。ここでも記した通り，「一年生」という表記が正しく，「一年間生える」ということを意味するからである。

| 図 | **播種後，数年経過したキャベツ類**

キャベツ類(*Brassica oleracea*)に分類されるロマネスコ。褐色に見える部分が木化した2年以上前の茎。緑色の部分が1年目の茎。[写真は著者撮影]

2.2.2 ◇ 茎の形態と機能

根からつながり，葉，花を支持する器官が茎である。茎の内部には物質輸送に必須である**維管束**(vascular bundle)[*20]をもつ。維管束は木部(導管，仮導管などから形成)と篩部(篩管，伴細胞，篩部柔細胞および篩部繊維などから形成)からなり，導管は水，無機栄養素，篩管は光合成産物(同化産物)の輸送に重要である(第3章3.1.1項および第4章4.1.1項参照)[*21]。また，茎において葉がついている部分を**節**《ふし》(node)，節と節の間を**節間**《せっかん》(internode)と呼ぶ。葉の茎との付け根部分には腋芽が形成される。この茎を形成している節間，葉，脇芽から構成されるユニットを**ファイトマー**(phytomer)と呼ぶ(**図2.11**)。この概念はイネ科のタケ，ササなどを見るとよくわかる。ファイトマーが重なり，繰り返し構造になっている点は動物では見られない植物の特徴である。

＊18　寄生植物：生きた植物から栄養分を吸収して生きている植物のこと。宿主植物に吸着するために分化した吸器と呼ばれる根を有している。ネナシカヅラ，ヤドリギなどが代表例。

＊19　アーバスキュラー菌根菌：土壌中に普遍的に存在し，多くの陸上植物の根に共生する糸状菌の一群。詳細は，第4章115頁の欄外注＊24を参照。

＊20　維管束：根，茎，葉と植物体の全器官でその内部を貫く通導組織。生細胞からなり養分・植物ホルモン・その他の物質の運搬にはたらく篩部と，死細胞からなり水の通導にはたらく木部に分かれる。なお，葉では，葉脈となる。

＊21「導管」「篩管」は，「道管」「師管」と表記されていることもあるが，本書では導管の「水を導く」という役割，篩管の「光合成産物などを篩(ふるい)分ける」という役割に鑑みて，旧来からの表記を用いている。

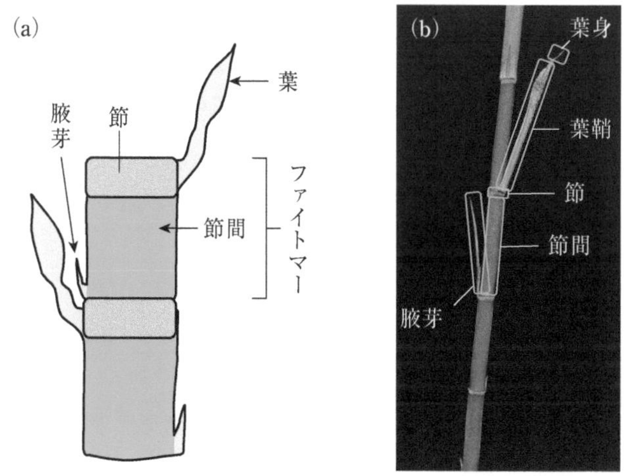

図2.11 | **茎を形成する単位であるファイトマー**

(a)植物の茎は葉，腋芽(側芽)，節間，節を単位とするファイトマーから構成されている。(b)タケで観察されるファイトマー。
[写真は東北大学・増子(鈴木)潤美氏 提供：仙台市片平市民センターに栽植されているタケ(モウソウチク)]

Column 2.2

ジャガイモ，サツマイモ，ヤマノイモ

地下茎，塊根を形成する植物として，ジャガイモ，サツマイモ，ヤマノイモなどがある。これらの植物はそれぞれ，ナス科，ヒルガオ科，ヤマノイモ科に分類されることから，地下部に光合成産物を貯蔵するというしくみは進化の過程で，独立に獲得したことが予想される。

作物名を表記するとき，カタカナ表記が一般的に用いられる。一方で，これらの植物を漢字表記した場合には，次のようになる：ジャガイモ(馬鈴薯)，サツマイモ(甘藷)，ヤマノイモ(山芋)。同じ貯蔵部位であるが，それぞれを識別した漢字が充てられていることは，これらを識別して表記していた先人の知恵なのかもしれない。

茎が特殊に分化したものとして，ジャガイモの地下部に形成される塊茎，アサガオのように何かに巻きついて伸びる茎，さらには，ブドウ・エンドウ・スイカ（watermelon, *Citrullus lanatus*）などで観察される茎の一部が変化した巻きひげがある。

2.2.3◇葉の形態と機能

葉は主要な光合成器官である。光合成については，第3章で詳細に取り上げる。植物体内部と外部での気体の交換を行うために，表皮には気孔が形成されている。気孔は，被子植物，裸子植物，シダ植物および一部のコケ類に存在する。シダ類を除く草本植物では両面にある種が多く，木本植物では裏面のみにある種が多い。

図2.12に単子葉植物（イネ）と双子葉植物（ダイズ）の葉の断面図の例を示した。葉は単子葉植物では**葉身**《ようしん》（leaf blade, lamina）と**葉鞘**《ようしょう》（leaf sheath）からなり，双子葉植物では葉身，**葉柄**《ようへい》（petiole），**托葉**《たくよう》（stipule）からなる。葉の表裏は表皮で覆われ，内部には光合成産物の転流を行うための維管束が見られる。維管束のまわりには光合成を行う**葉肉細胞**

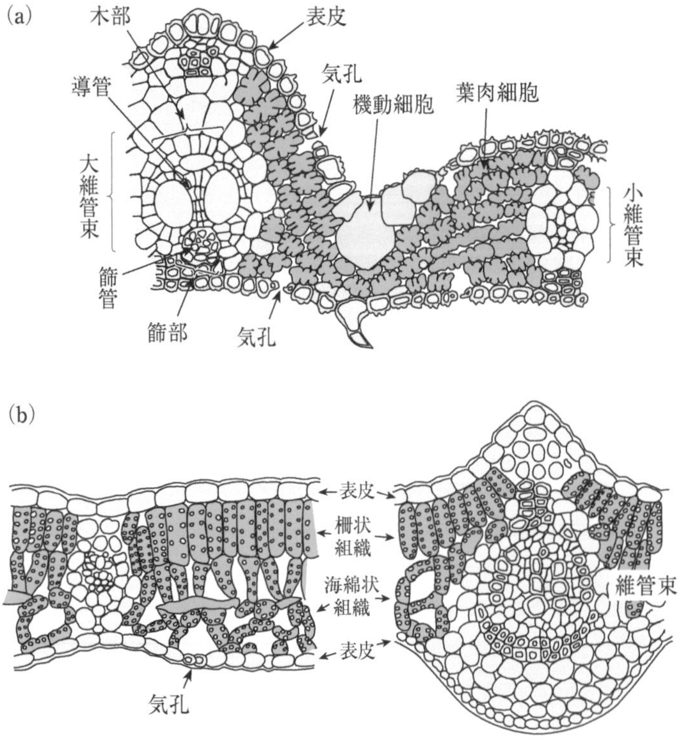

図2.12 | **イネ(a)とダイズ(b)の葉身の内部構造**

イネ，ダイズとも図の上側が向軸面（表側，欄外注＊22参照），下側が背軸面（裏側）を示す。イネの葉（葉身）には大維管束という葉の中心を通る一番大きい維管束が位置し，この維管束を含む中央の葉脈（vein）を中肋（midrib，ちゅうろく）と呼ぶ。葉脈と葉脈の間に機動細胞（motor cell）が位置する。イネ科植物の葉は，乾燥状態などの水分欠乏状態において機動細胞が収縮することにより，葉が巻いて蒸散を防止することができる。

［星川清親，新編 食用作物，養賢堂（1984），図2.32，図19.17より改変］

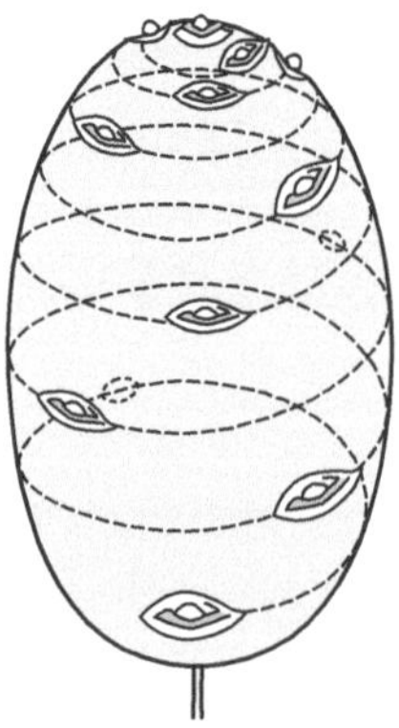

図2.13 | **ジャガイモの地下茎における葉腋の配列**

ジャガイモの葉の葉序と同様に，地下茎の葉腋の配列も2/5となっている。

［星川清親，新編 食用作物，養賢堂（1984），図32.9より改変］

(mesophyll cell)が数多く存在する。一般に双子葉植物では**向軸《こうじく》側**(adaxial)*22には**柵状組織**(palisade tissue)が，**背軸《はいじく》側**(abaxial)*22には**海綿状組織**(sponge tissue)が分化するが，単子葉植物にはそれらの分化がないものが多い。葉の内部構造は，光合成との関係が深いため，第3章3.1.1項で再度取り上げる。

＊22　向軸側と背軸側：植物の茎頂分裂組織から葉が形成される。このとき，茎頂分裂組織に向かっている面を向軸側(一般的には表側)という。それに対して，向軸側の裏側を背軸側(一般的には裏側)という。ネギのように筒状になった葉を形成する植物も存在する。このように表裏の区別ができない葉を単面葉という。多くの双子葉植物の場合，向軸側の内部に柵状組織が形成され，背軸側の内部に海綿状組織が発達する。

葉は茎のまわりに決まった法則で配列されている。この配列パターンを**葉序《ようじょ》**(phyllotaxis)と呼ぶ。葉序はそれぞれの植物にとって効率的に光合成を行うための戦略の1つと考えられている。ある1つの葉と，次に展開する葉との中心角を**開度《かいど》**(divergence angle)と呼び，「開度÷360°」で葉序を示す。イネ，ムギなどのイネ科植物の場合は1/2，ハクサイ，キャベツなどのアブラナ科植物では2/5の葉序である。

ジャガイモの葉序は2/5であるが，塊茎の分枝を生じる部分である葉《よう》腋《えき》(leaf axil：いわゆるジャガイモの「目」，**図2.4**参照)の配列パターンも2/5であり(**図2.13**)，このことからも塊茎が茎であることが理解できる。

葉の形態は植物種によって多様である。葉の縦横方向への細胞の伸長，増殖はいくつかの遺伝子や植物ホルモンで制御されているが，その詳細は割愛する。専門書などを参照いただきたい。

2.2.4 ◇ 花の形態と機能*23

＊23　2.2節の冒頭で述べたように，花は葉から変化した器官であるが，花，果実，種子は農産物として利用されていることもあり，独立して概説する。

被子植物の花の形態をモデル的に示すと**図2.14**のようになる。外側から順に**がく片**(sepal)，**花弁**(petal)，**雄《ゆう》ずい**(stamen)，**雌《し》ずい**(pistil)*24から構成される。雌ずいは1枚から数枚の**心皮**(carpel)*24からなる。雄ずいの先端にある**葯**(anther)の中で花粉が成熟し，葯が裂開することで**花粉**(pollen)が飛散する。**受粉**(pollination)，すなわち花粉が雌ずいの先端の**柱頭**(stigma)に付着した後，**花粉管**(pollen tube)が**花柱**(style)を経て**胚珠《はいしゅ》**(ovule)内の助細胞内まで伸長し，2つの精細胞が卵細胞，中央細胞とそれぞれ受精する。この重複受精により胚を有する種子

＊24　心皮と雌ずい：形態学的に見た場合，心皮は雌ずいを構成する特殊な葉から分化した概念上の器官である。本書では，花器官形成などの形態形成を説明するときには「心皮」という用語を使い，受粉，花粉管伸長，受精などの現象を説明するときには「雌ずい」という用語を使うこととする。

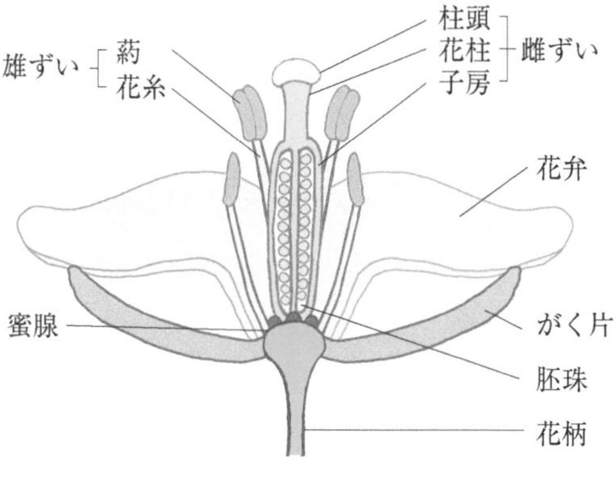

図2.14 | アブラナ(*Brassica rapa* L.)の花の縦断面

Column 2.3

ラッカセイ─受粉・受精後に子房柄が伸びて，地面の中で種子形成

開花した後の花は，種子，果実を形成する。イネ，トウモロコシ，リンゴ，トマトなどのように多くの植物の果実は地面から一定の高さに着生する。一方で，ウリ科のメロン，キュウリのようにつる性の作物は添え木などをすることで，地面から一定の高さに着果させることができる。もちろん，カボチャ，ユウガオ，スイカのように一定以上の重量があるものは，地這(ちばい)で栽培する。

マメ科の中には，エンドウ，ダイズのようにつる性を示す系統がある。一方で，ラッカセイ(落花生)は開花後，子房柄が伸長し，土壌中で種子形成を行うという，他のマメ科植物とは大きく異なる特徴を有している(図)。マメ科植物は根粒菌との共生もあり，油料作物(油を採取するための作物)としても重要である(第4章4.3.4項参照)。植物種としても，木本のアカシア，ネムノキ，ジャケツイバラ，ハギ，クズ，草本のソラマメ，ダイズ，インゲン，アズキ，エンドウなど多様に分化しており，生活環のさまざまな観点から観察・考察してみると，思わぬ発見があるだろう。

| 図 | **落花生の開花から種子の成長**
左から花の開花(黄色の部分が花)，子房柄の伸長，種子の肥大。
[写真は講談社サイエンティフィク・編集担当 撮影]

が形成され，種子は次世代の植物体へと成長する。また，雄ずいの基部には訪花昆虫を誘引するための**蜜腺**(nectary)が形成されている。

花の形態は植物種によって多様性があるが，多くの花はがく片，花弁，雄ずい，心皮が外側から同心円状に配置されている。この点とホメオティック変異体(homeotic mutant)[*25]を用いた遺伝学的な解析から，4つの花器官(がく片，花弁，雄ずい，心皮)の形成される位置がA, B, C遺伝子と名づけられた3つの遺伝子の相互作用により決定されているとしたABCモデルが提唱されている(第5章5.2.1項参照)。

＊25　ホメオティック変異体：生物を構成する組織，器官の一部が他の組織，器官に置き換わった変異体。一般的に八重咲の花はC遺伝子の変異体とされている。

2.3 ◆ 植物の分類と農学から見た植物の形態

分類的に近い植物は形態的にも類似している。例えば，ウリ科(Cucurbitaceae)のキュウリ(cucumber, *Cucumis sativus*)とメロン(melon, *Cucumis melo*)は同属異種の植物であり，葉，茎，花の形態はよく似て

表2.1 | 農学で扱う植物の学名と分類の例

作物名	学名	目	科	属
クロガラシ	*Brassica nigra* L.	アブラナ目	アブラナ科	アブラナ属
ホウレンソウ	*Spinacia oleracea* L.	ナデシコ目	ヒユ科	ホウレンソウ属
シロツメグサ	*Trifolium repens* L.	マメ目	マメ科	シャジクソウ属
アスパラガラス	*Asparagus officinalis* L.	キジカクシ目	キジカクシ科	クサスギカズラ属
キウイフルーツ	*Actinidia deliciosa*	ツツジ目	マタタビ科	マタタビ属
メロン	*Cucumis melo*	ウリ目	ウリ科	キュウリ属

キウイフルーツには*Actinidia chinensis*も含まれるが，ここでは*A. deliciosa*を示した。

いるが，果実の形態は異なる。このように，植物の形態と機能を理解するうえで，植物の分類は重要である。ここでは植物分類の基礎と農学で扱う植物の形態的特徴について概説する。

2.3.1 植物分類の歴史と基礎

花の形態は多様であるが，同じ科に分類される植物には一定の共通性がある。こうした花の形態的特徴に着目した植物の分類を1700年代に確立したのは，スウェーデンの植物学者リンネ(Carl von Linné)[*26]である。その後，1800年代にドイツの植物学者エングラー(Heinrich Engler)，1960～1980年代にかけてアメリカの植物学者クロンキスト(Arthur Cronquist)らにより，進化を考慮に入れた系統的関係による分類が行われた[*27]。

一方で，1990年代になると，遺伝子解析が容易になったことから，葉緑体DNAが有する遺伝子に着目したAPG(Angiosperm Phylogeny Group)植物分類体系(以下，APG体系)[*28]という分類が使われるようになった。APG体系と従来の花の形態的特徴に基づく分類群は同一の部分も多いが，近い系統にあった系統どうしが別の分類群となった例や，他の科・目などに分類が変化した例も多い[*29]。

こうした背景があり，現在の分類基準であるAPG体系に基づく分類基準では，上位の分類階級から**目**《もく》(order)，**科**《か》(family)，**連**《れん》(tribe)，**属**《ぞく》(genus)，**種**《しゅ》(species)となっている。なお，連の分類基準を用いることは稀である(**表2.1**)。

学名は属名と種小名をラテン語の斜体表記で列記するという「二名法」がリンネによって確立されている。イネの場合，*Oryza sativa* L.と表記する。*Oryza*が属名，*sativa*が種小名である。最後のL.は命名者を表し，Linneのラテン語名のLinnaeusの頭文字にピリオド(.)を付して表記する。科学論文などにおいて二名法で種名を記すとき，初出のときは*Oryza sativa* L.と表記するが，2度目以降は*O. sativa* L.というように属名の頭文字にピリオド(.)を付して略記する。なお，属名の*Oryza*はラテン語で「イネ，米」，*sativa*は「栽培されている」の意味である[*30]。

＊26　カール・フォン・リンネ(1708～1778)：「分類学の父」と呼ばれ，「花」の雄ずいと雌ずいの数・形が分類において重要な部分と考え，植物を分類した。

＊27　旧来の分類法では，**合弁花**(ごうべんか，sympetalous flower)，**離弁花**(りべんか，schizopetalous flower)という花弁が合着しているか，離れているかを分ける分類体系も存在したが，現在の分類体系ではその概念は使われていない。

＊28　APG体系：形態による分類と遺伝子による分子系統学的分類との間に矛盾が生じるようになったため，それまでの分子系統学的解析を集約する形で提唱された分類体系。1998年に提唱された分類はAPG Iとされた。その後，3回の改定を経て，2016年から第4版であるAPG IVによる分類基準が用いられている。直訳すると「被子植物系統グループ」となるが，APGという省略名が用いられる。

＊29　代表例として，アスパラガラスはクロンキスト体系ではユリ科に分類されていたが，APG体系ではキジカクシ科に属する。

＊30　**表2.1**に示した植物における種小名のうち「*nigra*」「*oleracea*」「*repens*」「*officinalis*」「*deliciosa*」は，ラテン語でそれぞれ「黒い」「食用野菜の」「匍匐する」「薬用の」「美味な」ということを意味している。

2.3.2 農学から見た植物の形態的多様性

農学で扱う作物の場合，第1章でもふれたように人類によってこれまで長い年月をかけて選抜・交雑がなされてきた。その結果として，根，茎，葉，花，果実などが特徴的な形態を有している。例えば，トマトを例にとると，植物体，花の大きさは品種間で大きな違いはないが，形成される果実の大きさ，果実の色などは多様である(**図2.15**)。また，キャベツなどを含むヤセイカンラン(野生甘藍，*Brassica oleracea* L.)は人類の栽培化により，葉(ケール(kale, *Brassica oleracea* L.)，キャベツ，ハボタン)，茎(コールラビ(kohlrabi, *Brassica oleracea* L.))，花蕾(ブロッコリー(broccoli, *Brassica oleracea* L.)，カリフラワー(cauliflower, *Brassica oleracea* L.)，ロマネスコ(romanesco, *Brassica oleracea* L.))，腋芽(メキャベツ(Brussels sprouts, *Brassica oleracea* L.))に特徴的な選抜を行った作物が育成されている(**図2.16**)。人類がターゲットとした形質を肥大化・矮小化させるなどにより，選抜を行った結果である。そのため，作物としては扱わないような野生株とは形態が大きく異なる場合がある。例えば，収穫して市場に並ぶキャベツでは葉が展開せず，茎は短い。コールラビは茎，根が肥大化している(**図2.16**)。このことは作物の形態の複雑さ，多様性を理解することにつながる。一方で，こうしたある種の変異体を遺伝学などの手法により解析することは，特徴的な形態を制御している遺伝子の単離・解析へとつながる大事なポイントである。

形態的変化は，成長という側面からの理解においても重要である。**図2.17**はカボチャ雌花の受粉後から収穫時までの果実の形態がどのように変化するかを経時的に示している。このカボチャ品種では雌花が受粉(開花)前日では，後に果実となる子房部分はほぼ球体である。初期生育では縦方向への伸長が横方向よりも大きいことから縦長のカボチャ形態を示す。一方，生育後期には横方向への伸長が顕著になり，いわゆる「カボチャ」の形態を形成する。加えて，果柄部分はカボチャ果実より

図2.15 | **多様なトマト果実の形態**
[写真はタキイ種苗・遠藤 誠博士 提供]

図2.16 | ***B. oleracea*に分類される作物の形態**
[キャベツからカリフラワーまでの写真は著者撮影，コールラビ・メキャベツの写真は(株)トーホク 提供]

図2.17 | **カボチャ果実の成長と経時的変化**
カボチャの雌花の子房部分(受粉前日の写真の白矢印)は球体に近い。受粉6日後あたりでは，横方向よりも縦方向への伸長が見られる。それに対して，12日後以降は横方向への伸長が縦方向よりも大きくなり，いわゆる「カボチャ」の形態を形成する。
[写真は講談社サイエンティフィク・編集担当 撮影]

も堅くなり，果柄の形態的変化が収穫時期を示すとされている。こうした形態的変化は植物生理学の基礎原理に基づいていることはいうまでもない。さらに，この形態的変化の制御を遺伝子レベルで理解するためには，何よりも形態的変化がどのタイミングで起こっているのかを理解することからスタートする。写真では外部形態のみを示したが，カボチャの縦断面，横断面などの内部構造の形態的変化もあわせて捉えることで形態的変化の理解は深化する。

2.4◆まとめ

植物の生活環を踏まえ，植物が有する基本的形態の特徴と機能を概観した。植物の形態を意味する多くの専門用語を記したが，植物を生理，生態，遺伝などの側面から理解するための基礎知識として理解したうえで，次章以降での学びにつなげてほしい。

成長にともなう形態的変化の分子レベルでの理解だけでなく，2.3.2項で記したような種内変異，品種間差異として生じる形態的な変異と多様性の理解においても，植物のどの器官，組織，細胞などの変化であるかということをさまざまな機器類(光学顕微鏡，電子顕微鏡など)で観察し，その結果を類縁の植物と比較することが植物の形態と機能の理解を深め，分子・遺伝子レベルでの現象解明につながる。そのために「違い」に気がつく「観察眼」をいかにして養成し，向上させるのかが作物の理解を深めることはいうまでもない。

Column 2.4

植物の植物たりうる点とは?

「植物と動物の違いは？」といわれたとき，どのように答えるべきだろうか。植物は根が生えて発芽した場所から移動できないが，動物は自由に動くことができる。もちろん，この違いにより，植物・動物のそれぞれがとり得た「進化戦略」が大きく異なったことは想像に難くない。生殖という子孫を継承する事象を例にとれば，動物は**雌雄異体**(gonochorism)が基本である。それに対して植物の生殖器官である花は**両性花**(hermaphrodite)が大多数を占める。昆虫，風などの「他力本願」的な要素があることで，「両性花」が植物には最適解であったと考えられる。

もう1つの大きな違いは，植物がいずれの細胞からも植物を構成するあらゆる組織・器官に分化でき，完全な個体を発生できる「**分化全能性**(totipotency)」を有しているということである。動物の場合，この能力を有しているのは「受精卵」のみである。また，基本的に動物は受精卵からの細胞の分化による組織・器官形成と，その後の成長は独立して進行する。一方，植物はこの「分化全能性」という特徴を活かして成長をしつつ，生殖器官である「花」を分化させることができる。

「特定の機能をもつ細胞塊に分化」した部分を高エネルギーレーザーの照射により破壊したとき，動物ではその細胞塊が有する機能は多くの場合，補完されない。それに対して，植物では破壊された細胞塊の周辺を構成する細胞(あるいは細胞塊)が失った細胞機能を補完するように分化することが知られている。

植物と動物の違いというよりも植物の本質的な生き方である，「地球上の全生物の生命活動を支える**独立栄養生物体**(autotroph)」という点も見逃せない。植物が行う光合成によって作られる有機物，酸素は動物の生命活動を支えている。「光合成」については，第3章で詳細に解説する。

植物には地上部，地下部の先端に分裂組織と呼ばれる未分化な細胞塊がある。茎頂分裂組織の維持は，低分子ペプチド(CLV3)とその受容体型キナーゼ(CLV1)が複合体を形成し，形成中心に存在する転写因子WUSの発現を抑制するという「負のフィードバック制御系」が機能することで成立している(図)。興味深いことに，根端分裂組織の維持にはWUSと高い相同性を有するWOX5転写因子が機能しており，*WUS*遺伝子を破壊した系統に*WOX5*遺伝子を導入すると機能が回復する。また，逆の組み合わせでも機能を回復できることから茎頂分裂組織，根端分裂組織の維持にはWUS/WOX5転写因子が鍵となっていることが理解できる。さらに，CLV3に類似した12〜14アミノ酸から構成されるペプチド(CLE)はゲノム中に多数コードされており，その中には導管分化，マメ科植物の根粒形成の制御などに関与しているペプチドも存在する(第9章9.4節参照)。

上述のように，茎頂分裂組織は「低分子ペプチドと受容体」で制御される転写因子により，その維持機構が適切に制御されている。では，地下部の根端分裂組織の制御系はどのようになっているのだろうか。興味深いことに，遺伝子は異なるが同様のしくみで維持されている。低分子ペプチド(CLE40)がコルメラ細胞の膜にあるロイシンリッチリピート(LRR)受容体型キナーゼ(ACR4：LRR受容体型キナーゼについては，第9章9.3.6項を参照)と結合し，その結果，静止中心で発現している*WOX5*遺伝子の発現を制御し，根端分裂組織のサイズを調節している。地上部の茎頂分裂組織，地下部の根端分裂組織という異なる組織・器官を創出する「分裂組織」であるが，一定のサイズで分裂組織を維持するために共通の機構を利用している(図)。

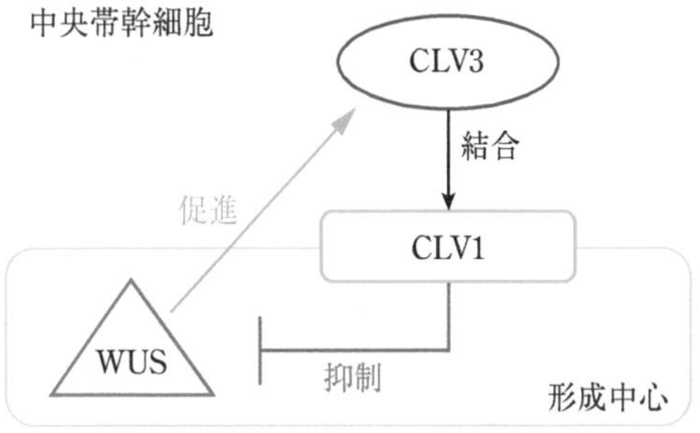

図 | 茎頂分裂組織における「低分子ペプチド—受容体型キナーゼ—転写因子」という分裂組織維持機構

根端分裂組織における分裂組織維持機構も「低分子ペプチド—受容体型キナーゼ—転写因子」という共通性がある。青色の丸は低分子ペプチド，緑色の四角は受容体型キナーゼ，赤色の三角は転写因子。

第3章

光合成と呼吸

地球上のすべての生物の生命活動は，植物の光合成に依存している。植物は太陽からの光エネルギーを利用して，二酸化炭素(CO_2)と水(H_2O)から有機物を生産する。一方，植物はその光合成活性を大きく抑制する「光呼吸」と名づけられた別のエネルギー代謝系をもち，さらに独自の呼吸経路も駆使して自らの生産量を調節する。本章では，光合成と光呼吸および呼吸の基礎科学を学ぶ。こうした知識を植物のバイオマス生産に関連する課題に関して科学的かつ正しい考察をするための基盤としていただきたい。

3.1 ◆ 光合成

光合成(photosynthesis)とは，独立栄養生物が光エネルギーを利用し，CO_2と水から有機物(炭水化物＝糖)を生産する一連の反応を意味する。

$$6\,CO_2 + 12\,H_2O \xrightarrow{\text{光エネルギー}} C_6H_{12}O_6 + 6\,H_2O + 6\,O_2$$

光合成を営む生物としては，陸上植物のほかに，藻類，シアノバクテリア，光合成細菌などがある。陸上植物や藻類などの真核生物では，**葉緑体**(chloroplast)と呼ばれる光合成を行う細胞小器官が分化している。葉緑体は，ミトコンドリアと同じく，遺伝子とタンパク質合成系を有し，核との共同作業によって器官の形成と機能発現を行う。一方，シアノバクテリアや光合成細菌などの原核生物では，光合成を行う器官の明確な分化はなく，細胞膜や細胞内膜に光合成の集光系とエネルギー変換系が存在し，光合成の炭酸同化反応系は呼吸系やその他の代謝反応系と一部共有される。

3.1.1 ◇ 葉と細胞の構造

第2章2.2.3項でも述べたように，単子葉植物の葉は葉身と葉鞘から，双子葉植物の葉は葉身，葉柄，托葉からなる(**図3.1**(a))。葉身は光合成を行う主要器官で，多くの光を受けやすいように薄く広がった扁平な形態をとっている。葉身の内部は表皮組織，葉肉細胞，維管束[*1]からなり，光合成は葉肉細胞で行われる(**図2.11**)。

表皮組織には気孔が存在し，CO_2ガスと水蒸気の出入口となっている

＊1　維管束については，第2章2.2.2項，37頁欄外注＊20，第4章4.1.1項も参照。

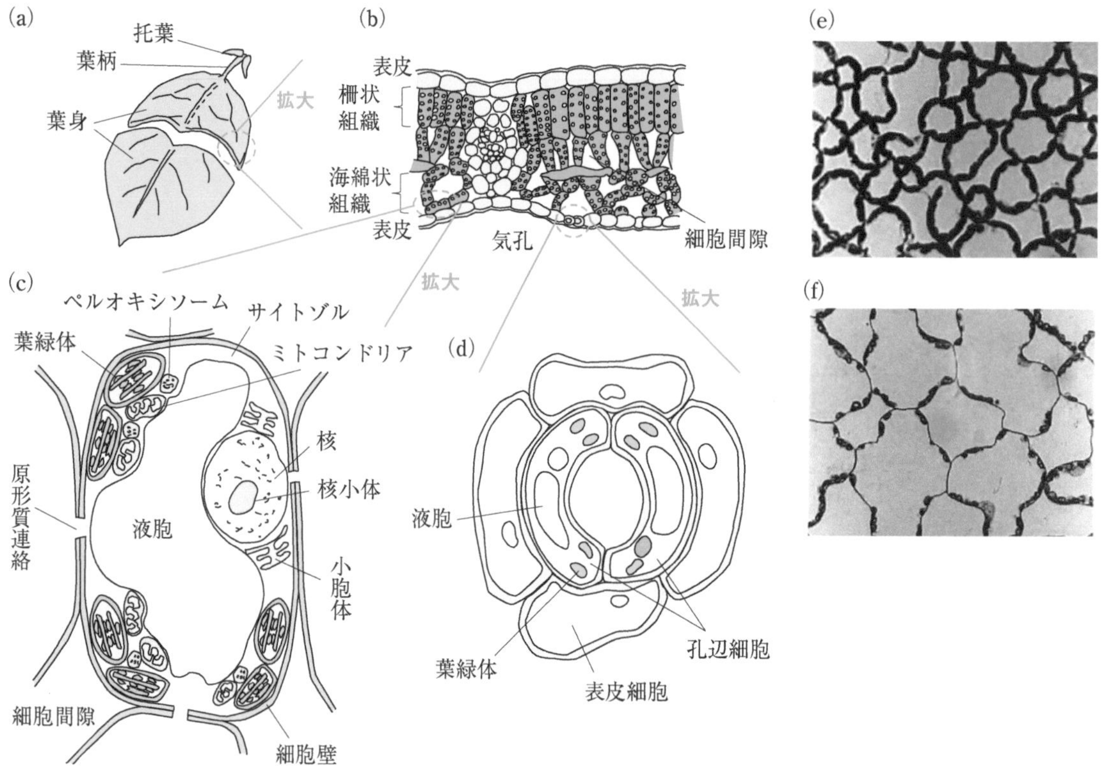

図3.1 | **葉の構造と葉肉細胞**

(a)双子葉植物の葉の形態，(b)葉の断面図，(c)葉肉細胞の構造，(d)気孔の構造。(e)柵状組織，(f)海綿状組織の水平断面の光学顕微鏡写真。
[(e)と(f)はJ. R. Evans et al., Aust. J. Plant Physiol. **21** : 475(1994)より改変]

(**図3.1**(b))。気孔の開閉は，表皮細胞から分化した一対の**孔辺細胞**(guard cell)により調節される。孔辺細胞は葉緑体をもち，気孔の開口には少なくとも2種類の光応答機構の存在が指摘されている。1つは青色光受容体タンパク質の一種である**フォトトロピン**(phototropin)[*2]が関与する機構である。フォトトロピンが青色光を受けると，一連のシグナル伝達の過程を経て，K^+が孔辺細胞に流れ込む。その結果，孔辺細胞の浸透圧が上昇し，それにともない水が流入して細胞がふくらみ，気孔が開口する。もう1つは赤色光の応答による機構で，光合成のCO_2取り込み速度に応じて気孔が開口する[*3]。

葉肉細胞には多数の葉緑体が存在する。葉緑体は，**図3.1**(e)と(f)の光学顕微鏡写真に見られるように，**細胞間隙**(intercellular air space)に接した細胞膜(原形質膜)部分に集中し，膜に密着している。細胞間隙は英語名の通り液相ではなく空気相であり，気孔を通って葉内に拡散してきたCO_2を葉緑体が効率良く獲得している機構がうかがえる。植物細胞の多くのモデル図では，葉緑体は細胞質に漂っているように描かれているが，実際はそうではない(**図3.1**(c))。

植物細胞では，原形質膜を覆う物理的に丈夫な**細胞壁**(cell wall)が表皮組織の外側に発達している(**図3.1**(c))。細胞壁の外側には，細胞外

＊2　フォトトロピン：光屈性(茎などが光の方向に曲がる現象)，葉緑体光定位運動(光に反応して葉緑体が位置を変える運動，3.1節を参照)，気孔開口などにはたらく青色光受容体タンパク質の1つ。青色光を受容して自己リン酸化を生じると，フォトトロピンによるシグナル伝達経路が活性化される。

＊3　赤色光の応答による機構における光受容の実体はまだよくわかっていない。葉肉細胞からのシグナルが重要視されている。

に分泌された不飽和脂肪酸を主成分とするクチン[*4]やロウ[*5]からなる**クチクラ層**(cuticle layer)があり，ガスや水蒸気が通りにくくなっている。細胞壁の主成分は，グルコースがβ-1,4-結合して直鎖状に重合した**セルロース**(cellulose)[*6]である。セルロースは水素結合によって**セルロース微繊維**(microfibril)[*7]を形成し，物理化学的に安定した構造体をつくっている。細胞壁のその他の成分としてはヘミセルロース，ペクチン，リグニンなどがあり，リグニンが蓄積すると木化[*8]する。細胞壁には**原形質連絡**(plasmodesmata)という30～60 nmの円錐状の小さな穴が複数空いており，低分子量の物質は自由に出入りしている。

また，植物細胞は**液胞**(vacuole)と呼ばれる一枚膜で囲まれた大きな細胞小器官をもつ。成熟細胞では，液胞が細胞体積の80～90%を占める。液胞の内部は酸性で，細胞の恒常的な浸透圧の維持，同化産物や代謝産物の貯蔵，細胞構成成分の分解，老廃物・不要物の蓄積などの役割を担う。

さらに，植物細胞が有する二重膜をもつ細胞小器官は**色素体**(plastid，プラスチド)と総称される。色素体は，葉肉細胞では葉緑体に分化する。他方，根などの非緑色器官では**白色体**(leucoplast)に，子実などの貯蔵デンプンを蓄積する器官では**アミロプラスト**(amyloplast)に分化する。そのほか，トマトの果実やニンジンの根などでは色素カロテノイドをもつ**有色体**(chromoplast)に分化する。

植物細胞には好気呼吸を行うミトコンドリアや，過酸化水素(H_2O_2)を発生するような酸化代謝を主に担う**ペルオキシソーム**(peroxisome)などの細胞小器官も存在する。ミトコンドリアやペルオキシソームも，植物細胞の多くのモデル図では独立して細胞質に漂っているように示されているが，葉肉細胞内では葉緑体に密着している様子が頻繁に観察される。これにより，ミトコンドリア，ペルオキシソーム，葉緑体の3つの細胞小器官で後述する光呼吸が効率的に行われる。

3.1.2 ◇ 葉緑体とミトコンドリア

陸上植物の葉緑体は，大きさ2～10 μmの楕円型の構造をもち，物質透過性の高い外膜(外包膜)と，物質透過に関して選択機能をもつ内膜(内包膜)の二重膜で覆われている。この二重膜は**包膜**(envelope)と呼ばれる(**図3.2**)。包膜の外膜にはポリン(porin)と呼ばれるタンパク質で構成された3 nm程度の穴が開いている。一方，内膜にはポリンは存在せず，チャネルやキャリアといった物質透過を選択的に制御するタンパク質トランスポーターが存在する(第4章4.1節参照)。

葉緑体内部には**チラコイド**(thylakoid)と呼ばれる偏平な袋状の構造が全体にひろがっており，チラコイド膜には以下で述べる集光・光化学反応と電子伝達系およびATP(アデノシン三リン酸)[*9]合成を担うタンパク質の複合体が備わっている。チラコイドが部分的に何重にも重なり

＊4　クチン：不飽和度の高い脂肪酸の重合体(ポリエステル)で，植物によって成分が異なる。

＊5　ロウ(蝋)：融点の高い油脂状の物質で，植物によって成分が異なる。ワックスともいう。

＊6　セルロースは地球上にもっとも豊富に存在するバイオマスである。

＊7　セルロース微繊維：セルロースは一本鎖(1分子)で存在することはなく，多数のセルロースが平行に並び，束となった微繊維構造を形成している。そのセルロース微繊維を架橋性多糖であるヘミセルロース(キシログルカンやグルクロアラビノキシランなど)がさらに束ねられて頑強な構造を維持している。

＊8　木化(もっか)：細胞壁にリグニンが蓄積すると，細胞は死細胞化して，細胞壁は肥厚する。この現象を木化(木質化ともいう)と呼び，組織的に強化・安定化して堅くなる。

＊9　ATP：アデノシン三リン酸(adenosine triphosphate)の略で，アデノシンのリボースに3分子のリン酸が付き，2個の高エネルギーリン酸結合をもつ。生体内では，リン酸1分子が離れたり結合したりすることで，エネルギーの放出・貯蔵，あるいは物質の代謝・合成の重要な役目を果たすために，「生物のエネルギー通貨」といわれる。

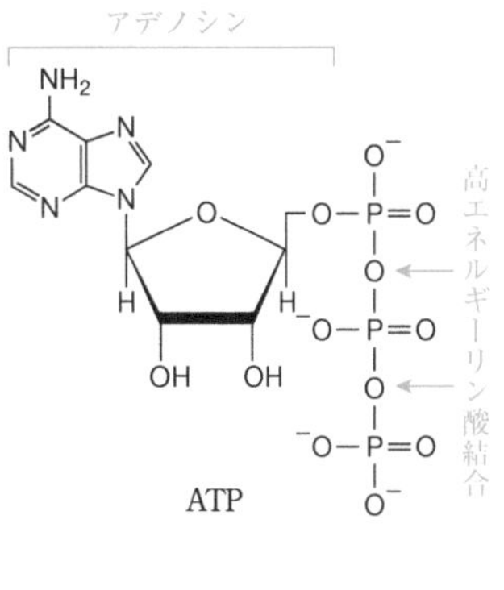

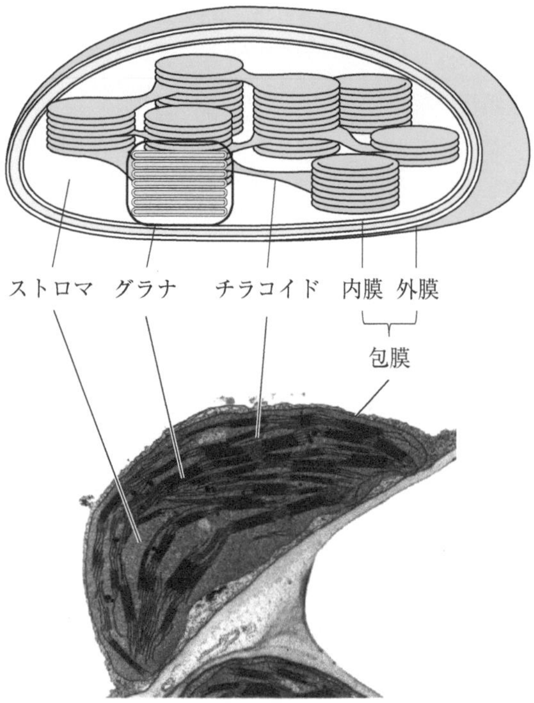

図3.2 | **葉緑体の構造**

(上)モデル図，(下)電子顕微鏡写真

[L. A. Staehelin, E. H. Newcomb(B. B. Buchanan, W. Gruissem, R. L. Jones eds.), *Biochemistry & Molecular Biology of Plants*, ASPB(2000), Fig1.51より改変]

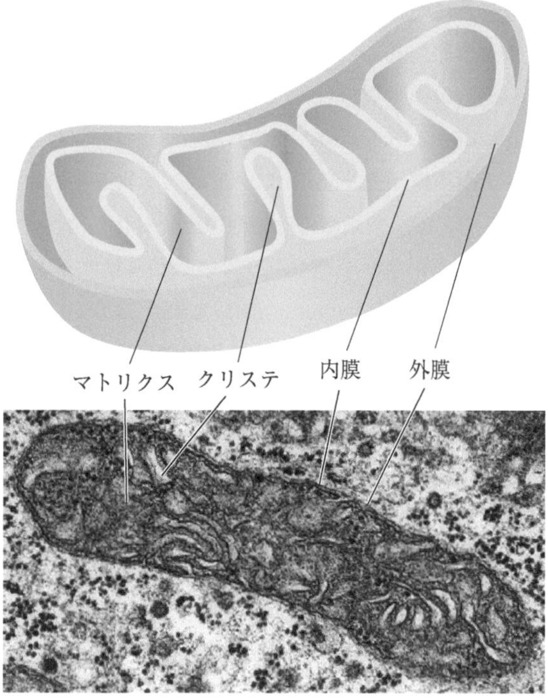

図3.3 | **ミトコンドリアの構造**

(上)モデル図，(下)電子顕微鏡写真

[L. A. Staehelin, E. H. Newcomb(B. B. Buchanan, W. Gruissem, R. L. Jones eds.), *Biochemistry & Molecular Biology of Plants*, ASPB(2000), Fig1.61より改変]

合っている部分を特に**グラナチラコイド**(grana thylakoid)あるいは単に**グラナ**(grana)と呼ぶ*10。一方，チラコイド膜間の空間部分を**ストロマ**(stroma)と呼ぶ。ストロマは液相で，炭酸同化反応に関わる酵素群が存在する。葉緑体は，通常1つの葉肉細胞あたりに数個から200個程度存在する。

*10　グラナを形成していない単層のチラコイドをストロマチラコイド(stroma thylakoid)またはストロマラメラ(stroma lamella)と呼ぶ。

ミトコンドリア(mitochondria，単数形はmitochondrion)は，大きさ0.1～2 μmの球形から円筒状までさまざまな構造をもつ細胞小器官で，葉緑体と同様，外膜と内膜からなる二重膜によって覆われている(**図3.3**)。外膜には葉緑体と同じくポリンが存在するが，内膜は葉緑体とは異なり，かなり入り組んだ構造をしている。内膜にはトランスポーターだけでなく，電子伝達系やATP合成酵素などのタンパク質複合体も存在する。内膜の折りたたみ部分を**クリステ**(cristae)と呼び，内膜によって囲まれた空間部分を**マトリクス**(matrix)と呼ぶ。マトリクスは液相で，後述するクエン酸回路(TCA回路)に関わる一連の酵素群や，光呼吸に関わる酵素が存在する。

3.1.3 ◇ 光合成のしくみ

陸上植物の場合，光合成の一連の反応は，機能の面から次の4つの過程に分けられる(**図3.4**)。

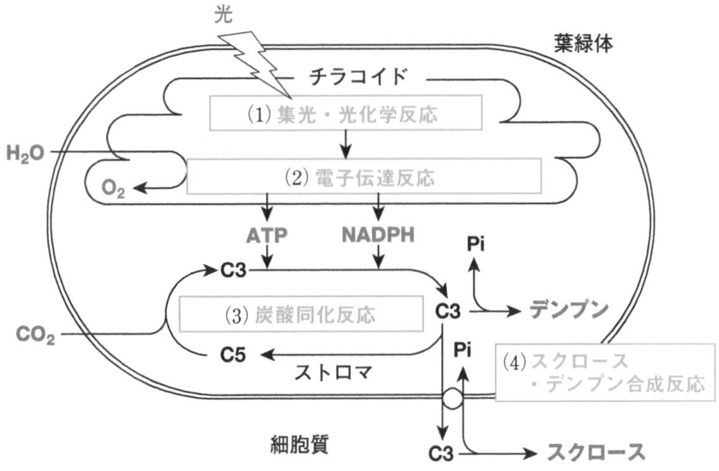

図3.4 | **光合成のしくみ**
Pi：無機リン酸，C3：三炭素化合物，C4：四炭素化合物，C5：五炭素化合物

(1) **集光・光化学反応**：光エネルギーをチラコイド膜に存在するアンテナクロロフィル分子が吸収し，そのエネルギーを反応中心の色素分子へ伝達し，反応中心で電荷分離[*11]を引き起こす。

(2) **電子伝達反応**：反応中心から放出された電子はそれにつながる電子伝達系に伝達される。そのとき，反応中心の酸化力で水が分解され，プロトン(H^+)と酸素(O_2)がチラコイド内腔に放出される。電子は最終的に$NADP^+$[*12]にわたされ，$NADP^+$はNADPH[*12]となる。チラコイド内腔では，水分解により生じるH^+と電子伝達にともなうH^+の共役輸送でチラコイド膜外との間にH^+の濃度勾配が生じ，その電気化学ポテンシャルを利用してATPが生産される。

(3) **炭酸同化反応**：ATPとNADPHを利用してCO_2の受容体である糖リン酸が生産され，外気から葉緑体ストロマまで拡散したCO_2が固定される。

(4) **スクロース・デンプン合成反応**：CO_2が組み込まれた一部の糖リン酸から，スクロースとデンプンが生産される。その過程で脱リン酸化されたリン酸は，ATP生産時のリン酸源として再利用される。

以上の4つの過程は，植物種の違いにかかわらず，基本的に同じ機構で成り立っている。ここでは，(1)～(4)までの光合成の基本的な反応について解説する。

*11　電荷分離：反応中心の色素分子において基底状態にあった電子は，アンテナクロロフィル分子が吸収したエネルギーを受け取って励起し，反応中心を飛び出す。反応中心は電子を失い，プラスに荷電した酸化状態となる。一方，反応中心を飛び出した電子は，隣接する電子を受け入れやすい受容体(一次電子受容体)へと移り，受容体はマイナスに荷電した還元状態となる。これを電荷分離(charge separation)という。

*12　$NADP^+$とNADPH：$NADP^+$およびNADPHはニコチンアミドアデニンジヌクレオチドリン酸のそれぞれ酸化型および還元型を表す。脱水素酵素(デヒドロゲナーゼ)の補酵素として一般に機能する。

A. 集光・光化学反応

光合成の一連の反応は光エネルギーの獲得，すなわち**集光反応**(light-harvesting reaction)から始まる。集光反応は，葉緑体のチラコイド膜に

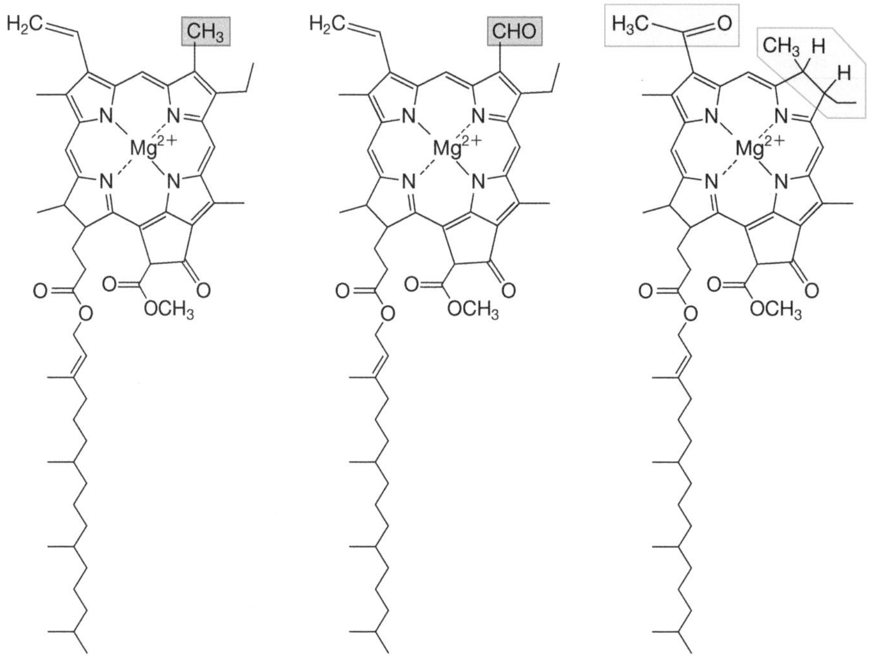

クロロフィル*a*　　クロロフィル*b*　　バクテリオクロロフィル

図3.5 | **クロロフィルの構造**
赤色部分は*a*型と*b*型で構造が異なる箇所を，青色部分はバクテリオクロロフィルで構造が異なる箇所を示す。

存在する光合成色素である**クロロフィル**(chlorophyll)によって主に行われる。陸上植物のクロロフィルには*a*型と*b*型がある(**図3.5**)[*13]。クロロフィルの基本構造は4個のピロールが環状に連なった10個の共役二重結合[*14]を有する**テトラピロール環**(ポルフィリン(porphyrin)と呼ばれる)で，環の中央にはMg^{2+}が配位する。クロロフィル分子は脂溶性で，タンパク質と結合した形で機能し，400～480 nm(青色光領域)と550～700 nm(赤色光領域)の光を強く吸収する(**図3.6**)。クロロフィル分子が結合したタンパク質は，次の3種類に大きく分類される。

①光捕集(アンテナ)の機能のみをもつ**集光性クロロフィルタンパク質複合体**(light-harvesting chlorophyll protein complex, LHC)である**LHCII**と**LHCI**

②**光化学系II**(photosystem II, **PSII**)に結合するアンテナクロロフィルと反応中心を含むいくつかの色素タンパク質複合体

③**光化学系I**(**PSI**)のアンテナクロロフィルの一部と反応中心を含む色素タンパク質複合体

①のLHCIIは主にPSIIへの，LHCIはPSIへの光エネルギーの捕集の役割を担う。ただし，限られた条件において，LHCIIがPSIの光捕集反応を担う場合もある[*15]。これらの色素タンパク質複合体は，同じチラコイド膜に存在する他のタンパク質より量的に多く，全チラコイドタンパ

＊13　光合成生物の進化に照らしてみると，バクテリオクロロフィルは緑色硫黄細菌や紅色硫黄細菌などの光合成細菌に見られ，クロロフィル*a*はシアノバクテリア以降の光合成生物が有する。クロロフィル*b*は真核藻類の緑藻やシャジクモから見られ，これらの藻類が陸上植物にもっとも近縁であると考えられている。光合成生物の進化については，コラム3.5の図を参照。

＊14　共役二重結合：二つ以上の複数の二重結合が単結合と交互に存在する結合をいう。孤立した二重結合とは著しく異なる物理的化学的性質を示す。共役二重結合をもつ有機物の代表例としては，ブタジエンなどのポリエンやベンゼンをはじめとする芳香族化合物などがある。

＊15　この現象はステートトランジション(state transition)と呼ばれる。

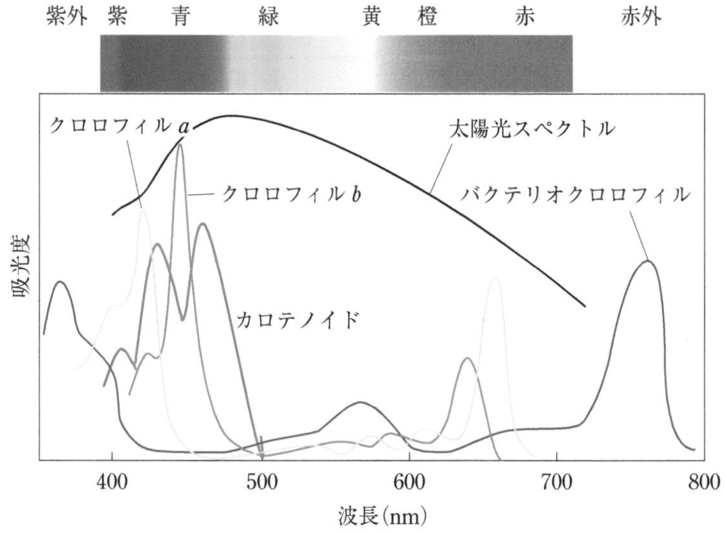

図3.6 | 光合成色素の吸収スペクトル

赤色光領域のクロロフィル*b*の吸収帯はクロロフィル*a*より短波長側にあるので，クロロフィル*b*の第一励起状態のエネルギー準位はクロロフィル*a*のそれより高く，ほぼ100%の効率で励起エネルギーは伝達される。バクテリオクロロフィルの構造は陸上植物のクロロフィルと構造に酷似しているが，吸収スペクトルは大きく異なる。

[R. Malkin and K. Niyogi (B. B. Buchanan, W. Gruissem, R. L. Jones eds.), *Biochemistry & Molecular Biology of Plants*, ASPB (2000), Fig. 12.6より改変]

ク質の約50%を占める。

陸上植物におけるクロロフィルaとbの存在比は約3:1であるが，陰性植物[*16]では2:1付近のものも多い。上で述べたクロロフィル分子が結合したタンパク質のうち，②と③のPSIIとPSIの色素タンパク質複合体のクロロフィル分子はすべてa型で，そのうち100～400分子に1つの割合でそれぞれの反応中心(reaction center)クロロフィル分子が存在する。反応中心クロロフィルもa型であるが，2量体を形成してい

＊16　陰性植物：日陰の場所でよく生育する植物。

Column 3.1

葉が緑色に見えるわけ

図3.6に見られるように，光合成の主要色素であるクロロフィルは青色光領域と赤色光領域に大きな吸収帯をもち，緑色光領域の吸収帯はきわめて小さい。それゆえ，葉の内部に入り込んだ光は散乱を繰り返すなかで，青色光領域と赤色光領域の光のほとんどはクロロフィル分子に吸収される。その結果，吸収の少ない緑色光だけが外部に漏れ出ることによって，葉は緑色に見える。しかしながら，吸収の少ない緑色光は，葉内で散乱を繰り返す分だけ葉緑体にぶつかる回数が増えるため，実は効率良く光合成に利用されている。相対的に強い光が当たっている葉にさまざまな波長領域の光を同じ光子数で照射すると，青色光や赤色光より緑色光のほうが光合成速度を上げる効果があることが示されている。なお，**図3.6**に示すようにバクテリオクロロフィルは可視光領域の吸収帯が非常に小さいために，光合成細菌は必ずしも緑色ではない。

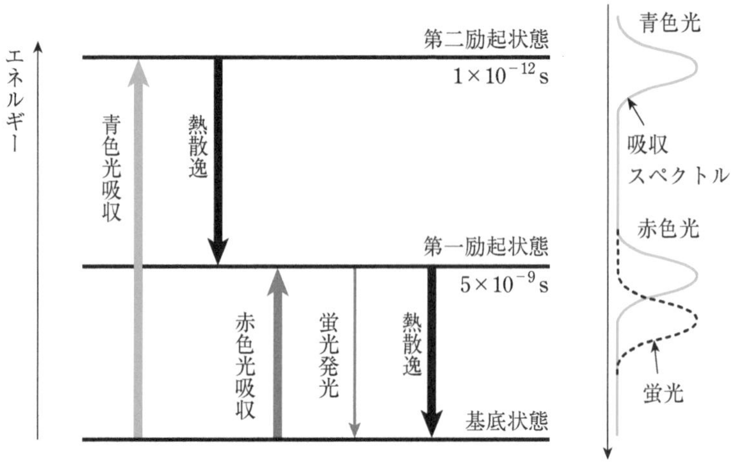

図3.7 | **クロロフィルの光吸収**

クロロフィルは赤色光を吸収すると，基底状態から第一励起状態に励起し，青色光を吸収すると第二励起状態まで励起する。第二励起状態は第一励起状態よりエネルギー準位が高いが，速やかに(1×10^{-12} s)熱散逸して第一励起状態となる。第二励起状態から第一励起状態に緩和する際に生じるエネルギーはクロロフィル間を共鳴移動することはなく，光合成には使われない。励起状態にあるクロロフィルは蛍光を発する。第一励起状態から基底状態に緩和する際に生じるエネルギーがクロロフィル間を共鳴移動し，光合成に使われる。励起エネルギーが光合成に使われなかった場合は，熱散逸して基底状態にもどる(コラム3.2参照)。

る*17。一方，クロロフィル*b*はすべて①の集光性色素タンパク質に結合している。なかでも，90%以上のクロロフィル*b*はLHCIIに結合しており，LHCIIにおけるクロロフィル*a*と*b*の存在比はほぼ1:1となっている。

光合成色素には，クロロフィルのほかに**カロテノイド**(carotenoid)とフィコビリン(phycobilin)が存在し，タンパク質と結合した形で機能する。カロテノイドは，広く植物界に認められる光捕集のための色素で，400～500 nmに吸収帯をもち(**図3.6**)，LHCIIを構成するタンパク質に結合している。フィコビリンは，シアノバクテリアや紅藻などにおける主要な光合成色素である。

光エネルギーを吸収したクロロフィル分子やカロテノイド分子は**励起状態**(excited state)*18になる。クロロフィルは，赤色光を吸収すると基底状態から第一励起状態に励起し，青色光を吸収すると第二励起状態まで励起する(**図3.7**)。第二励起状態は第一励起状態よりエネルギー準位が高いが，速やかに熱散逸して第一励起状態となる。第一励起状態の励起エネルギーは色素分子間を**共鳴移動**(resonance transfer)しながら，反応中心クロロフィルへ効率良く伝達される。カロテノイドが光を吸収したときの励起状態は，クロロフィルの第一励起状態よりエネルギー準位がやや高いので，励起エネルギーはクロロフィルに高効率で伝達される。こうして集められた励起エネルギーによって，反応中心クロロフィルで電荷分離が起こる。これを**光化学反応**(photochemical reaction)と呼ぶ。反応中心から放出された電子は，電子伝達系にわたされる。しか

*17　反応中心クロロフィル*a*分子2量体：反応中心として機能するクロロフィル*a*分子は，2量体を形成することにより，励起状態のエネルギー準位を低下させ(吸収帯が長波長帯に移動)，アンテナ色素から励起エネルギーを受け取りやすくしている。また，2量体を形成することにより酸化還元電位も変化させ，隣接する一次電子受容体への電子供与を容易にしている。

*18　励起状態：原子や分子などが量子力学的にとりうるエネルギー状態のうち，もっとも低い基底状態よりも高いエネルギー状態をいう。この状態にある原子や分子は不安定で，蛍光やリン光，熱を放出してより低いエネルギー状態へ移行する。溶液中のカロテノイドの第一励起状態の寿命は数ピコ秒から数十ピコ秒(1ピコ秒＝10^{-12} s)であり，クロロフィルの第一励起状態の寿命はカロテノイドより長く数ナノ秒(1ナノ秒＝10^{-9} s)である。

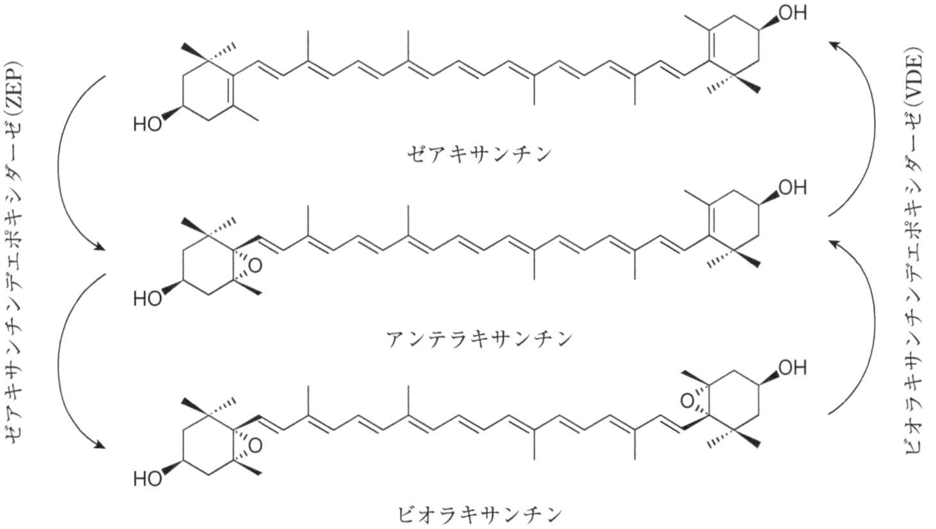

図**3.8** **キサントフィルサイクルに関わる3つの色素と熱散逸(NPQ)**

キサントフィルサイクルに関わる3つの色素はLHCIIを構成するタンパク質に結合し，過剰な光エネルギーの熱散逸と光補集の2つの機能を果たす。強光条件下ではルーメンにH^+が蓄積(pHが低下)し，ビオラキサンチンデエポキシダーゼ(VDE)が活性化することにより，ゼアキサンチンへの変換が起こる。ゼアキサンチンはクロロフィルから過剰の励起エネルギーを受け取り熱散逸する。逆に，弱光条件下ではゼアキサンチンデエポキシダーゼ(ZEP)が活性化し，ビオラキサンチンへの変換が起こる。ビオラキサンチンが光を捕集し，励起エネルギーをクロロフィルにわたす。

し，電子伝達系の受容能力を超える光エネルギーが色素分子で吸収された場合，過剰となった励起エネルギーの多くは，反応中心のクロロフィル*a*分子2量体にわたされる前に，カロテノイド分子上で熱に変換されて消去される。この現象を**非光化学的消光**(non-photochemical quenching, **NPQ**：**熱散逸**)と呼び，特に**キサントフィルサイクル色素**(xanthophyll cycle pigments)である**ゼアキサンチン**(zeaxantin)が関与する(**図3.8**)。

PSIとPSIIの反応中心はいずれもクロロフィル*a*分子の2量体であるが，わずかに違いがある。さらに，それらがタンパク質と形成する複合体の構造も異なるために吸収帯に違いが生じる。PSIIの反応中心クロロフィルは，電荷分離を生じて酸化型になったときに680 nmに吸収があらわれることから**P680**と呼ばれ，PSIの反応中心クロロフィルは，同じく酸化型になったときに700 nmに吸収があらわれることから**P700**と呼ばれる(**図3.9**)[*19]。

B. 電子伝達系とATP生産

電子伝達系では，反応中心クロロフィルの電荷分離によって生じたP680$^+$の強力な酸化力によりH_2Oが分解されてO_2が放出される。また，電荷分離によって生じた電子は，速やかに電子伝達系にわたされ，還元物質であるNADPHが生産される。

図3.9にはチラコイド膜上における集光・電子伝達およびそれらの反応にともなうプロトン(H^+)の輸送とATPの合成を担う分子複合体の配

＊19　光化学系IIの反応中心であるP680はクロロフィル*a*のホモ2量体であるが，光化学系Iの反応中心であるP700はクロロフィル*a*と，立体配置の異なるクロロフィル*a*エピマー(クロロフィル*a'*)とのヘテロ2量体である。

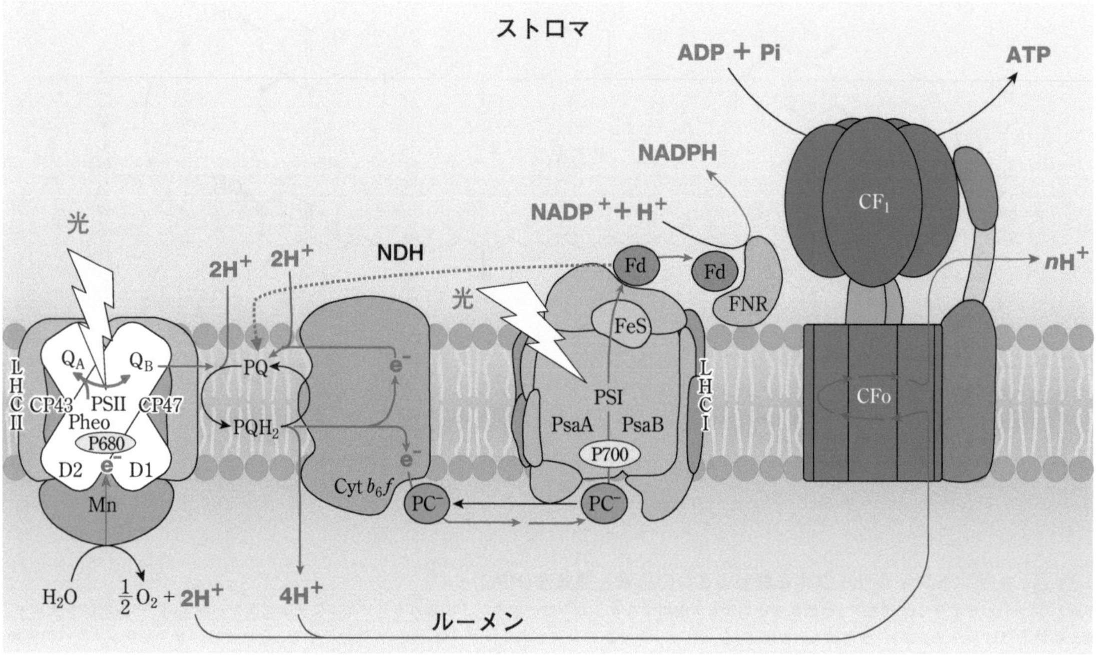

図3.9 **電子伝達系の4つのタンパク質複合体の分子モデル**

左から光化学系II(PSII)複合体，シトクロム(Cyt)b_6f複合体，光化学系I(PSI)複合体，ATP合成酵素(CF_1CFo)複合体。赤破線矢印はFdからPQへのNAD(P)H脱水素酵素(NDH)複合体に依存した循環的電子伝達経路を示す。

[R. Malkin and K. Niyogi (B. B. Buchanan, W. Gruissem, R. L. Jones eds.), *Biochemistry & Molecular Biology of Plants*, ASPB (2000), Fig. 12.22より改変]

Column 3.2

励起状態のクロロフィルから放出される蛍光を測定することによって電子伝達の速度がわかる

励起状態のクロロフィルは，680 nm付近にピークをもつ赤色の蛍光を発する(**図3.7**参照)。一方，励起状態のクロロフィルがその励起エネルギーを反応中心あるいはカロテノイドに励起エネルギーをわたす，あるいは自身で熱散逸(NPQ)して基底状態にもどると，蛍光は消光する。クロロフィルの発する蛍光強度の変化が，反応中心の光化学反応に利用されて変化したのか，あるいは熱散逸によって変化したのかを区別できれば，それぞれの反応の割合が定量可能となる。

短時間だけ非常に強い光を発するフラッシュランプの光を当てると，PSIIの反応中心から電子を受け取る受容体をすべて還元状態(電子をもった状態)にすることができ，この状態ではさらに光化学反応を行うことはできない。したがって，励起エネルギーはすべて熱散逸側に流れることになる。このフラッシュランプの光を当てたときに発光するクロロフィル分子の蛍光と当てていないときに発光しているクロロフィル分子の蛍光を比較することによって，光化学反応に使用される割合を見積もることができる。ちなみに，クロロフィル分子の蛍光は可視光領域の光であるが，発光時にはそれをはるかに超える強い光が葉に照射されているため，肉眼では蛍光を確認できない。クロロフィル分子の蛍光を観測する実験においては，測定光には一定の周期をもって繰り返される短いパルス光を用いて，そのパルス光の繰り返し周期に応答するクロロフィル分子からの蛍光成分だけを増幅検出する方法がとられている。

置について模式的に示した。PSII複合体は，反応中心P680といくつかの電子伝達に関与する成分が結合するタンパク質(**D1/D2タンパク質**)，PSII色素タンパク質(CP47とCP43)，光捕集タンパク質LHCII，Mnを含む水分解系タンパク質などからなる。

光エネルギーを吸収して励起状態となった反応中心$P680^{*}$は，PSII複合体中のD1/D2タンパク質に結合する**フェオフィチン**(pheophytin，クロロフィル*a*からMg^{2+}が抜けたもの)に電子をわたすことで電荷分離を生じ，自身は酸化されて$P680^{+}$となる。その電子はPSIIに結合しているキノンであるQ_A，O_Bを経て，膜内に遊離の状態で存在する脂溶性物質**プラストキノン**(plastoquinone, **PQ**)[*20]にわたされる。一方，PSII複合体の酸素発生(水分解)系のタンパク質成分はチラコイド内腔(**ルーメン**，lumen)に存在し，P680が酸化された$P680^{+}$の強力な酸化力を利用してMnイオン($Mn^{3+} \rightleftarrows Mn^{4+} + e^{-}$)の酸化還元系を介して水から電子を引き抜いて分解し，O_2を発生させる。H^{+}はルーメンに放出される。PSII複合体はグラナチラコイド部分に多く存在する。

＊20 plastoは「色素体の」という意味である。

PSII複合体から電子がわたされたPQは還元され，プラストキノール(PQH_2)になる。PQH_2はチラコイド膜中を拡散し，**シトクロム**(cytochrome, **Cyt**)[*21] **b_6/*f*複合体**の内腔側に位置するリスケタンパク質(Rieske protein, RsP)へ電子をわたす。この電子伝達はH^{+}輸送と共役し，PQH_2は酸化型のPQにもどる。Cyt b_6/*f*複合体には，Feイオン($Fe^{2+} \rightleftarrows Fe^{3+} + e^{-}$)が配位したヘム(heme)と呼ばれる鉄錯体をもつ2種類のシトクロムタンパク質Cyt b_6とCyt *f*が存在し[*22]，電子の一部はCyt *f*を経て，ルーメンに存在する**プラストシアニン**(plastocyanin, **PC**)にわたされる。PCはCuイオン($Cu^{+} \rightleftarrows Cu^{2+} + e^{-}$)を含むタンパク質である。また，RsPにわたされた電子の一部はCyt b_6のヘムにわたされ，再びPQは還元されてPQH_2となる。こうしてPQH_2からRsPへ電子が循環され，結果としてH^{+}輸送が倍化される。この電子の循環の流れを**Qサイクル**(Q cycle)と呼ぶ。

＊21 シトクロム：ヘム(テトラピロール環にFeイオンが配位したコファクター)を有する酸化還元反応を担う色素タンパク質の総称。ヘモグロビン，ミオグロビン，ペルオキシダーゼ，カタラーゼは，シトクロムに含まれない。

＊22 このほか，Cyt b_6/*f*複合体には電子伝達に直接関わらないもう1つの主要なタンパク質サブユニットIVが存在する。

PSI複合体は，反応中心P700といくつかの電子伝達に関与する成分を含む色素タンパク質(コアタンパク質PsaA/PsaB)，**鉄イオウセンター**(**Fe–Sセンター**)[*23]を含むタンパク質，LHCIなどから構成される。光エネルギーを吸収して励起状態となった反応中心$P700^{*}$は，P700と同じくコアタンパク質PsaAおよびPsaBに結合し，隣接するクロロフィル*a*分子(A_0と表す)との間で電荷分離を起こす。電子はA_0からフィロキノン(A_1と表す)を経て，PSI複合体の3種類のFe–Sセンターを流れ，PSI複合体のストロマ側に結合する水溶性タンパク質**フェレドキシン**(ferredoxin，**Fd**)にわたされる。電子をA_0にわたして酸化型となった$P700^{+}$は，Cyt *f*から電子を受け取ってチラコイド内腔に拡散したPCから電子を受け取り，基底状態P700にもどる。Fdにわたされた電子は，NADP還元酵素(FNR)を経て$NADP^{+}$にわたされ，最終的にNADPHが

＊23 Fe–Sセンター：鉄イオンがシステイン残基のSHを介してタンパク質のヒスチジン残基やアスパラギン酸残基と結合し，酸化還元反応を担うコファクターである。非ヘムとも呼ばれる。鉄とイオウの数により2Fe–2S型，3Fe–4S型，4Fe–4S型などに分けられる。鉄イオウクラスターともいう。

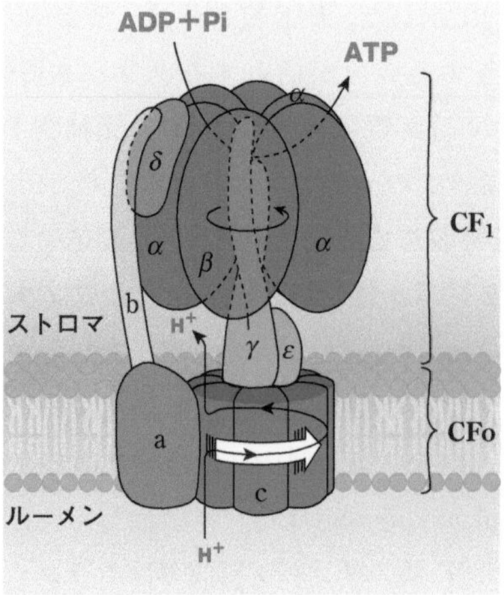

図3.10 **ATP合成酵素（CF_1/CFo）複合体**

CF_1は5種類のサブユニット（$\alpha, \beta, \gamma, \delta, \varepsilon$）から，CFoは4種類のサブユニット（a, b, b′, c）からなる。CFoサブユニットIIIが反時計回りに回転し，ルーメン側からH^+がストロマ側に放出されるときにATPが合成される。なお，ミトコンドリアのATP合成酵素では時計回りという表現が使われることが多いが，これはミトコンドリアの分子モデル図ではCFo複合体を上側に表記することによる。
［R. Malkin and K. Niyogi (B. B. Buchanan, W. Gruissem, R. L. Jones eds.), *Biochemistry & Molecular Biology of Plants*, ASPB (2000), Fig. 12.35より改変］

生成する。PSI複合体はストロマチラコイド部分に多く存在する。

PSII複合体におけるH_2Oの分解にともなうH^+放出と，PQとCyt b_6/f複合体を介したストロマからチラコイド内腔へのH^+共役輸送により，チラコイド膜内外に大きなH^+濃度勾配が生じ（ΔpH＝2～3），電気化学ポテンシャルが発生する。チラコイド内腔から再びストロマへH^+が流出するエネルギーを利用して，ATP合成酵素によりADPとリン酸からATPが合成される（**図3.10**）。ATP合成酵素はATP合成を触媒する**ファクター1**（**CF_1**）とH^+の流通に関与する膜結合因子である**ファクターo**（**CFo**）[*24]からなる。このATP合成酵素は葉緑体に特有のものではなく，細菌やミトコンドリアのものと同じ構造を有する。

以上のように，電子伝達系では理論上，1分子のH_2Oの分解から1分子のNADPHが生成する。この過程における「H^+輸送量/ATP生成量」のモル比を4と仮定すると[*25]，「ATP生成量/NADPH生成量」のモル比は1.5となり，次に述べるカルビン・ベンソン回路における「ATP消費量/NADPH消費量」のモル比と一致する。しかし，電子伝達系には，PSI複合体を循環する**循環的電子伝達経路**（cyclic electron transport around PSI，**図3.9**）が存在し，このモル比は流動的に変化する[*26]。循環的電子伝達経路に対して，PSIIの水の光分解からNADPH生成までの主流の電子伝達経路は**リニア電子伝達経路**（linear electron transport）と呼ばれる。

＊24　CFoのoは，このタンパク質複合体を特異的に阻害する抗生物質オリゴマイシン（oligomycin）のoに由来する。数字の0（ゼロ）ではない。

＊25　化学平衡論に基づく自由エネルギー量から計算するとH^+の輸送量/ATPの生成量＝2.94となるが，実際はチラコイド膜を介したプロトンの漏れがあるためにここでは4と仮定した。

＊26　循環的電子伝達経路には2種類の経路が存在すると考えられていた。1つは電子伝達系の最終生成物であるNADPHを電子供与体として**NAD(P)H脱水素酵素**（NAD(P)H-dehydrogenase, **NDH**）がPQに電子をもどす経路，もう1つはFdがPQを還元する経路である。前者はミトコンドリアの電子伝達系の複合体I（NADH脱水素酵素複合体，**図3.28**参照）のホモログ（生物内で類似した塩基配列をもつ遺伝子やタンパク質などの成分）が陸上植物の葉緑体にも存在することが発見され，その複合体が循環的電子伝達経路を駆動させることが実証された。後者は抗生物質アンチマイシンAによって阻害される循環的電子伝達経路の存在が示唆され，Fd依存キノン還元酵素（FQR）を介する経路とされていた。しかし，被子植物では前者の複合体への電子供与体はNADPHではなくFdであることがわかり，後者に関してはその実体は存在せず，アンチマイシンAの阻害の対象が，循環的電子伝達経路そのものではないとされている。いずれにせよ，この循環的電子伝達経路が駆動すれば，PSIを起点として，PQを介したH^+輸送と共役して，チラコイド膜内外にH^+濃度勾配が生じ，ATP合成につながる。

Column 3.3

植物の酸化還元反応の司令塔として機能するフェレドキシン

フェレドキシン(Fd)は光合成の電子伝達系において，PSI複合体から電子を受け取り，NADP還元酵素(FNR)を経由してNADPHを生産する重要な役割を果たす。しかしながら，実はFdの機能はそれだけではない。植物の重要な酸化還元反応の司令塔として多くの反応に関わっている。

光合成関連の代謝では，本文で紹介した循環的電子伝達系ではたらくNAD(P)H脱水素酵素(NDH)複合体への電子供与，カルビン・ベンソン回路のいくつかの鍵酵素を活性化するタンパク質チオレドキシンの還元(3.1.3項C.(iii)参照)，活性酸素消去系(water-waterサイクル)ではたらくアスコルビン酸の再生(3.1節参照)，光呼吸のNH_4^+の再同化でグルタミン酸合成酵素反応(GOGAT)の電子供与(3.1.2項D.参照)において機能する。葉緑体に局在するタンパク質であるにもかかわらず，光合成以外の酸化還元反応，例えば窒素同化における亜硝酸還元酵素の反応(第4章4.3.1項参照)やイオウ同化での亜硫酸還元酵素の反応(第4章4.1節参照)などにおいて電子供与体として機能している。こうした多くの反応に対して，FdがPSIから受け取った電子をどのような指令(制御)の下で分配しているのかについてはまだわかっていない。まさに植物の酸化還元反応の司令塔としてマルチな機能を果たしている。

C. 炭酸同化反応

(i) カルビン・ベンソン回路

葉緑体のストロマにおいては，電子伝達系を経て生産されるATPのエネルギーとNADPHの還元力を駆動力として，CO_2から有機物が生産される。この反応を**炭酸同化反応**(carbon assimilation)という。また，このCO_2の固定と，一連のCO_2受容体を生産する代謝回路を，発見者の研究グループの名前を取って**カルビン・ベンソン回路**(Calvin-Benson cycle)*27という。カルビン・ベンソン回路は，11種類の酵素が関与する13の反応からなる(**図3.11**)。1つ目は，CO_2受容体である五炭糖(ペントース，C5)リン酸のカルボキシル化反応である(**図3.11**の反応(1))。この反応では，CO_2と水分子から三炭素(C3)中間体(3-ホスホグリセリン酸)がつくられる。2つ目は，この3-ホスホグリセリン酸の還元反応で，ATPとNADPHを利用した酵素反応によって三炭糖(トリオース)リン酸に変換される(反応(2)～(4))。3つ目は，ATPを利用してCO_2の受容体であるペントースリン酸を再生する反応である(反応(5)～(13))。中間生成物であるトリオースリン酸は，一部は葉緑体中でデンプン合成に使われて貯蔵され，一部はサイトゾルに輸送されてスクロースに変換される。このようにして回路から離脱した炭素分は，大気中のCO_2の固定によって補われる。

*27 カルビン・ベンソン回路：1950年から1950年代後半にかけてアメリカの化学者カルビン(Melvin Calvin：1911～1997)とアメリカの生化学者ベンソン(Andrew Benson：1917～2015)らによって解明された。カルビンは「植物における光合成の研究」により1961年のノーベル化学賞を受賞している。炭素還元回路あるいは還元的ペントースリン酸回路とも呼ばれる。

(ii) RubiscoによるCO_2固定

炭酸固定反応は，1分子のCO_2がCO_2の受容体である1分子のC5化合

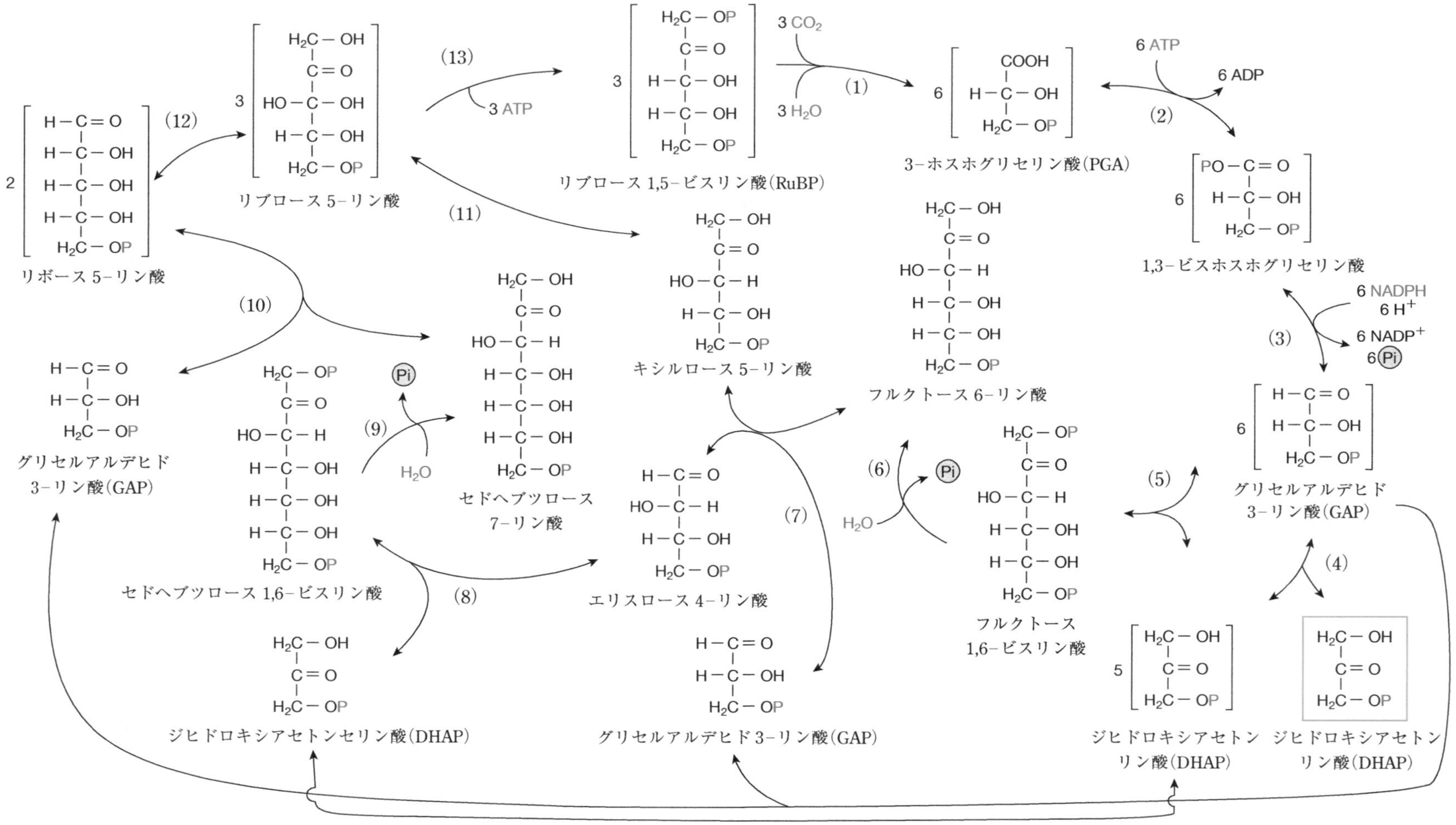

図3.11 | **カルビン・ベンソン回路**

反応を触媒する酵素名：(1)Rubisco，(2)PGAキナーゼ，(3)NADP–GAP脱水素酵素，(4)トリオースリン酸イソメラーゼ，(5)アルドラーゼ，(6)フルクトース–1,6–ビスリン酸ホスファターゼ，(7)トランスケトラーゼ，(8)アルドラーゼ，(9)セドヘプツロース–1,7–ビスリン酸ホスファターゼ，(10)トランスケトラーゼ，(11)リブロース–5–リン酸エピメラーゼ，(12)リボース5–リン酸イソメラーゼ，(13)リブロース–5–リン酸キナーゼ。Pはリン酸基，Piは無機リン酸を意味する。青色の枠で囲んだDHAPが6分子に1分子の割合でスクロース・デンプン合成経路(デンプン合成の場合はフルクトースリン酸を経由)へ流れる。

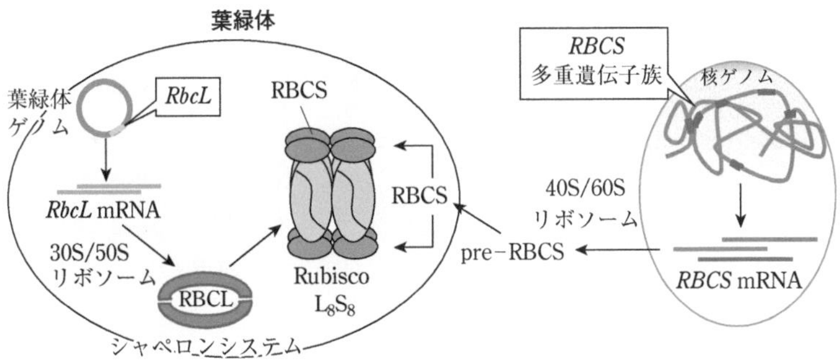

図3.12 **Rubiscoの生合成のメカニズム**

Rubiscoは葉緑体ゲノムにコードされているRBCL 8個と核ゲノムにコードされているRBCS 8個で構成される。*RBCS*遺伝子は多重遺伝子族(multigene family：1つの遺伝子の複製によって形成された，いくつかの類似遺伝子の組み合わせの総称)を形成し，イネでは5分子種，コムギでは22分子種が存在する。RBCSは細胞質40S/80Sリボゾームで前駆体(pre−)RBCSとして合成され，葉緑体に運ばれる。*RbcL*は葉緑体ゲノムに1つの遺伝子としてコードされ，原核型の30S/50S リボゾームでRBCLとして合成される。RBCLはタンパク質を正しく折りたたむシャペロンシステムにより完全型のRBCLとなり，RBCSと会合してL_8S_8のホロ酵素Rubiscoが合成される。

物**リブロース1,5−ビスリン酸**(ribulose 1,5-bisphosphate, RuBP)に付加され，2分子のC3化合物**3−ホスホグリセリン酸**(3-phosphoglyceric acid, PGA)が生成する次式で表される反応から始まる。

$$\mathrm{RuBP} + \mathrm{CO_2} + \mathrm{H_2O} \rightarrow 2\,\mathrm{PGA}$$

この反応は，**RuBPカルボキシラーゼ・オキシゲナーゼ**(RuBP carboxylase/oxygenase)[*28]，通称**Rubisco**(ルビスコ)によって触媒される。Rubiscoは，分子量52 kDaの大サブユニットRBCL 8個と分子量14～18 kDaの小サブユニットRBCS 8個からなる巨大なタンパク質である。陸上植物の場合，RBCLは葉緑体ゲノムに，RBCSは核ゲノムにコードされており，**図3.12**のようなメカニズムでホロ酵素(holoenzyme)[*29] Rubiscoが生合成される。Rubiscoだけで全葉緑体タンパク質含量の25～35%を占め，葉身の全窒素量の20～30%も占める(**図3.26**参照)。

Rubiscoの基質は，重炭酸イオン(炭酸水素イオン)HCO_3^-ではなくストロマ内の溶存CO_2である。CO_2は外気から気孔を通して，ストロマまで単純拡散される。なお，ストロマにはHCO_3^-と溶存CO_2の平衡反応を促進する亜鉛酵素である**カーボニックアンヒドラーゼ**(carbonic anhydrase，炭酸脱水酵素)が局在する。Rubiscoは，CO_2を固定する上記の反応のみならず，同じRuBPを基質としてO_2を取り込む反応も触媒する。O_2を取り込む反応では，1分子のPGAのほかに1分子の2−ホスホグリコール酸(2-phosphoglycolic acid)が生成する。2−ホスホグリコール酸は，光呼吸の初発反応物質である(3.1.4項参照)。

Rubiscoが活性を発現するためには，あらかじめCO_2分子およびMg^{2+}と結合し，活性型を形成する必要がある(**図3.13**)。Rubiscoの生体内での活性発現には酵素**Rubiscoアクティベース**(Rubisco activase)[*30]が関

＊28　Rubiscoの触媒するカルボキシラーゼ反応では，基質RuBPの3位の炭素に結合したH^+が引き抜かれ，2位の炭素にCO_2が付加し，C6中間体が生成した後に加水分解され，PGAが生産される。オキシゲナーゼ反応では，同様に基質RuBPの3位の炭素に結合したH^+が引き抜かれ，2位の炭素にO_2が付加し，C5中間体が開裂して，PGAと2−ホスホグリコール酸がつくられる。

＊29　ホロ酵素：複数のタンパク質分子が複合体を形成してはじめて活性を示すような酵素タンパク質のこと。また，酵素の本体となるタンパク質分子に対して非タンパク質性の分子が結合し，活性を示すものもホロ酵素と呼ぶ。この場合の非タンパク質性の分子を補因子と呼ぶ。

＊30　酵素名について：生化学において，酵素の名称は，基質名に接尾語として-aseを付けた形で命名され，多くの場合，-aseは日本語では「アーゼ」と呼ぶ。しかし，酵素によっては，まれに英語読みの「エース」を慣習とする場合もあり，Rubisco activaseの場合はRubiscoアクティベースと呼ぶのが一般的である。

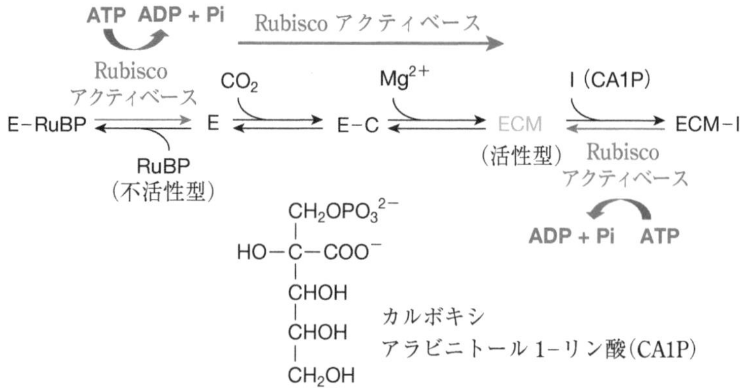

図3.13 **Rubiscoの活性化制御機構**

Rubiscoは酵素単独では活性をもたない(E：不活性型)。CO_2およびMg^{2+}と結合して触媒活性をもつ活性型(ECM)となる。この活性化反応はRubiscoアクティベースによって促進される。一方，活性型Rubisco(ECM)に暗所において高濃度で生産される阻害物質カルボキシアラビニトール1−リン酸(I：CA1P)が結合するとRubiscoは失活する。基質であるリブロース1,5−ビスリン酸(RuBP)は不活性型Rubiscoにも強く結合し，失活させる(E−RuBP)。RubiscoアクティベースはATPの加水分解エネルギーを利用してカルボキシアラビニトール1−リン酸(I：CA1P)やRuBPを外し，Rubiscoを活性化する。

Column 3.4

地球上でもっとも多量に存在するタンパク質Rubiscoとナビスコ

Rubiscoは地球上でもっとも多量に存在するタンパク質である。その酵素機能と年間CO_2固定量から，推定存在量は4,000万トン以上と見積もられている。Rubiscoが量的に非常に多いタンパク質であることから，最初に発見されたときは酵素の触媒機能からではなく，タンパク質として存在が発見された。1947年にアメリカ・カリフォルニア大学のワイルドマン(Samuel Wildman)らは，ホウレンソウの抽出画分を分画型超遠心に供し，多量に存在する高分子巨大タンパク質を発見した。当時開発されたチゼリウス型電気泳動に供したところ，均一タンパク質画分であったことからFraction 1 proteinと命名された。このFraction 1 proteinが光合成のCO_2固定酵素であることがわかるまで，その後10年以上の年月がかかっている。

Rubiscoは，1971年にワイルドマンの研究室に留学していた日本専売公社(現 日本たばこ産業)の川島伸麿 研究員によってタバコの葉から初めて結晶化された。それをきっかけにワイルドマンの研究室ではタバコから簡単に結晶化できるRubiscoのタンパク栄養食品化の研究を進めた。1980年にワイルドマンの退職記念事業シンポジウムが開かれたとき，ワイルドマンがタバコRubiscoの食品利用の研究を展開したことにちなんで，アメリカの製菓メーカーのナビスコ(NABISCO)を文字ってRubiscoの正式名称ribulose-1,5-bisphosphate carboxylase/oxygenaseがあまりに長いため，その頭文字を取り，Rubiscoと呼ぶことが提案された。ちなみに5年後の1985年に製菓会社ナビスコは当時アメリカ最大のタバコ会社であったレイナルド・インダストリーに買収された。その後，レイナルド社のアメリカ以外の部門が日本たばこ産業に，食品部門はフィリップ・モリスに買収されているが，タバコ会社によってタバコRubiscoの食品化研究が展開されることはなかった。

与する。Rubiscoアクティベースは，核ゲノムにコードされた分子シャペロン[*31]様タンパク質で葉緑体ストロマに存在し，ATPase活性を有する。緑藻から陸上植物まで，多くの光合成生物においてその存在が知られている。Rubiscoアクティベースによる活性制御には，ストロマ内のATP濃度や，チラコイドのPSIから電子を受け取るFdを介した還元反応が関与するため，葉に照射される光強度に強く依存し，電子伝達系と炭酸同化反応のバランスを維持するのに重要な役割を果たす。

＊31　分子シャペロン：他のタンパク質分子が正しく折りたたみをして機能を発揮するのを助けるタンパク質分子の総称。タンパク質シャペロンともいう。

また，イネ，ダイズ，インゲン(bean, common bean, kidney bean, *Phaseolus vulgaris* L.)，タバコなどのいくつかの植物では，Rubiscoの活性を著しく抑える阻害物質**カルボキシアラビニトール1-リン酸**(carboxyarabinitol-1-phosphate, **CA1P**)が暗所において高濃度に生産される(**図3.13**)。CA1Pは活性型のRubiscoに対してほぼ不可逆的に結合するが，ATPの加水分解エネルギーを利用したRubiscoアクティベースによる反応で外すことができる。

(iii) PGAの還元，トリオースリン酸の生産，およびRuBPの再生

図3.11のように，炭酸固定反応の初期産物であるPGAは，それぞれATPとNADPHを利用した反応(2)と(3)を経て，グリセルアルデヒド3-リン酸(glyceraldehayde 3-phosphate, GAP)に変換される。続いて，反応4において**ジヒドロキシアセトンリン酸**(dihydroxyaceton phosphate, **DHAP**)に変換される。GAPとDHAPはトリオースリン酸である。DHAPは反応(5)から(13)を経て，ATPのエネルギーを利用して，CO_2受容体であるRuBPに再生される。

電子伝達系で生産されたATPとNADPHは，この一連の酵素反応で消費される。一連の反応において，いくつかの酵素は電子伝達系から電子供与され，結果として明暗に応じて活性調節を受けている。なかでもフルクトース-1,6-ビスリン酸ホスファターゼ[*32](FBPase，反応6)とセドヘプツロース-1,7-ビスリン酸ホスファターゼ(SBPase，反応9)は，いずれも不可逆反応を触媒し，カルビン・ベンソン回路の重要な調節を担うとされている。これらの酵素はいずれもチラコイドのPSI複合体から電子を受け取るFdと，そのFdによって還元されるチオレドキシンを介したチオール基の酸化還元によって活性が調節されている。これは**フェレドキシン－チオレドキシンシステム**(ferredoxin-thioredoxin system)と呼ばれる(**図3.14**)。

＊32　ホスファターゼはリン酸エステルを加水分解して脱リン酸化する反応を触媒する酵素。

カルビン・ベンソン回路の中間代謝産物の1つであるトリオースリン酸であるDHAPにおいて，この化合物が最大で6分子に1分子の割合でカルビン・ベンソン回路からはずれ，細胞質でのスクロース合成の出発代謝産物として利用される。また，ストロマ内では，フルクトース6-リン酸経由で，デンプンが合成される。

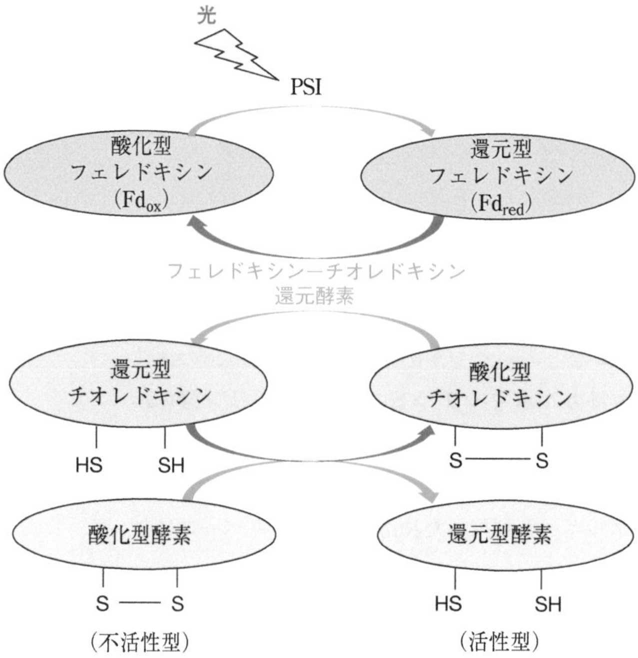

図3.14 | **フェレドキシン—チオレドキシンシステム**

フェレドキシン—チオレドキシンシステムは，チラコイド膜の電子伝達系における電子をストロマで行われるカルビン・ベンソン回路の鍵酵素へ伝達し，活性化するシステムである。光により励起されたPSI複合体より電子を受け取ったフェレドキシン(Fd)が，ストロマのタンパク質チオレドキシンを介して，NADP–GAP脱水素酵素(図3.11の反応3)，FBPase(反応6)，SBPase(反応9)，リブロース–5–リン酸キナーゼ(反応13)のジスルフィド結合をチオール基に還元して開裂し，活性化する。すなわち，これらの酵素は間接的に光によって活性化される。なお，Rubiscoアクティベースのα–サブユニットにもチオレドキシン結合部位がある。

D. スクロース・デンプン合成反応

光合成の最終産物は**スクロース**(sucrose)と**デンプン**(starch)である。スクロースは細胞質で，デンプンは葉緑体内で合成される。詳細な経路を**図3.15**に示す。スクロース合成経路の起点はカルビン・ベンソン回路から分岐したトリオースリン酸DHAPで，デンプン合成経路の起点は同じくカルビン・ベンソン回路から分岐したフルクトース6–リン酸である。スクロース・デンプンのいずれの合成においても，その途中で脱リン酸化の過程があり，生じたリン酸は，電子伝達系におけるATP合成のためのリン酸源として再利用される。このリン酸の循環経路は生理学的にきわめて重要である。何らかの原因でスクロース・デンプン合成反応が滞るとリン酸の循環経路が回らず，光合成の源となっているATPの生産が止まり，光合成反応全体が抑制される。これは光合成のフィードバック制御と呼ばれる。

スクロース合成においては，葉緑体包膜に存在する**リン酸トランスロケーター**(phosphate translocator)[*33]と呼ばれるタンパク質がDHAPを細胞質へ輸送する。この輸送は，無機リン酸との対向(交換)輸送である(第4章**図4.7**参照)[*34]。細胞質のスクロース合成経路には，FBPase(細胞質型：葉緑体型FBPaseとは異なる)，UDP[*35]–グルコースピロホス

*33　トリオースリン酸トランスロケーター(triosephosphate translocator)とも呼ばれる。DHAPのほかに同じトリオースリン酸であるGAPも輸送するが，ストロマ内における両者の平衡は96% DHAP側に傾いているので，実質的にはDHAPが輸送される。

*34　DHAPとPGAの対向輸送も可能である。このシャトルがはたらくと，葉緑体側から細胞質側にATPのエネルギーとNAD(P)Hの還元力が伝達される(3.4.1項A.参照)。

*35　UDP：ウリジン二リン酸(uridine diphosphate)の略。UDPは糖であるリボースの1位に核酸塩基であるウラシルが結合し，5位に二リン酸(ピロリン酸)がエステル結合した構造をもつピリミジンヌクレオチドである。三リン酸がエステル結合したものをUTP(uridine triphosphate)という。UTPはATPと同様に，代謝反応の基質となることでエネルギーを与える役割があるが，ATPよりも反応特異性が高い。

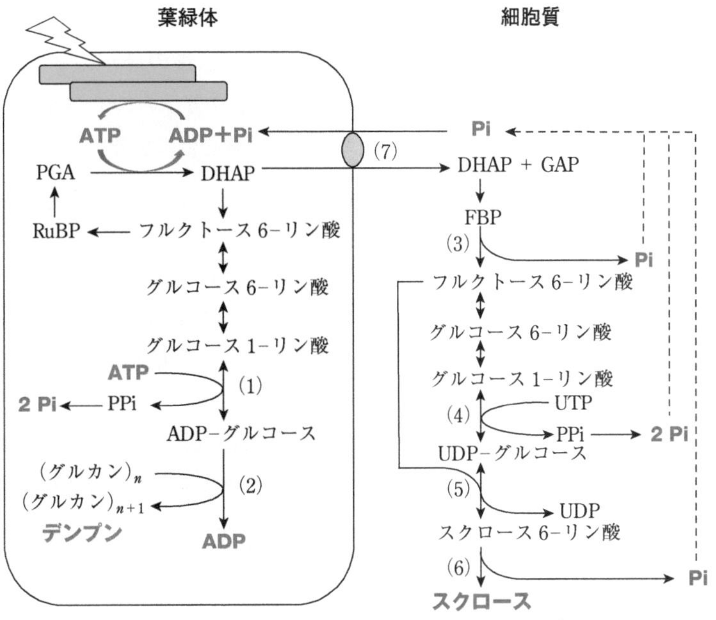

図3.15 | **スクロースおよびデンプン合成の経路**

スクロースは細胞質で，デンプンは葉緑体で合成される。反応を触媒する鍵酵素名：(1)ADP–グルコースピロホスホリラーゼ，(2)デンプン合成酵素，(3)細胞質FPBase，(4)UDP–グルコースピロホスホリラーゼ，(5)スクロースリン酸ホスファターゼ(SPS)，(6)スクロースリン酸合成酵素(SPP)，(7)リン酸トランスロケーター。PPiはピロリン酸。

ホリラーゼ[*36]，スクロースリン酸ホスファターゼ(sucrose-phosphate phosphatase, SPP)の反応の3つで脱リン酸化が起こり，生じたリン酸がリン酸トランスロケーターを経て葉緑体に循環される。スクロース合成は，DHAPの細胞質への供給と，細胞質内におけるFBPaseと**スクロースリン酸合成酵素**(sucrose-phosphate synthase, **SPS**)の酵素活性の調節により制御されると考えられている。

植物の葉を調べると，単子葉類ではスクロースが，双子葉類ではデンプンが蓄積している場合が多い。しかし，いずれの場合も最終産物である両者の生産の分配は，スクロース合成側の酵素FBPaseとSPSの活性調節によって決定されると考えられているが，デンプン合成側の酵素**ADP–グルコースピロホスホリラーゼ**(ADP-glucose pyrophosphorylase)の活性制御も重要である。植物が葉緑体中に同化したデンプンを炭素源として利用する場合，いったん六炭糖(ヘキソース)単位に分解する必要があるが，葉緑体中のデンプン分解経路はホスホリラーゼによる加リン酸分解経路ではなく，アミラーゼを主体とした加水分解経路であることがわかってきた(第4章**図4.30**参照)。したがって，葉緑体中のデンプン分解経路は，ヘキソースリン酸やトリオースリン酸を介してスクロース合成や解糖系とつながるのではなく，葉緑体のマルトーストランスロケーターを経て，二糖であるマルトースとして細胞質に運ばれるのが主な経路である。

＊36　ピロホスホリラーゼはUTPとグルコース1–リン酸からUDP–グルコースと二リン酸(ピロリン酸)が生成する可逆反応を触媒する酵素。

3.1.4◇光呼吸(酸化的C2炭素回路)

Rubiscoはカルボキシラーゼ活性のほかにオキシゲナーゼ活性を有し，RuBPとO_2を基質として，1分子の3-ホスホグリセリン酸(PGA)と1分子の2-ホスホグリコール酸を生産する。

RuBP　+　O_2　→　PGA　+　ホスホグリコール酸

基質O_2は，RubiscoのCO_2と同じ触媒部位に対して拮抗的に結合するため，両活性の比率は，CO_2とO_2の濃度比(分圧比)で決まる。なお，現在の大気分圧下条件での両活性の速度比はほぼ4:1である。

生産されたPGAはカルビン・ベンソン回路へ流れる。ホスホグリコール酸は葉緑体中で**グリコール酸**(glycolic acid)となり，別の細胞小器官ペルオキシソーム，ミトコンドリアへと流れる代謝経路へつながる。この代謝は通称，**光呼吸**(photorespiration)(正式名称：**酸化的C2炭素回路**，C2 oxidative carbon cycle)と呼ばれ，その経路を**図3.16**に示す。まず，グリコール酸はペルオキシソームに輸送され，アミノ化されてグリシンになる。グリシン生成反応は過酸化水素の発生をともなうが，ペルオキシソームに局在するカタラーゼ(catalase)[*37]が消去している。生成したグリシンはミトコンドリアに輸送され，**グリシン脱炭酸酵素**(glycine decarboxylase, **GDC**)によって脱炭酸(CO_2放出)・脱アミノ(NH_4^+放出)を受け，セリンに変換される。セリンは再びペルオキシソームにもどされて，脱アミノと還元を受けてグリセリン酸となる。グリセリン酸は葉緑体へもどり，電子伝達系で生産されるATPを利用してリン酸化されてPGAとなり，カルビン・ベンソン回路に入る。また，ミトコンドリアでの脱炭酸により生じたCO_2分子は，通常の大気圧条件下では葉内でのCO_2分圧がもっとも低いストロマへ拡散し，Rubiscoによって再固定される[*38]。脱アミノにより生じたNH_4^+も葉緑体で再同化される。このNH_4^+の再同化には，グルタミン合成酵素・グルタミン酸合成酵素(GS/GOGAT系)がはたらき，ここでも電子伝達系で生産されるATPが消費され，PSI複合体から電子を受け取ったFdが電子供与体としてはたらく(第4章**図4.11**参照)。

光呼吸は光合成や呼吸とは別の代謝として位置づけられている。しかし，代謝反応そのものは光合成の炭酸同化反応と完全に連結して同時に進行することから，むしろ光合成の代謝の一部と考えるべきである。光呼吸では，ATPの消費とFdを介した還元力の消費をともないながらも，一切の最終産物を生成しないので，積極的に物質生産をするという目的はない。しかし，葉緑体のストロマのCO_2濃度(分圧)：O_2濃度(分圧)比によって光呼吸速度は決定されるので，乾燥ストレスなどの環境因子によって気孔が閉じ，CO_2が供給されない条件下では，相対的に光呼吸が促進され，電子伝達系とのバランスを保つ役割がある[*39]。

＊37　カタラーゼは過酸化水素を分解する反応を触媒する酵素。

＊38　多くの植物科学や光合成関連の教科書では，光呼吸の過程においてミトコンドリアでの脱炭酸によって生じるCO_2が，細胞外あるいは光呼吸代謝経路外に放出されるように書かれているが，これは誤りである。CO_2は分圧の差に基づいて，もっともCO_2分圧の低いストロマのRubiscoの触媒部位に向かって拡散するため，結果としてRubiscoによって再固定される。この誤解が，光呼吸の生理的意味をわかりにくくしている。

＊39　光呼吸経路ではCO_2が発生するので(欄外注＊38参照)，気孔が閉じ外部からのCO_2供給がなくても葉内のCO_2分圧はCO_2補償点(第4章参照)以上には維持され，O_2もPSIIから供給されるため，光呼吸とそれに連動するカルビン・ベンソン回路が駆動し，光合成のアイドリング状態が維持される。

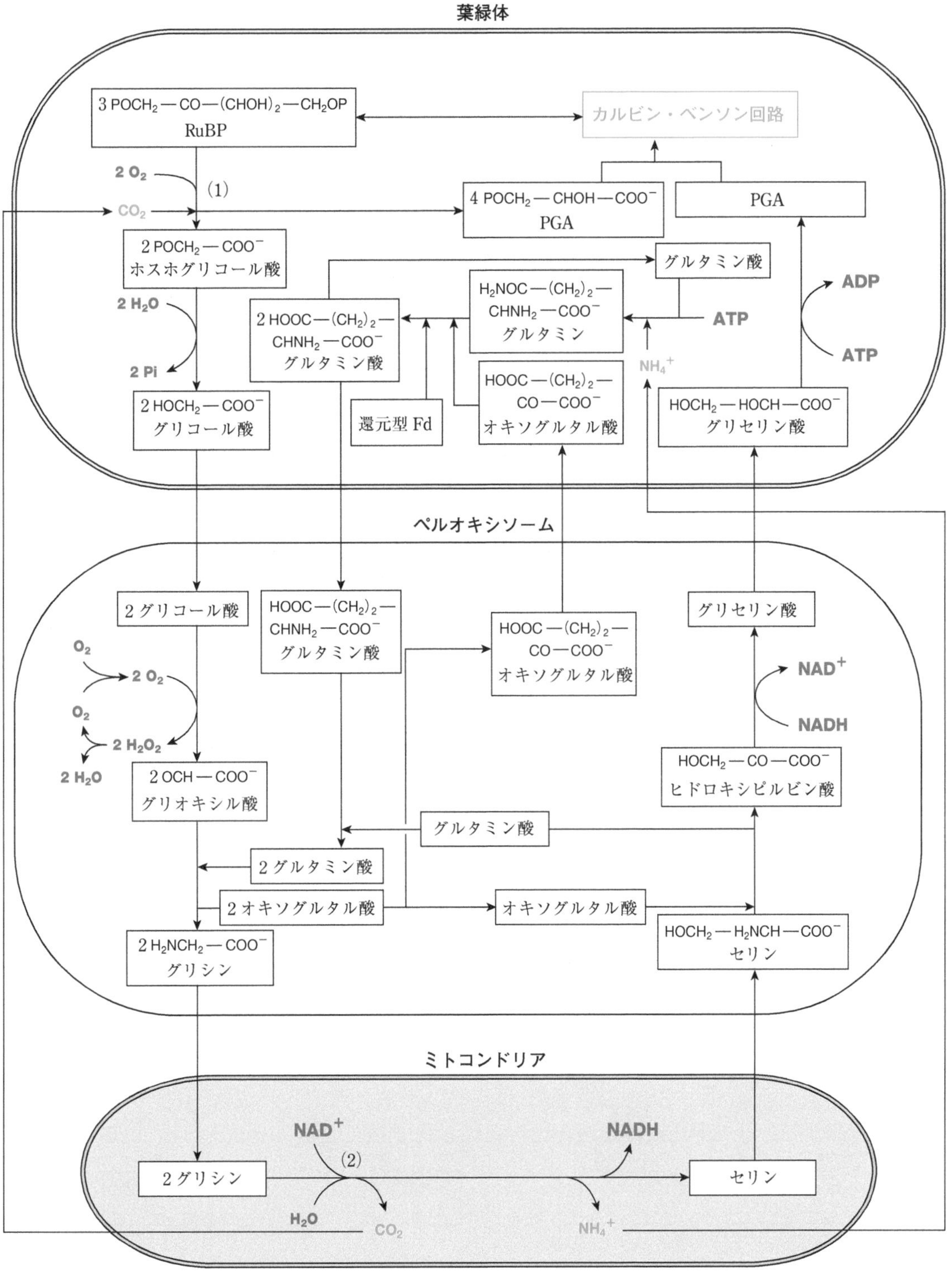

図3.16 | **光呼吸**

光呼吸の代謝は3つの細胞小器官で行われる。Rubiscoのオキシゲナーゼ活性によって，ホスホグリコール酸とPGAが生産される(反応1)。しかし，ミトコンドリアのグリシン脱炭酸酵素(GDC)によって放出されるCO_2(反応2)は，Rubiscoのカルボキシラーゼ活性(反応1)によって再固定されるので，光呼吸におけるRubiscoによる反応1の正しい収支は3 RuBP + 2 O_2 + CO_2 + H_2O → 4 PGA + 2−ホスホグリコール酸となる。
[L. Taizほか著，テイツ・ザイガー植物生理学・発生学 原著第6版，講談社(2017)，図8.8より改変]

Column 3.5

光呼吸の生理的意義は？ —進化とともに高速化が進む光呼吸

光呼吸には謎が多い。現在の地球大気の酸素のほとんどは光合成生物の産物（排気ガス）である。約35億年前Rubiscoを有する光合成細菌が海底の熱水噴出孔周辺で現れた頃，地球上には酸素はほとんどなかった。すなわち，酸素がない時代にRubiscoは酸素を基質とする酵素オキシゲナーゼとしてプログラムされた。当然，当時はその機能を発揮することはなかった。

図に示すように，約27億年前に光合成で酸素を排出するシアノバクテリアが出現し，続いて約15億年前に真核藻類が現れ，大気中の酸素が徐々に増えていった。やがて大気の酸素はオゾン層を形成して太陽からの紫外線を遮断し，約4億年前に光合成生物は陸上に進出した。その過程で酸素はさらに増え，CO_2濃度はどんどん下がった。すなわち，光合成生物のRubiscoにとっては，カルボキシラーゼ活性にはブレーキがかかり，オキシゲナーゼ活性は促進されたことになる。オキシゲナーゼの初発反応で生産されるグリコール酸はカルビン・ベンソン回路に組み込まれる物質ではないので，オキシゲナーゼ活性の促進はどんどん光合成効率を悪化させていくこととなった。**図3.16**に示した光呼吸における代謝経路をよく見てほしい。光呼吸は，3つの細胞小器官を使って，グリコール酸に流れた炭素化合物をPGAにもどしてカルビン・ベンソン回路に回収している代謝であることがわかる。すなわち，光呼吸の生理的意義は，自らの排気ガスである酸素を取り込んでしまったオキシゲナーゼ活性の修復事業であったことがわかる。実際，光合成細菌から陸上植物までのRubiscoを調べると，カルボキシラーゼ活性に対してオキシゲナーゼ活性が大きく低下している。すなわち，代謝そのものに意味はなく，負のエネルギー代謝である光呼吸は抑制させる方向で進化していることがわかる。Rubiscoのオキシゲナーゼ活性は（後の地球環境

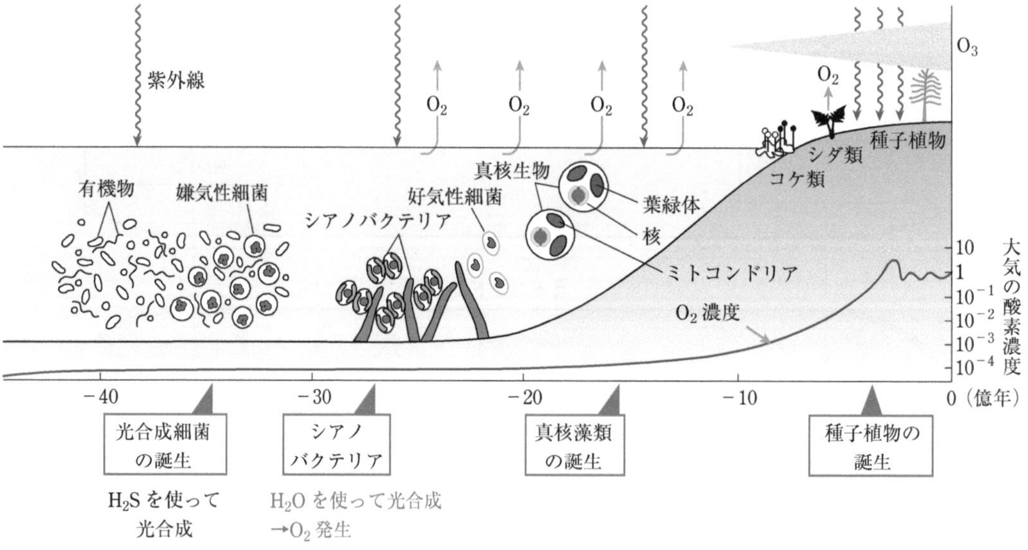

| 図 | **光合成生物と地球の大気の歴史**

光合成の反応で必要な材料はプロトン（H^+）と電子のみであり，光合成細菌はそれを硫化水素から得ていた。シアノバクテリアはPSII複合体をもち，地球上に多量にあった水からH^+と電子を取り出し，不要な酸素は大気中に捨てた。したがって，光合成生物誕生期には地球上に酸素もなければ，光呼吸もなかった。このことから，Rubiscoが酸素を捕まえることは想定されてなかったことが推定できる。
［鈴木孝仁，本川達雄，チャート式シリーズ 新生物II，数研出版（2011），図3-9より改変］

の変化を考えると）酸素のない時代に設計された光合成のプログラムミスであったようだ。

図3.16のような高度な光呼吸経路を有している光合成生物は，実は被子植物のみであることがわかってきた。シアノバクテリア，紅藻類，緑藻類はアンモニア（NH_4^+）再同化系のない単純な酸化的C2炭素回路をもっている。陸上植物でも多くの裸子植物は葉緑体にはNH_4^+再同化系をもっていない。なお，コケ類やシダ類は情報量が限られていてまだ明確ではない。いずれにせよ，進化にともない水中から上陸した植物は乾燥との戦いを強いられることになった。水が制限される環境で光合成の高速化を進めるためには，それに対応できる高速型電子シンク能を有する光呼吸が必須となり，オキシゲナーゼ活性を有効に活用し，NH_4^+再同化系を葉緑体に配置させた経路に進化させたものと考えられる（66頁欄外注＊39参照）。

近年，被子植物の光呼吸代謝を止め，原始的なシアノバクテリア型の酸化的C2炭素回路を導入したところ，バイオマスが増産されたという研究例がいくつか報告されている。そのようなことがありうるのであろうか？　いずれも新しい展開につながる続報は出ていない。

3.2 ◆ C4光合成とCAM光合成

植物は地上に進出して以来，さまざまな環境ストレスに遭遇し，多様な適応機構を獲得してきた。ここでは光合成における付加的な炭素代謝機構として代表的であるC4光合成とCAM光合成について紹介する。

3.2.1 ◇ C4光合成

C4光合成（C4 photosynthesis）を行う植物（**C4植物**，C4 plants）は葉肉細胞のみならず**維管束鞘細胞**（bundle sheath cell）にも発達した葉緑体をもち，光合成における炭素代謝をその2つの細胞で高度に分業している。C4植物は，トウモロコシ，サトウキビなどの作物をはじめ，20科8000種以上が知られている＊40。**図3.17**にC4光合成の基本的な機構を示した。C4植物では，葉肉細胞の細胞質にカーボニックアンヒドラーゼが存在し，葉内に拡散してきたCO_2を速やかにHCO_3^-へと変換する。そのHCO_3^-を同じく細胞質に局在する**ホスホエノールピルビン酸**（phosphoenolpyruvate, **PEP**）**カルボキシラーゼ**（PEP carboxylase, **PEPC**）が固定する。HCO_3^-の受容体はPEPである。初期産物は4炭素化合物である**オキサロ酢酸**（oxaloacetic acid）であることから，C4光合成と名づけられた。それに対して，通常の光合成を行う植物の炭酸同化反応の初期産物PGAは3炭素化合物であることから，**C3光合成**（C3 photosynthesis）と呼ばれる。

C4光合成の特徴は，PEPCのカルボキシラーゼ活性がRubiscoのカルボキシラーゼ活性に比較して著しく高い点にある。結果として，Rubiscoがはたらく維管束鞘細胞の葉緑体内のCO_2濃度（分圧）が非常に

＊40　C4植物の例として，栽培種ではソルガム，飼料作物であるスイッチグラス，ネピアグラス，エリアンサス，牧草ではローズグラス，ギニアグラス，芝の仲間ではノシバがあげられる。雑草については，コラム3.9で紹介している。実験用にはアトリプレックス，フラベリア，エノコログサなどがよく用いられる。

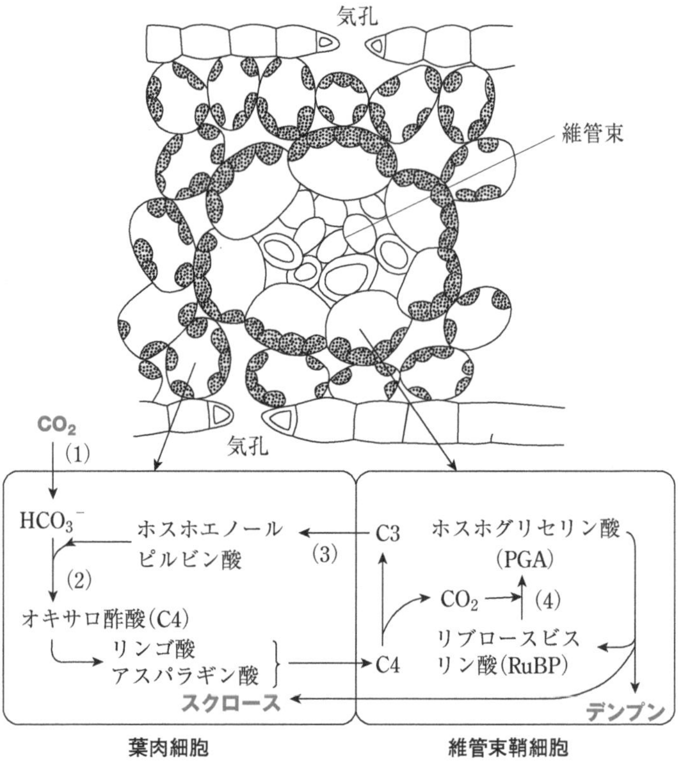

図3.17 **C4植物の葉の断面とC4光合成**

反応を触媒する鍵酵素名：(1)カーボニックアンヒドラーゼ，(2)PEPC，(3)PPDK，(4)Rubisco。デンプンは維管束鞘細胞の葉緑体で合成され，スクロースは葉肉細胞の細胞質で合成される。
[牧野 周(間藤 徹，馬 建鋒，藤原 徹 編)，植物栄養学 第2版，文永堂出版(2010)，図2.9より改変]

高くなり，1000～5000 μmol mol^{-1}(100～500 Pa)程度まで濃縮される。また，C4植物には，維管束鞘細胞において，この高CO_2濃度を維持する形態的な特徴が見られる。NADP–ME型の植物*41では，維管束鞘細胞の細胞壁はコルク質のスベリン層(suberin layer)*42が発達しており，CO_2の漏れを防いでいる。このような植物では葉緑体は維管束鞘細胞の外側に葉緑体を配置している。一方，NAD–ME型の植物では，維管束鞘細胞の内心側に葉緑体を配置し，ミトコンドリアを覆う形でCO_2をトラップし，放出を防いでいる。

このようにRubiscoがはたらく維管束鞘細胞では，高CO_2濃度が維持されるためRubiscoのオキシゲナーゼ活性は低く抑えられる。結果として，**CO_2補償点**(CO_2 compensation point)*43やCO_2飽和点が低い。CO_2補償点は，C3植物では50 μmol mol^{-1}(5 Pa)前後であるが，C4植物ではほぼ0である。また，CO_2飽和点は，C3植物では約800 μmol mol^{-1}(80 Pa)以上であるのに対し，C4植物では400 μmol mol^{-1}(40 Pa)前後である。このように，C4植物ではC3植物と異なり，大気のCO_2分圧は光合成の律速要因にならないため，気孔の開度が低い。結果として，光合成速度に対する水の蒸散速度が低く(C3植物の1/3から1/2)，光合成における

*41 NADP–ME型：脱炭酸酵素によるC4植物の分類の1つ。NADPを利用するリンゴ酸酵素(malic enzyme, ME)を主な脱炭酸酵素とする植物群。NADPの代わりにNADを利用するNAD–ME型や，PEPカルボキシキナーゼ(carboxykinase, CK)が主な脱炭酸酵素であるPEP–CK型がある。

*42 スベリン層：スベリンは細胞壁の表層につくられるロウ質の物質で，コルクの主要な構成成分の1つ。ヒドロキシ脂肪酸や芳香族化合物を構成要素とする重合体で形成され，水や気体を通しにくい。

*43 CO_2補償点：正味の光合成速度がゼロになるCO_2濃度(分圧)。光合成の炭酸同化反応によるCO_2の吸収速度と光呼吸と通常の呼吸によるCO_2放出速度が等しくなるCO_2濃度のことをいう。日中，気孔が完全に閉鎖してCO_2供給が遮断されても，葉内のCO_2濃度はCO_2補償点以下にはならない。

Column 3.6

C4光合成の発見者は誰?　―アンドリュー・ベンソンの遺言

今日の教科書では，C4光合成の発見は1965年のハワイ・サトウキビ研究所のコーチャック(Hugo Kortschak)と1966年のオーストラリアのハッチ(Marshal Hatch)らによるとされている。ハッチらの発見から30年を経た1996年にオーストラリア国立大学で光合成の研究者が一堂に会した国際シンポジウムが開催された。そのオープニングの挨拶で当時オーストラリア国立大学の研究所長であったオズモンド(Barry Osmond)が「今回のシンポジウムはC4光合成発見30周年記念シンポジウムではなく，実は40周年シンポジウムである」と述べた。コーチャックと同じサトウキビ研究所にいた女性研究者コンスタンス・ハート(Constance Hartt)が，1950年代半ばにはすでにC4光合成を発見していて，カルビン・ベンソン回路の発見者ベンソン(Andrew Benson)がサトウキビ研究所を訪問した際に，そのことを知っていたのではないか，という噂があった。その国際シンポジウムに出席していた当時の光合成研究会会長であった埼玉大学・金井龍二博士がベンソンにその真相を尋ねたところ，「あの頃は自分たちの回路の完全解明に夢中で，彼女から別回路の話を聞かされたときに，まったく取り合わなかった。今となっては彼女の研究の後押しをすべきであった。」と事実をあっさり認めた。ベンソンが知ったのは1957年ことだったという。ベンソンは自らの講演で「I was an inhibitor of C4 photosynthesis.」と話したそうである。

ベンソンは2015年に97歳で亡くなった。学界では「20世紀の偉大なScientific Legendの逝去」と大きく報じられたが，ベンソンは亡くなる4年前の2011年に生涯最後の論文を執筆している。タイトルは“Constance Endicott Hartt (1900〜1984)and the path of carbon in the sugarcane leaf”(コンスタンス・ハートとサトウキビの炭素代謝)で，ハートの研究業績をまとめた伝記である(Advances in Photosynthesis and Respiration **32**：13-16(2011))。今では，webで検索をすると彼女の研究資料が数多く入手できる。DNAの二重らせん構造の発見を巡ってユダヤ系女性研究者ロザリンド・フランクリン(Rosalind Franklin)の名誉回復が図られたように，コンスタンス・ハートの名誉回復も図られている。

水の利用効率が高い。また，C4植物のRubisco含量はC3植物より少なく(葉身の全窒素量の7～10%程度)，酵素1分子あたりの比活性は高い。さらにはオキシゲナーゼ活性がほとんど生じない条件であるために光呼吸が抑制され，結果的に高い光合成速度を示す植物が多い。しかし，CO_2濃縮を行う経路(PEPを再生する経路)においてピルビン酸リン酸ジキナーゼ(pyruvate, orthophosphate dikinase, PPDK)＊44がATPを使うため，CO_2固定量に対するATPの消費率は高く，光が十分でない環境では逆に不利な光合成となる。

＊44　キナーゼはATPを利用してリン酸基を転移するリン酸化反応を触媒する酵素。

3.2.2◇CAM光合成

ベンケイソウ(*Crassulaceae*)，サボテン(*Cactaceae*)などの砂漠の植物は，極度の乾燥条件に適したユニークな光合成を行う。乾燥の激しい昼間は気孔を閉じて体内の水分を保持し，夜間に気孔を開いて，細胞質に存在するPEPカルボキシラーゼ(PEPC)による炭酸固定を行う(**図3.18**)。PEP供給の炭素源は，葉緑体中のデンプンである。生成物であるオキサロ酢酸は，リンゴ酸に変換された後，液胞に蓄積される。昼間はそのリンゴ酸からの脱炭酸で生じるCO_2を使って，通常のC3型の光合成を行う。脱炭酸の過程はC4植物と同様，3つの型[*41]がある。このような光合成を**ベンケイソウの有機酸代謝**(Crassulacean acid metabolism)の頭文字をとって**CAM光合成**(CAM photosynthesis)と呼び，CAM光合成を行う植物を**CAM植物**(CAM plants)と呼ぶ。現在，上記の植物のほか，パイナップル科，トウダイグサ科，ラン科などの45科約16000種以上の存在が知られている[*45]。

なお，地球上に生育する植物種の90%以上は通常のC3型の光合成を営むC3植物で，イネ，コムギ，ダイズ，ジャガイモなどといった多くの作物はこれに属する。一方，C4植物は3%程度，CAM植物は6%程度と推定されている。

C4光合成の経路とCAM光合成の経路は似ている点が多いが，C4植物やCAM植物への進化は，あらゆる植物の類縁関係とは関係なく分布することから，さまざまなC3植物から互いに関係なく発達したものと考えられている。

＊45　CAM植物の例として，栽培種ではパイナップル，アロエ，サボテン，リュウゼンカツラ，ランの仲間ではコチョウラン，デンドロビウム，バンダなどがあげられる。ランの仲間でもオンシディウム，シンビディウムはC3型光合成を行う。裸子植物であるウェルウィッチアもCAM型光合成を行う。

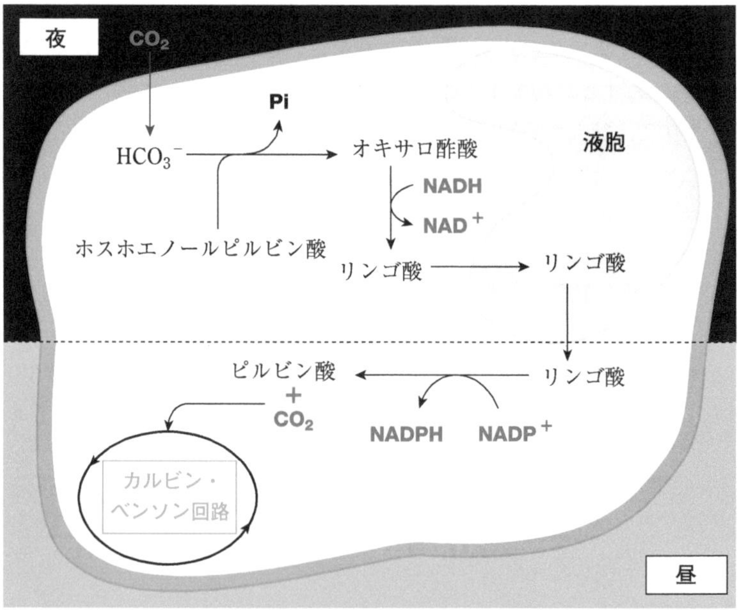

図3.18 | **CAM光合成**

昼間は気孔を閉じ，夜間に気孔を開いて細胞質に存在するPEPCによる炭酸固定を行う。昼間はリンゴ酸から脱炭酸により生じるCO_2を使って，通常のC3型の光合成を行う。

[R. Malkin and K. Niyogi (B. B. Buchanan, W. Gruissem, R. L. Jones eds.), *Biochemistry & Molecular Biology of Plants*, ASPB (2000), Fig. 12.51より改変]

3.3 ◆ 光合成の環境応答

植物の光合成に大きな影響を及ぼす環境因子としては，光，CO_2濃度，温度，水，および栄養素などがあげられる。植物はこれらの環境因子の変化に対し，さまざまな応答を示して適応する多様な能力をもっている。

3.3.1 ◇ 光

光強度を変化させて光合成速度を測定して光強度と光合成速度の関係を解析すると，**光補償点**(light compensation point)[*46]から光合成速度がほぼ直線的に増加する初期段階，光強度の増加に対して光合成速度が曲線的に増加する段階，光強度が増加しても光合成速度が増加せずに飽和傾向を示す飽和段階の3つの段階が見られる(**図3.19**)。これらの3つの段階の応答パターンは，植物の種，植物が生育している光環境や栄養状態によって大きく異なる。例えば，陽葉(強光下で生育する植物の葉)では曲線的に応答する範囲が広く光飽和点が高く，飽和段階の光合成速度も高い。それに対して，陰葉(陰性植物や弱光条件下で生育する植物の葉)の場合は，光補償点が低く，相対的に低い光強度で光合成は飽和し，その速度も低い。

光強度と光合成速度が直線関係にある初期段階では，光合成は葉における集光反応によって律速される。初期段階では植物が吸収した光エネルギーの利用効率は約80%にも及ぶ。つづいて曲線応答段階では，光エネルギーの利用効率は減少し，光合成は電子伝達系によって律速され

＊46　光補償点：光合成と光呼吸による正味のCO_2の吸収速度と呼吸によるCO_2放出速度が等しくなる光強度のこと。

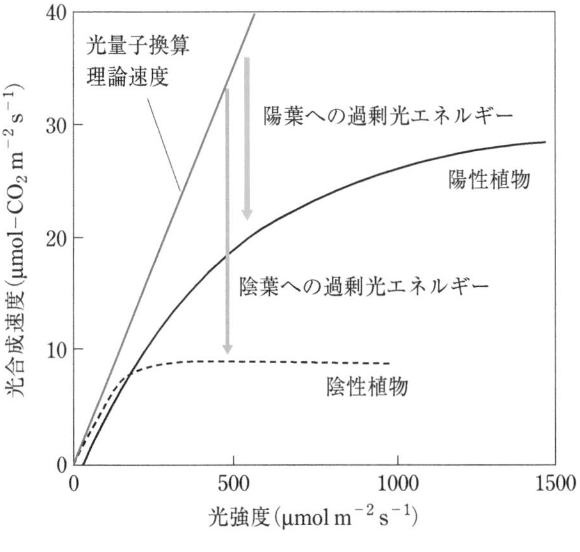

図3.19 **C3植物の光合成速度の光応答**

実線は陽性植物の光合成速度，破線は陰性植物の光合成速度。光合成速度は大気CO_2濃度で測定した葉面積あたりの値。陽性植物の光補償点は高く，曲線的に応答する光強度領域が広く，光飽和点の光強度も光合成速度も高い。赤線は光量子効率を100%として理論的に換算されるCO_2同化速度。過剰光エネルギーは光阻害の要因となる。熱散逸やP700酸化システムがその防御にあたるが，陰性植物ではその能力も低く，光合成速度も低いため，光阻害を受けやすい。

る面が強くなる。この段階での光合成速度の変化は生体内でのRubiscoの活性化状態の変化とも高い相関関係にある(3.1.3項C.参照)。しかし，Rubiscoの活性化状態の変化はRubiscoアクティベースを介した2次的な応答で，光強度の増加にともなって生じるATP/ADP比の上昇，Fd-チオレドキシンシステムによる還元の促進，チラコイド膜内外におけるH^+濃度勾配の増大などの作用によってRubiscoアクティベースは活性化される。さらに，飽和段階での光合成速度は，低CO_2濃度下では炭酸固定反応，高CO_2濃度下では電子伝達系もしくはスクロース・デンプン合成反応にともなうリン酸の循環によって律速される。

陽葉と陰葉において光強度と光合成速度の関係が異なるのは，それらの植物において上で述べた光合成速度の決定因子の能力的なバランスが異なることによる。陰葉では相対的に色素タンパク質の量が多く，総クロロフィル量の増加が認められる。特に，LHCIIを中心とした集光性色素タンパク質複合体の増加が著しく，結果としてクロロフィル*a*/*b*比が低下する。これらの特性は同時に，クロロフィル含量あたりの電子伝達活性の低下，Rubisco含量の減少，FBPaseやSPS活性の低下などを意味する。すなわち，陰葉は陽葉に比べ，光合成を行う潜在能力は低いが，弱光条件下では少ない光を有効に利用する。林床や室内観賞用の植物の葉色が濃いのはそのような理由からである。また，陰葉において光補償点が低いことは，呼吸活性が低いことを意味する(**図3.19**)。一方，陽葉では，強光による過剰な励起エネルギーを熱により消去する系が発達しており，カロテノイド系色素，とりわけキサントフィルサイクル色素が相対的に増加する(**図3.8**参照)。

植物は，光合成で利用できる能力以上の光エネルギーを受けると**光阻害**(photoinhibition)を生じ，やがて傷害(**光傷害**，photodamage)を起こす(**図3.19**)。光阻害や光傷害の要因はPSIIやPSIで発生する**活性酸素種**(reactive oxygen species, ROS)*47である(**図3.20**)。PSIIでは，**一重項酸素**(singlet oxygen)が発生し，D1タンパク質が破壊される。PSIでは**スーパーオキシド**(O_2^-)や**ヒドロキシルラジカル**(•OH)などが発生し，それぞれのタンパク質複合体からRubiscoなどのストロマ酵素まで破壊される。それらを防ぐため，植物はPSIIではクロロフィルが吸収した過剰な励起エネルギーを積極的に熱散逸し，消去するシステムがある(非光化学的消光，NPQ：3.1.3項A.参照)。一方，PSIでは反応中心P700を酸化状態$P700^+$で維持し，励起状態P700*の蓄積を抑制するシステム(**P700酸化システム**，P700 oxidation system)がはたらく(**図3.21**)。PSIIではチラコイド内腔に存在するキサントフィルサイクル色素を脱エポキシ化する酵素(ビオキサンチンデエポキシダーゼ)が活性化され，PSIIにおける過剰な励起エネルギーを熱散逸により消去する反応に関与するゼアキサンチンが増加する(**図3.8**参照)。ゼアキサンチンはPsbSタンパク質*48の機能と共役して第一励起状態にあるクロロ

＊47　活性酸素：酸素が，より反応性の高い酸素に変化したものの総称で，遺伝子やタンパク質を損傷させるはたらきがあり，殺菌効果もある。酸素は一電子還元されるとスーパーオキシド(O_2^-)，二電子還元されると過酸化水素(H_2O_2)，三電子還元されるとヒドロキシルラジカル(•OH)となる。いずれも活性酸素に分類される。ヒドロキシルラジカルは，きわめて反応性が高いラジカルであり，多くの生体損傷はこれによる。ちなみに，酸素は四電子還元されると水(H_2O)になる。そのほか，一重項酸素($^1O_2$)も活性酸素の一種で，分子軌道の1つが一重項状態というスピン量子数がゼロの励起状態にある高い反応性をもつ不安定な酸素分子である。

＊48　PsbSタンパク質：LHCIIの構成成分の1つで，分子量は約20 kDa。陸上植物では広く分布し，チラコイド膜のH^+濃度勾配に応答して光化学系IIにおける熱散逸を担い，光阻害に対する防御の役割を果たしている。

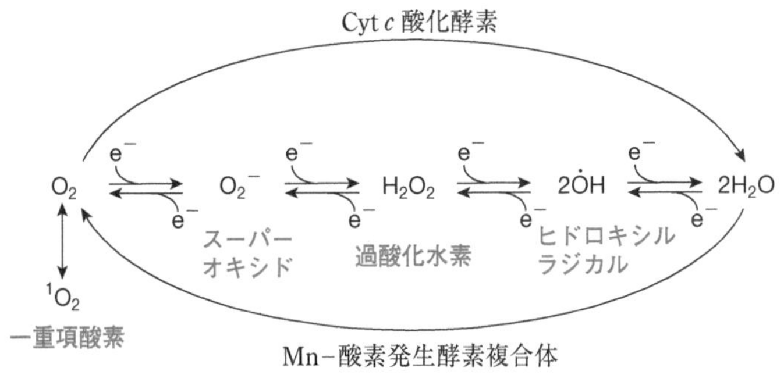

図3.20 | **活性酸素種**

活性酸素種を赤字で示した。酸素は一電子還元されるとスーパーオキシドに，二電子還元されると過酸化水素に，三電子還元されるとヒドロキシルラジカルになる。さらに，四電子還元されると水になる。ミトコンドリアのCyt *c* 酸化酵素は酸素を四電子還元して水に変換し，PSIIのMn−酸素発生酵素は水から四電子を引き抜いて酸素を発生する。一重項酸素も反応性の高い活性酸素の一種である。

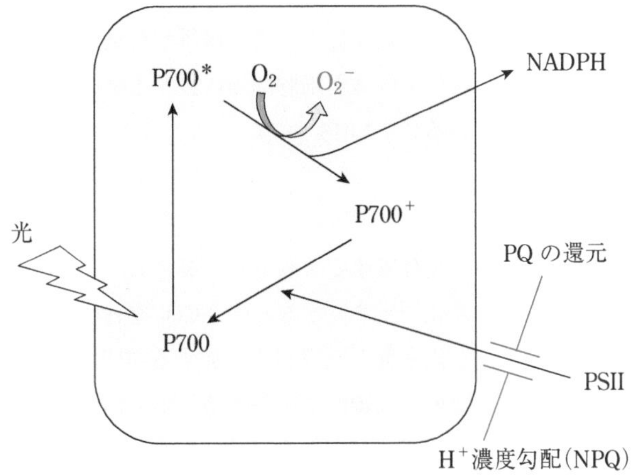

図3.21 | **PSIにおいて活性酸素発生を抑制するP700酸化システム**

P700はアンテナクロロフィルより励起エネルギーを受け取ると励起状態P700*になる。隣接するクロロフィル*a*分子A_0との間で電荷分離した後，PSIの下流に電子を流すことにより自身は酸化型$P700^+$となる。$P700^+$はプラストシアニン(PC)から電子を受け取って基底状態P700にもどる。何らかの原因で炭酸同化反応が抑制されると，NADPHの消費が抑えられるため，P700*からNADPHまでが過電子状態になり活性酸素が発生する。その場合は，プラストキノン(PQ)の還元や熱散逸(NPQ)の作用により，PSIIからPSIへの電子の流れが抑制され，$P700^+$状態を維持するシステムがはたらく。

フィルから励起エネルギーを受け取り，熱として放散させる機能が推定されている。ビオキサンチンデエポキシダーゼもPsbSタンパク質もチラコイド内腔にH^+が蓄積される(pHが低下する)ことにより活性化する。また，内腔にH^+イオンが蓄積される条件ではPQの還元が進み，Cyt b_6fにおけるQサイクル(**図3.9**参照)が抑制されるため，PSIへの電子の流入が抑えられる。その結果，PSIの反応中心P700の酸化が維持されるため，PSIからFdへの電子伝達の滞りがあっても，励起状態P700*の蓄積を抑制することで，活性酸素の発生を抑えることが可能となる。

植物は過剰な励起エネルギーによって発生した活性酸素種そのものを

消去するシステムも有している。一重項酸素はカロテノイドによって消去され，スーパーオキシドや過酸化水素は**スーパーオキシドジスムターゼ**（superoxide dismutase, **SOD**）[*49]と**アスコルビン酸ペルオキシダーゼ**（ascorbate peroxidase, **APX**）[*50]によってH_2Oまで還元され，解毒化される。この活性酸素消去系の電子供与体となるアスコルビン酸（ビタミンC）はFdを介して再生される。この活性酸素を消去する代謝を**water-waterサイクル**（water-water cycle）と呼ぶ（コラム3.7参照）。

光の強弱に応答して，葉緑体そのものも葉肉細胞内で運動することが知られている。この応答を**葉緑体の定位運動**あるいは単に**葉緑体運動**（chloroplast movement）と呼ぶ。葉緑体は弱光条件下では，より明るい場所に集合し，逆に強光条件下では光傷害を避けるため，入射光に対して平行な細胞側に移動し，強光を回避する。この葉緑体運動は青色光受容体タンパク質である**フォトトロピン**が制御している（3.1.1項参照）。また，この葉緑体運動は**アクチン繊維**（actin filament）に依存することが示されており，実際に葉緑体周縁にアクチン繊維が発見されている。葉緑体表面のアクチン繊維は葉緑体が細胞間隙に接する葉肉細胞の細胞膜への接着にも関与している（3.1.1項参照）。

3.3.2 ◇ CO_2濃度

CO_2濃度を変化させて光合成速度を測定した場合も，光合成速度は見かけ上，光応答と似た変化を示す。すなわち，CO_2補償点からCO_2濃度の上昇にともなって光合成速度が直線的に増加する初期段階，CO_2濃度の増加に対して光合成速度が曲線的に応答する段階，CO_2濃度が増加しても光合成速度が変化せずに飽和傾向を示す飽和段階の3つの段階が見られる（**図3.22**左）。しかし，一般にCO_2濃度の増加にともない気孔が閉鎖する傾向にあるので，気孔の開閉の程度によりCO_2濃度と光合成速度の関係は異なる。そのため，CO_2濃度に対する光合成速度の応答を解析する場合は，**気孔の拡散伝導度**（stomatal conductance）[*51]を同時に求め，**葉内**（細胞間隙）**のCO_2濃度**（intercellular CO_2 concentration）を算出し，葉内CO_2濃度の変化に対する光合成速度の応答として解析することが多い（**図3.22**右）。この応答のパターンは植物種または植物の生育環境によって異なる。一般に草本のC3植物では800 μmol mol^{-1}（80 Pa）以上のCO_2濃度（分圧）条件で飽和状態になる。組織形態的にCO_2拡散抵抗の大きい樹木（特に常緑樹）では，飽和状態になるCO_2濃度はそれよりも高い。もちろん，C3植物とC4植物でも大きく異なり，C4植物では大気CO_2濃度である400 μmol mol^{-1}（40 Pa）付近で飽和状態となるものが多い。

CO_2濃度変化に対する光合成速度の応答は，見かけ上，光強度変化に対する応答に似ているが，光合成速度を決定している内的な因子はまったく異なる。CO_2補償点から直線的に増加している初期段階の光合成速

＊49　ジムスターゼは不均化反応を触媒する酵素。スーパーオキシドジスムターゼはスーパーオキシドとH^+を，過酸化水素に変換する反応を触媒する。

＊50　ペルオキシダーゼは過酸化水素あるいは有機過酸化物を還元し，過酸化物を消去する反応を触媒する酵素。アスコルビン酸ペルオキシダーゼはアスコルビン酸から過酸化水素へ電子をわたし，水に変換する反応を触媒する。

＊51　気孔の拡散伝導度：気孔を介した水蒸気H_2OやCO_2の葉の内外での通りやすさを表す指標。第4章4.2.1項で述べるように，葉の内部は水蒸気飽和状態であるので，葉温を測定することによりその内部水蒸気圧を求めることができる。気孔を通して外気との水蒸気圧差によってH_2Oは蒸散するので，その伝導度が算出可能となる。一方，CO_2とH_2Oは気孔を通じて逆の動きをする。水蒸気圧差と蒸散速度から実測された拡散伝導度にCO_2の拡散係数1.6を乗ずれば，気孔のCO_2拡散伝導度が求めることができる。気孔拡散伝導度の逆数が気孔拡散抵抗である。気孔の拡散伝導度の単位は，葉面積あたりで表示するとmol m^{-2} s^{-1}である。

Column 3.7

water–water サイクル—活性酸素を消去してATPを生産する

電子伝達系において活性酸素が発生し，その消去系がはたらくと，結果としてPSIIにおける水の光分解から始まり，PSI近傍で酸素に電子がわたされ，活性酸素が発生し，最終的に水まで還元されることになる(図)。水分解から始まった電子伝達反応が水生成で完結する代謝であるためwater–water サイクルと命名された。経路の発見者は京都大学・浅田浩二博士らで，別名Asada経路(Asada pathway)とも呼ばれる。water–water サイクルの命名者はオーストラリア国立大学のオズモンド(コラム3.6参照)である。結果として何も生産しない代謝であるが，Cyt b_6f 複合体とPQのH^+ポンプを経由するのでチラコイド膜のpH勾配形成に貢献し，ATPを生産することになる。緑色野菜に多量のアスコルビン酸(ビタミンC)が含まれていることは周知の通りであるが，water–water サイクルにおけるアスコルビン酸ペルオキシダーゼの電子供与体として必要なためである。

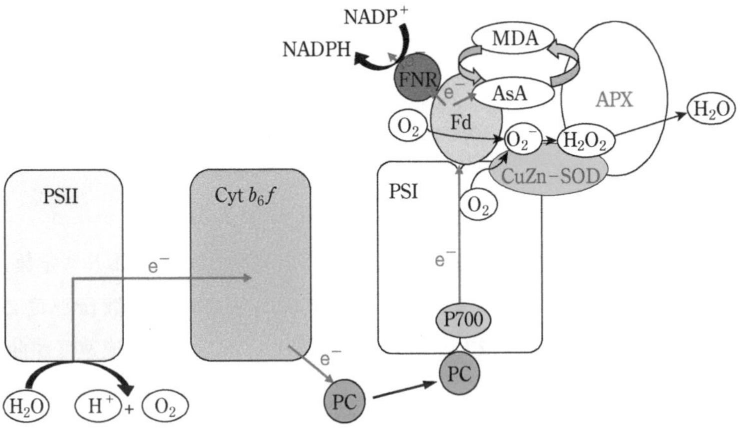

| 図 | **water-water サイクル(Asada経路)**

PSIIにおける水の光分解から始まる電子伝達系において，PSI近傍で活性酸素が発生するとアスコルビン酸ペルオキシダーゼ(APX)によって最終的に水まで還元される。スーパーオキシドO_2^-は銅・亜鉛スーパーオキシドジスムターゼ(CuZn–SOD)により一電子還元されてH_2O_2に変換され，H_2O_2はAPXによって二電子還元されてH_2Oとなる。電子供与体であるアスコルビン酸(AsA)はモノヒドロキシアスコルビン酸ラジカル(MDA)となるが，MDAはフェレドキシン(Fd)により二電子還元されてAsAに再生される。

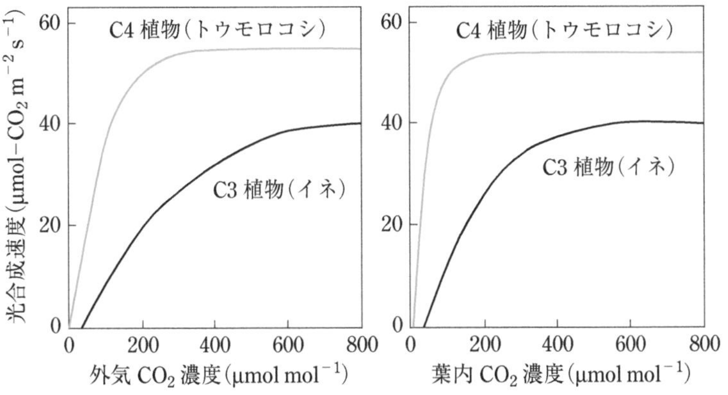

| 図3.22 | **外気CO_2濃度(左)および葉内CO_2濃度(右)の変化と光合成速度の関係**

トウモロコシ(青)とイネ(黒)について強光条件下で測定した葉面積あたりの光合成速度。

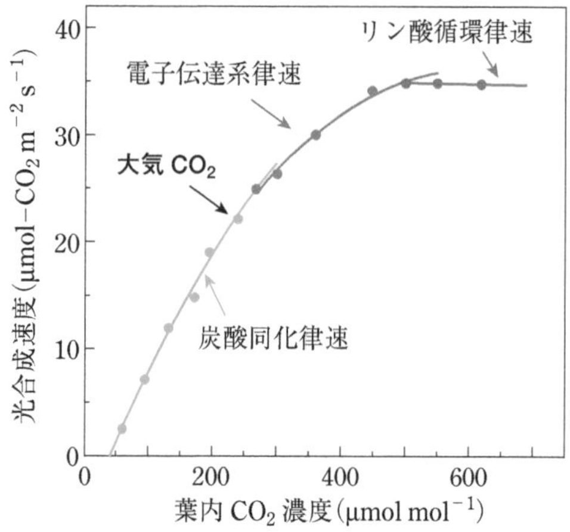

図3.23 | 葉内CO_2濃度の変化によるC3光合成速度の律速段階の変化

炭酸同化律速の領域(●)では光合成はRubisco活性とCO_2の拡散伝導度によって律速され，電子伝達系律速の領域(●)ではRuBPの再生産速度によって律速されるが，Rubiscoのカルボキシラーゼ活性とオキシゲナーゼ活性の分配比の差によるCO_2応答が見られる。リン酸循環律速の領域(●)では，スクロース・デンプンの合成速度によって律速されるため，CO_2応答が見られなくなる。「大気CO_2」は大気CO_2濃度(400 μmol mol^{-1})で得られる光合成速度を表している。材料はイネ，測定条件は光強度1800 μmol m^{-2} s^{-1}，葉温25℃。

[A. Makino and T. Mae, Plant Cell Physiol. **40** : 999 (1999), Fig. 1より改変]

度はRubiscoの量とその酵素的機能(ミカエリス定数K_mや最大反応速度V_{max}*52など)および葉内外のCO_2の拡散伝導度により決定される(**図3.23**)。CO_2濃度の増加に対して光合成速度が曲線的に応答する初期段階では，光合成速度の律速段階はRubiscoとCO_2の拡散から次第に電子伝達系へと移る。論文では，この律速段階が移行する遷移点は大気CO_2分圧付近であると解釈されている報告が多いが，必ずしも正しくない。それは，気孔の開閉および葉内のCO_2拡散伝導度は遷移点とは無関係に調節されているためである。さらに，飽和状態での光合成速度はスクロース・デンプン合成にともなうリン酸の循環速度によって律速されると推定されている。

＊52　ミカエリス定数K_mと最大反応速度V_{max}：一般に酵素の反応速度は，基質濃度の増加にともなって大きくなり，基質濃度がある一定以上に達すると，それ以上基質濃度を増やしても反応速度が大きくならない一定速度に達する。その速度を最大反応速度V_{max}といい，最大反応速度の1/2の速度を与える基質濃度をミカエリス定数K_mという。K_mはその酵素の基質に対する親和性を示す数値で，ある基質濃度[S]における酵素の反応速度vは

$$v = \frac{V_{max}[S]}{K_m + [S]}$$

で表される。この式をミカエリス・メンテン式という。

3.3.3 ◇ 温度

光合成速度の温度応答は，低温域から温度の上昇にともないゆるやかに増加し，ある範囲の温度域で最大値を示し，それ以上の高温域では逆に減少するパターンを示す。最大値を示す適温域は，C3植物では通常，かなり幅が広く15～30℃あたりに見いだされるのに対し，C4植物では30～40℃の範囲内であるものが多い(**図3.24**)。一方，極端な低温あるいは高温下では光合成器官に傷害があらわれやすい。特に低温下では，炭酸同化反応や光呼吸が大きく制限されるので光阻害を受ける。一方，高温下ではPSII複合体の不活性化やRubiscoアクティベースの失活が見られる。

C3植物において光合成の適温域の幅が広いことは，生体内で発現さ

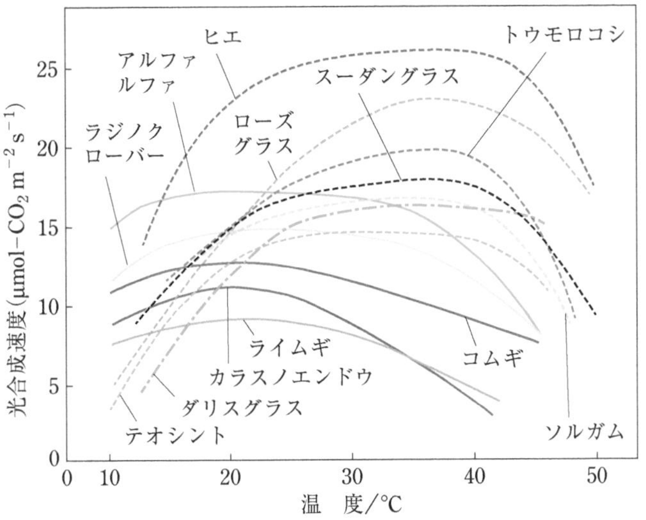

|図3.24| **さまざまなC3，C4植物の光合成速度の温度応答**

大気CO_2濃度下での光合成速度。実線はC3植物，破線はC4植物。
[平沢 正，大杉 立 編，作物生産生理学の基礎，農文協(2016)，図6.15]

れるRubiscoの温度特性と深い関係がある。Rubiscoのカルボキシラーゼ/オキシゲナーゼ活性の温度依存性と，CO_2とO_2の溶解度の温度依存性から，現在の大気のCO_2，O_2濃度下で発現される正味のRubiscoの活性を算出すると，15～30℃の範囲でその差が小さいことがわかっている。しかし，Rubiscoが光合成速度の決定因子とならない高CO_2濃度下での光合成速度の温度依存性は大きく，35～40℃で最高速度を示す。これには，電子伝達系における電子伝達の速度やスクロース・デンプン合成反応に関わる酵素の活性などの温度依存性が反映されているものと考えられる。

光合成速度の温度応答は，植物の生育環境の温度とも密接に関わっている。一般に，低温域で生息する植物の至適温度は低温側に，逆に高温域で生息する植物の至適温度は高温側にある。こうした適温域の違いの要因はよくわかっていないが，気孔開閉の温度応答や葉内の形態的な違いなどが深く関わっていると指摘されている。また，Rubiscoの活性に関しては，寒冷地適応型の植物では高V_{max}・高$K_m(CO_2)$型に，高温適応型植物では低V_{max}・低$K_m(CO_2)$型に進化していることがわかっている。

3.3.4 ◇ 水

葉の水分含量は葉の全重の70～90%にも相当する。水は光合成のみならずあらゆる代謝反応に必須である。光合成に直接利用される水の量は，理論式からわかるようにCO_2とのモル比にして1:1であるが，C3植物の場合，1分子のCO_2が光合成によって固定される際に蒸散される水は700分子から1300分子にもおよぶ。C4植物やCAM植物ではそれよりも少なく，C4植物では400〜600分子，CAM植物では50分子程度の種もある。このように，蒸散によって多量の水が消費されている。また，C3植物では，活発に光合成を行っているときに1時間あたりに1枚の葉で消費される水分量は，その葉の水分含量の数倍にも相当することがある。これらのことは，光合成を営む際に水がきわめて重要な因子であることを意味する。したがって，蒸散によって失われる水分量と根からの吸収量とのバランスがくずれると植物体内の水分量は減少し，植物は水ストレスを受ける(第4章4.2節参照)。

植物体内の水分量の低下は，気孔の閉鎖に直接つながり，光合成も減少する。気孔の閉鎖には植物ホルモンである**アブシジン酸**(abscisic acid，ABA)が関与する。乾燥によって葉の維管束や孔辺細胞内でABAが生産されると，孔辺細胞の外向きのK^+チャネルが開いてK^+が排出され，孔辺細胞の浸透圧低下によって水が流出して気孔の閉鎖が引き起こされる(詳細は第9章9.2.4項参照)。

植物を取り囲む空気の湿度も気孔の開閉と深く関わっている。空気中の湿度低下は蒸散速度の増大につながるため，体内の水分を維持するために気孔を閉鎖し，結果としてCO_2の取り込み速度は大きく低下する。水分量低下の初期段階では気孔を閉鎖しても光呼吸が促進されるので，電子伝達系とのバランスは維持され，傷害は回避できる。しかしながら，水分量の低下がある一定のレベル以下まで進むと，気孔の閉鎖のみでは説明できない光合成の低下が生じる。この光合成低下の生化学的要因についてはまだよくわかっていないが，このような乾燥条件では，植物は強い光阻害を受ける。

3.3.5◇栄養素(特に窒素)

植物の必須元素の多くは，何らかの形で光合成に影響を与えている。なかでも，窒素，リン酸，カリウム，マグネシウム，鉄，マンガン，銅などはその代表例であるが，これらのうち窒素以外の栄養素は，ある一定含量以上になると光合成に影響を与えなくなる(マンガンや銅などの一部の栄養素では過剰障害があらわれやすいものもある)。一方，窒素だけは，その含量と強光条件下での光合成速度との間に比例関係が認められている(**図3.25**)。光合成速度と窒素含量との相関との傾き(比率)を**光合成の窒素利用効率**(nitrogen-use efficiency for photosynthesis)と呼ぶ。窒素利用効率には植物種間で差があり，草本では高く，樹木では低い傾向にある。なかでもイネやコムギにおいては高く，C4植物であるトウモロコシではさらに高い。主要作物では葉内の窒素は，葉緑体に由来する割合が高く，80%にも及ぶ。それに対して，樹木では厚い細胞壁などに由来する窒素の割合が高いなど，葉緑体成分以外での窒素の割合が相対的に高くなり，窒素利用効率が低下する。また，気孔を含めた葉

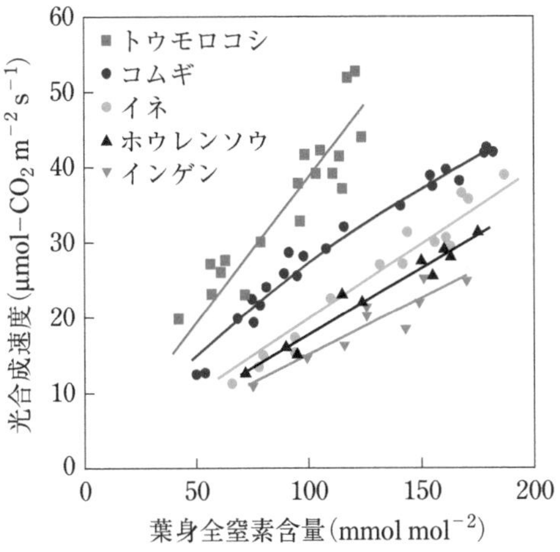

図3.25 **主要なC3作物とトウモロコシ(C4植物)の光合成速度と葉身全窒素含量の関係**

窒素供給量を変えて栽培した各種作物の若い葉の葉面積あたりの光合成速度。測定条件は光強度1800 μmol m^{-2} s^{-1}，葉温25℃，CO_2濃度360 μmol mol^{-1}。

緑体までのCO_2の拡散伝導度にも種間で大きな差があり，こちらも草本において相対的に高い。一方，C4植物のトウモロコシやソルガム(sorghum, *Sorghum bicolor* Moench)では窒素利用効率が高いが，これは比活性の高いRubiscoをもつ種が多いこと，CO_2濃縮機構をもちオキシゲナーゼ活性がほとんど生じない条件であるため光呼吸が抑制されることなどが原因で，Rubisco含量が少なく済むところが大きい(**図3.26**)。その結果，相対的に電子伝達系への高い窒素投資も可能となり，高い光合成速度を示す植物が多い。

図3.25に示すように，植物への窒素供給量が増加し，葉身の窒素含量が増加すると，光合成の窒素利用効率は徐々に低下する(傾きがやや曲線的な応答となる)。葉身の窒素含量が増加するとき，光合成に関係する各構成成分や酵素などがすべて同じ割合で増加するわけではない。多くのC3植物においては，窒素の供給量に応答して，Rubiscoだけが他の光合成の構成成分よりも高い割合で特異的に増加する。窒素含量の高い葉では，特にRubiscoの活性部位でのCO_2濃度の低下が生じていることが明らかにされており，植物は積極的にRubisco含量を増加させることによって他の光合成の決定因子，例えば，電子伝達活性とのバランスを維持してCO_2濃度の低下に対応していると考えられている。そのため，Rubiscoへの窒素コストがかかることと合わせてCO_2の濃度低下が生じることにより，窒素利用効率が低下する。それに対して，C4植物ではCO_2濃縮を行うので，そのような現象は認められず，またRubisco含量自身も少なく済むため，結果として窒素利用効率の高い光合成が維持できる。

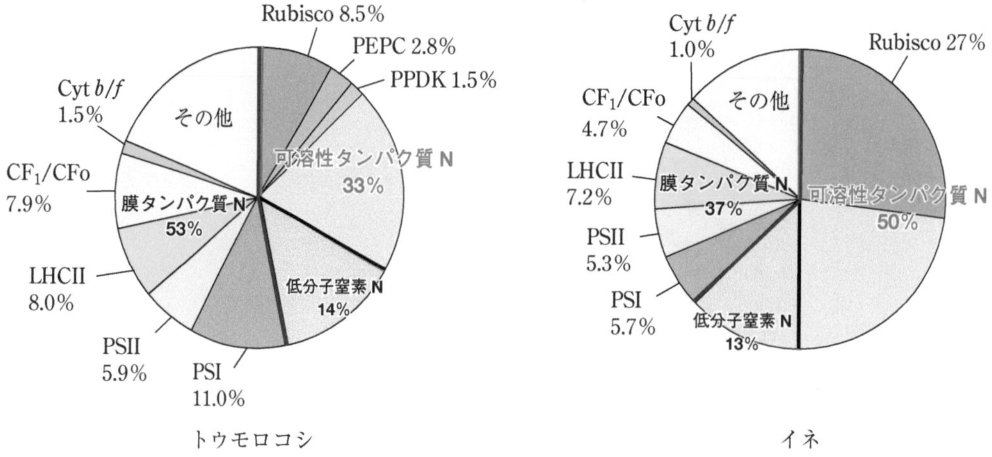

| 図3.26 | **トウモロコシとイネの若い葉身の窒素分配**
[A. Makino et al., Plant Cell Physiol. **44** : 952 (2003), Fig. 3より改変]

3.4 ◆ 呼吸

*53　緑色組織：葉緑体をもち，光合成を行う組織を緑色組織という。また，緑色組織を構成する細胞や，独立栄養や半独立栄養で増殖する細胞などを指す場合もある。

光合成は葉を中心とした緑色組織*53のみで日中に行われるが，呼吸は根を含めた植物のほぼすべての組織において昼夜を通して行われる。植物の呼吸は酸素を必要とする好気呼吸で，他の真核生物の呼吸とほぼ同じ代謝であるが，いくつか異なる点を有する。植物の呼吸の基質は基本的にはスクロースとデンプンで，一連の反応により呼吸基質が酸化分解されるときに生じるエネルギーでATPが生産される。呼吸の反応は，細胞質・色素体で行われる解糖系とペントースリン酸経路，およびミトコンドリアで行われるクエン酸回路(tricarboxylic acid cycle，TCA回路)と電子伝達系の4つの過程に分けられる。

3.4.1 ◇ 呼吸のしくみ

ここでは，上記した4つの過程について述べる(**図3.27**)。

A. 解糖系とペントースリン酸経路

*54　生化学の教科書では一般に，生物の呼吸の基質(出発物質)はグルコースであるとされている。それを受け，植物科学関連の教科書でもグルコースが呼吸の基質として記述されている例が多いが，正しくはスクロースまたはデンプンである。

植物の**解糖系**(glycolysis)に関わる一連の酵素群は，細胞質と一部は色素体に存在する。出発物質は主にスクロースとデンプンである*54。スクロースは**インベルターゼ**(invertase)のはたらきによって単糖のグルコースとフルクトースに分解される。グルコースは解糖系の基質となる。一方，植物は**スクロース合成酵素**(sucrose synthase)を有し，この酵素が触媒するUDPを利用した逆反応により，スクロースはUDP–グルコースとフルクトースに分解される。これらのヘキソース(六炭糖)はヘキソキナーゼによるATPを利用した反応によりリン酸化されてヘキソースリン酸となり，これらも解糖系の基質となる。ヘキソースリン酸はアルドラーゼが触媒する逆反応によりトリオース(三炭糖)リン酸となる。

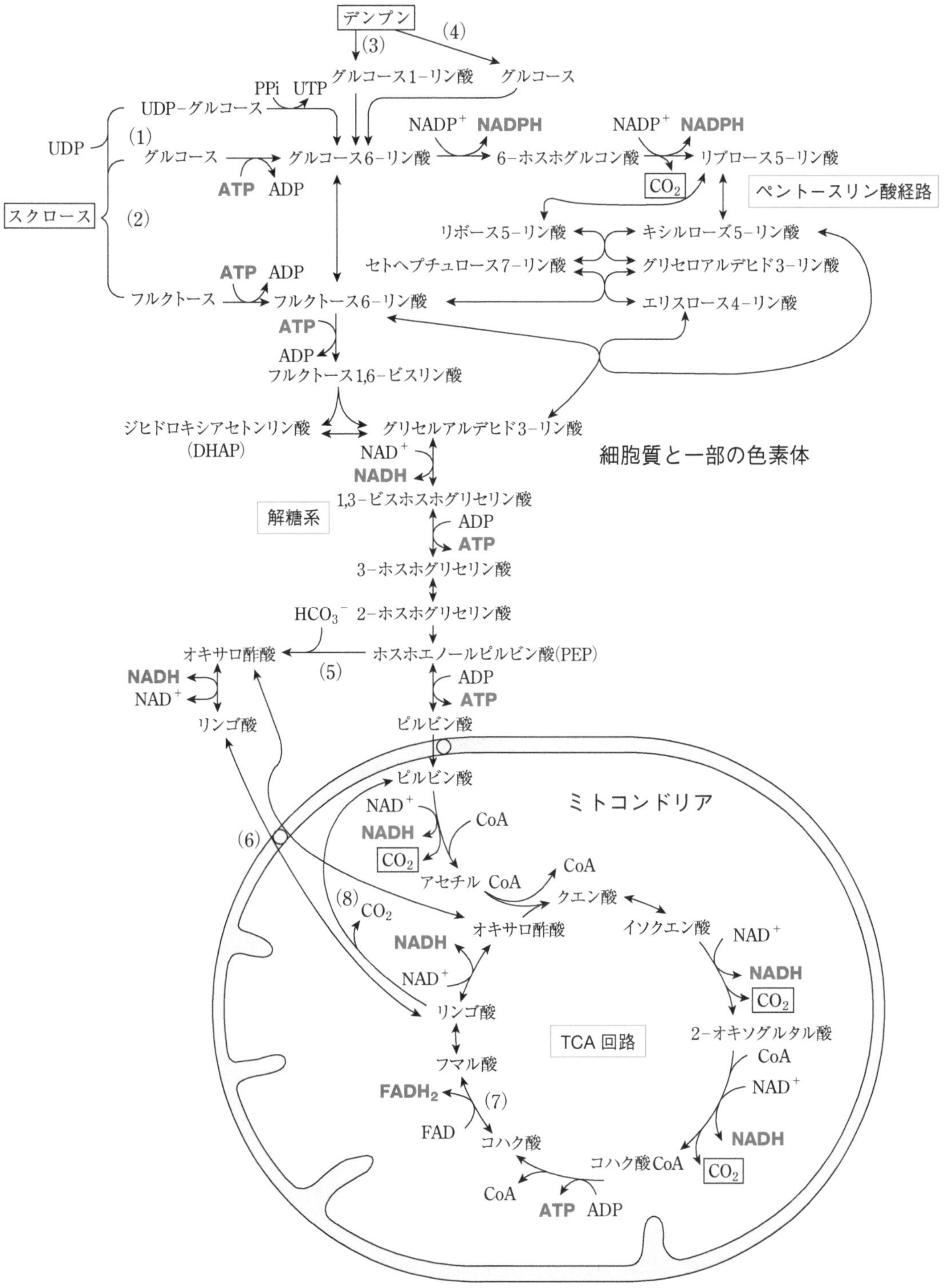

図3.27 **植物の呼吸経路**

解糖系，ペントースリン酸(PP)経路，およびTCA回路。反応を触媒する酵素名：(1)スクロース合成酵素，(2)インベルターゼ，(3)スターチホスホリラーゼ，(4)アミラーゼ，(5)PEPC，(6)ジカルボン酸トランスロケーター，(7)コハク酸脱水素酵素，(8)NAD-ME。

[牧野 周(間藤 徹，馬 建鋒，藤原 徹 編)，植物栄養学 第2版，文永堂出版(2010)，図2.10より改変]

ヘキソースリン酸とトリオースリン酸は**ペントース**(五炭糖)**リン酸経路**(pentose phosphate pathway)ともつながっている。ペントースリン酸経路の酵素群は，主に色素体(一部は細胞質)に存在し，一連の反応によりNADPHが生産され，CO_2が生じる。

色素体では，**デンプン**が出発物質となるが，**貯蔵デンプン**の場合には，アミラーゼ分解系[*55]のほかにスターチホスホリラーゼ[*56]の加リン酸分解系がはたらき，基質であるグルコースおよびグルコース6-リン酸を生成する経路となっている。同化デンプンの場合は別の経路が知られている(第4章**図4.30**参照)。

*55　貯蔵デンプンの分解に中心的な役割を果たしているのがα-アミラーゼ(α-amylase)である。α-アミラーゼは，デンプンの直鎖状につながったグルコースのα-1,4-グリコシド結合を加水分解するエンド型酵素(高分子の内部の結合を分解する酵素)である。同時に，デンプンの分岐構造をつくるα-1,6-グリコシド結合をデンプン枝切り酵素(starch debranching enzyme, DBE)が切断し，これらの酵素のはたらきによって，短いアミロースが生成する。イソアミラーゼ(iso-amylase)はDBEに含まれる。続けて，アミロースはα-1,4-グリコシド結合を非還元末端から二糖単位に加水分解するβ-アミラーゼによって，二糖であるマルトース(maltose)に分解される。なお，β-アミラーゼのように高分子の構成単位を端から分解する酵素をエキソ型酵素という。さらに，マルトースはα-グルコシダーゼ(α-glucosidase)によってグルコースに分解される.

*56　スターチホスホリラーゼ：デンプンのα-1,4-グリコシド結合を加リン酸分解する酵素で，グルコース1-リン酸を生成する。

解糖系におけるトリオースリン酸は，ミトコンドリアのTCA回路の出発物質である**ピルビン酸**(pyruvic acid)まで代謝され，この過程でATPとNADHが生産される。細胞質のトリオースリン酸は葉緑体のカルビン・ベンソン回路の代謝産物であるトリオースリン酸と，葉緑体胞膜上のリン酸トランスロケーター(**図3.15**の反応(7))を介してつながっている。植物は，解糖系の最終段階で生産されるホスホエノールピルビン酸(PEP)を別の代謝に使う経路をもつ。PEPカルボキシラーゼによってPEPをオキサロ酢酸へと変換し，NADHを利用してリンゴ酸を生産する。リンゴ酸はそのまま液胞に蓄えられる，あるいは，リンゴ酸またはオキサロ酢酸として，ミトコンドリアのジカルボン酸トランスロケーター(**図3.27**の反応(6)，動物細胞のミトコンドリアには存在しない)を経て，直接ミトコンドリアへ輸送されてTCA回路に入る。CAM植物では，リンゴ酸を液胞に貯蔵する経路が強化されている。この代謝を**リンゴ酸－オキサロ酢酸シャトル**あるいは単に**リンゴ酸シャトル**(malate shuttle)と呼び，葉緑体，ミトコンドリア，ペルオキシソームおよび細胞質間のリンゴ酸を介した重要な還元力運搬経路の1つとなっている。

B. TCA回路

TCA回路を担う酵素群はミトコンドリアの液相であるマトリクスに存在するが，コハク酸とフマル酸の間の反応を触媒するコハク酸脱水素酵素(succinate dehydrogenase)だけは内膜に結合した膜タンパク質である(**図3.28**の複合体II)。

TCA回路ではピルビン酸が段階的に酸化され，1分子のピルビン酸の酸化により3分子のCO_2が放出され，4分子のNADH，1分子の$FADH_2$(還元型)[*57]，1分子のATPが生産される。なお，コハク酸CoA合成酵素(succinyl-CoA synthetase)によって，動物細胞のミトコンドリアではGTPが生産されるが，植物ではATPが生産される。また，植物細胞のミトコンドリアにはNAD-リンゴ酸酵素(NAD-ME)が存在し，リンゴ酸から直接ピルビン酸が作られる経路が存在する。NAD-ME型のC4植物では，この反応を使って脱炭酸を行っている。そのほか，ミトコンドリアにはNAD依存型のグルタミン酸脱水素酵素(glutamatedehydroge-

*57　FAD：補酵素の1つ。フラビンアデニンジヌクレオチド(flavin adenine dinucleotide)の略で，NAD(ニコチンアミドアデニンジヌクレオチド)とともに生体内の主要な酸化還元反応を担うコファクターである。酸化型はFAD，還元型は$FADH_2$である。

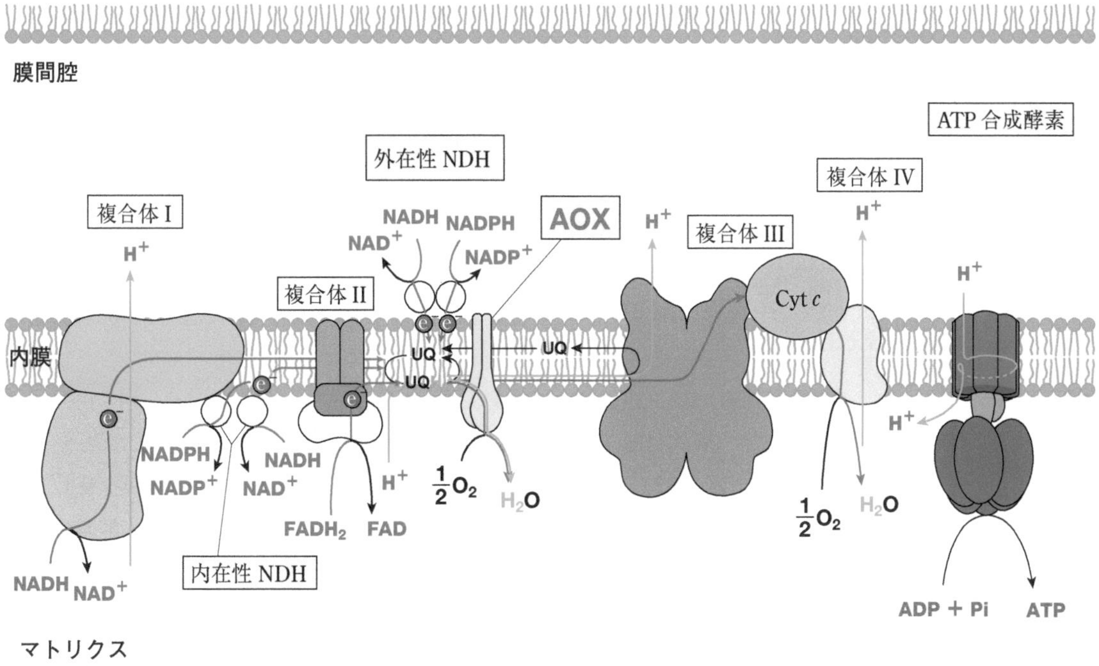

図3.28 | **植物のミトコンドリア電子伝達系の分子モデル配置**

複合体I：NADH脱水素酵素複合体，複合体II：コハク酸脱水素酵素複合体，複合体III：Cyt bc_1複合体，複合体IV：Cyt c酸化酵素，外在性NDH：外在性NAD(P)H脱水素酵素複合体，AOX：UQH_2酸化酵素，UQ：ユビキノン，内在性NDH：内在性NAD(P)H脱水素酵素複合体。外在性NDHと内在性NDHはともにロテノン非感受性（次頁欄外注＊59参照）である。

[J. N. Siedow and D. A. Day (B. B. Buchana, W. Gruissem, R. L. Jones eds.), *Biochemistry & Molecular Biology of Plants*, ASPB (2000), Fig. 14.15より改変]

nase, GDH）も存在し，アミノ酸の一種であるグルタミン酸を呼吸基質としてTCA回路の代謝産物である2-オキソグルタル酸に変換する経路もある（第4章4.3.2項参照）。

C. ミトコンドリア電子伝達系

TCA回路で生産されたNADHと$FADH_2$を電子供与体として，ミトコンドリア内膜に存在する4種類のタンパク質複合体が内膜と外膜の間（膜間腔）へH^+輸送を行い，マトリクスとの間にH^+濃度勾配を形成し，その電気化学ポテンシャルを利用してATPが生産される（**図3.28**）。電子伝達系の最終的な電子受容体は酸素O_2で，O_2は四電子還元されて水H_2Oとなる。

NADHからは複合体I（**NADH脱水素酵素複合体**，NDH）へ，$FADH_2$からは複合体II（**コハク酸脱水素酵素複合体**）に電子が流れ，その電子は膜内に遊離の状態で存在する脂溶性物質**ユビキノン**（ubiquinone, **UQ**）にわたされて，UQはユビキノール（UQH_2）となる。UQH_2にわたされた電子は複合体III（Cyt bc_1複合体）にわたされ，つづいて，膜腔側に存在するCyt cを経て，複合体IV（**Cyt c酸化酵素**（Cyt c oxidase）**複合体**，別名Cyt a/a_3複合体COX）にわたされる。複合体IVの電子により酸素O_2が四電子還元され，水H_2Oが生成する。

これら4つの複合体のうち，複合体Ⅰ，Ⅲ，Ⅳの3つを経由する電子伝達はH^+輸送と共役し，膜間腔とマトリクスの間にH^+濃度勾配が形成される。その電気化学ポテンシャルを利用して，ATP合成酵素複合体(FoF_1–ATP synthase)がATPを生産する。ATP合成酵素の構造と機能は葉緑体のCF_1CFoと類似している。ミトコンドリアは葉緑体のチラコイド膜のような独立した袋状の膜間腔をもたないため，大きなH^+濃度勾配を形成することはできず[*58]，葉緑体に比べてATP生産効率は低い。

＊58　チラコイド膜では$\Delta pH=3$くらいであるが，ミトコンドリアでは$\Delta pH=0.2$程度である。

D. H^+輸送と共役しない電子伝達系

植物は動物とは異なり，H^+輸送と共役しない電子伝達系をもつ(**図3.28**)。複合体Ⅰのほかに数種類のNADH脱炭酸酵素が存在し，膜間腔に存在する外在性のNADH脱水素酵素とNADPH脱水素酵素は，いずれも細胞質由来のNADHとNADPHを利用して直接UQを還元する機能をもつが，膜間腔に存在するためにマトリクスとのpH勾配には寄与しない。

また，マトリクスにも複合体Iとは別のNADH脱水素酵素とNADPH脱水素酵素が存在し，UQを還元する。複合体Iがロテノン[*59]で阻害されるのに対し，この酵素はロテノン非感受性である。この酵素も膜間腔へのH^+輸送を行わない。さらに，マトリクスには，還元型UQを用いて直接酸素を四電子還元してH_2Oを生成する**UQH_2酸化酵素**(別名**オルターナティブオキシダーゼ**，alternative oxidase, **AOX**)が存在する。この酸化酵素によるUQの酸化では，複合体ⅢとⅣを経ずにO_2に電子がわたされるので，H^+輸送を行うのは複合体Iだけとなり，ATPの生産は大きく低下する。ロテノン非感受性NADH脱水素酵素を経由する場合には，H^+濃度勾配はまったく形成されず，ATP生産はゼロとなる。呼吸阻害剤であるシアン化物イオン(CN^-)はヘムに配位してCyt *c*酸化酵素による電子伝達を阻害するが，AOXは阻害しないので，植物の呼吸鎖電子伝達系はシアン化物イオン存在下でも正常に進行する。そのため，AOXを介した植物の呼吸は**シアン耐性呼吸**(cyanide-resistant respiration)と呼ばれる。AOXを介した電子伝達はサリチルヒドロキサム酸(SHAM)[*60]によって阻害される。

＊59　ロテノン：フェニルプロパノイドの一種。東南アジアに自生するデリス(*Derris*)属やロンコカルプス(*Lonchocarpus*)属などの熱帯植物の根部に含まれる代謝産物で，殺虫作用がある。ロテノンの作用は電子伝達系の阻害であるが、植物はロテノン非感受性の複合体Iをもつ。

＊60　サリチルヒドロキサム酸：化学式$HOC_6H_4CONHOH$で表される薬剤で，さまざまな細菌や植物のウレアーゼ酵素の阻害剤として発見された。植物のミトコンドリアにあるAOXも強く阻害する。

植物がATP生産と共役しない電子伝達経路を有している生理的意義については，いくつか推定されている。AOX経路の活性が高まるのは，光合成産物が多量に蓄積した場合や，各種環境ストレスが存在する場合であるといわれている。前者は光合成機能とのバランス調整や過剰蓄積した炭水化物を消去する目的，後者はUQの過剰還元を抑制し，活性酸素の発生を防ぐ目的と推定されている。また，AOX経路はATP生産に寄与しないので，発熱をともなう。いくつかの植物では，受粉前の花序組織において発熱による体温の維持に寄与すると考えられている(第5

章コラム5.3参照）。AOX発現抑制の系統が雄性不稔となったとの報告もある（第5章コラム5.4参照）。

3.4.2◇呼吸の環境応答

呼吸はさまざまな環境因子の影響を受け，速度が変化する。ここでは，光，温度，酸素，栄養素の影響について述べる。

A. 光

植物に光が照射され，光合成が活発に行われているときにも呼吸は行われているが，その速度は暗所時の速度よりも低い。緑色組織では同じ細胞内で光合成と呼吸が同時に起こり，複雑に相互作用する。光照射下では，TCA回路の出発物質であるアセチルCoAを生産するピルビン酸脱水素酵素の活性が抑制されることや，電子伝達系の活性も抑制されることが報告されている。一方，葉緑体のATP・ADPトランスロケーター[*61]は発達しておらず，光照射下でも細胞質や他の器官へのATPの供給はミトコンドリアが主役となる。また，陰性植物においては光補償点が低いことが見いだされている（**図3.18**参照）。これは陰性植物の呼吸活性が著しく低いためであるが，AOX経由の呼吸がほとんど機能していないことも明らかとなっている。

＊61　ATP・ADPトランスロケーター：ATPとADPの交換輸送を担うタンパク質。ミトコンドリア内膜に存在し，細胞質のADPとミトコンドリア内のATPを交換輸送する機能をもつ。葉緑体にも存在は確認されているものの，発現量が低く，ATP・ADPの交換輸送システムは発達していない。

B. 温度

多くの植物において，光合成速度は気温35℃を超えると増加しないが，呼吸は40～50℃の高温まで増加する。また，低温下では呼吸は著しく低下する。このことを利用し，収穫後の作物や果実，野菜などを保存するときには低温で貯蔵する。

C. 酸素

大気中の酸素濃度（分圧）は約21％（21 kPa）で，25℃では250 μMの溶存酸素と平衡状態にある。電子伝達系のCyt *c*酸化酵素の酸素に対するK_mは約1 μMと非常に低く，一見，呼吸は酸素濃度の影響を受けないように思われるが，実際は酸素濃度が2％以下になると呼吸速度が低下する。これは，植物体内の組織や液相における酸素の拡散が呼吸の制限要因になるためである。特に湿潤土壌では，根への酸素の供給が呼吸の制限要因になる。イネなどの水生植物は地上部から根への通気組織が発達しており，酸素の連続的拡散が可能となっている。また，2％程度の低酸素下で収穫後の果実などを貯蔵する方法も活用されている。低酸素によって果実の呼吸を抑制するためである。ただし，0％酸素は，発酵反応を生じさせるので望ましくない。あわせてCO_2濃度を上げると，エチレンガスの発生も抑制する効果があることが知られている。

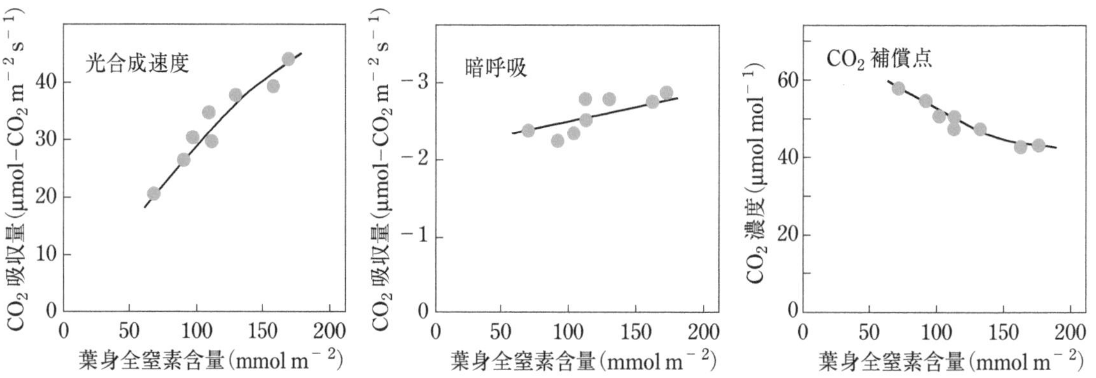

図3.29 **コムギの光合成速度，暗呼吸，CO_2補償点と葉身全窒素含量の関係**

窒素供給量を変えて栽培したコムギの若い葉についての測定結果。測定条件は図3.25と同様。

[A. Makino and B. Osmond, Plant Physiol. **96** : 355(1991)より改変]

D. 栄養素

窒素は光合成に対して促進的に作用し，植物体内の窒素含量の増加に比例して光合成速度は増大するが，呼吸と窒素は必ずしもその関係にない(**図3.29**)。逆に，窒素の欠乏が呼吸速度を増大させることもあるが，これは植物体内の窒素含量に対して，相対的に炭水化物含量が多くなるためと考えられる。リン酸欠乏やカリウム欠乏も短期的には呼吸速度を増大させることがしばしば報告されている。いずれも，AOXの活性化が要因として指摘されており，UQの過還元を解消する目的であると推定されている。しかし，長期間の栄養素欠乏は植物の生育量を低下させるため，呼吸活性も低下する。

3.5 ◆ 光合成と呼吸と物質生産

葉における日中の光合成によるCO_2同化速度に対する夜間の呼吸によるCO_2放出速度の割合はかなり低く，3～10%程度である(**図3.29**)。さらに，日中の呼吸は抑制されるので，昼間の呼吸速度との比較ではそれよりもさらに低い。光合成と同時に起こる光呼吸速度との比較では，この割合が光合成速度のおよそ30～60%であることを考えると，非常に低いことがわかる。実際，緑色組織のミトコンドリアのマトリクスに占めるTCA回路の酵素群と，ミトコンドリアに局在する光呼吸の酵素群のタンパク質量を調べると，後者の割合のほうが非常に高いことが知られている。

しかし，多くの植物において，日中に光合成で生産される有機物の40%以上は呼吸によって代謝される。それは，光合成が日中のみの代謝で，しかも葉を中心とした緑色組織のみで行われるのに対し，呼吸は昼夜を通して，植物体のほぼ全組織で行われることによる。実際，光合成組織に対する非光合成組織の割合が高い樹木においては，呼吸による有機物の代謝量は多い。呼吸活性は非緑色組織における代謝活性の高い部位，例えば栄養組織の成長点である茎頂や根の分裂組織などで高い。一般に組織が成熟していくにつれて呼吸速度は低下していき，やがて一定となる。完成した茎などではもっとも低い。また，植物の生育環境で見ると，温度の高い熱帯の植物ほど，光合成速度に対する呼吸速度の割合が高い。特に夜の気温が高い熱帯では，光合成で生産された有機物の70%以上が呼吸で代謝されると見積もられている。このように，光合成による有機物生産のみならず，呼吸によるその代謝も，植物の物質生産量を決める大きな要因となる。

植物の物質生産力は，光合成と呼吸および光合成の場となる葉の面積から定量的に解析することができる。植物の個体レベルでの生産力は，単位時間あたりの乾物重増加速度で表される**相対成長率**（relative growth rate, **RGR**）によって評価される。

$$\mathrm{RGR}=\frac{1}{W}\times\frac{\mathrm{d}W}{\mathrm{d}t}=\frac{\ln W_2-\ln W_1}{t_2-t_1}$$

ここで，W_1とW_2はそれぞれ時刻t_1とt_2における植物個体の全乾物重である。

RGRは単位時間を1日とすると，$\mathrm{g\,g^{-1}\,day^{-1}}$単位で表示される。RGRは単位葉面積あたりの**純同化速度**（net assimilation rate, **NAR**）と個体乾物重あたりの**葉面積比**（leaf area ratio, **LAR**）の積で表される。

$$\mathrm{RGR}=\mathrm{NAR}\times\mathrm{LAR}$$

NARの単位は$\mathrm{g\,m^{-2}\,day^{-1}}$で，LARの単位は$\mathrm{m^2\,g^{-1}}$である。NARは単位葉面積あたりの乾物増加速度，すなわち1日あたりの日中の光合成量から個体全体の呼吸量を差し引いたものであり，植物個体の物質生産速度は，このNARに葉の広がり具合を表すLARをかけ合わせたものとなる。なお，LARは次式のように表される。

$$\mathrm{LAR}=\frac{L}{W}=\frac{1}{2}\left(\frac{L_1}{W_1}+\frac{L_2}{W_2}\right)$$

ここで，L_1とL_2はそれぞれ時刻t_1とt_2における植物個体の総葉面積である。このことは，植物個体の生産速度は，高い光合成能力と低い呼吸活性を有し，より大きく葉を広げている植物ほど高いということになる。

しかしながら，これは「孤立個体」の植物のみで成立する条件であり，植物は通常，「群落」として成長するため，植物が成長して葉面積が拡大すると葉の相互遮蔽の問題が生じる。つまり，葉面積が拡大すると，葉の相互遮蔽によって光合成の増加が妨げられ，一方で，呼吸は増加する。したがって，作物の生産性の評価にあたっては，作付けされた単位土地面積あたりの個体群の生産力を評価する必要がある。ここでいう土地面積とは，植物群落にとって，光合成可能な単位光照射面積という意味である。これは次式で表される**個体群成長速度**（crop growth rate,

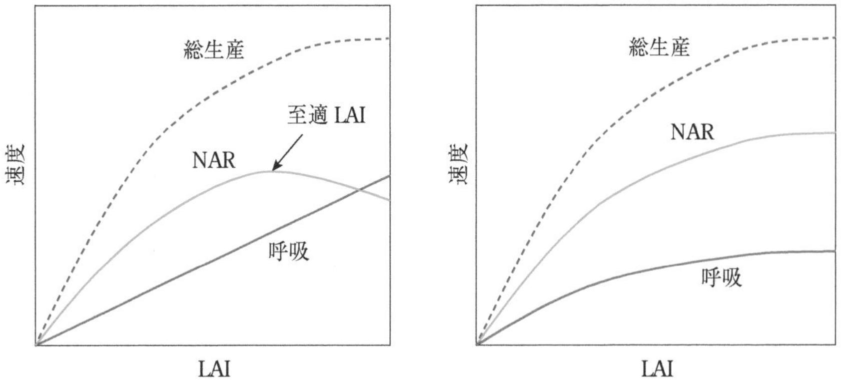

図3.30 | **個体群成長解析によるNARとLAIから推定される光合成（総生産）と呼吸の関係**

（左）至適LAI値（最大値）が見いだされる場合。（右）至適LAIが見いだされない場合。

CGR）で評価される。

$$\mathrm{CGR} = \frac{1}{A} \times \frac{\mathrm{d}W}{\mathrm{d}t}$$

ここで，Aは土地面積で，単位がm^2であれば，CGRの単位は$\mathrm{g\ m}^2\ \mathrm{day}^{-1}$となる。CGRはNARと**葉面積指数**（leaf area index, **LAI**）の積とし

Column 3.8

成長呼吸と維持呼吸―亜熱帯原産のイネの収量が東北地方で高いのはなぜ？　夏の夜温が低く維持呼吸が抑えられるからって本当？

呼吸は，概念的に**成長呼吸**（growth respiration）と**維持呼吸**（maintenance respiration）に分けられている。前者は新しい器官や組織を作るための呼吸で光合成量と相関し，後者は植物体維持のための呼吸で植物体乾物重と相関する。イネの生涯における総呼吸量を評価した実験例では，栄養成長期では成長呼吸量が高く乾物生産量の60％も占めるのに対して，生殖成長期以降では成長呼吸量は大きく低下し，特に登熟期以降は維持呼吸の割合が高くなることが報告されている。したがって，新たな成長器官を形成しない登熟期以降において東北地方など高緯度地域の夜の気温低下は，維持呼吸による炭素消費を抑える効果があり，結果として炭素収支の向上により，収量形成に有利になると考察されている。しかしながら，東北地方のイネの高収量性を分析すると，必ずしも登熟期の純生産量は高くなく，むしろ低い。高収量の要因は，もっぱら収穫指数（第1章12頁欄外注＊33参照）の向上にあることがわかっている。また，収穫時の茎葉部の残存デンプン量は少なく，収穫指数の向上は可食部への転流効率の向上によるとも報告されている。この現象は，夜の気温低下による維持呼吸抑制で生じる炭素収支の向上からは説明できない。

多年草植物としての性質を残す亜熱帯原産のイネにおいて，盛夏から初秋における夜の大きな気温低下は栄養繁殖の停止と種子繁殖への全面転換が影響している可能性がある。本章からわかるように，植物の呼吸は高度に制御された代謝であるため，単純に「呼吸＝炭素ロス」という考え方へ陥らないように注意しなければならない。

て表され，

$$CGR = NAR \times LAI$$

となる。LAIは単位土地面積あたりの葉面積($m^2\ m^{-2}$)で，LAIが高くなればなるほど呼吸量が増加し，NARが低下することになる。したがって，理論的にはCGRが最大となる**至適LAI**(optimal LAI)値が存在すると考えられるが(**図3.30**左)，実際に行われた実験例を見ると，明確な最適LAI値は観測されず，飽和型のLAIを示す場合が多い(**図3.30**右)。このLAIを**飽和LAI**(限界**LAI**)と呼ぶ。光には制限されないはずの呼吸であるが，光合成量あるいは作物生産量によって制限され，光合成と呼吸は互いに複雑に制御しあう代謝であることが示唆される。

呼吸は光合成産物を消費する代謝であるので，作物学的に生産性を向上させるためには，呼吸は低く抑えることが望ましいと考えられてきた。しかし，光合成の最終産物はスクロースとデンプンであり，植物は呼吸によって生体内の多くの代謝にエネルギーを供給しながら，スクロースとデンプンを変換し加工利用して，成長と生命維持を図っている。呼吸は，決して単純な炭素ロスの代謝ではない。

3.6 ◆ まとめ

第3章では，植物の光合成は「集光・光化学反応」「電子伝達反応」「炭酸同化反応」および「スクロース・デンプン合成反応」の4つのプロセスから成り立っていることを解説した。また，「炭酸同化反応」の過程には，Rubiscoのオキシゲナーゼ活性を初発反応とする光呼吸と呼ばれる別の代謝がはたらき，葉緑体ストロマのCO_2濃度：O_2濃度の比に応答して，光化学系電子伝達系とのバランスを保つ役割を果たしていることを説明した。自然界には炭酸固定反応にCO_2濃縮経路をもつC4光合成を行う種や，昼夜分業型光合成であるCAM光合成を行う種など，多様な植物が存在することも述べた。次に，スクロースとデンプンを基質とする植物独自の呼吸代謝について解説した。植物の呼吸経路には他の好気性生物にはない多くのバイパス経路が存在し，さらに，電子伝達系にはH^+輸送と共役しない電子伝達経路が存在し，これらは光合成と同様に高度に制御された代謝であることを述べた。最後に，植物の個体レベルでの物質生産力は，光合成と呼吸および葉の面積で定量的に解析できることを解説した。そうした解析により，植物の呼吸が，光合成によっても制限され，光合成と呼吸は互いに複雑に制御しあう代謝であることがわかってきた。本章で学んだ光合成と呼吸の基礎知識を，植物の物質生産や農業生産性の向上に向けての課題を解決するための基盤にしてほしい。

Column 3.9

NADP-ME型植物には高いバイオマスを示す種が多い―C4植物に見る種の多様性

表に高バイオマス飼料作物と主要作物における面積あたりの年間生産量をまとめた。生産量の上位をNADP-ME型C4植物が占めている。とりわけ，ネピアグラスとエリアンサス(ヨシススキ)はもっとも生産量の高い植物として注目されている。NADP-ME型植物は，維管束鞘細胞の細胞壁のスベリン層を発達させてCO_2の漏れを防ぎ，維管束鞘細胞の葉緑体で積極的に循環的電子伝達回路を駆動させて酸素を発生させないATP生産に特化する一方，NADP-MEの脱炭酸にともなって生じるNADPHを有効利用した高速の光合成を実現している。また，RubiscoもC4植物の中で特に高比活性型へと進化している。しかしながら，すべてのNADP-ME型植物の生産性が高いわけではない。写真に示す身近で見かける小型の雑草は，すべてNADP-ME型植物である。NADP-ME型のすべての種がスベリン層を発達させ，葉緑体を維管束鞘細胞の外側に配置しているわけではないこともわかってきた。C4植物の多様性である。

表 | バイオマス植物と主要作物の土地面積あたりの年間乾物生産量

[村田吉男，日作記 **50**：223(1981)より改変]

植物種	光合成型	$t\ ha^{-1}\ year^{-1}$
ネピアグラス	C4(NADP-ME)	50～100
エリアンサス	C4(NADP-ME)	50～100
ソルガム	C4(NADP-ME)	50
トウモロコシ	C4(NADP-ME)	40
キャッサバ	C3	40
イネ	C3	20
コムギ	C3	20
ジャガイモ	C3	20
ダイズ	C3	10
ユーカリ	C3	5～10
日本の森林(平均)	C3	1～1.3

イネビエ　キンエノコログサ　チガヤ　チカラシバ　カヤツリグサ

写真 | **NADP-ME型植物のあれこれ**

高バイオマス植物として注目を集めるNADP-ME型C4植物であるが，写真に示すような小型種も多い。

第4章

植物の栄養

植物は大地に根を張り，水と無機栄養素を吸収し，葉で太陽の光エネルギーを使って光合成を行い，成長する。地球上で緑が美しいところは，決して太陽の光がさんさんと降り注ぐところではなく，雨の多いところである。このことは，植物の生育を支えるもっとも重要な要因が日照ではなく水の恵みであることを物語っている。植物は水とともに14種類の無機元素を栄養素として土壌から吸収し，大気からCO_2を吸収し，炭素と水素と酸素を加えた17種類の無機元素を必須の栄養素として成長する。つまり，成長は水と無機養分により規定される。成長のために植物が利用した14種類の無機元素は地球上のすべての生物間で循環し，生物圏の生物総量は，独立栄養生物である植物のバイオマス量によって決まる。

地球の陸上面積のうち，農耕地として利用されている面積は10%程度であることを第1章で述べた。多くは乾燥地を中心に拡大する塩害集積土壌地帯や，酸性土壌・重金属集積地帯などの耕作不適地である。農耕地として利用される土壌は，土壌の微細粒子間に水分を保持する構造を有し，その土壌水に植物が生育するために必要な無機養分がすべて溶解可能で，それらを植物が吸収利用できる必要がある。そうした土壌の構造や保水性には土壌有機物の量が重要であり，土壌の肥沃度は有機物含量と相関する。また，土壌中に生息する菌根菌や窒素固定細菌のような土壌微生物も植物への無機栄養素の供給に関わる。

実際の農業現場における作物の生産性は，土壌の肥沃度に加え，灌漑によって供給される水と，投入される無機成分を主体とする肥料に大きく依存している。また，最終的な作物の生産量は，その作物が吸収した肥料の量に比例して増加する。したがって，人類の食糧生産は，十分な水を確保したうえで，いかに効率良く対象の作物に無機養分を吸収させるかによって決まる。

本章では，まず植物における水の生理について述べ，必須の無機栄養素の吸収とその生理的役割にふれる。また，植物の生産量を決定するもっとも重要な栄養素である窒素の吸収・同化・代謝について解説する。さらに，それらの栄養素の植物体内での輸送と，転流や分配，作物収量の向上について述べる。

4.1 ◆ 栄養素の吸収と輸送

植物は土壌中に存在する水と無機栄養素を根から吸収し，導管を通して地上部に輸送して利用する。無機栄養素の中には，根で同化されて輸送されるものもある。地上部に分配された栄養素は篩管を通して，他の部位へ再転流される。また，地上部で同化された糖やアミノ酸類も篩管を通して，子実や根などの他器官に輸送される。

4.1.1 ◇ 根の構造と輸送経路

根は基本的に下方へ向かって伸長し，植物体を支持する役割をもつとともに，栄養素や水の吸収を担う。第2章2.1節で述べたように，形態的には主根，側根および根毛からなる。主根は通常，下方へ伸長し，側根は主根中心柱から発生して四方へ広がる。

根の断面図を**図4.1**に示す。根の横断面は，表皮，皮層，中心柱からなる。**表皮**(epidermis)は外層に1層のみ存在する細胞で，一部が水平方向に伸長して**根毛**(root hair)を形成する。根毛により根の表面積が増えるため，栄養素の吸収が促進される。**皮層**(cortex)の最外層に**外皮**(exodermis)を有する植物もあり，イネは外皮の内側に厚壁細胞を有する。皮層の最内層には**内皮**(endodermis)が発達し，内皮細胞の細胞壁には，限定された領域で帯状にリグニンで充満された構造体である**カスパリー線**(Casparian strip)が存在する。リグニンは疎水性の高分子のフェノール性化合物で形成されているために水を通しにくく，細胞壁間の液相中を拡散する無機イオンもカスパリー線を越えて拡散できない。内皮の内

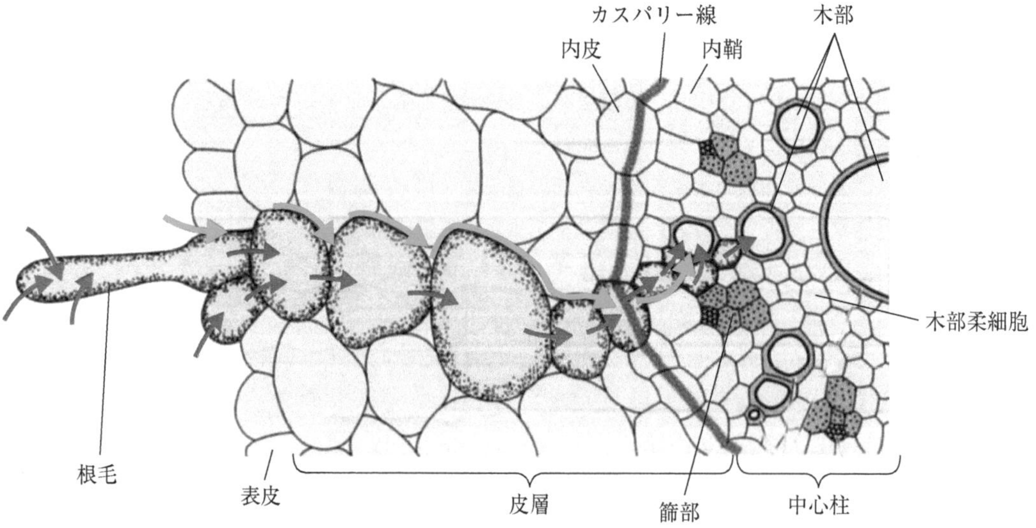

図4.1 | **コムギの根の断面図**

根は，表皮，皮層および中心柱からなる。皮層の最内層の内皮細胞の細胞壁にリグニンで満たされたカスパリー線がある。水や無機養分はアポプラスト経由(青色矢印)とシンプラスト経由(赤色矢印)があるが，カスパリー線を越えてアポプラスト経由では中心柱には到達できない。
[藤原 徹(間藤 徹，馬 建鋒，藤原 徹 編著)，植物栄養学 第2版，文永堂出版(2010)，図2.14より改変]

側には**中心柱**(central cylinder)があり，中心柱には**木部**(xylem)と**篩部**(phloem)が放射状に配置されている。中心柱の最外層の細胞層を内鞘細胞(pericycle cell)と呼び，木部柔細胞(xylem parenchyma cell)から木部へと続いている。側根は内鞘細胞から発生する。

木部には，根から吸収した水や栄養素の輸送を担う**導管**(vessel)と**仮導管**(tracheid)が存在する。導管と仮導管の細胞は死細胞で，細胞質は存在せず，セルロースやリグニンを主体として形成される。篩部は地上部で合成された糖やアミノ酸類を輸送する器官で，篩管要素(篩管細胞)で形成される**篩要素**(sieve element)と**伴《はん》細胞**(companion cell)から構成される。篩管細胞には細胞膜は存在するが，核は消失し，一部に変形したミトコンドリアや色素体が残存する。

水や無機養分は根の表皮細胞へ入り皮層細胞を通って，内皮細胞を通過し，中心柱の木部に達する。木部までの経路には，細胞壁の中や細胞間隙の液相を通る**アポプラスト**(apoplast)[*1]経由と，隣り合った細胞をつなぐ**原形質連絡**(plasmodesma)を通って細胞質内を経由する**シンプラスト**(symplast)[*2]経由がある(**図4.1**)。原形質連絡は隣接する植物細胞間に存在する細胞壁を貫く円錐状の構造体で，輸送が活発に行われる皮層細胞には多数の原形質連絡が存在する。原形質連絡の穴の大きさは30～60 nm程度であり，低分子量の物質やイオンなどは出入りできる。一方，成熟した根では内皮細胞にカスパリー線が形成されるため，無機養分はアポプラスト経由では中心柱に到達できない。すなわち，成熟した根では非特異的な物質の遮断が図られており，無機養分は内皮細胞からシンプラスト経由で中心柱の木部柔細胞に到達する。木部柔細胞には，後述するチャネル，キャリア，ポンプなどの輸送タンパク質(トランスポーター)が存在し，それぞれの栄養素は選択的に制御された過程を経て木部の導管へ輸送される。この過程を木部ローディング(xylem loading)と呼ぶ。木部導管内まで輸送された水や無機養分は水ポテンシャルに基づく蒸散の流れによって，地上部まで運ばれる。

*1　アポプラスト：植物組織において細胞膜よりも外側の部分，すなわち細胞壁空間および細胞間の液相間隙で水溶液によって満たされた空間の総体。シンプラストと対をなす概念。

*2　シンプラスト：植物組織において細胞膜の内側(内部)の部分で，隣接する細胞どうしをつなぐ原形質連絡によって連結されている液相空間の総体。アポプラストと対をなす概念。

4.1.2 ◇ 栄養素の輸送機構

生体内における無機養分を含めた物質の輸送には，いくつかの種類がある。高濃度側から低濃度側への拡散による分子移動，すなわち自由エネルギーや化学ポテンシャルの勾配に従って，平衡が成立するまで移動することを**受動輸送**(passive transport)と呼ぶ。これに対して，低濃度側から高濃度側への分子移動，すなわち化学ポテンシャルの勾配に逆らった移動を**能動輸送**(active transport)と呼ぶ。能動輸送には外部からのエネルギーが必要となり，ATPを加水分解して得られるエネルギーと，膜を隔てて存在するプロトン(H^+)やK^+などの電気化学ポテンシャルにより生じるエネルギーの2つがある。

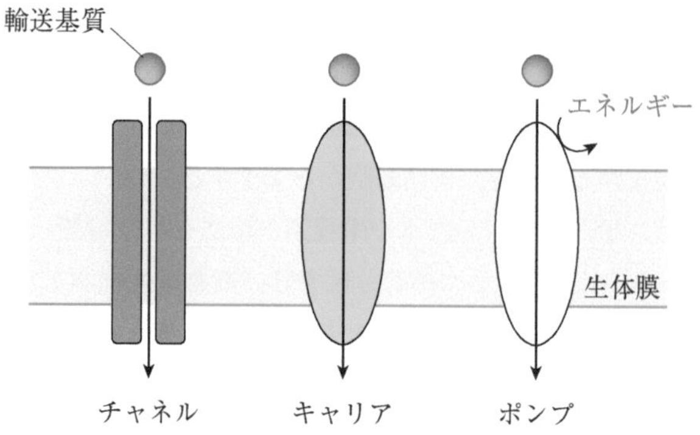

図4.2 | **生体膜における3種類の輸送タンパク質：チャネル，キャリア，ポンプ**

A. 膜輸送を担う因子：トランスポーター

細胞内への栄養素やその他の物質の取り込みは，**トランスポーター**(transporter)と呼ばれる細胞膜上に存在する膜タンパク質によって選択的に行われる。一般的にトランスポーターは，膜に埋もれた疎水性アミノ酸を多く含むαヘリックス(α-helix)構造からなる部分と，膜外に露出した親水性アミノ酸を多く含む部分からなる。植物はきわめて多種多様なトランスポーターを有しており，それぞれのトランスポーターは輸送する物質に対する特異性をもつ。しかしながら，酵素における基質と触媒部位のような厳密な特異性を有する関係ではなく，基質特異性はあるものの，その特異性は絶対的なものではない。例えば，K^+トランスポーターは同族元素のRb^+やNa^+も輸送し，ケイ酸(Si)トランスポーターは同族元素のゲルマニウムGeも輸送する[*3]。

トランスポーターは，輸送機構の特徴からチャネル，キャリア，ポンプの3つに分類される(**図4.2**)[*4]。**チャネル**(channel)は膜を隔てて存在する物質の拡散を促進するタンパク質である。内部に疎水性アミノ酸からなる穴をもっており，穴の大きさや表面電荷に基づく性質によって選択的にイオンや低分子化合物を通す。通過したイオンにより変化する膜電位によって穴の開閉が調節されるものもある。チャネルによる輸送は受動輸送である。

キャリア(carrier)は膜を貫通する穴をもたないタンパク質で，輸送される物質はキャリアタンパク質の特定部位に結合した後，タンパク質の構造変化をともなって内部に輸送される。したがって，キャリア輸送は輸送物質の濃度に依存する場合が多く，その濃度と輸送速度の間にはミカエリス・メンテン式[*5]に従う関係があり，キャリアタンパク質は固有の輸送基質に対してミカエリス定数K_mと最大輸送速度V_{max}をもつ(**図4.3**)。このようにキャリアによる輸送はタンパク質の構造変化をともなうものであることから，チャネルによる輸送に比べて，速度は数段遅い。

キャリアによる輸送には受動輸送と能動輸送の両方に区分されるもの

*3　実際，ケイ酸(Si)トランスポーターは，Geの毒性症状の追跡から発見された。もちろん，GeもRbも植物の栄養元素ではない。

*4　輸送タンパク質はチャネル，キャリア，ポンプの3つのカテゴリーに分類されるが，これら3つの輸送タンパク質の区分は学術用語としては必ずしも厳密性はなく，チャネルとキャリアが広義の意味でトランスポーターとしてくくられることが多い。

*5　ミカエリス・メンテン式については，第3章78頁欄外注*52を参照。

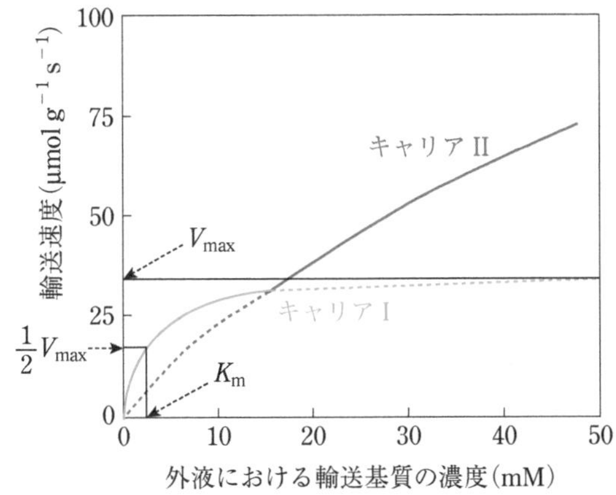

| 図**4.3** | **キャリアによる輸送速度と基質濃度の関係の一例**
低濃度では親和性の高いキャリアIによって輸送され，飽和型の濃度依存性を示す(青線)。高濃度では低親和性の高速型キャリアIIによって輸送されていることが示唆される(赤線)。

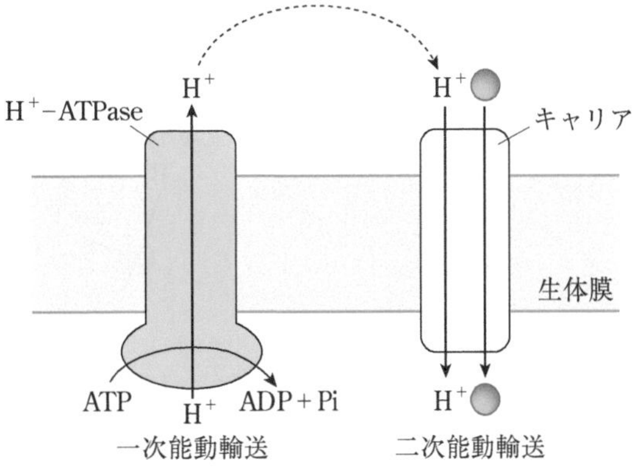

| 図**4.4** | **一次能動輸送であるH^+-ATPaseによって形成されるH^+濃度勾配による電気化学ポテンシャルと共役する二次能動輸送**

がある。能動輸送を担うキャリアはエネルギーを必要とし，H^+やK^+の輸送と共役する形で行われる。

ポンプ(pump)は，H^+，K^+，Ca^{2+}などのイオンや電荷をもたない有機化合物を濃度勾配に依存せずに輸送するタンパク質で，H^+-ATPase, ATP結合カセットタンパク質(ABCトランスポーター)[*6]，H^+-ピロホスファターゼ(H^+-PPase)[*7]などがある。ポンプによる能動輸送は主にATPなどの加水分解で得られるエネルギーを利用して行われ，これを**一次能動輸送**(primary active transport)と呼ぶ。この一次能動輸送によって形成されたH^+などの濃度勾配と共役する形で行われる能動輸送を**二次能動輸送**(secondary active transport)と呼ぶ(**図4.4**)。上述のキャリアによる能動輸送は二次能動輸送に区分される。

B. H^+の濃度勾配を利用した二次能動輸送

多くの物質の二次能動輸送において機能するのがH^+-ATPaseである。植物のH^+-ATPaseには，局在する場所によって3つのタイプ，すなわち細胞膜H^+-ATPase(P型)，葉緑体・ミトコンドリアH^+-ATPase(F型)，液胞膜H^+-ATPase(V型)が存在する。H^+-ATPaseはATPの加水分解で得られるエネルギーを利用して膜外にH^+を輸送し，生じた電気化学ポテンシャルを利用して目的の物質を輸送する。例えば，細胞膜にはP型H^+-ATPaseが存在し，主に呼吸によって得られたATPを加水分解し，H^+を細胞壁中(細胞膜外)のアポプラストへ放出している(**図4.5**)。細胞質のpHは中性付近であるのに対し，H^+が放出されたアポプラスト中のpHは5.5付近となる。一方，細胞膜の内側の膜電位は，イオンの動きが平衡状態にあるときには膜の外側に対して−150～−100 mVの負の電位をもつ。この膜電位はH^+-ATPaseによるH^+の放出およ

＊6 ATP結合カセット(ATP-binding cassette, ABC)タンパク質：ABCトランスポーター，ABC(結合)タンパク質とも呼ばれる。ATPのエネルギーを用いて物質の輸送を行う膜輸送体の一群である。共通性の高いアミノ酸配列をもつ非常に大きなタンパク質スーパーファミリーを形成し，ATPを生産するすべての生物に存在する。

＊7 H^+-ピロホスファターゼ(H^+-PPase)：プロトンポンプの1つ。H^+-ATPaseと異なりATPを使用せず，さまざまな代謝の副産物であるピロリン酸を基質として使用し，その加水分解で放出されるエネルギーをH^+の能動輸送に利用する膜タンパク質である。1つのサブユニットで活性をもつことから，実験で利用しやすい酵素と位置づけられている。

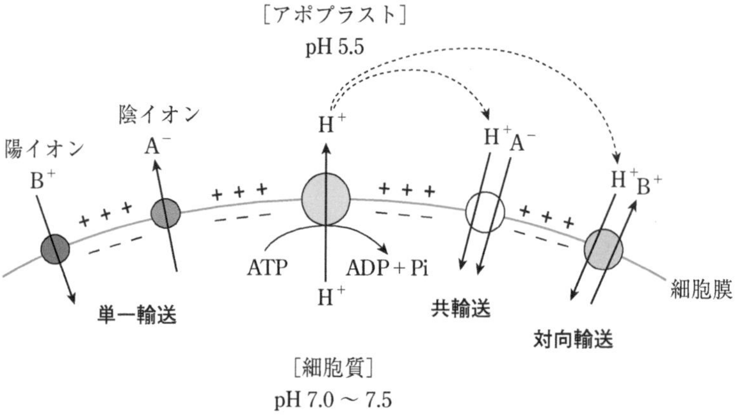

図4.5　細胞膜を介した電気化学ポテンシャルを利用した物質輸送

H^+ポンプがはたらくとアポスラストのH^+濃度(pH)は細胞質のH^+濃度(pH)より低くなり，細胞膜の内側の膜電位は負になる。このH^+濃度勾配による電気化学ポテンシャルを利用して，陽イオンは細胞膜の内側に向かって，陰イオンは細胞膜の外側に向かって移動する。

びそれと電荷をつり合わせるための他のイオンの輸送により生じている。H^+-ATPaseによるH^+の放出はH^+の濃度勾配に加え，この膜電位にも逆らうのでATPのエネルギーを必要とする。このH^+濃度勾配による電気化学ポテンシャルを利用して，細胞が必要としている物質を濃度勾配に逆らって取り込むことが可能となる。逆に，細胞外へ輸送あるいは排出する場合にも濃度勾配に逆らった輸送が可能となる。

膜を介した輸送は3つのタイプに分けられる。濃度勾配によって単純に一方向に拡散する輸送を**単一輸送**(uniport，**ユニポート**)，2つの輸送物質が同一の方向に輸送されるものを**共輸送**(symport，**シンポート**)，2つの輸送物質が同時に逆方向へ交換輸送されるものを**対向輸送**(antiport，**アンチポート**)という(**図4.5**)。二次能動輸送の多くは共輸送に分類される。

4.2 ◆ 水の吸収と輸送

植物は光合成を行うために気孔を通じて大気から二酸化炭素を取り込むが，同時にその気孔を通じて膨大な量の水を失っている。気孔を介した二酸化炭素と水(正確には水蒸気)の出入りは単純な物理拡散である。光合成が行われているときの葉の内部の二酸化炭素濃度は，大気中より常に低く，大気から葉の内部へ拡散していく。一方，葉内の水蒸気は基本的に飽和水蒸気圧で維持されているので，それより相対的に湿度が低い大気へ水分は拡散している。すなわち，植物が光合成を行うために二酸化炭素を取り込もうとすれば，必然的に体内の多量の水分を失うことになる。光合成の反応収支式において，1分子のCO_2固定のために必要な水分子は正味1分子であるが，実際には，植物は1分子のCO_2を取り込むために，400～1300分子の水を失っている。そのため，植物は乾燥から身を守るために根から大量の水を吸収し，体内の水分量を維持している。例えば，真夏の炎天下の水田では，イネは1時間あたりにして自らの生体重量の4～5倍量の水を根から吸収している。この水の吸収，輸送，消失のバランスが少しでも崩れると，植物は大きな「水ストレス」を受ける。水ストレスの影響の初期段階は気孔閉鎖による光合成速度の低下であるが，体内水分含量が下がり始めると光合成機能全体が低下し始め，やがて成長に関わる多くの生理反応に傷害をきたす。

4.2.1 ◇ 水の吸収と水ポテンシャル

土壌中の水は根によって吸収され，木部を通じて葉に移動し，気孔を通じて水蒸気として大気中へ放散される。葉における水蒸気の放散を**蒸散**(transpiration)という(**図4.6**)。土壌－植物－大気の間で，水は水ポテンシャルが高いところから低いところへ受動的に輸送される。

水ポテンシャル(water potential) Ψ_w (単位は $Pa = J\ m^{-3} = kg\ m^{-1}\ s^{-2}$)とは，対象とする系における水の化学ポテンシャル μ_w ($J\ mol^{-1}$)と，標準状態の水(純水)の化学ポテンシャル μ_0 ($J\ mol^{-1}$)との差を水の部分モル体積[*8] V_w ($\approx 18 \times 10^{-6}\ m^3\ mol^{-1}$)で割ったものであり，次式で表される。

$$\Psi_w = \frac{\mu_w - \mu_0}{V_w}$$

対象とする系の水ポテンシャルは，次のように測定することができる。まず，測定する試料を密閉容器に封じ込め，試料と容器内の空気層の温

＊8　水の部分モル体積：水が他の物質と混在するときに，1 molの水を加えたときに増える体積のことで，約 $18 \times 10^{-6}\ m^3\ mol^{-1}$ である。

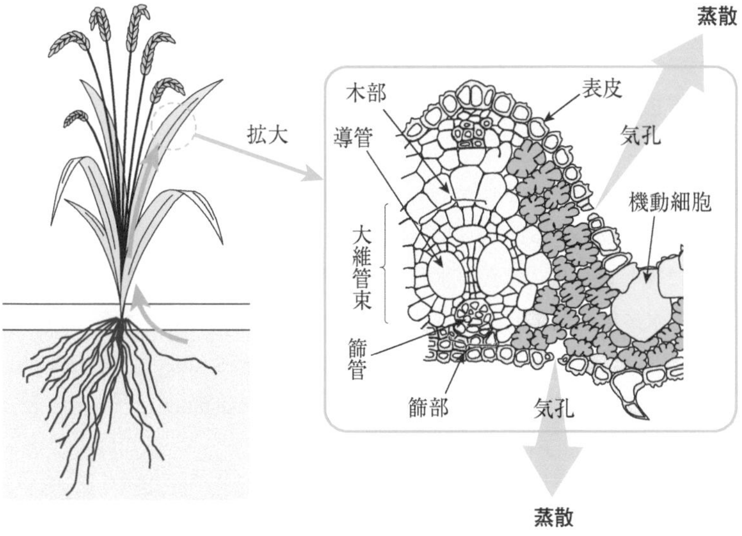

図4.6 | **気孔からの蒸散によって生じる根からの吸水**

葉の気孔を通して水は外気に気化する(蒸散)。蒸散によって葉の維管束柔細胞，続けて木部の水ポテンシャルが低下する。その結果，茎に続いて根の木部の水ポテンシャルが低下し，根の表皮から吸水が起こる。

Column 4.1

木陰が涼しいのは日陰であるからだけではない

植物は光合成を行うときには，多量の水を根から吸収し，葉から蒸散している。真夏の炎天下の水田で，イネは1時間あたりにして自らの生体重量の4～5倍量の水を根から吸収していることを本文で述べた。多量の水が蒸散によって失われることは，その蒸散量に相当する気化熱が奪われることを意味する。すなわち，光合成を活発に行っているときの植物の葉面温度は常に外気温より数度低くなっている。

木陰が涼しい理由は日陰であるからだけではなく，葉面温度が外気温より低いことも影響している。つまり，木陰は天然のクーラーシステムを実現しているといえる。

度と水ポテンシャルを平衡状態とし，このときの器内空気層の水蒸気圧 p(Pa)を測定する。同じ温度での飽和水蒸気圧を p_{sat}(Pa)とすると，試料の水ポテンシャル Ψ_w は

$$\Psi_w = \frac{RT\ln(p/p_{sat})}{V_w}$$

と表される。ここで，R(=8.314 J K^{-1} mol^{-1})は気体定数，T は温度である。水は水ポテンシャルが高いところから低いところへ移動するので，根が土壌から水を吸収するときには，根の水ポテンシャルは土壌の水ポテンシャルよりも低い。

植物が活発に光合成を行うときには気孔は積極的に開いているので，葉からの蒸散によって多量の水分が失われ，葉の水ポテンシャル，特に葉の柔細胞と木部の水ポテンシャルが大きく低下する。それによって茎の木部の水ポテンシャルが低下し，根の木部の水ポテンシャルが低下する。つづけて，土壌と接している根の皮層，表皮細胞の水ポテンシャルが低下し，吸水が生じる。

図4.7に葉内から葉外への水蒸気の流れを模式的に示す。植物が土壌から吸水するための水ポテンシャルは，気孔の開度によって調整される。植物が吸水する推進力 F(mol m^{2} s^{-1})*9は，植物体からの水の蒸散速度に等しい。葉の水蒸気濃度を e_{leaf}(葉温の飽和水蒸気圧に等しい)，大気の水蒸気濃度を e_{air} とし*10，葉における気孔を介した水蒸気の拡散抵抗(**気孔抵抗**, stomatal resistance)*11を r_{leaf}(m^{2} s mol^{-1})，葉の表面上での水蒸気拡散の**境界層抵抗**(boundary layer resistance)*12を r_{air}(m^{2} s mol^{-1})とすると，F は

$$F = \frac{e_{leaf} - e_{air}}{r_{leaf} + r_{air}}$$

となる。葉における水蒸気の拡散抵抗の80～90%が気孔による蒸散抵抗であり，残りの10～20%は表皮細胞のクチクラ層による蒸散抵抗である。

*9　葉の内外で生じる水蒸気圧差に由来する推進力であるので，単位は葉の面積あたり(m^{2})で表示している。土地面積あたりで算出することも可能である。

*10　ここでは，大気圧(標準状態であれば101.3 kPa)に対する水蒸気分圧という意味で水蒸気濃度としている。したがって，単位は無く，無次元で，オーダーとしては，およそmPa/Paくらいである。しかし，本来の水蒸気の量的出入りとその拡散伝導は変動する大気圧下で起こっているため，実際に測定を行い，数値を算出する場合には，大気圧(および温度)の補正が必要となる。

*11　気孔抵抗：気孔の拡散伝導度の逆数となる。単位はm^{2} s mol^{-1}。気孔の拡散伝導度については，第3章76頁欄外注*51を参照。

*12　境界層抵抗：葉の表層における外気の水蒸気の拡散抵抗のこと。外囲空気抵抗ともいい，空気の流れが小さい(風速が小さい)ほど抵抗値は大きくなる。境界層抵抗は，葉と同一形状のろ紙を作製し，ろ紙を吸水させ(ろ紙の表面を水蒸気で飽和させ)，蒸散速度測定と同じ原理で測定することで算出できる。

外的要因では，葉温が高く，外気が乾燥していて，風が強く吹く条件で大きな吸水力が要求されるので，そのような条件が重なると植物は気孔を閉じる方向に調整する。

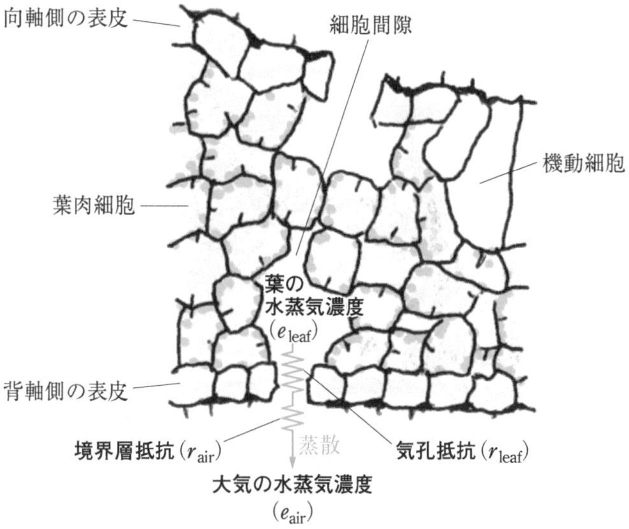

図4.7 **イネの葉の葉内から葉外への水蒸気の流れ**

蒸散速度は葉と大気の水蒸気圧差と気孔の開度によって決まる。CO_2の取り込みはこれとは逆方向となる。

Column 4.2

植物の葉に夜露や朝露がいっぱいつくわけ

植物体の水ポテンシャルは，葉がもっとも低く，根がもっとも高い。日中は蒸散によって多量の水分が失われるため，葉の水ポテンシャルが低下し，茎木部の水ポテンシャルおよび根の水ポテンシャルも低下して，土壌から吸水が生じると本文で述べた。一方，夜間から早朝の間は気孔を閉じるために蒸散は限りなくゼロに近くなり，葉の水ポテンシャルと土壌の水ポテンシャルはほぼ等しくなる。しかし実際には，植物は根から栄養素を能動吸収しているため，木部の水ポテンシャルは土壌の水ポテンシャルより低く，蒸散がまったくない状態でも吸水が起こる。この水分が葉先から排出されたものが，夜露や朝露現象として観察される。

図 **植物の木部の水ポテンシャルと土壌の水ポテンシャルの差から生じるイネの葉の朝露**

[写真は著者撮影：2021年8月20日午前4時57分]

4.2.2◇土壌から木部までの水の輸送

水は根の表皮細胞から吸収され，根の中心柱にある木部に達する。木部導管は死細胞で構成されているので，根の木部から地上部までの通水抵抗は，根の表皮細胞から中心柱木部までの通水抵抗に比べて非常に小さい。

細胞間の水の輸送に関しては，細胞膜に存在する**アクアポリン**(aquaporin)という膜貫通型のチャネルが重要な役割を果たしており，アクアポリンの機能によって，細胞膜の水透過性は約10倍高まる。アクアポリンはイネでは33種，シロイヌナズナでは35種の遺伝子の存在が確認されており，外部環境や生理機能，分化組織の違いによって使い分られていると推定されている。また，アクアポリンには中性低分子物質の輸送を担うものも知られており，ホウ素やケイ素，二酸化炭素などを通過させる機能をもつものもある。

4.2.3◇木部での水の輸送

木部導管に達した水は葉まで輸送される。木部内の通水抵抗は小さい。しかし，土壌水分が低下したり，乾燥状態が進むと導管内に気泡が発生し，通水抵抗は一気に大きくなることがある。この現象を**キャビテーション**(cavitation)という。さらに，導管内の水柱の水が切れ(水切りという)，空洞が発生すると導管閉鎖である**エンボリズム**(embolism)が起こる。耐乾性の高い植物はこの現象を起こしにくいことがわかっている。エンボリズムを起こした導管が増えると通水障害が生じ，植物は枯死する。しかし，夜間に根圧が上がったり，昼間でも降水によって水分条件に恵まれると水が再充填され，キャビテーションが修復されることが知られている。

Column 4.3

100 mの大木はどのように水を吸い上げるのか―針葉樹の生産性が低いわけ

100 mを超えるような大木は，非常に細い導管(直径400～600 μm)を形成していることが知られている。通水抵抗を下げるためには導管は太いほうが有利であるが，太い導管では100 mの水柱はできない。水柱の自身の重さで容易に水切りが生じ，導管閉鎖であるエンボリズムを起こしてしまうからである。そのため，細い導管で水の毛管現象により通水している。また，亜寒帯や寒帯の優勢種である針葉樹は導管よりさらに細い多数の仮導管を発達させていて，冬に水が凍ってもエンボリズムが生じにくい形態をとっている。しかし，その形態では通水抵抗が非常に大きくなるので光合成には不利で，針葉樹の光合成速度は低く，生産性も決して高くない(第3章コラム3.9の表を参照)。

4.3 ◆ 窒素の吸収・同化と窒素代謝

窒素はアミノ酸，タンパク質，核酸の主要構成成分である。通常，植物中に含まれる体内元素の中で，酸素，炭素，水素に続いて重量で4番目に多く，農業の現場では，無機体窒素の施肥によって作物の大きな増産が達成されてきた。

図4.8に生物をとりまく窒素の循環について模式的に示す。窒素は自然界ではさまざまな形態で存在している。大気中には窒素ガス(N_2)として体積比で78%も含まれている。大気中の窒素は，生物的固定(根粒菌やシアノバクテリアなど)や大気固定(稲妻や光化学反応による硝酸や亜硝酸としての固定)といった自然界での固定と，工業的な固定(ハーバー・ボッシュ法)により，生物界に取り込まれる。アンモニアや硝酸イオンとして固定された窒素の多くは，生産生物である植物に吸収同化されて，生物界の食物連鎖により循環する。また，一部は脱窒細菌により窒素ガスとなり大気に放出される。一方，工業的に固定された窒素は，肥料として植物に供給されるが，その量は自然界での循環利用の許容量を超えており，肥料由来の硝酸による地下水汚染や，土壌微生物が排出する窒素酸化物による大気汚染は，生態系の富栄養化の大きな原因となっている(第1章1.3.1項A.，コラム1.5参照)。

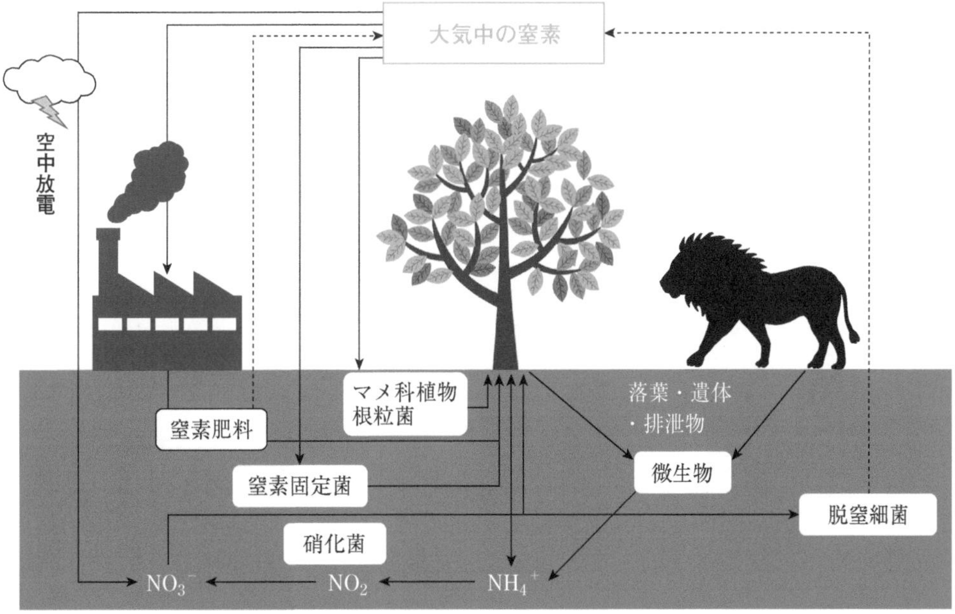

図4.8 生物をとりまく窒素の循環
ハーバー・ボッシュ法により製造される窒素肥料は植物に供給されるが，その窒素量は自然界の循環利用の許容量を超えており，地下水の硝酸汚染や窒素酸化物として大気汚染の原因となっている。

4.3.1 ◇ 硝酸還元

窒素は，畑のような好気的環境では硝酸イオンとして植物に吸収されることが多く，水田や湿地帯のような還元的環境ではアンモニアとして吸収される。硝酸イオン(NO_3^-)の吸収には，硝酸イオンに対する親和性が異なる数種類の**硝酸トランスポーター**(nitrate transporter, NRT)が作用し，低濃度域ではたらく高親和性NRT2と高濃度域ではたらく低親和性NRT1が存在することが知られている。前者には硝酸イオンによって発現が誘導されるものと，恒常的に発現しているものがある。いずれの輸送系もH^+-ATPaseがつくるH^+の濃度勾配による電気化学ポテンシャルを利用して，H^+との共輸送により硝酸イオンを取り込んでいる。

硝酸還元は地上部と根で行われる。植物体に吸収された硝酸イオンは，細胞質に局在する**硝酸還元酵素**(nitrate reductase, NR)によって亜硝酸イオン(NO_2^-)に還元され，地上部では葉緑体に，根などの非緑色組織では色素体に局在する**亜硝酸還元酵素**(nitrite reductase, NiR)によってアンモニア(NH_3)まで還元される。

酵素NRが窒素を亜硝酸イオンに還元する反応では，地上部の場合にはNADHが，非緑色組織の場合にはNADHもしくはNADPHが電子供与体として利用される。

$$NO_3^- + NAD(P)H + H^+ + 2\,e^- \rightarrow NO_2^- + NAD(P)^+ + H_2O$$

NRは同一サブユニットの2量体で構成され，コファクターとしてモリブデン複合体(MoCo)，ヘム，FADを結合する3つの機能ドメインからなる(**図4.9**)。

NRの活性は，硝酸イオンや光によって調節を受ける。硝酸は遺伝子の発現量の調節，光は翻訳後修飾の調節と関わる。リン酸化[*13]された

*13　タンパク質には可逆的なリン酸化と脱リン酸化によって活性調節を行うものがある。この過程は，通常標的タンパク質に特異的にはたらくキナーゼ(リン酸化)とホスファターゼ(脱リン酸化)によって制御されている。リン酸化と脱リン酸化は，タンパク質と受容体に構造変化をもたらし，それにともない活性化または不活性化させている。リン酸化はタンパク質のセリン，トレオニン，チロシンの残基上で起こる。

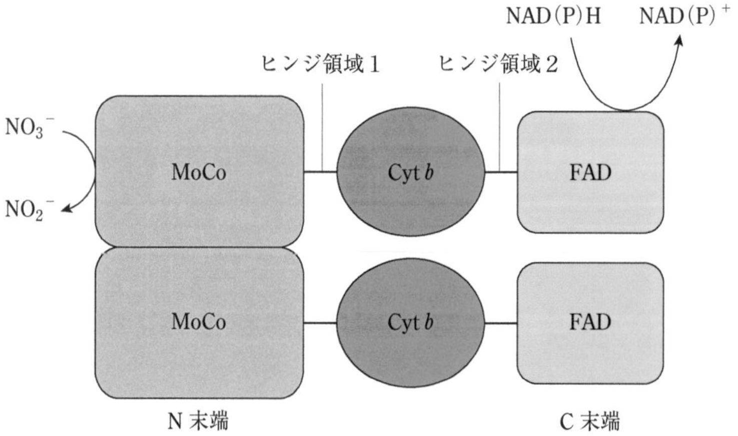

図4.9 | **硝酸還元酵素(NR)の2量体モデル**

モリブデン複合体(MoCo)，ヘム(Cyt *b*)，およびFADを結合する3つのドメインの2量体からなる。硝酸イオンはMoCo複合体で還元される。2つのヒンジ領域の種間変異は大きい。

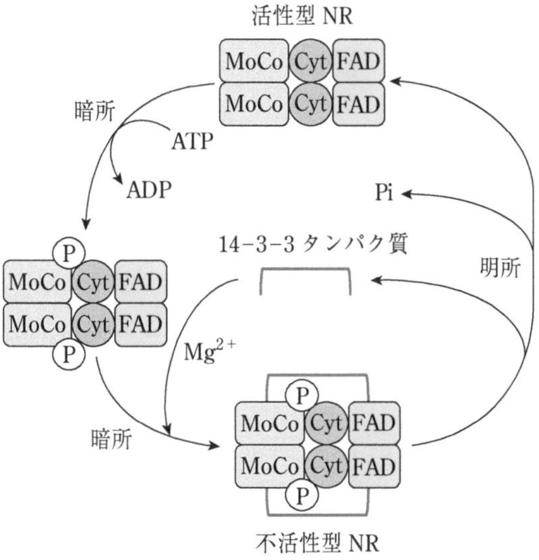

図4.10 | 明暗所における硝酸還元酵素(NR)の活性制御機構
NRは明所においてプロテインホスファターゼにより脱リン酸化されることで活性化し，暗所において14-3-3タンパク質と結合することで不活性化する。

NRは，明所においてプロテインホスファターゼにより脱リン酸化されることで活性化し，暗所においてMg^{2+}存在下で**14-3-3タンパク質**[*14]と結合することで不活性化する(**図4.10**)。

＊14　14-3-3タンパク質：1967年にウシの脳で同定されたタンパク質で，当時は機能が未知であったために精製過程の分画番号で命名された。キナーゼ，ホスファターゼ，膜貫通受容体タンパク質などの200種類以上の多種多様なシグナル伝達タンパク質に結合してその機能を調節する能力をもつ。

酵素NiRが亜硝酸イオンをアンモニアに還元する反応では，光合成の電子伝達系における中枢タンパク質の1つであるフェレドキシン(Fd)の還元力が利用される。

$$NO_2^- + 6\,Fd_{red} + 8\,H^+ + 6\,e^- \rightarrow NH_4^+ + 6\,Fd_{ox} + 2\,H_2O$$

この反応式において，Fd_{red}は還元型のFdを，Fd_{ox}は酸化型のFdを表す。Fdの還元は，地上部では葉緑体チラコイド膜での光合成の電子伝達系(第3章3.1.2項B.参照)により，非緑色組織では色素体のペントースリン酸経路によりつくられるNADPH(第3章3.4.1項参照)により行われる。葉緑体のNiRと色素体のNiRは異なる分子種(アイソザイム)であるが，両者はともに核ゲノムにコードされ，単一サブユニットで構成されており，コファクターとしてヘムと，鉄とイオウ原子が配位結合した錯体(鉄イオウセンター，Fe-Sセンター)をもつ。なお，NRとNiRが局在する位置は異なるが，亜硝酸はきわめて毒性が高いため，亜硝酸イオンからアンモニアへの還元反応はすみやかに行われる。

硝酸の還元は，熱帯・亜熱帯に生息する植物では相対的に地上部で活発で，温帯・亜寒帯に生息する植物では根における還元に強く依存するといわれているが，定量的な解析を行った例は限られている。イネやトウモロコシでは地上部の硝酸還元能が高いことが見いだされているが，コムギやオオムギでは根の硝酸還元能が高いことが知られている。

4.3.2◇アンモニア同化

アンモニアは，主に根で同化して利用される。アンモニア同化が根で速やかに行われるのは，アンモニアの毒性を回避するためと理解されている。光呼吸での放出(第3章3.1.4項参照)や窒素固定によって供給されるアンモニア(後述)も直ちにアミノ酸やアミドに同化される。

アンモニアの吸収と輸送に対しても，硝酸と同様に，数種類の**アンモニアトランスポーター**(ammonia transporter)が発見されている。根だけで発現して窒素飢餓に応答し，アンモニアとの親和性が高いものと，根と地上部で恒常的に発現しているものがあり，それに加えて吸収過剰を抑制する機構の存在なども報告されている。

アンモニアは生理的なpHではアンモニウムイオン(NH_4^+)として存在する。**図4.11**に窒素の同化および関連する代謝反応を示した。同化の初期段階は**グルタミン合成酵素**[*15](glutamine synthetase, GS)によって，ATPの加水分解エネルギーを利用して，NH_4^+がグルタミン酸に取り込まれ，グルタミンが生成する反応である。

＊15　合成酵素にはsynthetaseとsynthaseがある。英語では，ATPのエネルギーを利用する合成酵素がsynthetaseで，ATPを利用しない合成酵素がsynthaseと区別されている。

$$\text{グルタミン酸} + NH_4^+ + ATP \rightarrow \text{グルタミン} + ADP + Pi$$

この反応にはMg^{2+}やMn^{2+}が必須である。植物のGSには細胞質に局在するものと，色素体や葉緑体に局在するものがある。細胞質のGSは根や地上部の維管束組織に存在する。色素体に局在するGSはアンモニウムイオンの初期同化を行い，葉緑体に局在するGSは光合成と相関して高速で進む光呼吸によって生じるアンモニアの再同化や，地上部での硝酸還元の過程で生成するアンモニアの同化に寄与する。また，維管束組

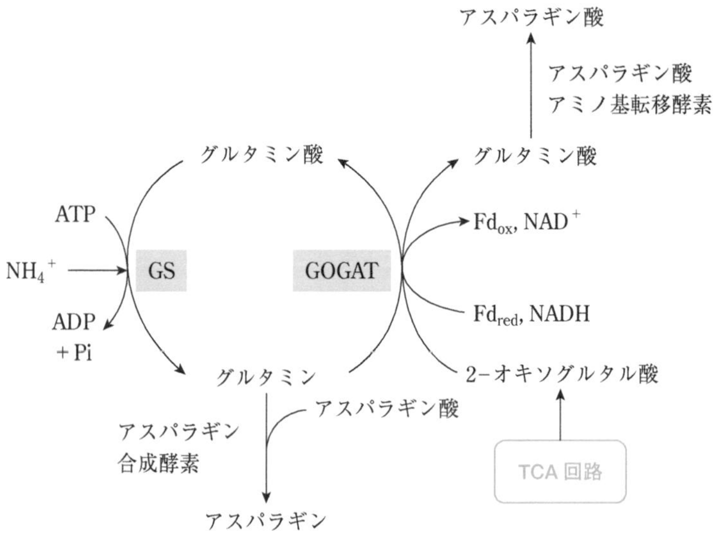

図4.11 | **GSおよびGOGATによる窒素同化サイクルと関連する代謝**

GSは細胞質と葉緑体または色素体に局在し，GOGATは非緑色組織では色素体に，緑色組織では葉緑体に局在する。色素体ではNADHが電子供与体として，葉緑体ではFdが電子供与体としてはたらく。

織に存在するGSは主要な転流窒素形態であるグルタミンの生成に寄与している。

アンモニアの同化に必要なグルタミン酸は，NADHもしくはFd_{red}の還元力を利用した**グルタミン酸合成酵素**[*15](glutamate synthaseあるいはglutamine 2-oxoglutarate aminotransferase, GOGAT)の反応によって供給される。

$$\text{グルタミン} + \text{2-オキソグルタル酸} + \text{NADH or } Fd_{red} + H^+$$
$$\rightarrow 2\times\text{グルタミン酸} + NAD^+ \text{ or } Fd_{ox}$$

NADHを電子供与体とするNADH-GOGATは，根や地上部の維管束組織などの色素体に局在する。特にイネでは，根に存在するNADH-GOGATはNH_4^+の供給量が増加したときに，GSにグルタミン酸を供給するためにその発現が誘導的に上昇する。

Fdを電子供与体とするFd-GOGATは，根では色素体，地上部では葉緑体に局在する。ともに，NH_4^+の同化に関与するGSにグルタミン酸を供給している。葉緑体では，光呼吸で生じるアンモニアの再同化に葉緑体型GSと相関して機能している(第3章3.1.4項参照)[*16]。根におけるFdの還元はペントースリン酸経路(第3章3.4.1項参照)で行われる。

GSおよびGOGATのはたらきによってこうして生成したグルタミンやグルタミン酸は，その後，**アミノ基転移酵素**(aminotransferase)によってさまざまなアミノ酸に変換される。代表的なものに，グルタミン酸からオキサロ酢酸にアミノ基を転移する**アスパラギン酸アミノ基転移酵素**(aspartate aminotransferase)がある(**図4.11**)。

$$\text{グルタミン酸} + \text{オキサロ酢酸} \rightarrow \text{アスパラギン酸} + \text{2-オキソグルタル酸}$$

また，グルタミンからアスパラギン酸にアミノ基を転移する**アスパラギン合成酵素**(asparagine synthetase, AS)も重要である(**図4.11**)。

$$\text{グルタミン} + \text{アスパラギン酸} + \text{ATP}$$
$$\rightarrow \text{グルタミン酸} + \text{アスパラギン} + \text{AMP} + \text{PPi}$$

多量のNH_4^+が植物に供給されると，GSおよびGOGATによって生成したグルタミンからアスパラギンへの変換が積極的に行われる。ASは根や地上部の細胞質に存在する。アスパラギンはグルタミンと並んで多くの植物における主要な窒素の転流形態である。

また，**グルタミン酸脱水素酵素**(glutamate dehydrogenase, GDH)は，ミトコンドリアに局在するものはNADHを，葉緑体に局在するものはNADPHを利用して，グルタミン酸を脱アミノ化する。

$$\text{グルタミン酸} + NAD(P)^+ + H_2O$$
$$\rightleftarrows \text{2-オキソグルタル酸} + NH_4^+ + NAD(P)H$$

*16　光呼吸経路におけるGS/GOGATサイクルによるアンモニアの同化速度は，多量のアンモニアを根から吸収したときのアンモニア同化速度の10倍にも及ぶことが明らかとなっている。このことは，植物のアンモニア同化のポテンシャルが非常に高いことを意味すると同時に，光呼吸における脱アミノ反応と再同化反応による窒素循環の代謝が光合成の電子伝達系に対する大きな電子のシンクとして機能していることを示している(第3章コラム3.5参照)。

GDHが触媒する反応は可逆的で，グルタミン酸の合成反応も触媒するため，かつてはアンモニア同化酵素としての機能が指摘された。しかし，現在ではグルタミン酸と2-オキソグルタル酸の量的調節に関与する酵素であることがわかっている(第3章3.4.1項参照)。

4.3.3◇アミノ酸の生合成

植物はタンパク質を構成する20種類のアミノ酸をすべて合成することができる。植物が有するアミノ酸合成経路を**図4.12**に示す。アミノ酸を構成するアミノ基は，前項で述べたグルタミンやグルタミン酸からのアミノ基転移反応より供給される。

各アミノ酸の生合成のための炭素骨格は，呼吸代謝系(第3章3.4.1項参照)を構成する化合物が基本となる。解糖系の3-ホスホグリセリン酸(PGA)からセリン，グリシン，システインが，ホスホエノールピルビン酸(PEP)からトリプトファン，チロシン，フェニルアラニンが，ピルビン酸からアラニン，ロイシン，バリンが生合成される。また，TCA回路の2-オキソグルタル酸からグルタミン酸，グルタミン，アルギニン，プロリン，ヒスチジン，オキサロ酢酸からアスパラギン酸，アスパラギン，リジン，トレオニン，イソロイシン，メチオニンが生合成される。

こうしたアミノ酸合成の代謝経路は除草剤などの標的としても活用されている。例えば，1970年にアメリカのモンサント社が開発した除草剤ランウンドアップは，ホスホエノールピルビン酸を起点としたトリプトファン，フェニルアラニン，チロシン(いずれも芳香族アミノ酸)への代謝反応の阻害剤である。

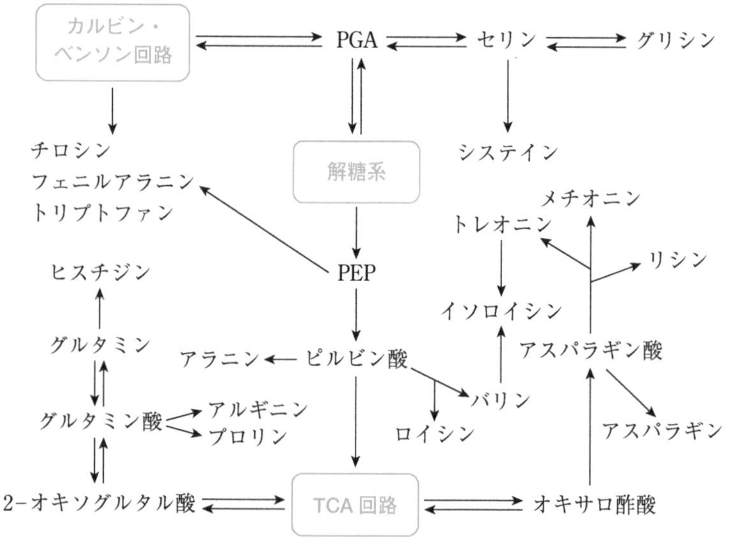

図4.12 | **20種類のアミノ酸の炭素骨格の供給経路**

4.3.4 ◇ 生物的窒素固定

地上の植物は大気中の窒素ガス(N_2)を直接利用することはできない。一方，一部の細菌やシアノバクテリアは大気中の窒素をアンモニアに変換する代謝経路をもっている。これを**生物的窒素固定**(nitrogen fixation)という。地球上では窒素固定生物によって，年間におよそ1億7千万トンの窒素が固定されている。生物的窒素固定量は，大気中で起こる自然硝化，生物的脱窒化による窒素の放出やアンモニアの気散などと平衡状態にあったが，現在では生物的窒素固定量を超える工業的な窒素固定がハーバー・ボッシュ法により行われている(**図4.8**)。

マメ科植物(Fabaceae)を含む一部の陸上植物は，窒素固定能を有する細菌やシアノバクテリアと共生関係をもち，大気中から固定した窒素の供給を受けている。マメ科植物では*Rhizobium*属や*Bradyrhizobium*属などの根粒を形成する細菌(**根粒菌**，Rhizobia)，ハンノキでは放線菌，シダ植物であるアゾーラではシアノバクテリアなどが共生し，宿主植物から光合成産物の提供を受ける見返りとして，固定したアンモニアを宿主植物に提供している。また，量的には少ないものの，サトウキビ，コムギ，サツマイモなどでも植物組織内や根圏に窒素固定菌が生息しており，植物は窒素固定菌に光合成産物を提供し，窒素固定菌からは窒素の供給を受けていることが知られている。

A. ニトロゲナーゼによる窒素固定

窒素固定生物は**ニトロゲナーゼ**(nitrogenase)により窒素を固定しアンモニアを生成する。ニトロゲナーゼは活性中心にFe–Sクラスターをもつ鉄タンパク質と，活性中心にモリブデン，鉄，イオウをもつモリブデン鉄タンパク質からなる複合体で，前者は2つの同一サブユニット(分子量30～70 kDa)，後者は4つのサブユニット(総分子量180～240 kDa)からなる巨大タンパク質である(**図4.13**)。ニトロゲナーゼが触媒する反応は次の通りであり，多量のATPと電子を利用して，窒素からアンモニアが生産される。

$$N_2 + 8\,e^- + 8\,H^+ + 16\,ATP \rightarrow 2\,NH_3 + H_2 + 16\,ADP + 16\,Pi$$

この窒素固定反応において，ニトロゲナーゼはまずFdから多量の電子を供与され，鉄タンパク質を還元する。次に，多量のATPを加水分解したエネルギーにより，モリブデン鉄タンパク質を還元する。このモリブデン鉄タンパク質がN_2を還元し，NH_3を生産する。この反応は酸素によって強く阻害されるので，嫌気的環境で行われる。モリブデン鉄タンパク質はアセチレンをエチレンに還元する活性も有するので，この反応によりニトロゲナーゼ活性を推定することが多い。N_2の三重結合を開裂する反応は活性化エネルギーが大きいため，生物学的に多量のATPと還元力を必要とする。同様に，工業的なアンモニア生産[*17]でも

＊17　工業的アンモニア生産(ハーバー・ボッシュ法)：ハーバー・ボッシュ法とは，鉄を触媒として，水素と窒素を500°C(400～600°C)，500気圧(200～1000気圧)の超臨界流体状態で直接反応させ，アンモニアを製造する方法である。反応式としては次のように表される。

$$N_2 + 3\,H_2 \xrightarrow[\text{Fe触媒}]{500°C,\ 500\text{気圧}} 2\,NH_3$$

ハーバー・ボッシュ法については，第1章1.3.1項も参照。

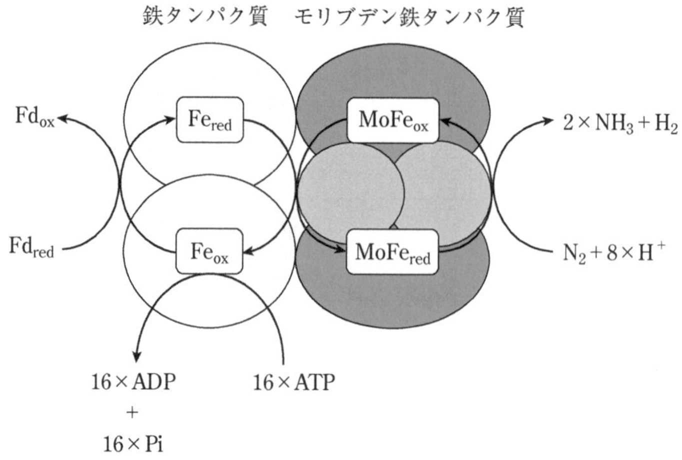

図4.13 **ニトロゲナーゼ複合体による窒素固定反応**
鉄タンパク質（2つの同一サブユニット：分子量30～70 kDa）とモリブデン鉄タンパク質（4つのサブユニット：総分子量180～240 kDa）からなる巨大な複合体タンパク質である。1分子のN_2を固定するのに16分子のATPを必要とする。

膨大な熱エネルギーを必要とするため，地球温暖化の一要因として問題視されている。

B. マメ科植物における根粒形成と窒素固定

マメ科植物に共生する根粒菌は，単独生息では窒素固定能力が乏しく，宿主植物に共生すると**バクテロイド**（bacteroide）と呼ばれる形態に分化し，宿主植物の根に根粒を形成して高い窒素固定能力を発揮する。**図4.14**に根粒菌の感染過程を模式的に示す。宿主植物の根に根粒菌が接近すると植物側から種固有のフラボノイド化合物[*18]が分泌され，その刺激を受けた根粒菌において**根粒形成遺伝子**（*Nod* gene）が発現し，**Nod因子**（Nod factor）と呼ばれるリポキチンオリゴ糖[*19]を生産して放出する。Nod因子の作用により宿主植物は根毛の先端を巻いて（curling）根粒菌を取り込む。同時に，感染部位近傍の皮層細胞では分裂が誘導される。取り込まれた根粒菌は，分裂・増殖を繰り返しながら感染糸を通って，根の皮層細胞に入り込み，木部近くの皮層細胞の脱分化分裂によって生じた根粒原基細胞内に取り込まれ，それらの細胞内で大型のバクテロイドを形成する。バクテロイドは宿主細胞質由来の膜で包まれ，宿主細胞内の共生小器官として窒素固定を行う。根粒原基細胞は分裂を繰り返し，内皮分裂域と融合して宿主根の維管束と接続し，大きな細胞群である根粒を形成する。

根粒における窒素固定に関わる代謝経路を**図4.15**に示す。根粒内部では**レグヘモグロビン**（leghemoglobin）と呼ばれるタンパク質が多量に生産される（根粒全可溶性タンパク質の40％を占める）。レグヘモグロビンは酸素との親和性が非常に高く（$K_m=1\sim2\times10^{-10}$ M）[*20]，ニトロ

＊18　フラボノイド化合物：ポリフェノールと呼ばれる植物の二次代謝物の総称。アントシアニン，カテキンやフラバン類が含まれる。

＊19　リポキチンオリゴ糖：*N*-アセチル-D-グルコサミンがβ-1,4-グリコシド結合で3から6残基つながった構造を基本とし，その非還元末端の炭素の2位に結合している窒素にアセチル基の代わりにアシル基（脂肪酸）が付加した構造をもつ化合物。

＊20　このK_m値は，大気中の酸素濃度の10^6分の1に相当する。

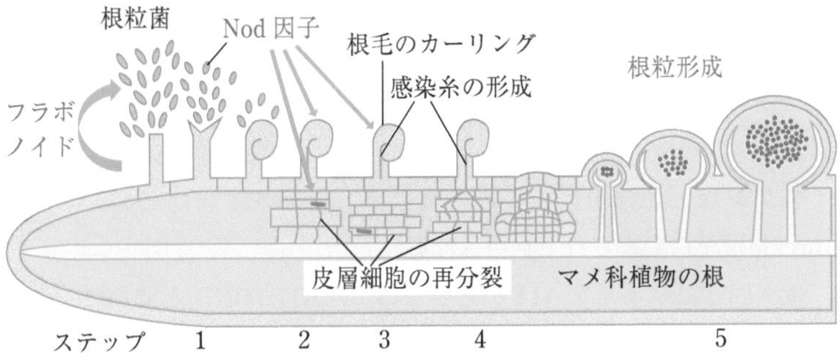

図4.14 | **根粒菌の感染過程**
マメ科植物からフラボノイドが分泌され，根粒菌からNod因子（リポキチンオリゴ糖）が分泌され，根毛のカーリング，感染糸の形成，皮層細胞の再分裂が開始される。各ステップの感染過程は以下の通りである。ステップ1：根粒菌は植物根のまわりで増殖する。ステップ2：根粒菌が根毛の先端部に付着し，根毛のカーリングを起こす。ステップ3：感染糸を形成しつつ，皮層細胞の再分裂が誘導される。ステップ4：感染糸は枝分かれし，皮層細胞中にバクテロイド（根粒菌）が放出される。ステップ5：根粒の構造が完成し，バクテロイドの窒素固定が発現する。
［南澤 究，妹尾啓史 編著，エッセンシャル土壌微生物学，講談社（2021），図8.7］

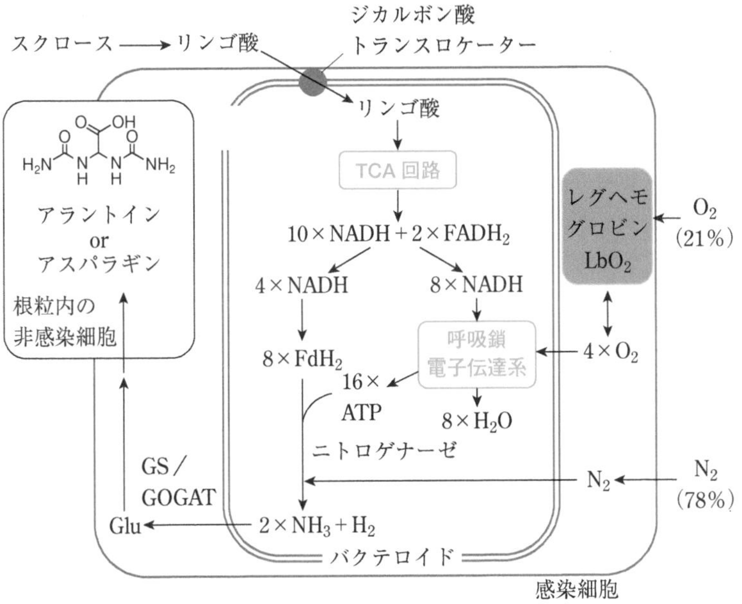

図4.15 | **根粒における窒素固定関連代謝経路**
レグヘモグロビンはバクテロイド内の嫌気的環境を維持すると同時に窒素固定に多量に使われるATP生産のための電子伝達系への酸素を供給する。バクテロイドで固定されたアンモニアは根粒の感染細胞の細胞質に放出され，GSおよびGOGATの反応によりグルタミン酸（Glu）に同化される。

ゲナーゼ周辺のバクテロイド内の嫌気的環境を維持すると同時に，窒素固定で多量に使われるATPを生産するために電子伝達系へ酸素を供給する役目を果たしている。根粒菌はレグヘモグロビンを合成する遺伝子をもたず，レグヘモグロビンは宿主植物側の遺伝子によって誘導，合成される。

バクテロイドで固定されたアンモニアは根粒の感染細胞の細胞質に放出され，GSおよびGOGATの反応によりグルタミンに同化され，宿主植物によって利用される(**図4.15**)。アルファルファやエンドウなどの温帯性マメ科植物では非感染細胞内でアミドなどに変換され，ダイズやインゲンなど亜熱帯性マメ科植物ではアラントインなどのウレイド(ureido)*21に変換されて利用される。

*21　ウレイド：尿素$(H_2N)_2CO$の水素原子が1つ脱離して生成するH_2NCONH－基をもつ化合物，またはその水素原子をアシル基RCO－で置換した化合物の総称。

窒素固定には多量のATPが必要なので，ATP合成に必要な酸素が不可欠である。冠水した土壌では酸欠を起こしやすく，窒素固定は大きく抑制されるため，根粒の着生は悪くなる(これを湿害という)。一方，土壌水分が不足すると気孔の閉鎖によって光合成の低下が生じるため，炭素源不足で窒素固定が抑制される。

また，施肥などによって根周辺の硝酸濃度が窒素濃度に対して高くなると，植物側からフラボノイドの分泌が止まり，根粒形成は抑えられる。しかしながら，マメ科作物の栽培において，植物個体の小さい生育初期や，さやの登熟が進む生育後期は，根粒形成能が低いために窒素の施肥は一般に有効である。

4.4 ◆ 多量元素と微量元素

植物は17種類の無機元素を必須栄養素とする。そのうち，炭素，酸素，水素の3つは二酸化炭素(CO_2)と水(H_2O)から得ており，残りの14種類の無機イオンは土壌から吸収している。

必須元素(essential element)は植物組織内の相対的な濃度の違いから，**表4.1**に示すように多量元素と微量元素に分類される。**多量元素**(major element)には，炭素，酸素，水素，窒素，カリウム，カルシウム，マグネシウム，リン，イオウが含まれ，通常，植物体の乾物重あたりの含有濃度は1～400 g/kgである。**微量元素**(trace element)には，塩素，鉄，ホウ素，マンガン，亜鉛，銅，モリブデン，ニッケルが含まれ，通常の含有濃度は0.1～1 g/kgである。必須元素かどうかは，以下の3項目の基準で定義されている。

①その元素が欠乏すると，発芽から種子形成である登熟までのライフサイクルが完結しない。

②欠乏による生育障害や生育異常はその元素のみを与えることで回復し，他の元素では代替ができない。

③元素の効果は土壌改善や生育環境改善などの間接的効果によるものではなく，直接，栄養代謝に必要な構成成分または酵素として関与している。

動物ではナトリウム，コバルト，ヨウ素が必須元素とされているが，これらは植物では必須元素ではない。ただし，ナトリウムはC4植物やCAM植物の一部の種では(第3章3.2.1項参照)，ホスホエノールピルビ

表4.1 植物体と土壌における必須元素および有用元素の組成と平均的含有量（単位はmg kg^{-1}）

[H .J. M. Bowen, *Trace Elements in Biochemistry*, Academic Press(1966)，テイツ・ザイガー，植物生理学・発生学 第6版，講談社(2017)，表5.1，および間藤 徹，馬 建鋒，藤原 徹 編，植物栄養学 第2版，文永堂出版(2010)，表3-1より]

元素	植物体（被子植物）	土壌	ほ乳類
水および大気由来			
C	450×10^3		48×10^3
H	55×10^3		66×10^3
O	410×10^3		19×10^3
必須多量元素			
N	15000～30000	1000	87000
P	2000～2300	650	43000
K	10000～14000	14000	7500
S	1000～3400	700	5400
Ca	5000～18000	13700	85000
Mg	2000～3200	5000	1000
必須微量元素			
Fe	100～140	38000	160
Mn	50～630	850	0.2
Cu	6～14	20	2
Mo	0.1～0.9	2	< 1
Zn	20～160	50	160
B	20～50	10	< 2
Cl	100～2000	100	3200
Ni	0.1～3	40	< 1
有用元素			
Na	10～1200	6300	7300
Si	1000～200	330000	120
Al	550	71000	< 3

ン酸の再生の過程において必須であることが示されている。また，カリウム欠乏時にはナトリウムで代替できる代謝も知られている。一方，動物細胞ではホウ素は必須ではない。

そのほかに，必須元素ではないが，地球の地表部に存在する元素*22で量的に多いケイ素やアルミニウムなどは植物体内に多量に含まれ，大きな生育促進効果をもつ元素でもある。これらの元素はナトリウムも含めて**有用元素**(beneficial element)と呼ばれる。

*22 「地球の地表部元素」などと表現される。地殻中の元素の存在度は，かつてはクラーク数(Clarke number)と呼ばれ，質量パーセント濃度で表していた。多いものから順に酸素，ケイ素，アルミニウム，鉄と続く。現在では，定義があいまいで使われなくなったが，一般に地表部付近からおよそ海水面下10マイル(16 km)までが存在度として取り扱われる。

4.4.1 ◇ 必須元素

以下では，植物が土壌から獲得する14種類の必須元素と3種類の有用元素の生理作用，吸収機構や代謝，欠乏・過剰障害について述べる。

Column 4.4

植物栄養学の研究に用いられる水耕栽培法と農業現場への応用

本文中で，土壌由来の14種類の無機イオンが必須元素であること，および，必須元素かどうかを判断する3つの基準について述べた。その必須性はどのような研究によって証明されたのであろうか。土壌のような複雑な媒体で植物を生育させ，1つ1つの元素の必須性を実験的に証明するのはきわめて困難である。これらの無機元素の必須性は，土壌ではなく無機成分のみから構成される溶液に浸して植物を育てる水耕栽培法(hydroponic culture)によって証明された。植物が，土壌がなくても，無機元素・水・空気および光によってのみ生育し，ライフサイクルを完結することを明解に実証したのである。水耕栽培法は1800年代にはすでに応用されていた。1987年に必須性が証明されたニッケルまで，水耕栽培法により14種類の必須元素が同定された。

水耕栽培法は，現在の植物科学研究においても頻繁に用いられている。栄養素試験が容易であるため，および，光と温度を制御すれば再現性のある植物の生育試験がいつでもどこでも可能となるためである。

水耕栽培は農業の現場においても活発に利用されている。ハウス栽培されるトマト，キュウリ，イチゴから，この半世紀注目されてきた人工光を用いる「植物工場」で栽培される葉菜類(葉もの野菜)まで幅広く活用されている。すべての必須元素を含み，養分濃度のみならず必須元素間で不溶塩を形成させないようにpHを調整した大量の養液を用いて，温度管理下で栽培されている。また，根系に酸素を供給することも重要で，エアレーションや養液の常時流動などの工夫がとられている。

植物工場は，環境の変動に左右されない，無農薬で安全性の担保される安定的な農業として取り上げられることが多い。しかしながら，いくら人工知能(AI)の進歩があったとしても，高額な設備投資が必要でランニングコストもかかることは容易に想像がつく。植物工場で人類の食糧の3分の2を占める穀類作物や根菜類の生産を実用化した事例は1つもない。一方で，太陽と土と雨にはランニングコストはかからない。例えば，東京ドームの大きさ(4.7 ha = 47,000 m^2)の植物工場でイネを栽培し，仮に日本国内の平均収量(5.3 t/ha)の2倍のコメ生産に成功したとしても，その生産量は玄米にしてせいぜい50 tである。販売価格としては1500万円にも及ばないだろう。植物工場では，人類の食糧は賄えない。

A. 窒素

窒素は炭素化合物を構成する栄養素である。生理作用や代謝などについては，すでに4.2節で解説した。窒素は**表4.1**に示した通り，植物がもっとも多量に必要とする無機元素である。窒素欠乏が継続すると葉が黄変する**クロロシス**(chlorosis)があらわれ，古葉から枯れ上りが見られる。上位葉や成長中組織にきわめて効率良く転流される易移動性元素[*23]で，かつその転流機構は高度に制御されている(4.5節参照)。一方，窒素は多量に供給されると植物は過繁茂に生育する。供給量がもっとも生育に反映される栄養素である。

＊23　易移動性元素・難移動性元素：必須元素のうち，植物体内を転流によって移動しにくい元素を難移動性元素と呼び，移動性の高い元素を易移動性元素と区分している。難移動性元素にはカルシウム，イオウ，鉄，マンガン，ホウ素，銅がある。

B. リン

リンは植物体内ではリン酸イオン(PO_4^{3-})として存在し，エネルギーの保存や植物の構造維持に関与する。炭素代謝や呼吸系の代謝産物である糖リン酸，膜を構成するリン脂質，エネルギー代謝に用いられるATP/ADPやDNA/RNAなどの構成成分である。

土壌中のリン含量は0.3～1.0 g/kgと決して低い濃度ではないが，多くは土壌中に共存するアルミニウム，鉄，カルシウムなどと難溶性の塩を形成している。酸性土壌ではアルミニウムや鉄と難溶性のリン酸塩を形成し，アルカリ性土壌ではカルシウムと難溶性のリン酸塩を形成する。そのため，植物が実際に吸収利用できる可給態リンの濃度はきわめて低い。植物はそうした難溶性リン酸塩を溶解するため，金属イオンをキレート化するクエン酸，リンゴ酸，シュウ酸などの有機酸を根から放出する。分泌される有機酸は植物種によって異なり，その放出量によって植物の低リン酸耐性が異なることが知られている。また，土壌中には**フィチン酸**(phytate，**図4.16**)や糖リン酸などの有機物の成分として存在しているリンも多く，植物は根からホスファターゼを分泌し，それらを加水分解して利用する。その分泌能力にも植物種間で差があり，低リン酸耐性の要因となる。このように，リンは植物にとっては窒素に次いで不足しがちな栄養素であり，農業的には施肥が必須な栄養素とされている。

一方，土壌中の難溶性リンは土壌細菌や微生物などによっても分解され，可溶化される。このため，多くの農作物は土壌中の菌類と共生状態を形成する。そうした菌類は根の内部あるいは表面に生息し，植物側から糖類の供給を受ける代わりに，可溶化したリンを植物に供給する。これらの共生状態にある菌類を**菌根菌**(mycorrhizal fungae)と呼ぶ。代表的なものに**アーバスキュラー菌根菌**(arbuscular mycorrhiza)*24がある。

欠乏症状としては，植物全体の生育が不良となり，一般に葉が暗緑色になる。また，**アントシアニン**(anthocyanin)*25が過剰生産されて葉が紫色を呈することも多い。易移動性元素であるので，一般的に欠乏症状は下位葉からあらわれる。登熟期になるとリンの多くは子実へ転流される。子実に転流されたリンの大部分はフィチン酸として貯蔵される。落葉樹においては，葉中のリンは落葉前に枝中に回収され，同じくフィチン酸として貯蔵される。なお，フィチン酸のリン酸基にはマグネシウム，カルシウム，亜鉛などがイオン結合するので，フィチン酸はそれらの無機元素の貯蔵物質としての役割も果たしている。

C. カリウム

カリウムは1価の陽イオンK^+として存在し，細胞の浸透ポテンシャルの調節や，気孔の孔辺細胞の膜電位の調節，光合成や呼吸に関わる多くの酵素の活性化に関与している。植物体内には，カルシウムと並んで窒素の次に多量に存在し，植物の要求量も多い。そのため，窒素，リン酸とともに肥料の三要素*26の1つとされている。被子植物のカリウム

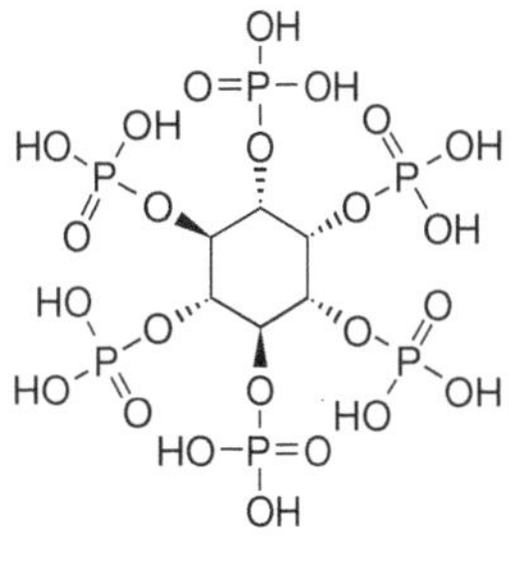

図4.16 | **フィチン酸の化学構造**

*24 アーバスキュラー菌根菌(arbuscular mycorrhizal fungi)：土壌中に普遍的に存在し，多くの陸上植物の根に共生する糸状菌の一群。コケ植物から被子植物まで広く共生できる特徴を有する。菌は根の外部形態に変化を与えずに細胞内に侵入し，菌糸は樹枝状体を形成する。菌は宿主植物から光合成産物の供給を受け，土壌中の希薄なリン酸を吸収し，宿主植物側に供給する。かつてはVA菌根菌とも呼ばれた。

*25 アントシアニン：植物に広く有する赤，青，紫色を示す水溶性色素。液胞に存在する。フラボノイドの一種で，抗酸化物質としても知られる。アルミニウムとキレート錯体をつくり色調を変える。

*26 肥料の三要素：窒素，リン酸，カリウムのこと。これらは植物が成長のために多量に要求し，かつ農業上もっとも不足しがちな栄養素である。2要素以上含まれたものが複合肥料として市販されている。複合肥料には化成肥料や配合肥料が含まれる。化成肥料の袋に記載されている「8-8-8」などとハイフンで区切られた数字は，その肥料に含まれる窒素，リン酸，カリウムの重量含有率(%)を表している。8-8-8であれば窒素8%，リン酸8%，カリウム8%を，6-10-5であれば窒素6%，リン酸10%，カリウム5%を含む肥料であることを示している。

図4.17 | **ヒマワリにおけるカリウム欠乏**

下位の葉が縮む形態異常，白化斑点が見られる。
[写真は神戸大学・三宅親弘教授 提供]

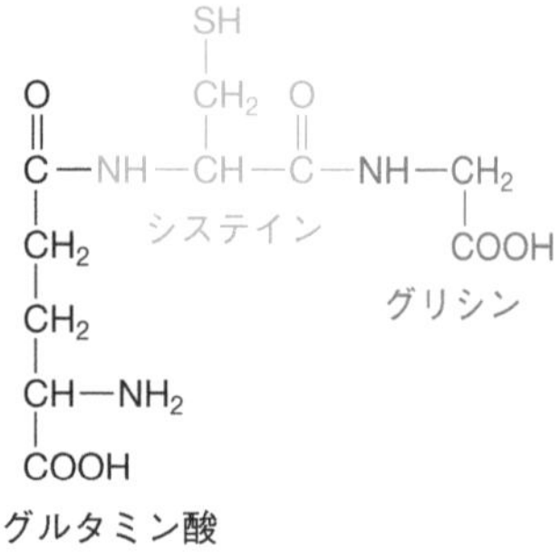

図4.18 | **還元型グルタチオンの化学構造**

グルタミン酸，システイン，グリシンからなる。酸化型グルタチオンでは，システインのチオール基(SH)がジスルフィド結合(S–S)を形成して2量体となる。

＊27　スルホニル基(O＝S＝O)を有する無機化合物をスルフリル化合物という。スルフリラーゼは，スルフリル化反応を触媒する酵素。

含量は10～15 g/kg程度と高く(**表4.1**)，含量が10 g/kg以下に低下すると欠乏症状があらわれる場合がある。

欠乏症状としては，下位葉から葉の先端や葉縁に沿ってクロロシスがあらわれ，やがて枯死する。下位葉に白化斑点があらわれる種もある。また，葉が巻き込んだり縮んだりする形態異常があらわれることもある(**図4.17**)。一般にK^+欠乏条件では，地上部優先でK^+の恒常性を維持する機構がはたらくため，明確な症状があらわれない種が多いが，生育の遅れは顕著となり，吸水力低下により乾燥に弱くなる。一方，カリウムを過剰に施肥すると陽イオン間での拮抗吸収阻害が生じ，マグネシウムの吸収低下が生じる種もある。

D. イオウ

イオウは炭素化合物を構成する栄養素である。システイン，シスチン，メチオニンなどの含硫アミノ酸(イオウを含むアミノ酸)やそれらを含むタンパク質，システインから合成され還元力を有するグルタチオン(glutathione, GSH：**図4.18**)，多くの代謝に必須な補酵素アセチルCoA，ビオチン，チアミンなどの構成成分でもある。

イオウは硫酸イオン(SO_4^{2-})の形で根から吸収される。硫酸イオンの同化経路を**図4.19**に示す。大部分は硫酸イオンのまま地上部に運ばれ，光合成のエネルギーと還元力を利用する以下の反応を経てシステイン(cysteine)に同化される。まず，硫酸イオンは主に葉緑体または色素体中で，ATPスルフリラーゼ＊27のはたらきによってATPと結合し，アデノシン–5′–ホスホ硫酸(APS)とピロリン酸(PPi)を生じる。

$$SO_4^{3-} + ATP \rightarrow APS + PPi$$

つづいて，APSは還元型グルタチオン(GSH)の存在下で，APS還元酵素のはたらきによって二電子還元されて亜硫酸イオンSO_3^{2-}となる。グルタチオンは酸化型(GSSG)となる。

$$APS + 2\,GSH \rightarrow SO_3^{2-} + 2\,H^+ + GSSG + AMP$$

亜硫酸イオンSO_3^{2-}は還元型フェレドキシンFd_{red}の存在下で，亜硫酸還元酵素によって六電子還元されて硫化物イオンS^{2-}となる。

$$SO_3^{2-} + 6\,Fd_{red} \rightarrow S^{2-} + 6\,Fd_{ox}$$

生じた硫化物イオンS^{2-}は細胞質に運ばれ，システイン合成酵素によって*O*–アセチルセリン(OAS)と反応してシステインを生じる。

$$S^{2-} + OAS \rightarrow \text{システイン} + \text{酢酸}$$

一方，*O*–アセチルセリン(OAS)はミトコンドリアに局在するセリンアセチル基転移酵素によってセリンから生合成される。

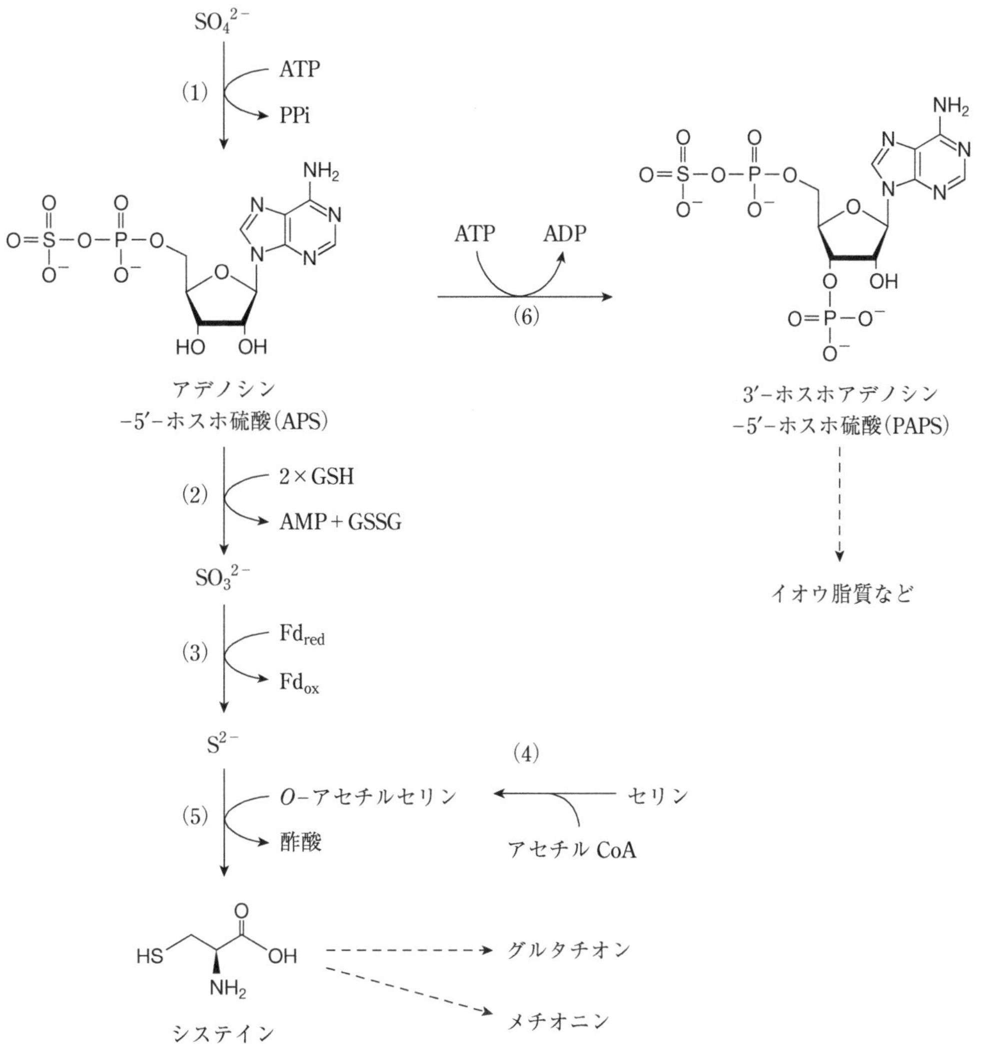

図4.19 | 硫酸イオンの還同化経路

反応を触媒する酵素名：(1)ATPスルフリラーゼ，(2)APS還元酵素，(3)亜硫酸還元酵素，(4)セリンアセチル基転移酵素，(5)システイン合成酵素，(6)APSキナーゼ。

$$\text{セリン} + \text{アセチル CoA} \rightarrow \text{OAS} + \text{CoA}$$

なお，一部のAPSはAPSキナーゼによってリン酸化されて3′−ホスホアデノシン−5′−ホスホ硫酸(PAPS)に変換され，イオウ脂質合成の基質として利用される。

システインは，メチオニンやグルタチオンに変換される。これらのイオウ代謝は葉で活発に行われる。これは，光合成の電子伝達系の還元型Fd_{red}が効率良く使われるため(第3章3.1.2項参照)，および，セリン供給は光呼吸代謝(第3章3.1.2項D.参照)に依存しているためである。葉で同化されたイオウは，主にグルタチオンの形で，篩管を通じてさまざまな器官に輸送される。グルタチオンは還元力の供給源であるだけでは

図4.20 **コムギにおけるイオウ欠乏**

若い葉にクロロシス(黄化現象)が見られる。症状は窒素欠乏と類似している。
[写真は神戸大学・三宅親弘教授 提供]

なく，さまざまな代謝の情報伝達物質としてはたらき，さらにイオウの貯蔵形態でもある。植物はイオウ欠乏下ではグルタチオンを優先的に分解し，イオウの供給源として利用する。

欠乏症状としては，若い葉のクロロシスが助長され，アントシアニンの蓄積が見られる場合がある(**図4.20**)。窒素欠乏に症状は似ているが，若い葉に症状があらわれやすい。これはイオウが比較的難移動性元素であることによる。水田では硫安(硫酸アンモニウム)が一般に窒素肥料として施用される。アンモニアは速やかにイネに吸収されるので，結果として硫酸イオンが水田中に残存することになる。蓄積した硫酸イオンは還元されて硫化水素となり，鉄欠乏も助長するため，イネの根腐れの原因となる。この障害は「秋落ち」と呼ばれている[*28]。

＊28　秋落ちは鉄やマンガンが不足した老朽化水田で起こりやすく，鉄資材の補給や，硫安などのイオウを含まない肥料の使用，早期栽培が対策の1つとされている。

E. カルシウム

カルシウムは植物体内にイオンCa^{2+}の形態で存在する。植物体内のカルシウム含量は10～20 g/kgと高く，多くは細胞壁を構成するペクチンのカルボキシ基に結合し，ペクチン鎖を架橋することによって細胞壁を固定している。また，液胞中にシュウ酸カルシウムとして多量に蓄積する種もある。

他方，細胞質にも存在し，微妙な濃度調整によって各種酵素やタンパク質と結合し，代謝調節機能を担っている。細胞質のカルシウム濃度を恒常的に低く維持するために細胞質から能動的にカルシウムイオンを排除する機構が明らかにされつつある。また，代表的な代謝調節因子である**カルモジュリン**(calmodulin)というタンパク質はカルシウムが結合すると構造変化を引き起こす。プロテインキナーゼやホスファターゼなどの酵素に結合してそれらの反応性を制御し，結果としてリン酸化・脱リン酸化反応によって一連の代謝活性の調節にも関与する。このような二次的に生じる情報伝達物質をセカンドメッセンジャーと呼ぶ。

カルシウムは典型的な難移動性元素であるため，欠乏症状としては，若い葉や根端などの分裂組織の壊死(ネクロシス，necrosis)があらわれる。新葉では壊死が生じる前にクロロシスや変形が見られる(**図4.21**)。一般に土壌中のカルシウム濃度は高いが，窒素肥料の多量施肥や有機物の投入などによって土壌の酸性化が進むとカルシウムは溶脱されやすくなるため，不足気味になることがある。

図4.21 **ヒマワリ(上)およびコムギ(下)におけるカルシウム欠乏**

カルシウムは難移動性元素であるため，新葉にクロロシスや壊死が生じる。
[写真は神戸大学・三宅親弘教授 提供]

F. マグネシウム

マグネウムはイオンMg^{2+}の形態で存在し，光合成の炭素同化反応や呼吸系酵素の活性化に関与する。クロロフィル分子の構成成分であり，植物体内の多くのリン酸化反応においてコファクターとして機能するほか，細胞膜やリボソームのリン酸基に結合して構造維持に関与する。

易移動性元素であるため，欠乏症状としては，下位葉のクロロシスが

Column 4.5

求められる肥料の有効利用

肥料は作物生産を向上させるために必須であるが，環境負荷が可能な限り少ない施肥が求められる。ここでは，窒素肥料とリン酸肥料の話題を紹介する。これらの問題について，各自で考えていただきたい。

1．緩効性窒素肥料の開発

窒素は植物がもっとも多量に必要とする無機元素であり，その供給量がもっとも強く生育に反映される栄養素であることを本文で述べた。また，施肥される窒素の量は自然界の循環利用の許容量を超え，環境汚染にとどまらず自然生態系の食物連鎖を崩す要因となっていることも述べた。そうした問題の1つの軽減策として，緩効性肥料の開発が進められた。一般に窒素肥料中の窒素成分はアンモニウム塩，硝酸塩，尿素などであるが，緩効性肥料は肥料粒子をイオウ，ポリエチレン樹脂，ウレタン樹脂などの皮膜で被覆し，窒素成分には難分解性の尿素誘導体を用いて，用途に応じて40日から180日かけてゆっくりと作物に供給できる画期的な肥料である。作物側の肥料の利用効率が高く，環境への漏出量も少なく，追肥の必要もないので労働力の軽減にもつながる。しかし，被覆のための製造コストがかかることや被覆剤が作土に残るなどの欠点もある。特に海洋漂着マイクロプラスチックの問題は，国際的な問題となっている。

2．枯渇するリン資源とリン酸肥料

リン酸肥料の大部分はリン鉱石(地下資源)から生産される。大気から合成可能な窒素肥料とは異なり，リン鉱石の供給が滞れば，人類の生存は直ちに脅かされる。また，リン鉱石は中国，モロッコ，アメリカ，ロシアに偏在していて，日本は100％輸入に頼っている。リン鉱石の経済埋蔵量(現在の技術で採算が取れる採掘量)と毎年の産出量に基づく計算では，今後数十年で枯渇すると推定されている。さらに，産出国の輸出制限を理由に価格も高騰している。その一方で，日本を含む先進国の農耕地は過去の施肥の蓄積によりリン酸過剰の状態になっているところが多い。リン酸に関しては栽培作物の要求量を超える施肥が行われ続けているからである。特に複合肥料として施肥される場合，窒素とリン酸が肥料中に同量含まれている場合が多く，結果として，植物にとって窒素より要求量の少ないリン酸は過剰施肥となる。家畜の排泄物や食品残渣などから製造される有機質肥料においても窒素に比べてリン酸含量が高い。過剰に投与されたリン酸は，河川や湖沼の環境汚染(富栄養化)の要因になっている。環境省が公表している令和2年度公共用水域水質測定の結果(2022年1月公表)によれば，日本の化学的酸素要求量(chemical oxygen demand, COD)が高い湖沼は，ワースト1位が伊豆沼(宮城県)，2位が長沼(宮城県)，3位が印旛沼(千葉県)と，いずれも豊かな田園地域に集中している。枯渇しつつあるリン資源の有効利用につながる施肥技術の確立は急務である。

あらわれる(**図4.22**)。葉脈部分に緑色が残る症状が特徴的で，後述するマンガン欠乏に似ている特徴ではあるが，マンガン欠乏は若い葉に見られる点で区別できる。また，黄化現象は鉄欠乏に似ているが，鉄欠乏も新葉からあらわれる。発生初期であれば，Mg^{2+}を含む液剤の葉面散布で回復する。

図4.22 ヒマワリにおけるマグネシウム欠乏

葉脈部分とその付近に緑色が残り，葉肉部分の黄化が進んでいる。
[写真は神戸大学・三宅親弘教授 提供]

G. 鉄

鉄は酸化還元反応に関わる栄養素で，微量元素に分類される。鉄は2価鉄イオンと3価鉄イオン間で電子の受けわたしを行い($Fe^{2+} \rightleftarrows Fe^{3+} + e^-$)，生体内の多くの酸化還元反応に関与する。

ポルフィリン環に鉄イオンが配位したヘムをもつタンパク質であるシトクロム(cytochrome)としては，ペルオキシダーゼ(peroxidase)，カタラーゼ(catalase)，ヘモグロビン(hemoglobin)がある＊29。シトクロムは光合成や呼吸系の多くの電子伝達反応を担い，ペルオキダーゼとカタラーゼは過酸化水素消去系としてはたらき，ヘモグロビンは根粒での酸素の運搬を担う。

イオウ原子と配位結合した錯体(鉄イオウセンター，Fe–Sセンター)をもつタンパク質を非ヘムタンパク質と呼ぶ＊30。光合成の電子伝達反応の中枢を担うフェレドキシンFdのほか，電子伝達系を構成するいくつかのタンパク質，窒素固定を行うニトロゲナーゼ，酸化ストレスに関わるラジカルの除去を担うフラボタンパク質(flavoprotein)＊31などがある。そのほかには，活性酸素消去系としてはたらくスーパーオキシドジスムターゼ(SOD)があり，鉄を含むSOD(Fe–SOD)は葉緑体に局在する。

土壌中の鉄の多くは，水酸化第二鉄($Fe(OH)_3$)や酸化鉄(Fe_2O_3)などの難溶性の形態で存在する。また，pH 7を超えると3価鉄イオン(Fe^{3+})は極端に不溶化するので，アルカリ性土壌では植物は鉄欠乏になりやすい。そこで，植物は2種類の方法で鉄を可溶化して吸収利用している(**図4.23**)。1つは，根圏の土壌にプロトンを放出して酸性化すると同時に，3価鉄イオンをキレート化して2価鉄イオンに還元し可給態化する鉄キレート還元酵素を誘導して，吸収する方法である。これは戦略I(strategy I)と呼ばれ，イネ科以外の双子葉類で見られる。もう1つは，**ムギネ酸**(mugineic acid, **図4.24**)という非タンパク質アミノ酸系キレー

＊29 シトクロムについては，第3章57頁欄外注＊21も参照。

＊30 非ヘムタンパク質については，第3章57頁欄外注＊23も参照。

＊31 フラボタンパク質：補欠分子族としてリボフラビン誘導体のフラビンモノヌクレオチド(FMN)やフラビンアデニンジヌクレオチド(FAD)を含むタンパク質の総称。酸化ストレスに関わるラジカルの除去，DNA修復，アポトーシスのような多くの生化学反応に関わっている。光合成電子伝達系でNADPHを生産するFNRはフラボタンパク質に分類される。

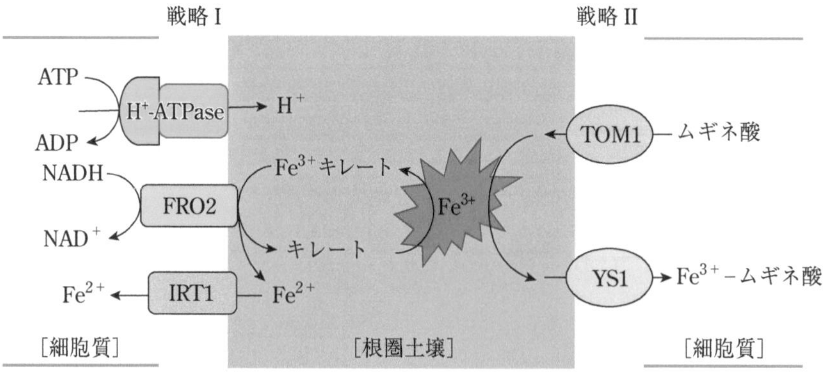

図4.23 不溶化するFe^{3+}を植物が吸収する2つの戦略(ストラテジー)

(戦略I)FRO2：鉄キレート還元酵素，IRT1：Fe^{2+}トランスポーター。(戦略II)TOM1：ムギネ酸トランスポーター，YS1：Fe^{3+}–ムギネ酸トランスポーター

ト物質を根から放出して鉄イオンを溶解し，鉄–ムギネ酸錯体のまま吸収する方法である。これは戦略II(strategy II)と呼ばれ，オオムギ，トウモロコシなどのイネ科植物において見られる。

難移動性元素であるので，欠乏症状としては，新葉に葉脈間が白化するクロロシスがあらわれる(**図4.25**)。

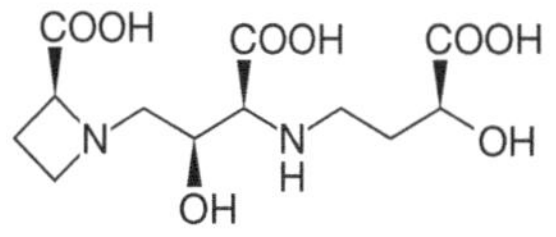

図4.24 | **ムギネ酸の化学構造**

H. マンガン

マンガンは酸化還元反応($Mn^{3+} \rightleftarrows Mn^{4+} + e^-$)に関わる栄養素で，微量元素に分類される。光合成のPS IIによる酸素発生は，4つのマンガン原子で構成されるマンガンクラスターの関与により行われる。ミトコンドリアとペルオキシソームに局在するSODは，マンガンを含むMn–SODである。呼吸系のTCA回路のリンゴ酸脱水素酵素やイソクエン酸脱水素酵素もマンガン酵素である。

難移動性元素であるため，欠乏症状としては，新葉に葉脈間白化症としてクロロシスがあらわれる。初期段階では光合成の低下があらわれ，続いてマンガン含量の高いPS II複合体の分解にともなってクロロシスが発生する。症状は鉄欠乏に似ているが，葉脈間白化は鉄欠乏よりも強く出る。アルカリ性土壌で欠乏症状が出やすい。

図4.25 | **ヒマワリにおける鉄欠乏**

新葉の黄化。葉脈部分とその付近に緑色が残り，葉脈間白化が進む。
[写真は神戸大学・三宅親弘教授 提供]

I. 銅

銅は酸化還元反応($Cu^+ \rightleftarrows Cu^{2+} + e^-$)に関わる微量元素である。大部分の銅はタンパク質と結合した銅タンパク質として存在する。約半分量はPS Iへ電子をわたす役割をもつプラストシアニン(PC)に含まれ，そのほか，活性酸素消去系として過酸化水素から水への二電子還元を行うアスコルビン酸ペルキシダーゼ，葉緑体に局在する銅と亜鉛を含むSOD(CuZn–SOD)，ミトコンドリアの電子伝達系のCyt *c*酸化酵素などが銅タンパク質である。

Column 4.6

オオムギから発見された鉄吸収体ムギネイックアシド

鉄吸収の戦略2として，イネ科植物が，ムギネ酸という非タンパク質アミノ酸系キレート物質を根から放出して鉄イオンを溶解し，鉄–ムギネ酸錯体のまま吸収することを本文で述べた。ムギネ酸は，1976年に東北大学(後に岩手大学)の高城誠一 博士によって根から分泌される鉄キレート物質として発見され，1978年に高城博士と野本亨資博士らによって，オオムギの根の分泌液から構造決定された。彼らは「ムギ」の「根」から分泌される「アミノ酸」型化合物であったことから，その鉄キレート物質を「ムギネ酸(mugineic acid)」と命名した(第2章34頁欄外注＊15参照)。多くの欧米の研究者はmugineic acidを「ムジネイックアシド」と発音する。正しくは「ムギネイックアシド」であることを伝えていかなくてはならない。

| 図4.26 | **ヒマワリにおける銅欠乏**
葉の先端黄化現象やねじれ変形などの形態異常，壊死斑の発生が見られる。
[写真は神戸大学・三宅親弘教授 提供]

難移動性元素であるため，欠乏症状としては，新葉の先端黄化現象やねじれ・変形などの形態異常が見られる(**図4.26**)。また，壊死斑が発生する場合や，花粉稔性を低下させることも知られている。コムギでは出穂異常も報告されている。過剰障害も出やすい元素である。

J. モリブデン

モリブデンは酸化還元反応に関わる栄養素で，微量元素に分類される($Mo^{4+} \rightleftarrows Mo^{6+} + 2e^{-}$)。**表4.1**からわかるように植物の要求量がもっとも少ない栄養素である。硝酸還元酵素や窒素固定反応を行うニトロゲナーゼなど，窒素同化の鍵酵素はモリブデン酵素である。欠乏症状としては，葉脈間白化現象であるクロロシスが見られる。また，窒素同化の鍵酵素がMo酵素であるので，Mo欠乏下では窒素欠乏が引き起こされる。

K. 亜鉛

亜鉛は主にタンパク質の構造維持に関与する微量元素である。アルコール脱水素酵素，グルタミン酸脱水素酵素，カーボニックアンヒドラーゼなどが亜鉛酵素として知られている。**ジンク(亜鉛)フィンガー**(zinc finger)はDNAに結合するモチーフとして多くの転写因子のDNA結合ドメインに存在し，DNAの複製や遺伝子発現調節に関わる。また，植物ホルモンの1つであるオーキシンの代謝に関わることが古くから指摘されているが，詳細は解明されていない。

欠乏症状としては，葉身や節間の伸長抑制によるロゼット化，野菜類葉柄や葉脈間での褐色斑点，葉脈間のクロロシスなどがある(**図4.27**)。近年，ヒトの亜鉛欠乏も問題視されており，亜鉛蓄積型の作物の作出も試みられている。

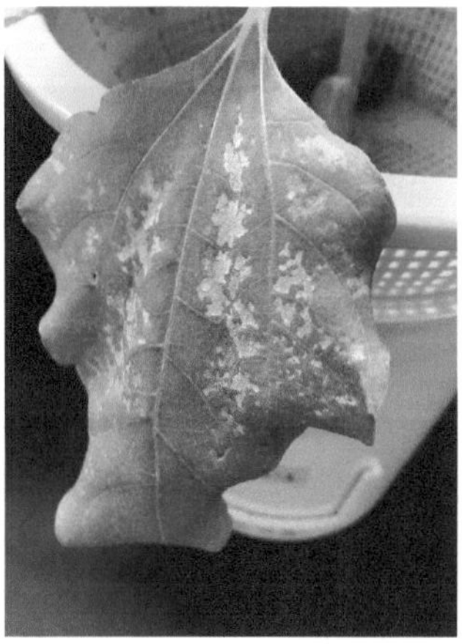

| 図4.27 | **ヒマワリにおける亜鉛欠乏**
葉脈間に褐色斑点が見られる。
[写真は神戸大学・三宅親弘教授 提供]

L. ホウ素

ホウ素は生体の構造維持に関与する微量元素である。細胞壁のペクチンと架橋を形成していて，細胞伸長に関与している。植物のホウ素要求量は種間で差が大きく，ペクチン含量との相関が高いことが知られている。イネ科植物ではペクチン含量が低く要求量も少ない。そのほか，ホウ素は膜機能や細胞周期，核酸合成への関与が示唆されているが，詳細はわかっていない。また，人工発芽培地で花粉を発芽・伸長させるときにはホウ素が必須である(第5章5.4.1項参照)。

植物種によって要求量が異なることから欠乏症状は多様であるが，難移動性元素であるため，若い組織にあらわれやすい。新葉の壊死，茎の形態異常，根端や頂芽の分裂異常，結球野菜の芯部の壊死，ジャガイモ塊茎やビート塊根の中空壊死などであるが，多くは細胞壁の構造異常によるものと推定されている。ホウ素は至適濃度範囲が狭いため，過剰障害もあらわれやすく，クロロシスや壊死などを示す。

M. 塩素

塩素はイオンCl^-の形態で存在する微量元素である。Cl^-は水に溶けやすく，土壌や大気に豊富に含まれるため，欠乏症を起こすことはほとんどない。要求量に対して，植物体内には多量に存在する栄養素である（**表4.1**）。生体内では無機の陰イオンとして浸透圧の調整や陽電荷のバランス維持，膜電位の安定に寄与している。特に気孔の開閉やPS IIのマンガンクラスターの安定化などに対する寄与があげられる。

N. ニッケル

ニッケルは必須性が最後に証明された栄養素である。1975年に植物や微生物が有する**ウレアーゼ**(urease)がニッケルを含む酵素であることが報告された。1985年に植物に尿素酸サイクルが存在すること，続けて1987年にオオムギでニッケル欠乏によって発芽と胚形成が阻害されることが実証され，必須元素とされた。欠乏症状としては，ウレアーゼがはたらかないために尿素が蓄積し，ダイズではクロロシスの発生が，クルミ科のペカンで葉の委縮が報告されている。

4.4.2◇有用元素

A. ナトリウム

ナトリウムは地球の地表部16 km（地殻中）に存在する元素の中で6番目に多い元素である。植物体には多量元素なみに存在するが（**表4.1**），

Column 4.7

水耕栽培失敗の原因の多くは鉄欠乏である—その対策は?

窒素は植物がもっとも多量に必要とする栄養素であることを本文で述べた。植物を水耕栽培するとき，さまざまな組成の水耕液が使われるが，窒素源として硝酸塩を高濃度で含んでいるものが多い。それは，多くの植物が窒素源としてアンモニアより硝酸イオンを好んで利用するからである。

しかし，植物が硝酸を積極的にかつ優先的に吸収することで，水耕液のpHが栽培中に上昇するケースが多い。特に植物体が大きくなると窒素要求量も増えるので，pHの上昇は顕著である。Feは通常，水耕液ではFeイオンとエチレンジアミン四酢酸のキレート(Fe-EDTA)として与えられるが，EDTAのFeイオンに対するキレート力は他の金属イオンよりも弱く，pH 6以上で容易に遊離し，3価鉄イオン(水酸化第二鉄$Fe(OH)_3$)を形成して不溶化する。植物は不溶化した鉄を吸収することはできない。鉄は難移動性の栄養素であるので，一時的にでも欠乏状態にさらされると，植物はただちに新葉に葉脈間白化症を起こしてしまう。

対策としては，水耕液のpHを5付近にこまめに調整するか，窒素源として硝酸塩の代わりに適当な濃度のアンモニア塩を混在させ，水耕液のpHが栽培中に上昇しない組成に改良するのがコツである。5 mM程度のグッド緩衝液(2-モルホリノエタンスルホン酸，MES)を加えて，pHを5.5付近に制御する方法も有効である。

一部の植物を除いて必須性は認められていない。多くの植物においてカリウム欠乏にともなう生育量低下を軽減させる効果があり，特定の作物では生育促進効果も見られる。

C4植物やCAM植物では葉緑体へのピルビン酸輸送（第3章**図3.17**と**図3.18**参照）にプロトンとの共輸送のものと，ナトリウムとの共輸送のものが存在し，後者では必須となる。

B. ケイ素

ケイ素は地殻中で酸素に次いで2番目に多い元素である。そのため，ほとんどの植物体内にはケイ素が含まれるが，その含量は種間の差が大きく，イネ科やカヤツリグサ科で含量が多い。特にイネでは窒素含量を超える量が集積している。ケイ素供給を完全に遮断してもイネのライフサイクルは完結するので必須元素とはされていないが，ケイ素欠乏下ではイネの収量が大きく低下する。特に登熟歩合の低下が著しく，体内含量が50 g/kgを低下すると収量が下がることが報告されている。ケイ素は籾殻に多量に集積し，穂の過蒸散を防ぎ登熟時の穂の水分保持に貢献している。そのためイネにおいては，ケイ素は農業上の必須元素と位置づけられ，施肥される場合も多い。

イネの根にはケイ素を積極的に吸収する2種類のトランスポーターが存在し，ケイ酸（$Si(OH)_4$）の形態で吸収する。さらに葉や茎などにケイ素を配分するトランスポーターも見つかっている。ケイ素はケイ酸水和物（$SiO_2 \cdot nH_2O$）として葉や茎に集積し，シリカクチクラ二重層を形成する。また，籾殻の細胞壁や細胞間隙アポプラストに沈着し，組織強化および各種ストレス耐性や病虫害耐性に貢献している。イネではいもち病，キュウリではうどんこ病に効果がある。一度沈着したケイ素はほとんど再転流しない。

C. アルミニウム

アルミニウムは地殻中で酸素，ケイ素に次いで3番目に多い元素である。そのため，アルミニウムは植物の生育に大きな影響を与える。土壌中のアルミニウムは中性付近ではケイ酸アルミニウムとして存在し，無毒化されているが，pHが低下するとアルミニウムはさまざまなイオン形態をとり，植物に対して毒性を示し，根の伸長阻害を引き起こす。これは酸性土壌障害の主要因の1つとなっている。他方，好んでアルミニウムを集積し，良好に生育する植物も存在する。チャはカテキンを多量に含んでおり，Alをキレート化して無毒化している。アジサイではクエン酸がキレート化して，ソバでは根においてシュウ酸がキレート化し，クエン酸錯体で葉に輸送した後，再びシュウ酸錯体に変換して，液胞に集積させている。

Column 4.8

アジサイの花の色と殺人事件ー真相はアルミニウム

青い花が咲くアジサイの下には遺体が埋められている，というTVドラマやサスペンス映画を見たことがあるだろうか。アジサイは土壌が酸性の場合には青色の花を咲かせ，アルカリ性の場合にはピンク色の花を咲かせることが知られている。遺体が発酵腐食することにより土壌の酸性化が進み，アジサイの花の色が変わったことで遺体が発見され，事件の解明につながるというストーリーである。

土壌のpHが下がるとアルミニウムが可溶化し，それをアジサイが吸い上げ，アジサイの花に含まれているデルフィニジンという色素がアルミニウムと結合するとピンク色から青色になる。アジサイが青色の花を咲かせているときは，石灰または卵の殻などをまくと土壌のpHは上がり，花の色はピンクに変わる。

4.5 ◆ 転流と乾物分配

葉で同化されたスクロースやアミノ酸は，葉鞘や茎を経て成長中の若い組織や子実，根に運ばれ，新たな器官形成や貯蔵物質に変換されて利用される。そのとき，糖やアミノ酸を供給する側の器官を**ソース**(source)，受け取る側の器官を**シンク**(sink)と呼ぶ。このような物質移動を**転流**(translocation，まれにremobilization)と呼ぶ(**図4.28**)。

転流は篩部を通して行われる。篩部は篩要素と呼ばれる細胞が連なった篩管と伴細胞で構成される。篩管細胞は，核や一部の細胞小器官を欠くものの生細胞で，ミトコンドリアを含む伴細胞と多数の原形質連絡でつながっている。篩部には篩部柔細胞があり，木部を含めた維管束

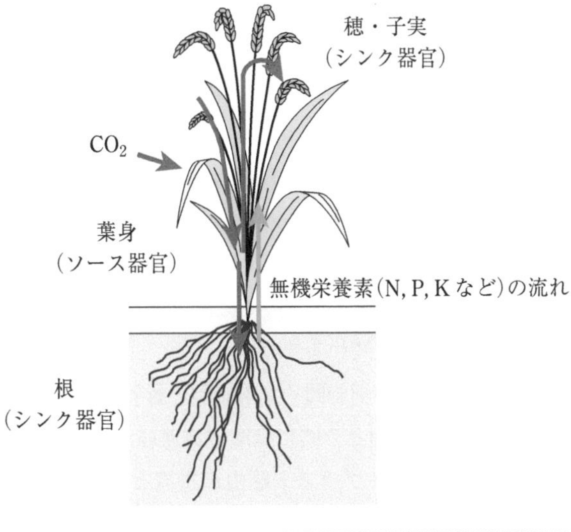

図4.28 | **光合成の同化産物(スクロース)と無機栄養素の流れ**

葉身(ソース器官)で同化されたスクロースは篩管を通じて葉鞘や茎を経て，穂や根(シンク器官)に運ばれることを転流という。根から吸収された無機栄養素は導管を通して地上部に運ばれる。

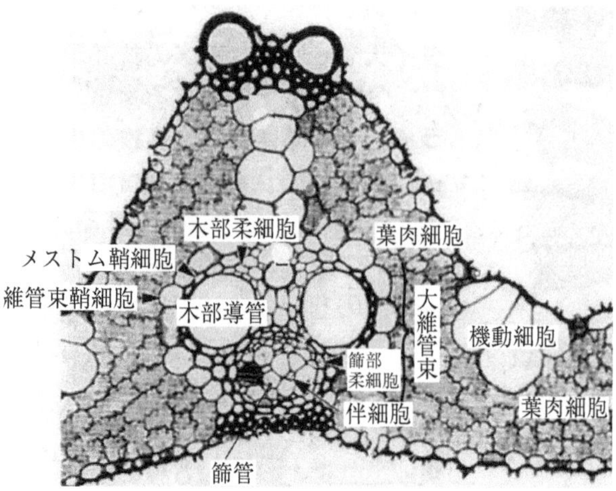

| 図4.29 | **イネ葉身の横断面と維管束**
[中村貞二 原図，平沢 正，大杉 立 編，作物生産生理学の基礎，農文協(2016)，図3.8より改変]

のまわりには維管束鞘細胞が存在する(**図4.29**)。ソースである葉で同化された糖やアミノ酸を篩管に輸送する過程を「荷積み」という意味から**ローディング**(loading)と呼び，篩管を通じて転流された糖やアミノ酸をシンク器官にわたすことを「荷降し」という意味から**アンローディング**(unloading)と呼ぶ。

4.5.1 ◇ 光合成産物の転流

陸上植物における光合成産物の転流形態はスクロースである。ただし，一部の植物では，オリゴ糖や糖アルコール，あるいはヘキソース(単糖)を転流形態とする種もある。スクロースは葉肉細胞の細胞質で光合成最終産物として合成され，液胞中に多量に貯蔵される。コムギやオオムギでは，一部をフルクタン[*32]として液胞に貯蔵される。光合成最終産物として積極的にデンプンを合成する植物の場合，**図4.30**に示すようにデンプンは主に夜間に葉緑体中でマルトース単位まで分解され，細胞質でスクロースに変換された後，転流されることが知られている。その場合は，デンプンを部分的にリン酸化して可溶化する**グルカンウォータージキナーゼ**(glucan-water dikinase, GWD)が初発反応ではたらき，可溶化したα-グルカンがβ-アミラーゼによってマルトース単位で分解されることが明らかになっている[*33]。

葉の構造を見ると，葉肉細胞間や葉肉細胞と維管束鞘細胞，さらには維管束鞘細胞と篩部柔細胞との間には原形質連絡が多数存在するので，糖やアミノ酸の輸送はシンプラスト経由が主流とされている。**図4.31**に示すように篩部柔細胞から伴細胞への輸送は原形質連絡によるシンプラスト経由とアポプラスト経由の2つのタイプがあり，イネでは両タイプが混在し，コムギではアポプラスト経由のみが存在する。アポプラス

＊32　フルクタン(fructan)：フルクトース分子の重合体。

＊33　葉緑体におけるデンプンの分解について：葉緑体におけるデンプンの分解機構については，第3章3.4.1項で述べた貯蔵デンプンの分解とは異なり，まだよくわかっていない点が多い。**図4.30**に示すデンプン分解機構はモデル植物であるシロイヌナズナで明らかとなった機構であり，貯蔵デンプン分解の主役であるα-アミラーゼはまったく関与していない。一方，葉緑体にあまりデンプンを蓄積しないイネでは，GWDによる分解が初発反応ではなく，葉緑体局在型のα-アミラーゼとβ-アミラーゼによる分解が主力であるという報告がある。

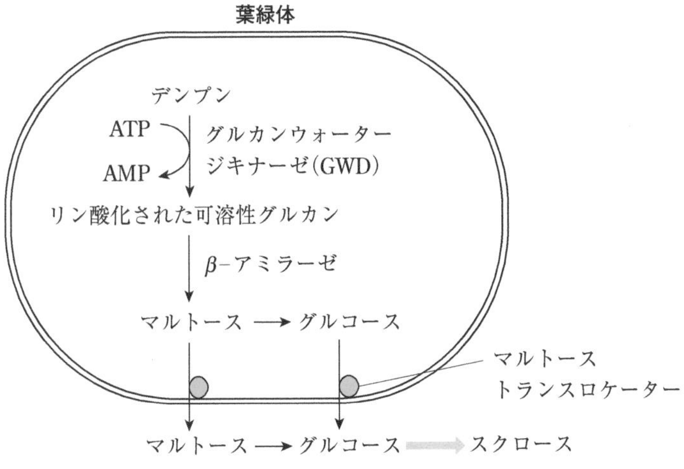

図4.30 | **葉緑体デンプンの分解機構**

モデル植物であるシロイヌナズナ(デンプン蓄積型植物)で明らかとなった葉緑体におけるデンプン分解経路。

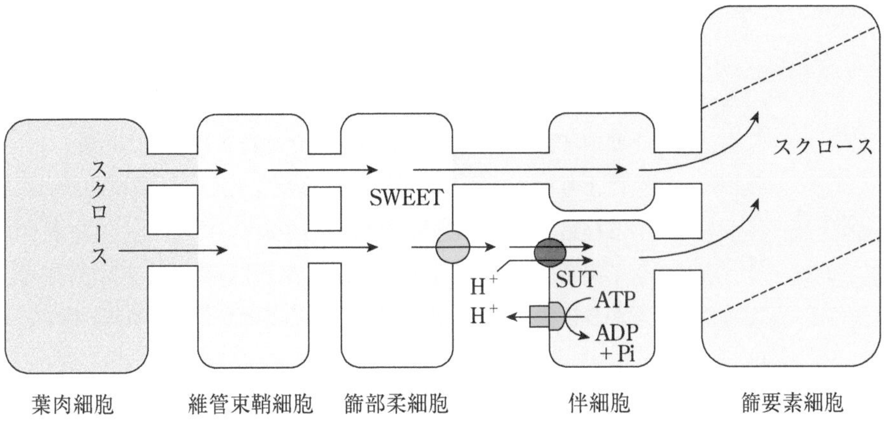

図4.31 | **葉肉細胞から篩部までのスクロースのローディング**

スクロースは葉肉細胞から篩部柔細胞まで原形質連絡を通るシンプラスト経由の拡散で移動し，チャネルタンパク質(SWEETなど)でアポプラストへ放出される。H^+-ATPaseがつくるH^+濃度勾配による電気化学ポテンシャルを利用した共輸送により伴細胞において濃縮され，篩要素にローディングされる。一方，伴細胞までシンプラスト経由で連結している種もあり，それらの種では篩要素への濃縮機構がわかっていない例も多い。

ト経由の輸送では，篩部柔細胞まで拡散したスクロースは**SWEET**(sugar efflux transporter)というチャネルタンパク質によりアポプラストに放出される(第9章9.2.2項参照)。伴細胞へのスクロースの取り込みは，細胞膜H^+-ATPaseによって形成されるH^+濃度勾配を利用した**スクローストランスポーター**(sucrose transporter, SUT)によるH^+との共輸送により行われる。伴細胞に能動輸送されたスクロースは，多数存在する原形質連絡を通して篩要素にローディングされる。シンプラスト経由が共存するイネにおけるローディングのメカニズムはよくわかっておらず，伴細胞にSUTは存在するが，SUTを介しての輸送がローディングの律速段階にないことが示されている。オリゴ糖の転流は，伴細胞内で

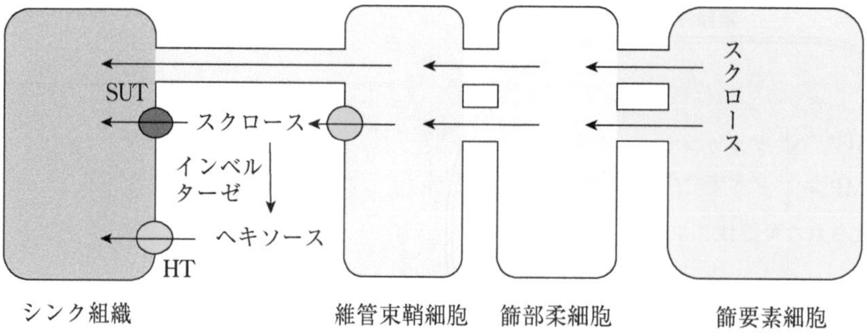

図4.32 | **篩部からシンク組織へのスクロースのアンローディング**
スクロースのシンク器官組織への輸送にはシンプラスト経由とアポプラスト経由がある。アポスラスト経由ではSUTによる取り込みとインベルターゼにより単糖に変換した後の取り込みとがある。HT：ヘキソーストランスポーター

スクロースから合成された後，拡散によって篩管を通して輸送されると推定されている。

シンク器官でのアンローディングは，**図4.32**に示すように柔細胞からその周辺の維管束鞘細胞までは原形質連絡を介したシンプラスト経由での拡散によって行われ，その後のシンク器官組織への輸送はシンプラスト経由とアポプラスト経由で行われる。アポスラスト経由では，細胞壁型インベルターゼにより単糖に変換された後に単糖トランスポーターにより取り込まれる経路とSUTによりシンク組織細胞への取り込まれる経路がある。穀類作物などの子実へのアンローディングにおいては，子実発達初期の胚発生期では前者が主経路で，デンプンが蓄積する中期から後期では後者が主経路となることが指摘されている。

4.5.2 ◇ 窒素の転流

窒素の転流形態は大部分がアミノ酸であり，特にグルタミンやアスパラギンなどのアミドが多い。**表4.2**に示すように，篩管液中のアミノ酸組成は，ソースである葉の組織で観察される遊離アミノ酸組成と大きく異なる。さらに両者の絶対濃度も篩管液中のほうが圧倒的に高く，伴細胞でのローディングの過程で，アミドを主体とするアミノ酸変換と濃縮

表4.2 | **イネの篩管液と葉鞘細胞における各アミノ酸の全遊離アミノ酸量に占める重量濃度**

[H. Hayashi and M. Chino, Plant Cell Physiol. **31**, 247(1990)]

アミノ酸	篩管液	葉鞘細胞
グルタミン	30.8%	19.0%
アスパラギン	17.9%	5.9%
グルタミン酸	ND	13.6%
アスパラギン酸	0.8%	19.4%
全アミノ酸量の濃度	5.0%	0.2%

NDは検出されない(not detected)ことを表す。

が行われていることを示している。

イネでは伴細胞と篩部柔細胞に細胞質型のグルタミン合成酵素1:1 (GS1:1)[*34]が局在する。また，子実側では登熟初期の頴花の維管束組織にNADHを利用するグルタミン酸合成酵素1(NADH-GOGAT1)[*35]の局在が認められている。このことから，ソースである葉から篩管を通して輸送されてきたグルタミンをシンク側でアンローディングするときに，グルタミン酸に変換する機能があることが推察される。その後，子実では各種アミノ酸がグルタミンやグルタミン酸からのアミノ基転移反応により合成されると考えられる。

＊34　イネに存在する3種の細胞質型グルタミン合成酵素の分子種の1つ。その他の2種はGS1:2，GS1:3と命名されている。葉緑体型のGSはGS2である。

＊35　NADH-GOGATにも2種の分子種が存在し，1型と2型に区別されている。ちなみに，葉緑体型GOGATはFd-GOGATである。

また，アスパラギンに関しては，ローディングの際にアスパラギン合成酵素(AS)がはたらき，アンローディングの際にはアスパラギン分解酵素やアスパラギンアミノ基転移酵素がはたらくことが示唆されている。しかしながら，ローディングの際のGS1:1へのNH_4^+の供給源や生成するアミドの濃縮機構など，いまだにわかっていない点が多い。

4.5.3 ◇ 乾物分配とソース・シンクの相互作用

植物の成長過程においては，ソース器官とシンク器官の量的・機能的なバランスが適切に調節されていると考えられている。このようなソース・シンクの相互作用は農業生産において重要な意味をもつ。植物の一生で見ると，発芽時は種子がソース器官となり，芽や発芽根がシンク器官となる。子葉展開後は，光合成を行う葉がソース器官であり，シンク器官は栄養成長期間においては新葉・茎・根，生殖成長期間においては子実や果実，地下茎などの貯蔵器官である。イネにおいては出穂期前であれば，茎葉部，すなわち葉鞘と稈がシンク器官に相当するが，出穂後は，葉鞘と稈は葉身とは別のソース器官となる。

A. ソース・シンクの相互作用

穀類作物にとって，生殖成長期間の穂や頴花は巨大なシンク器官となり，それらを切除するとソースで器官ある葉の光合成に影響を与える。ダイズやインゲンでは葉の光合成速度は大きく低下し，葉緑体中には大きなデンプン粒の蓄積が見られる。これは，本来シンク器官に転流されるはずの光合成産物が葉に残存して蓄積されることによって，光合成が抑制されるためと考えられている。葉における光合成低下のもっとも大きな要因として，過剰に蓄積したデンプンが，Rubiscoの触媒サイトへのCO_2拡散を妨害することを指摘した報告もある。

一方，イネにおける穂の切除は，短期的には葉身側の光合成に影響を与えない。葉鞘や稈が一時的なシンク器官としてはたらくので，葉に光合成産物の顕著な蓄積は見られない。長期的には，葉身から穂への窒素転流が抑えられるので，むしろ葉の窒素含量が相対的に高く維持され，その分だけ光合成も維持される傾向にある。このように，ソース・シンクの関係は光合成産物の転流のみならず，窒素の転流にも影響を与えるので複雑である。

高CO_2分圧下で長期間生育した植物の光合成は抑制されることがしばしば報告されている。この現象は「高CO_2による光合成のダウンレギュレーション」と呼ばれる。この現象もソース・シンク制御であり，高CO_2環境は短期的には光合成を促進する（第3章3.3.2項参照）が，長期的には本来のシンクの成長速度を上回る光合成産物の供給が生じるため，ソース側の光合成を抑制すると考えられている＊36。イネでは，葉への窒素分配量が低下し，葉面積も小さくなる現象が認められている。一方，根菜類作物のように大きなシンクをもつ植物では光合成は抑制されにくい傾向にあり，その分シンクは肥大することが観察されている。

＊36　光合成産物の蓄積やその代謝による光合成関連遺伝子の発現抑制を原因に指摘する報告もあるが，光合成産物の蓄積と光合成関連遺伝子の発現という現象には時期的なずれがあるため，考えにくい。

B. ソース・シンクの拡大と収量

穀類作物の収量は，ソースとシンクの両者の能力とそのバランスで決定されると考えられており，3つの構成要素（**収量構成要素**，yield components）の積で表される。

収量（g m^{-2}）
＝単位土地面積あたりの種子数（m^{-2}）
×一粒重（一粒あたりの種子重）（g）
×登熟歩合（実った種子の割合）

前二要素の積「単位土地面積あたりの種子数」×「一粒重」は，**収量ポテンシャル**（yield potential：あるいはシンク容量，sink capacity）を意味し，「登熟歩合」＊37はソースの能力（source capacity）によって決定される要素である。

＊37　登熟歩合：全籾数に対する登熟した籾数の割合。イネでは，一定濃度の塩水（例えば，比重1.06）を用いた比重選別を行い，沈んだ籾を稔実または登熟したものとみなし，その割合を求める。

今日までのイネの増産は，種子数（籾数）の増加によって実現されている。窒素の施肥は飛躍的な籾数の増加に結びつき，「緑の革命」と言われた短稈育種（第1章1.3.2項参照）は，窒素の多量施肥を可能とした籾数増加による増収であった。**図4.33**(a)に示すように，イネの窒素吸収量（地上部の植物態全窒素量）と籾数の間には，品種に関係なく原点を通る直線関係が見られる。さらに，イネの場合，1粒の重さは遺伝的に固定され，環境因子によって変動しない要素であるので，「籾数」の増加をさせることによる増収戦略がとられてきた。しかしながら，窒素施肥は登熟歩合の低下を招くため（**図4.33**(c)），登熟歩合を落とさない施肥法が検討された。登熟歩合の低下は，シンク側の収量ポテンシャルの増大にソース側の乾物生産能が追いつかないために起こる現象であると考えられる。**図4.33**(b)に見られるように，収穫期の総バイオマス生産量は，吸収窒素量に対して一般的には曲線的な応答を示す。

近年，集団遺伝学的手法である**量的形質遺伝子座**（quantitative trait locus, QTL）＊38解析を用いて収量ポテンシャルに関わる一穂籾数や一粒

＊38　量的形質遺伝子座：米のモチ性とウルチ性のように不連続分布を示す形質を質的形質と呼ぶ。それに対して，連続した値を示す定量できる形質を量的形質という。遺伝学的な解析から，量的形質は複数の染色体上に位置する多数の遺伝子座からの影響により決定される。例えば，イネの籾（米粒）の大きさ，野菜・果物の果実の形状（大きさ・形）などがあげられる。量的形質には複数の遺伝子座が関与していることから，その組み合わせによっても形質表現が異なり，環境要因からの影響を受ける。

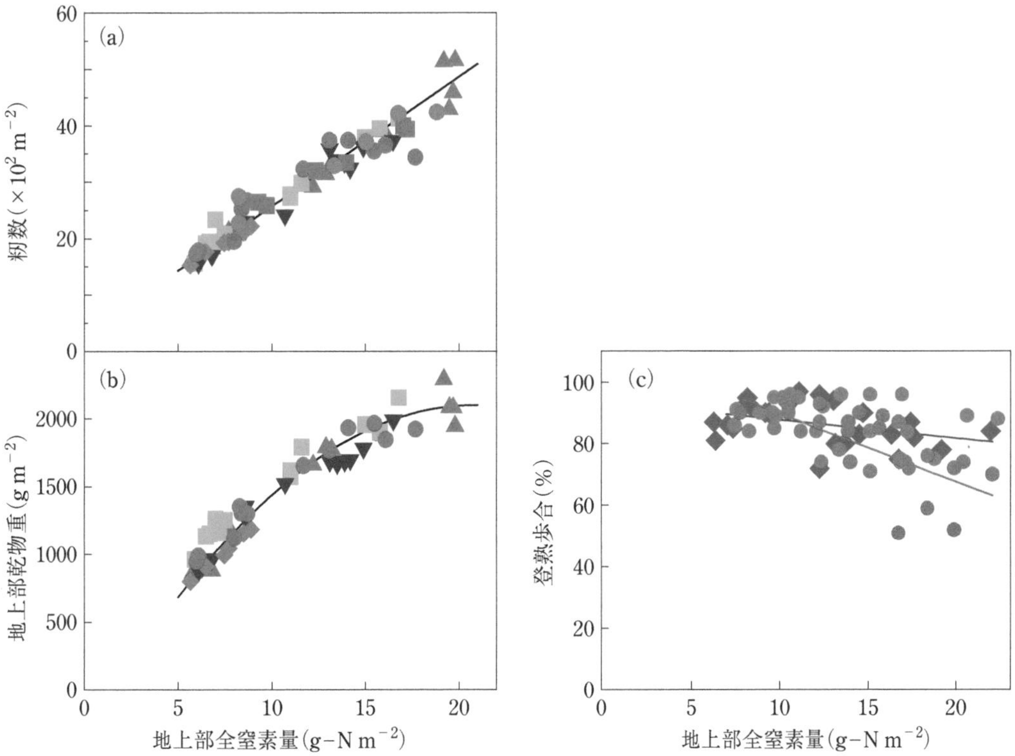

図4.33 イネの収穫期の籾数(a)，地上部乾物重(b)，登熟歩合(c)と，地上部の全窒素量との関係(土地面積あたりの値)
秋田農業試験場で栽培されたさまざまなイネ品種(秋田63号(▲，●，■)，あきたこまち(◆)，トヨニシキ(▼)，秋田39号(●)，雪化粧(■))のデータ。
[A. Makino, Plant Physiol. **155**, 125(2011), Fig. 2より改変]

重を決定するQTLが数多く同定されている(籾数に関しては第9章コラム9.7参照)。今後はそれらのQTLを有効に組み合わせたDNAマーカー育種(第1章1.4.4項参照)により収量ポテンシャルが増大した新品種が作出されることが期待される。しかしながら，**図4.33**に見られるように，現在の収量ポテンシャル増による穀類作物の増収戦略の限界はソース側にあることが示唆されている。ソース側に関しては，光合成の律速要因に関わる遺伝子の改変が試みられるようなってきた。例えば，Rubiscoの量的・質的改変，光呼吸のバイパス経路の導入[*39]，さらにはC4植物をモデルにしたCO_2濃縮経路の導入や特定のカルビン・ベンソン回路酵素の量的・質的改変などである。そうした研究の中には，ソース側の能力が改善され，増収に結びついたという例もあるが，作物増産の基盤戦略である窒素利用の観点からの作物学的考察が行われた例はない。光合成産物の輸送，転流に関わるSUTの改変も試みられているが，明確な成功例はない。また，シンク側と同様に，同種間の自然変異に基づくQTL解析によって，いくつかの原因遺伝子が同定されている。しかしながら，必ずしも光合成に直接関連しないものが含まれる場合もあり，光合成能力の自然変異を的確に評価できる指標の確立が求められている。

＊39　光呼吸のバイパス経路の導入：被子植物の複雑な光呼吸経路については図3.16に示した。一方，シアノバクテリアは原始的で単純な経路をもっていることがわかり，それをモデルにした単純回路を，バイパスとして被子植物に導入した試みのこと。詳細については，第3章コラム3.5も参照。

4.6 ◆ まとめ

第4章では，まず植物が水と無機栄養素を根から吸収し，導管を通して地上部に輸送するしくみを解説した。無機栄養素が，トランスポーターと呼ばれるチャネル，キャリアなどに加え，プロトンポンプの活用によって選択的に取り込まれ，水ポテンシャルに基づく蒸散の流れによって運ばれる原理にも言及した。また，植物は根から14種類の必須無機イオンを吸収し，炭素，水素，酸素を加えた17種類の元素が必須栄養素であることを述べ，それらの生理的役割・作用，吸収機構や代謝，欠乏症状や過剰障害を説明した。特に，植物の成長をもっとも強く制御する窒素については，吸収同化のメカニズムから，マメ科植物に代表される窒素固定のメカニズムを解説した。次に，葉で同化された光合成産物や窒素含有有機化合物の各器官・組織・子実への転流・分配についても説明した。最後に，農業生産において重要な意味をもつ植物の成長過程におけるソース・シンクの相互作用について解説した。作物増産のためにはソース・シンクの両者の機能の増強が必要である。近年，量的形質遺伝子座(QTL)解析によって，シンク容量を決定するQTLが数多く同定され，DNAマーカー育種によるシンク容量を増強した新品種の作出が実用化されつつある。また，ソース側に関しては，光合成の律速要因に関わる遺伝子の改変が試みられるようになってきた。これらは，今後の進展が期待される植物の栄養に関する研究領域である。

第5章

植物の生殖 ―花成，花器官形成・成熟，受粉・受精

植物において日長(day length)・温度変化などの環境からの刺激によって栄養成長から生殖成長への相転換が起こると，茎頂分裂組織はそれまで**葉芽**《ようが》(leaf bud)を形成していた状態から**花芽**《かが》(floral bud)に転換する。これを**花成誘導**(floral induction)という。本章では**花成**(**花芽形成**, floral bud formation)，**花器官形成**(floral organ formation)，**雌雄生殖器官の成熟**(maturation of male and female reproductive organ)，**受粉**(pollination)から**受精**(fertilization)に至る生殖成長の過程について説明する。

この生殖成長に関わる一連の過程の理解は，作物における種子・果実(子実)を収穫物とする穀類，果菜類(トマト，マメ類，キュウリなど)[*1]の生産に直結する。一方で，葉菜類(ハクサイ，キャベツ，レタスなど)[*2]，根菜類(ダイコン，ニンジンなど)[*3]の場合には，花成が起こると多くの場合，**抽苔**《ちゅうだい》(bolting)[*4]が見られ，花が咲き，収穫量が大きく減少する。つまり，花成が起こる前，あるいは花成が起こってもそれを成長させないようにしてよりよい収穫物を得る必要がある。このように生殖過程は，作物の収穫に影響を与える生活環における重要形質の1つである。

＊1　果菜類：果実，未熟な莢，種子を食用に供する野菜の総称。

＊2　葉菜類：葉，茎，蕾，花を食用に供する野菜の総称。

＊3　根菜類：地下部に形成される茎，根を食用に供する野菜の総称。

＊4　抽苔：作物において花芽が形成され，花茎が伸びる現象で，薹立ち(とう立ち)ともいわれる。ネギの抽苔にともない形成される花房は「ネギ坊主」と呼ばれる。「とう」とは花茎の意味。

5.1 ◆ 日長と温度変化による花成

植物は季節の変化に対応するために日長を感知して花成のタイミングを決めている。このことを初めて示したのが，1920年に行われたアメリカの植物生理学者ガーナー(Wightman Garner)とアラード(Harry Allard)による**光周性**(photoperiodism)の実験であり，生育期間が異なっていても植物はほぼ同じ時期に開花するという事実の発見がスタートとなった。植物は光周性に基づいて，**長日植物**(long-day plant)，**短日植物**(short-day plant)，**中性植物**(day-neutral plant)に分類される(**表5.1**)。

表5.1 | **光周性の分類と主な植物種**

光周性	植物の例
長日植物	コムギ，キャベツ，ホウレンソウ，カーネーション
短日植物	イネ，ダイズ，キク，アサガオ，イチゴ
中性植物	トウモロコシ，キュウリ，トマト，ヒマワリ

| 図5.1 | 電照ギク栽培の様子(愛知県田原市)

長日植物では一定の日長(**限界日長**：critical day-length)より長くなったときに，短日植物では限界日長より短くなったときに，花成が起こる[*5]。中性植物は花成と日長に関連性がなく，一定の生育段階で開花する。

キクは短日条件下で栽培すると開花が誘導されることからもわかるように，短日植物である。キクに対して青色光，赤色光，遠赤色光(近赤外光)で暗期中断[*6]を行うと，それぞれの光条件で開花，開花抑制，開花という結果が見られる。開花および開花抑制は，それぞれ赤色光受容体**フィトクロム**(phytochrome, phy)[*7]および青色光受容体**クリプトクロム**(cryptochrome, cry)[*8]により制御されている。さらに，シロイヌナズナでの実験からフィトクロム分子種の1つであるフィトクロムB(phyB)は，赤色光下で花成ホルモン(フロリゲン：FTタンパク質)の発現を促進しているCONSTANSタンパク質(COタンパク質)の機能を抑制することで花成を抑制していることが示されている。また，クリプトクロムcry2は青色光下でphyBの効果を抑制することで，花成を促進していることが示されている。

こうした日長に対する反応を利用した栽培，実験手法が確立されている。例えば，キクは短日植物であることから秋に開花する。花成が起こる前の5月から8月の夜間に照明処理を行い，その後は照明を止めることにより，開花時期を数ヵ月遅らせることができる。こうした栽培方法は「電照ギク[*9]」と呼ばれる(**図5.1**)。一方，野生イネや東南アジアの栽培イネには，日本の夏の長日条件下では出穂できないイネがある。そこで，これらのイネに対して昼の時間を短くできる短日処理装置などに搬入して栽培すると出穂が促進される。これにより，日本のイネの出穂期と同調させることができ，野生イネや東南アジアの栽培イネと日本のイネとの交雑実験などが可能になる(**図5.2**)。

花成は，日長以外に，低温でも促進されることが知られている。このしくみを**春化**あるいは**バーナリゼーション**(vernalization)という。植物

＊5　光周性が発見された当初は日長に意味があると考えられ，長日植物，短日植物とされた。その後の研究で暗期の長さが重要であり，植物は暗期(夜)の長さをモニタリングすることで限界日長を感知していることが示された。つまり，暗期の長さが一定時間よりも長いとき，花成が生じるのが短日植物であり，逆に，長日植物では暗期の長さが一定時間よりも短いときに花成が生じる。この継続的な暗期の長さを限界暗期と呼ぶ。

＊6　暗期中断：暗期(＝夜)の時間帯の中で適切な光を照射して暗期を分割すること。一般的には暗期の中間付近で光照射を行う。照射する光には白色光，赤色光，青色光など作業の目的や対象となる作物などによって異なる条件が用いられる。

＊7　フィトクロム：赤色光と遠赤色光(近赤外光)を受容することで吸収型を可逆的に変化(赤色光吸収型(Pr型)と遠赤色光吸収型(Pfr型))させ，植物の成長・分化を制御する色素タンパク質。緑藻類，コケ類，シダ類，裸子植物，被子植物に存在する。フィトクロムについては，第7章7.3.2項も参照。

＊8　クリプトクロム：青色光受容体タンパク質で，植物に広く存在する。花成だけではなく，暗所での形態形成などにも関与している。

＊9　電照ギク：短日植物のキクを電照することで「長日条件」にして花芽誘導を抑制する栽培法。戦前に愛知県豊橋市ではじめて栽培された。全国的にこの手法が用いられているが，愛知県・渥美半島での生産量が日本全体の約30%を占める。

図5.2 | **短日処理の様子**
左は短日処理装置。右は短日処理装置により開花促進させた東南アジアの栽培イネ。
[左の写真は著者撮影，右の写真は東北大学・佐藤雅志博士 提供：いずれも東北大学・片平キャンパス]

種によって低温要求性は異なるが，人為的な春化処理によって開花，結実の時期を制御できることから農業形質としても重要である。また，春化の後，一定期間高温に暴露することで春化効果が喪失されることがあり，この現象は**脱春化**(devernalization)と呼ばれる。

本節では，植物が日長，温度変化を感受し，花成に至るしくみについて概観する。

5.1.1 ◇ 花成ホルモン・フロリゲンによる花成誘導機構

アメリカのガーナーとアラードによる光周性の発見以降，花成に関する実験が数多く行われた。短日植物であるオナモミを使った実験では，葉をすべて除去した後，短日処理をしても花成は起こらないが，葉を1枚だけ残し，その葉を短日処理した場合，花成が起こることが示された。さらに，接ぎ木実験，環状剥皮(ringing)[*10]により篩部を取り除く実験などから，花成誘導を制御する物質が葉で合成され，篩管を経由して茎頂に移動することで花成誘導が起こることが示された。ソ連(現 ロシア)の植物学者チャイラヒャン(Mikhail Chailakhyan)とドイツの植物学者メルヒャース(Georg Melchers)は同時期(1936～1937年)に，この花成誘導に関わる物質，すなわち「花成ホルモン」を**フロリゲン**(florigen)と名づけ，フロリゲン仮説を提唱した。

フロリゲンは植物を花成誘導する生理活性を有していることから，既存の植物ホルモンと同様に物質の探索・単離が試みられたが，長らく単離できなかったことから，存在そのものが否定された時期もあった。こうした状況を打破した解決策が，花成誘導を促進/遅延させる変異体を遺伝学的に解析するという手法であり，シロイヌナズナの*FT*(*FLOWERING LOCUS T*)遺伝子がコードするFTタンパク質[*11]が花成ホルモン・フロリゲン[*12]であることが示された。現在は，**図5.3**に示すように，葉で合成されたFTタンパク質が篩部を経由して茎頂分裂組織に移

＊10　環状剥皮：茎の一部分に切り込みを入れ，外皮，内皮，形成層を数cmから10 cm程度，1周全体を剥がすこと。この処理により，剥がした上部と下部で篩管，導管を通じた物質のやりとりが行われなくなる。

＊11　FTタンパク質の同定・機能解析と同じ時期に，イネのHd3a(HEADING DATE 3A)タンパク質が同様の活性をもつことが示されている。FTタンパク質もHd3aタンパク質も，ホスファチジルエタノールアミン結合タンパク質と一次配列，結晶構造的に相同性を示す。ホスファチジルエタノールアミンはグリセロリン脂質の一種であり，その類縁体であるホスファチジルコリン(PC)がFTタンパク質と結合し，茎頂分裂組織でPC濃度が増加すると花成が促進される。

＊12　花成ホルモンであるフロリゲン(FT/Hd3a)は葉で転写・翻訳され，篩管を通って茎頂分裂組織に移動し，FDタンパク質と結合して機能する。この分子機構の解明などの研究は，京都大学・荒木 崇博士らがシロイヌナズナを，奈良先端科学技術大学院大学の島本 功博士らがイネを実験材料に用いて世界をリードした。

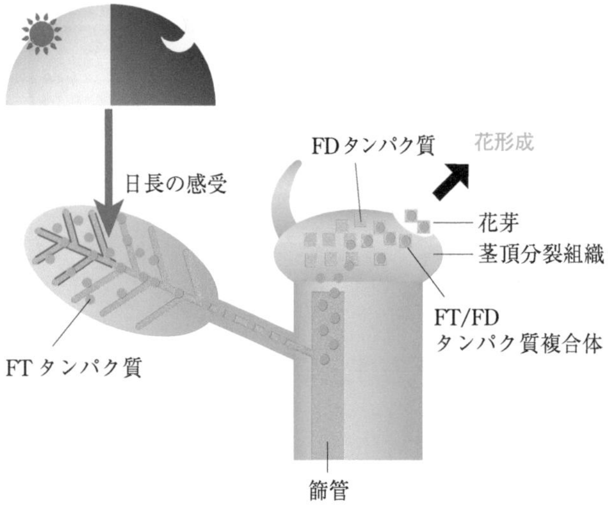

図5.3 | 花成ホルモン・フロリゲンによる花成誘導のしくみ

日長は葉で感受され，FTタンパク質が葉から茎頂分裂組織に篩管を通じて輸送される。FTタンパク質が茎頂にあるFDタンパク質と複合体を形成して，花芽形成遺伝子の発現が誘導されることで花芽が形成される。

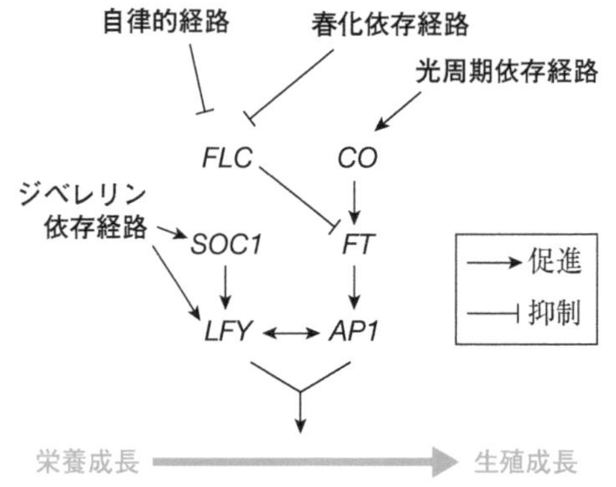

図5.4 | 長日植物であるシロイヌナズナにおける主たる花成誘導経路

*FT*を除く5つの遺伝子はタイプの異なる転写制御因子をコードしている。*FLC*(*FLOWERING LOCUS C*), *SOC1*(*SUPPRESSOR OF OVEREXPRESSION OF CO1*：*AGL20*(*AGAMOUS-LIKE 20*)とも呼ばれる)，*AP1*(*APETALA 1*)はMADSドメイン(140頁欄外注＊23参照)を有する転写制御因子をコードしている遺伝子。*CO*(*CONSTANS*)はジンク(亜鉛Zn)フィンガードメインを有する転写制御因子をコードしている遺伝子。*LFY*(*LEAFY*)は植物に特異的な転写因子をコードしている遺伝子。
[村井耕二 編著，発生生物学，化学同人(2008)，図13.2を改変]

動し，茎頂分裂組織で発現している転写因子であるFD(FLOWERING LOCUS D)タンパク質と複合体を形成し，*FT*遺伝子の下流で機能する花芽形成遺伝子(*AP1*遺伝子など)の発現を誘導することで，花芽が形成されることがわかっている[*11]。

アブラナ科のモデル植物シロイヌナズナ[*13]の花成誘導経路には，**図5.4**に示すように主として4つの経路が存在する。そのうち，**光周期依存経路**(photoperiod-dependent pathway)と**春化依存経路**(vernalization-dependent pathway)では日長，温度という環境因子の影響を受けて花成が誘導され，**ジベレリン依存経路**(gibberellin-dependent pathway)と**自律的経路**(autonomous pathway)では植物ホルモンと内的要因の影響を受ける。

5.1.2 ◇ 春化による花成のしくみ

春化を制御する春化依存経路は*FLC*(*FLOWERING LOCUS C*)遺伝子で自律的経路と統合されている。*FLC*遺伝子は*FT*遺伝子の発現を抑制しており，秋から冬にかけて*FLC*遺伝子の発現量が低下することにより*FT*遺伝子が発現し，開花に至る(**図5.5**)。

図5.5に植物の発育の過程と*FLC*遺伝子の発現量の関係を示した。秋から冬にかけて低温にさらされることにより，*FLC*遺伝子領域から3つの長鎖非コードRNA(long non-coding RNA, lncRNA)[*14]が転写される。このlncRNAは転写抑制型ヒストン[*15]修飾(H3K27me3)を*FLC*遺伝子領域に誘導し，これにより*FLC*遺伝子の発現は抑制される。春になり，

＊13　シロイヌナズナ：学名は*Arabidopsis thaliana* (L.) Heynh.。5対の染色体を有し，ゲノムサイズは約130 Mb(1.3×10^8塩基)であり，イネ，キャベツ類の約1/3程度である。2000年に5本の染色体の塩基配列が決定され，約25,000遺伝子が同定されている。種子が発芽してから次代の種子が得られるまでの期間は6～8週間程度である。また，自殖性であり，遺伝子導入も容易であることから，双子葉植物のモデル植物として植物科学の多様な研究分野(ストレス耐性，花器官形成，耐病性，植物ホルモンの生合成と情報伝達など)で利活用されている。標準的な系統(エコタイプと呼ばれる)としてColumbia，Landsbergなどが用いられている。

＊14　長鎖非コードRNA：タンパク質に翻訳されない長鎖のRNAのこと。ヒトのX染色体不活性化を支配するXIST(X-inactive specific transcript)はその代表例である。近年，植物でも長鎖非コードRNAが発見されてきており，生命現象のさまざまな局面で重要な役割を担っていると考えられている。

＊15　ヒストン：DNA分子を巻き取り，折りたたむための核となるタンパク質。ヒストン8量体に巻き取られ，ヌクレオソーム(第8章206頁欄外注＊14参照)構造を形成する。

Column 5.1

亜熱帯産のイネが亜寒帯の北海道でも栽培できるようになった2つの鍵

イネで花成を制御しているフロリゲン様遺伝子は*Hd3a*とゲノム上に並んでいる*RFT1*(*RICE FLOWERING LOCUS T*)である。短日植物であるイネにおいて，*Hd3a*遺伝子は長日条件で発現が抑制されるが，*RFT1*遺伝子は長日条件においても発現している。自然環境下では，これら2つの遺伝子と他の光周性花成形成関連遺伝子の変異が組み合わさることで，野生イネが自生(自然状態で開花・結実が可能)している北緯25度付近(中国では野生イネが現存しており，北緯25度付近は中国・広東省珠江周辺が該当し，イネ栽培化の起源地とする説もある地域である。日本では野生イネが自生した事実はないが，北緯25度は沖縄県先島諸島の宮古島の北が該当する)の北限を越えて，つまり亜寒帯である北海道でも出穂・開花し短い夏でも十分に登熟できるようなイネの品種改良がなされてきた。こうした開花・登熟できる遺伝子変異の組み合わせと同時に，耐冷性形質に関する遺伝的改良もあり，寒冷地での安定的な稲作が可能になった。

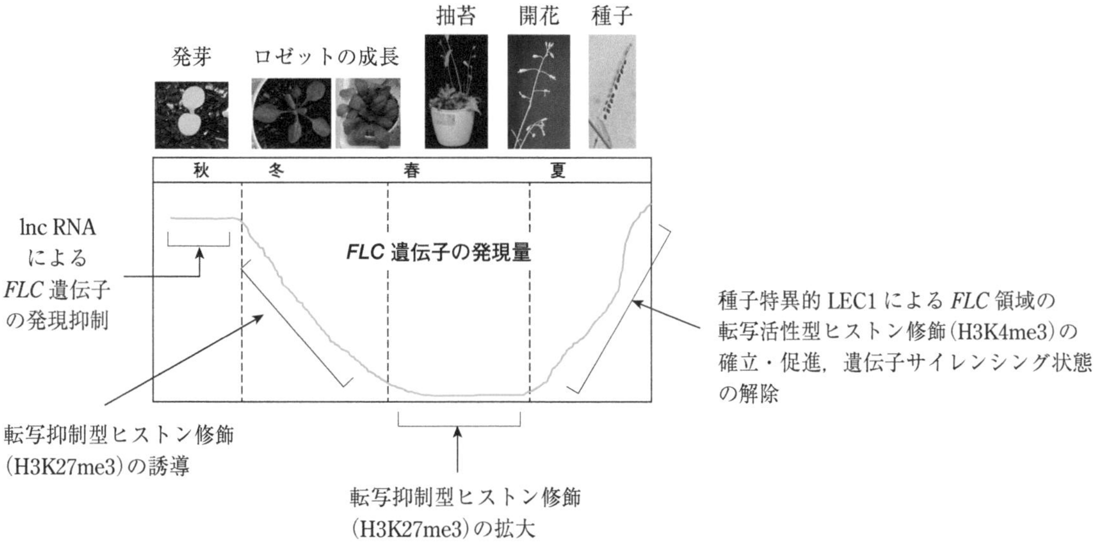

図5.5 **植物の発育ステージと*FLC*遺伝子の発現量(シロイヌナズナを例として)**

秋から冬にかけて*FLC*遺伝子の発現量は低下し，種子形成以降に発現量は回復する。図5.4に示した通り，*FLC*は*FT*の機能を抑制している。そのため，*FLC*遺伝子の発現量が低下する春に開花でき，それ以外の期間は発現が高くなることで開花を抑制している。

気温の上昇にともなって，転写抑制型ヒストン修飾は*FLC*遺伝子領域全体に拡大され，開花・結実に至る。種子形成後，種子特異的に発現する転写因子LEC1(LEAFY COTYLEDON1)により*FLC*遺伝子領域において転写活性型ヒストン修飾(H3K4me3)が確立・促進され，親から継承した春化の遺伝子サイレンシング*16(抑制)状態が解除されて，*FLC*遺伝子が活性化状態となる。

*FLC*遺伝子の発現制御は，このように転写抑制型と転写活性型というヒストンの修飾状態を温度によって切り替えることで行われている。つ

*16　遺伝子サイレンシング：クロマチン修飾(ヒストンの化学修飾など)によるエピジェネティックな遺伝子の制御。エピジェネティックな制御については，第8章8.2節を参照。

*17　クロマチン：細胞内のDNAとタンパク質の複合体。日本語では染色質と訳される。

まり，クロマチン*17構造の変化を介した外界シグナルを細胞へ記憶させるために構築されたシステムといえる。このクロマチンの構造変化による遺伝子発現調節は，多様な生物種で保存されている共通のメカニズムでもある（第8章8.2.3項参照）。

5.1.3◇種子春化と緑体春化における低温要求性

春化は，低温を感受する様式により**種子春化**（seed vernalization）と**緑体春化**（green-plant vernalization）の2つに分類される。種子春化では，種子が吸水し，**催芽**（sprouting）した後から低温に感応し，必要量の低温処理により花芽分化が生じる。種子春化を示す植物としては，ハクサイ，ダイコン，エンドウ，ソラマメ，ムギ類などが知られている。一方，緑体春化では，植物体が一定の大きさに生育した後から低温を感受し，キャベツ，タマネギ，ニンジン，イチゴなどが緑体春化を示す。

*18　低温要求性のことをムギの場合には播性（まきせい）とも呼ぶ。

種子春化，緑体春化のいずれにおいても，品種・系統により低温要求性は異なる。秋に播種し，春に収穫する栽培体系である作物の場合，低温要求性*18が高い品種が用いられる。春化による花成のしくみから考えると，春化に長期間の低温暴露が必要な系統・品種は*FLC*遺伝子領域への転写抑制型ヒストン修飾が活発であると考えられる。緑体春化において，植物体が一定の大きさになった後でないと低温を感受できない分子機構は未解明である。

ムギ類（コムギ，オオムギなど）では花成に低温が必要な品種から，低温を必要としない品種が分化している。ムギ類には*FLC*遺伝子と同じ祖先に由来するような遺伝子は見いだされておらず，春化を制御する遺伝子として*VRN1*（*VERNALIZATION 1*）遺伝子が同定されている。*FT*遺伝子の下流で機能する花芽形成遺伝子である*AP1*（*APETALA 1*）遺伝子と相同性のある遺伝子が*VRN1*遺伝子とされており，ムギ類とアブラナ科植物などとは異なる春化機構が機能している（*VRN1*の制御系については，第8章コラム8.5を参照）。

Column 5.2

イチゴの山上げ

春化処理は農業的に重要な処理技術である。特に，イチゴは自然状態（露地栽培）では，冬の低温にさらされた後，春に開花・結実する。これでは通年でのイチゴ栽培ができない。通年でのイチゴ栽培を可能とするために，植物体が一定の大きさになったところで低温処理することで花芽分化を促進し，年末のクリスマスの時期に収穫することを可能にしたのが春化処理技術である。イチゴの場合には「山上げ栽培」とも呼ばれ，栃木県日光市・戦場ヶ原での栽培が起源とされている。

5.2◆花器官形成・成熟

花成誘導されると，茎頂分裂組織は栄養成長期には扁平であったものが縦長の楕円を半分に切ったような形態になる。その後，複数の花が着生する枝である**花序**《かじょ》(inflorescence)が形成される。それぞれの花ではがく片，花弁，雄ずい，心皮という4つの花器官が同心円状に分化する(第2章**図2.14**，**図5.6**(a))。雄ずいは花粉を含む葯と，葯を花の基部に接着するための**花糸**《かし》(filament)[*19]から構成されている。雌ずいは1つから複数の心皮から形成される[*20]。機能的な側面から見た場合，雌ずいは上から順に柱頭，花柱，子房からなる(第2章**図2.14**)。アブラナ科植物の場合，2つの心皮から構成されている。花の形態については，第2章2.2.4項も再読いただきたい。

葯，胚珠ではそれぞれ，**小胞子**(microspore)と**大胞子**(macrospore)である花粉と卵細胞が分化・成熟し，**受粉**(pollination)，**受精**(fertilization)により種子形成が起こる(第2章**図2.1**参照)。本節では，花器官がどのように形成され，成熟することにより，次のステージである受粉につながるのかについて概観する。

*19　花糸：一般に開花直前，蕾の外側はがく片で覆われ，その内部に花弁，葯・花糸，雌ずいが格納されている。この時点では，花糸は糸状になっていない。開花にともない，花糸が縦方向に急速に伸長し，受粉に適した物理的な位置に葯が配置される。なお，チューリップなどのユリ科ではがく片と花弁の区別はなく，花被弁(tepal)と呼ぶ。

*20　心皮と雌ずいについては，第2章39頁欄外注*24を参照。

5.2.1◇ABCモデルと花器官形成

1980年代終わりから1990年代初頭にかけて，アメリカの植物科学者マイロビッツ(Elliot Meyerowitz)とイギリスの植物科学者コーエン(Enrico Coen)はシロイヌナズナ，キンギョソウを材料とした独立した研究において，花器官がホメオティック変異(homeotic mutation)[*21]を示す変異体を解析した。その解析から，4つの花器官であるがく片，花弁，雄ずい，心皮の「アイデンティティー(identity)」を決定する3つの遺伝子として，クラスA, B, C遺伝子を規定することで，変異体における花器官形成を説明できることを示した。花器官を形成する4つの場をウォール(whorl)あるいは領域と呼び，外側からウォール1, 2, 3, 4の順で位置し，野生型ではそれぞれのウォールにはがく片，花弁，雄ずい，

*21　ホメオティック変異については，第2章40頁欄外注*25を参照。

(a)

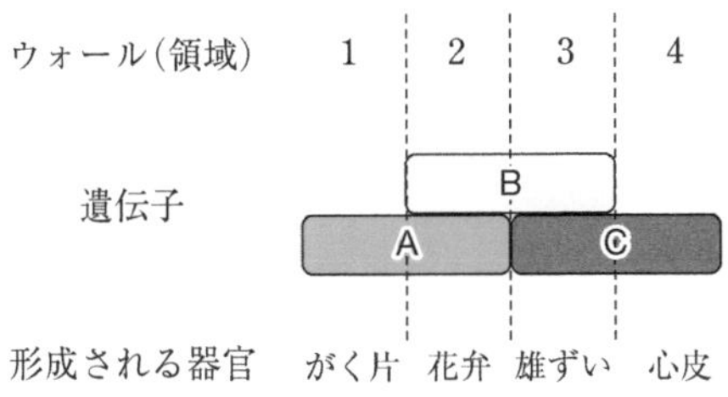

(b)

クラスA遺伝子　*APETALA1*(*AP1*)，*APETALA2*(*AP2*)
クラスB遺伝子　*APETALA3*(*AP3*)，*PISTILLATA*(*PI*)
クラスC遺伝子　*AGAMOUS*(*AG*)

図5.6 | 変異体における花器官形成を説明するABCモデル

(a)4つのウォール(領域)において，クラスA，クラスB，クラスCのどの遺伝子が発現するかにより，がく片，花弁，雄ずい，心皮のいずれが形成されるかを説明したモデル。(b)シロイヌナズナにおける各クラス遺伝子。

図5.7 | **シロイヌナズナの花形態に見られるホメオティック変異**

(a)野生型。(b)クラスC遺伝子である*AGAMOUS*(*AG*)遺伝子の変異体。(c)クラスA, B, C遺伝子のすべてが機能欠損した三重劣性変異体。
[写真(a)，(b)は奈良先端科学技術大学院大学・伊藤寿朗教授 提供。(c)はE. S. Coen and E. M. Meyerowitz, Nature **353**：31–37(1991)]

心皮が形成される(**図5.6**(a))。A遺伝子とC遺伝子はウォール2と3の境界で拮抗的に機能しており，A遺伝子が発現しなくなると，C遺伝子がウォール1と2まで発現することになる。ホメオティック変異をA, B, Cという3つの遺伝子の相互作用で説明していることから，**ABCモデル**(ABC model)*22と呼ばれている(**図5.6**(a))。

＊22　ABCモデル：CoenとMeyerowizが独立に研究していたが，1991年にCoenとMeyerowizの連名でNature誌に論文が発表された。

野生型においては，ウォール1でクラスA遺伝子のみが発現し，がく片が形成される。ウォール2ではクラスA, B遺伝子が発現し，花弁が形成される。同様に，ウォール3ではB, C遺伝子が発現して雄ずいが形成され，ウォール4ではC遺伝子が発現して心皮が形成される(**図5.6**(a))。

シロイヌナズナでは，クラスA, B, C遺伝子として，**図5.6**(b)に示す5つの遺伝子が単離されている。そのうち，*APETALA2*(*AP2*)を除く4つの遺伝子はMADSドメイン*23を有している転写因子をコードしている。A, B, Cに分類される転写因子が制御する遺伝子の発現調節により，各花器官がそれぞれのウォールに形成される。

＊23　MADSドメイン：CC[A/T]$_6$GというDNA塩基配列，あるいはこの配列と類似な配列に結合できるタンパク質構造(ドメイン)のこと。MADSという名称は，*MCM1*遺伝子(出芽酵母)，*AGAMOUS*遺伝子(シロイヌナズナ)，*DEFICIENS*遺伝子(キンギョソウ)，*SRF*遺伝子(ヒト)の4遺伝子の頭文字に由来する。

クラスA, B, C遺伝子のうち，花の形態における特徴的な変異の形成に関わるのがクラスC遺伝子の機能欠損である。C遺伝子が欠損した場合，A遺伝子がウォール1と2に加えて，ウォール3と4でも発現するようになり，がく片と花弁が繰り返され，花器官形成が無限化する(**図5.7**)。つまり，クラスC遺伝子である*AGAMOUS*遺伝子は心皮形成のアイデンティティーを決定するとともに，花の中央に心皮を形成し，無限な成長パターンを有限化するという機能も有している。また，クラスA, B, C遺伝子のすべてを機能欠損させると，同心円状に葉様器官が繰り返される。このことから，花器官を形成するがく片，花弁，雄ずい，心皮は，葉が変化したものであることが理解できる(**図5.7**)。

5.2.2◇植物の性表現・性決定とその分子機構

雌雄異花(monoecy)，**雌雄異株**(dioecy)の場合には，雄花，雌花が着生する。植物の場合，動物のように明確な性染色体が定義されている植物種は少ない。植物の花の基本は**両性花**(hermaphrodite)であることは第1章コラム1.1などでも述べた通りである。そのため，雄花，雌花が形成される過程においても，例えば，雄花であれば雌ずいの発育が未熟な段階で抑制されることによって，結果として雄花が形成される。

雌雄異花はトウモロコシ，ウリ科植物で見られる。ウリ科のメロン，スイカのように収穫する果実の数を制限する場合，雌花の数は問題にはならない。しかしながら，キュウリのように雌花の数が収量に直結するような場合，雄花と雌花のどちらが着生するのかということは生産上大きな問題となることから，ウリ科の性表現(雄花，雌花，場合によっては両性花)は古くから研究されてきた。その結果，植物ホルモンであるエチレン処理により雌花化が促進され，エチレン合成阻害剤処理により雄花化に効果があることがわかり，遺伝学的な実験からウリ科の雄花・雌花形成はエチレン前駆体であるACC(1-アミノシクロプロパン-1-カルボン酸)合成酵素遺伝子の発現制御により行われることが示されている(エチレンの合成，作用機序については，第9章9.2.5項および9.3.5項を参照)。

雌雄異株を示す植物の中で，栽培ガキ(柿)[*24]の近縁野生種であるマメガキ，キウイフルーツ(kiwi fruit, *Actinidia chinensis*)，アスパラガス(asparagus, *Asparagus officinalis* L.)については性決定因子が同定されているが，いずれの因子間にも相同性はないことから，雌雄異株という現象が進化の過程で独立に獲得された形質であると考えられている。栽培ガキは六倍体であり，解析が困難であることから，二倍体のマメガキで遺伝学的な解析がなされており，性染色体がXX型である雌株では，常染色体由来の*MeGI*(*MALE GROWTH INHIBITOR*)遺伝子にコードされたホメオドメイン[*25]を有するタンパク質が雄ずいの発育を特異的に抑制し，雌花が形成される。一方，XY型である雄株では，Y染色体上の低分子RNA[*26]をコードする*OGI*(*OPPRESSOR OF MeGI*)遺伝子がRNA干渉(RNA interference, RNAi)[*27]により，*MeGI*遺伝子の発現を抑制することで雄ずいが発達し，雄花が形成される。この機構を**図5.8**に模式的に示す。

アスパラガスの場合，Y染色体上の*AspTDF1*と*SOFF*遺伝子がそれぞれ雄器官形成の維持，雌器官形成の抑制に関与している。キウイフルーツの場合も，アスパラガスと同様にY染色体上の2つの因子(*SHY GIRL*と*FRIENDLY BOY*)が雌器官形成抑制と雄器官形成維持の機能を有することで雄花が形成される。一方，XX型である雌株では雄器官形成が促進されず，雌器官形成が抑制されないことから雌花が形成される(**図5.9**)。

＊24　栽培ガキ：マメガキとは異なり，*OGI*遺伝子の構造変化による不安定化と，*MeGI*遺伝子の発現を調節するプロモーター領域のメチル化によるエピジェネティックな制御によって，雄花と雌花を着生できる。また，別の転写因子をコードする*DkRAD*遺伝子により雄花を両性花に変化させている。このため，栽培カキでは雄花，雌花，両性花が混在して着生するが，雄花，雌花，両性花の頻度は品種ごとに異なる。一方，栽培ガキ品種の中には，*OGI*遺伝子の有無，ゲノム全体でのエピジェネティクな制御のゆらぎなどにより，雌花のみ，雄花と両性花という品種も存在する。エピジェネティックな制御については，第8章8.2節を参照。

なお，雄花が着生する品種は，果実形成数が減少するという栽培上の問題を有している。主力品種の‘平核無(ひらなねなし)’，‘富有(ふゆう)’では*OGI*遺伝子が欠落しているので，雌花のみが着生する。

＊25　ホメオドメイン：60程度のアミノ酸からなるDNA結合能を有するタンパク質領域。ホメオドメインをコードする遺伝子をホメオボックス遺伝子と呼び，植物，動物において配列が高度に保存されている。

＊26　低分子RNA：タンパク質をコードしないRNA。21～24塩基のRNA分子種が多く，DNAのメチル化，二本鎖RNA形成による遺伝子発現抑制などの機能を有している。

＊27　RNA干渉：相補的なRNAの導入によりmRNAとの間で二重鎖構造を生じ，転写・翻訳を抑制されることで，結果として遺伝子発現が配列特異的に抑制される現象。

なお，「co-suppression」，「post-transcriptional gene silencing」と呼ばれていた時期もある。花色を濃い色にすることを目的として，紫色のペチュニアに色素合成関連遺伝子を導入したところ，意に反して色素合成に関わる遺伝子の発現が抑制され，花色が白に変化したという実験結果から，導入した遺伝子，内在の遺伝子の発現が抑制されたという意味で「co-suppression」と呼ばれた。RNA干渉は低分子RNAを介したウイルスに対する防御機構にも関連する。実験的には，相補的なRNAを特異的に発現させることで，ターゲットとする遺伝子の発現を制御する。

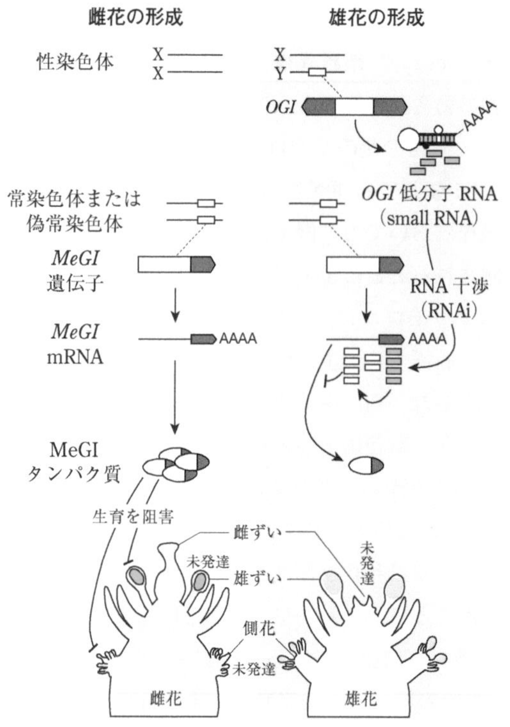

図5.8 | **栽培カキの近縁野生種(マメガキ)における性決定の分子メカニズム**

[T. Akagi et al., Science **346** : 646–650 (2014) より改変]

図5.9 | **雌雄異株を示すキウイフルーツの雄花(左)と雌花(右)**

雌雄異株であることから雄花は品種 'マツア'，雌花は品種 'ヘイワード' 由来。雌花は外見上は両性花であるが，中央に位置する雌ずいのみが機能し，花粉稔性はないため雌花となる。

[写真は岡山大学・赤木剛士教授 提供，撮影場所は香川大学農学部]

5.2.3 ◇ 生殖器官成熟

植物の生活環に関しては第2章の**図2.1**に示した。雌雄生殖器官である葯，雌ずい内で花粉，卵細胞が成熟する。葯はL1とL2層[*28]から分化する。L1層から分化するのは最外層の表皮細胞のみである。それに対して，L2層からは，内皮，中間層，**タペート細胞**(tapetum cell)[*29]と花粉が分化する(**図5.10**)。表皮，内皮，中間層は核相が$2n$である。

＊28 L1とL2層：茎頂分裂組織はL1，L2，L3層という三層構造を形成している。L1層が最外層，その内側にL2層，さらに内側の細胞全体をL3層と呼ぶ。

Column 5.3

変わりもの植物：花が発熱するザゼンソウ・ソテツ

花の温度を外気温に比べて上昇させることができる「発熱植物」が存在する。サトイモ科のザゼンソウ，裸子植物のソテツなどで精力的な研究が行われている(図)。生殖器官で発熱が観察されることから，媒介昆虫を効率的に誘引するために存在するしくみであると考えられている。

発熱のしくみについてはいくつかの説が考えられている。通常の呼吸ではシトクロム系(COX(cytochrome oxidase)経路)を使い，エネルギー源であるATPを産生する。ところが植物にはシアン耐性呼吸系(AOX(alternative oxidase)経路：第3章3.4.1項D.参照)が存在し，この場合にはATPを産生せず，その代わりに熱が放出されていることが想定されている。なぜ特定の分類群に「発熱植物」が存在するのか，また，こうしたしくみを他の植物にも導入できないのかなど，興味は尽きない。

なお，日本に自生するソテツはソテツ科*Cycas revoluta*の1種のみであるため，日本では本種のことをソテツと呼ぶが，海外にはザミア科に属するソテツ植物も存在する。

| 図 | **発熱植物ソテツの雄株と雌株**

(a)発熱している発育ステージのソテツの雄株。中心部のドーム状の部分が発熱する。(b)発熱しているステージが終わり，葉の基部にオレンジ色の種子が形成されているソテツの雌株。[写真は著者撮影]

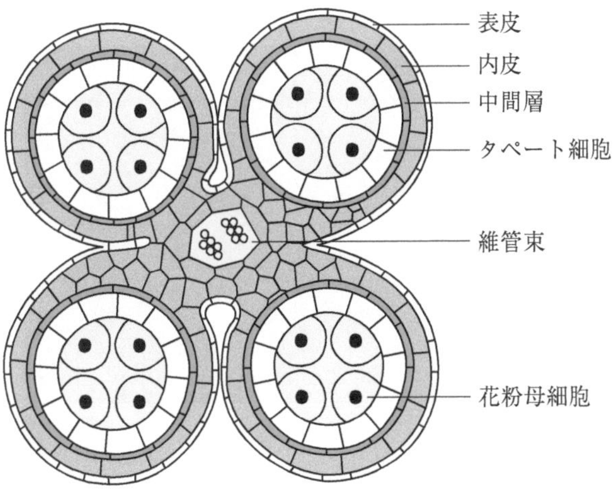

| 図5.10 | **葯横断面の模式図**

イネ，アブラナなどでは葯内に花粉が分化する葯室が4つ形成される。
[W. Cai and D. Zhang, Plant Reprod. **31**：77–87(2018)を改変]

花粉母細胞(pollen mother cell：核相$2n$)は減数分裂(meiosis)を行い，核相がnの小胞子(microspore)が4つ集合した**花粉四分子**(tetrad)を形成し，1つずつの小胞子となる。小胞子内では**体細胞分裂**(mitosis)が起こり，**栄養細胞**(vegetative cell，**花粉管細胞**(pollen tube cell)とも呼ばれる)と**雄原細胞**(generative cell)に分裂し，雄原細胞は栄養細胞内に取り込まれて「入れ籠」の状態になる(**図5.11**)。この状態で**成熟花粉**(mature pollen)となるものは**2細胞性花粉**(bicellular pollen)と呼ばれる。2細胞性花粉の植物種としては，バラ科(Rosaceae)，ナス科(Solanaceae)などがある(**図5.12**)。一方，雄原細胞がもう一度，細胞分裂を行い，2つの**精細胞**(sperm cell)になるものは**3細胞性花粉**(tricellular pollen)と呼ばれる(**図5.12**)。3細胞性花粉をもつ植物種にはアブラナ科(Brassicaceae, Cruciferae)，キク科(Asteraceae, Compositae)，イネ科(Poaceae, Graminae)[*30]などがある。葯の最内層に位置するタペート細胞は核相が$2n$であるが，成熟にともなって崩壊し，花粉表面の構造物，自家不和合性な

＊29　タペート細胞：葯壁を構成する最内層の細胞。小胞子期には肥厚したタペート細胞が観察され，花粉の成熟にともなって崩壊する。この崩壊にともない，花粉表面の構造物の構築，花粉と柱頭との相互作用に関わる因子(自家不和合性の自他認識因子など)がタペート細胞から花粉表面に付与される。タペート細胞は低温，高温などの温度ストレスに弱く，温度ストレスによりタペート細胞は崩壊せず肥大し，結果として，花粉が潰れて不稔となる。コラム5.4参照。

＊30　アブラナ科(Brassicaceae, Cruciferae)，キク科(Asteraceae, Compositae)，イネ科(Poaceae, Graminae)のように現在の分類法では，「科」の名前は主要な種の属名に続けて，「ceae」

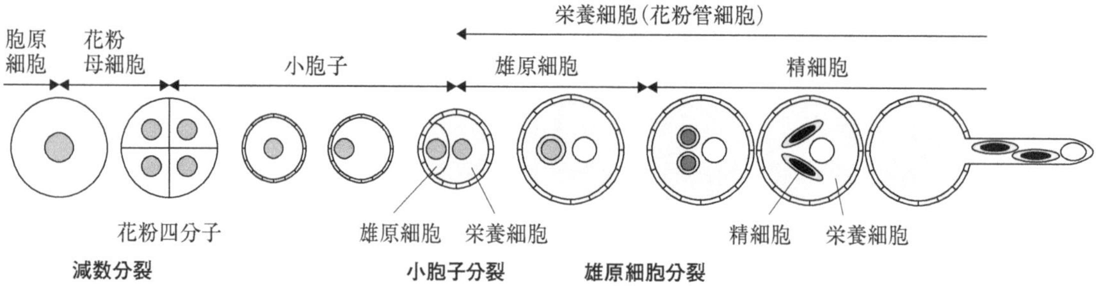

図5.11 | 3細胞性花粉の成熟過程のモデル

3細胞性花粉では花粉が葯から放出するまでに2つの精細胞と1つの栄養細胞が分化している。それに対して，2細胞性花粉の場合には，葯から放出された時点で雄原細胞と栄養細胞がそれぞれ1つずつ花粉に含まれている。花粉発芽・花粉管伸長の過程で，雄原細胞が2つの精細胞に分裂する。
[上田健治，横浜市立大学論叢自然科学系列　**65**：73–92(2017)より改変]

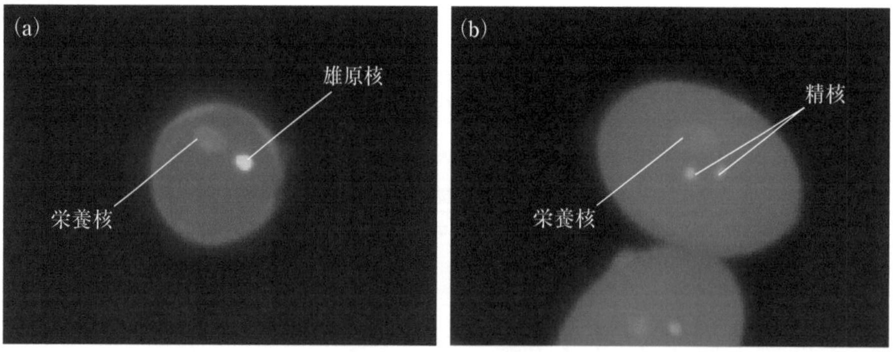

図5.12 | トマト(a)，カブ(b)の成熟花粉のDAPI染色

2細胞性花粉のトマトでは1つずつの栄養核，雄原核が観察される。一方，3細胞性花粉のカブの場合，1つの栄養核と2つの精核が観察される。雄原核，精核のほうが栄養核よりも凝縮していることから，DAPI染色をした場合，雄原核，精核のほうがより青白く光って観察される。DAPIは4′,6-diamidino-2-phenylindoleの略称で，DNAに対して強い結合力をもつ蛍光色素。二本鎖DNAに結合したDAPIは紫外線で励起されると青色の蛍光を示すため，蛍光顕微鏡で観察できる。
[写真は東北大学・増子(鈴木)潤美氏 提供]

どの雌ずいとの認識に関わるような物質として花粉に供給される(5.3.2項，第6章コラム6.4参照)。

胚のうの成熟過程を模式的に**図5.13**に示す。雌ずい内の**胚のう母細胞**(embryosac mother cell, EMC：核相$2n$)は減数分裂を経て4つの細胞(核相n)に分裂するが，そのうちの3つの細胞は退化し，1つの細胞だけが減数した**胚のう細胞**(embryosac cell：核相n)として残る。胚のう細胞内では3回の核分裂を経て，8つの核ができる。花粉管の入口である**珠孔**《しゅこう》(microphyle)付近に3つの核が位置し，それぞれの核のまわりに細胞壁ができ，1つの卵細胞と，その両側に2つの**助細胞**(synergid cell)が形成される。珠孔の反対側に位置する3つの細胞はそれぞれ細胞壁を作り，3つの**反足細胞**(antipodal cell)を形成する。残りの2つの核は中央に位置し，**極核**(polar nucleus)を形成する。極核を核にもつ細胞を**中央細胞**(central cell)と呼ぶ。減数分裂のしくみについては，第6章6.1.2項で説明する。

ここで改めて，雌雄生殖器官の成熟過程について「配偶子(gamete)」(第7章7.1.1項参照)という観点から見直してみる。被子植物では，雄側は減数分裂によって生じた小胞子(核相n)がすべて花粉(n)に分化する。それに対して，雌側は減数分裂で生じた4つの減数した細胞(n)のうち，3つの細胞は退化し，残った1つだけが卵細胞(n)として機能する。この生殖時の雌雄生殖細胞数の違いについては動物でも同様な現象が見られ，雄側は数多くの配偶子を作るのに対して，雌側は限られた配偶子の生産にコストをかける。減数分裂を経て配偶子を作り，次世代を創出するための雌雄の戦略の違いは，動物と植物で共通している(第6章コラム6.4参照)。

生殖細胞のうち，成熟過程において雄性である花粉細胞のほうが雌性の卵細胞を含む胚のうよりも温度，乾燥などのストレスに弱いとされている。このことを利用して，イネ育種の現場では，母親(雌側)となる系統から花粉機能を喪失させるための温湯除雄法(43℃で7分間の処理)が確立されている。処理後，開花した**穎花**《えいか》(glumous flower)[*31]に別系統の花粉を交雑することで効率的に雑種種子を得ることができる。

とすることとされている。ただし，アブラナ科がその花の形態から十字花科と呼ばれていた時代の名残で，それを意味する「Cruciferae」と記されることもある。Gramineaeはイネ科が「禾本科」と呼ばれていたことに由来する。

＊31　穎花：イネ科の花の着生単位を小穂と呼び，その中に小花(穎花)が形成される。イネでは1つの小穂に1つの穎花(1小穂1穎花)が形成され，コムギでは複数の穎花が形成される。形態学的には，穎花は花である。穎花内には6本の雄ずいと1つの雌ずいがある。花弁に相当する器官が**鱗被**(lodicule)と呼ばれる器官であり，開花時にふくらむことで穎花が開く。穎花はがく片に相当し，**内穎**(palea)，**外穎**(lemma)から構成される。イネ科ではがく片が欠失している，あるいは鱗被が花弁，がく片に相当する器官であるという考え方もある。外穎の先端には**芒**(のぎ，awn：第6章177頁欄外注＊29参照)と呼ばれる棒状の突起があり，種子の拡散などにおいて機能していると考えられている。収穫時の「籾(もみ)」と呼ばれる部位は内穎と外穎である。

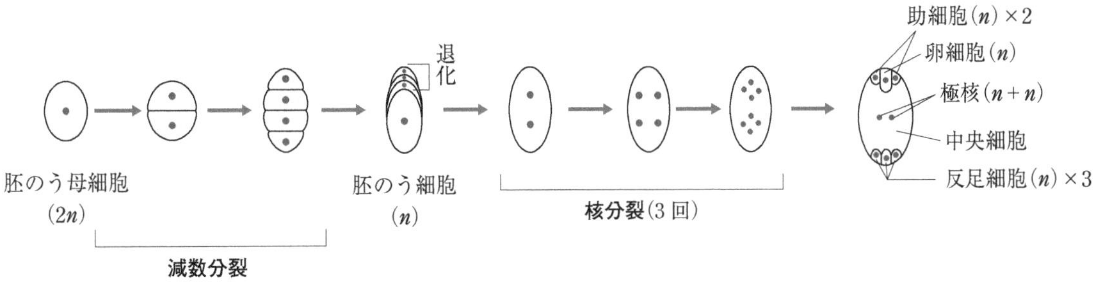

図5.13 | **胚のうの成熟過程**
雌ずいの全体像については，第2章図2.1を参照。

Column 5.4

不稔と環境との相互作用

5.2.3項で述べたように雌雄の配偶子である卵細胞，花粉の形成過程には違いがあることから，形成過程に機能する遺伝子の数も異なることが予想される。両性配偶子の成熟過程で機能する遺伝子が機能不全を起こすと，成熟した卵細胞・花粉ができず，種子形成に至らない。こうした現象を「不稔(sterility)」と呼び，雌雄のどちらに原因があるかによって雌性不稔(female sterility)および雄性不稔(male sterility)と呼ぶ。卵細胞は子房の中の胚のうに包まれて存在する。一方，花粉は葯内に多数存在する。卵細胞の数の少なさ，観察の困難さなどから雌性不稔よりも，雄性不稔の原因遺伝子のほうが多数単離・解析されている。

雌雄の不稔の原因は，雌雄生殖器官内での減数分裂，花粉と葯最内層のタペート細胞および卵細胞を含む胚のうの分化・成熟における異常である。この異常が遺伝子そのものの変異による場合と，温度や日長といった環境の影響を受ける場合がある。例えば，環境要因による場合，常温では遺伝子発現に異常が生じないが，低温に暴露することにより遺伝子発現に乱れが生じ，結果として不稔が生じる(図)。これらの影響を受ける遺伝子

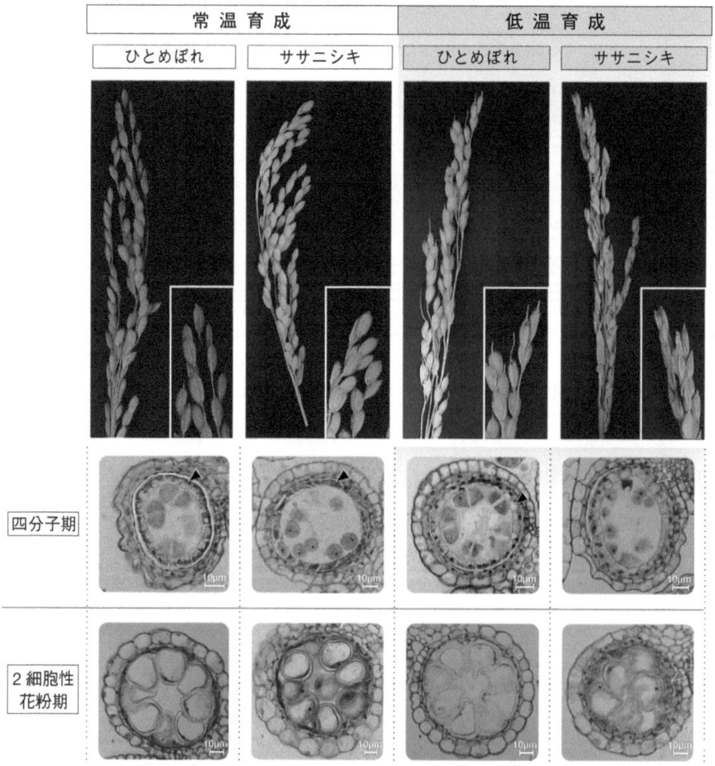

図 低温に対する感受性が異なるイネ品種‘ひとめぼれ’(耐冷性極強)と‘ササニシキ’(耐冷性やや弱)を常温と低温で栽培したときの穂と葯・花粉の比較

常温育成は通常の栽培条件。低温水田(19℃)で穂が形成され始める頃から低温処理を行う。常温栽培では花粉の発育ステージである四分子期，2細胞性花粉期のいずれにおいても品種間で差異はなく，四分子期では一定の厚さのタペート細胞が観察される(黒矢印)。
それに対して低温で栽培すると，低温に対する耐性が弱いササニシキでは，四分子期，2細胞性花粉期にはタペート細胞が肥大し，花粉の発達に異常が見られる(赤矢印)。最終的に穂では種子形成が起こらずに不稔を示す。耐冷性極強のひとめぼれでは常温育成と大きな差異は観察されない。
[岩手大学21世紀COEプログラム事業 編，温度と生命システムの相関学，東海大学出版会(2009)，図9.3より改変]

は基本的に核ゲノムにコードされている。一方，核ゲノムと細胞質ゲノムの不調和による不稔を細胞質雄性不稔と呼ぶ。細胞質雄性不稔では，細胞質のミトコンドリアゲノムに不稔の原因遺伝子があり（ミトコンドリアゲノムの組換えによって生じると考えられており，キメラ遺伝子であることが多い），核ゲノムにコードされた稔性回復遺伝子により稔性を回復させることができる。稔性回復遺伝子はペチュニア，ダイコン，イネで同定されているPPR（pentatricopeptide repeat）タンパク質をコードした例が多く知られている。PPRタンパク質は35アミノ酸の繰り返しからなり，ミトコンドリア遺伝子の転写後制御に関与すると考えられている。

また，遺伝子そのものの機能が失われて不稔を生じる場合のほかに，一定の日長時間，温度を境にして不稔が生じる例も知られている。イネの品種の中には，一定の日長時間（限界日長）より日長が長くなると花粉稔性が失われ，逆に限界日長よりも短いと稔性が回復し，結実する現象があり，日長感応性核遺伝子型雄性不稔（photoperiod-sensitive genic male sterility，PGMS）と呼ぶ。一方，一定の高温（30℃）に植物体を暴露することで，正常な花粉が形成されず，その温度より低温であれば稔性を示す品種（水稲中間母本12号）が育成されている。この現象を温度感応性核遺伝子型雄性不稔（thermo-sensitive genic male sterility，TGMS）という。日長，温度という環境因子により雄性不稔が生じることからこの2つの不稔現象をあわせて，環境感応性核遺伝子型雄性不稔（environment-sensitive genic male sterility，EGMS）と呼ぶ。

細胞質雄性不稔を利用したハイブリッド種子生産の場合には，不稔を回復させる系統，不稔を維持する系統など遺伝的背景が異なる系統を用意する必要があり，煩雑である。それに対して「日長，温度」という環境条件を変化させることで，雌ずいのみの花を有する個体にすることができ，別個体の花粉を受粉することで「ハイブリッド種子」生産が可能になる。このことから，環境感応性核遺伝子型雄性不稔を利用したハイブリッド種子生産はイネ以外にも応用される可能性を秘めている。

雄性不稔形質が実際の育種で利用されている作物としては，イネ以外にはテンサイ，タマネギ，ニンジン，ヒマワリなどがある。また，アメリカでは遺伝子組換え技術により雄性不稔を誘発したトウモロコシが開発・実用化されている。

5.3 ◆ 受粉と受粉反応

植物は子孫である種子が地面に落ちた場所で発芽し，生殖まで行う。生殖の最初の過程は花粉が雌ずいの先端（柱頭）に付着する受粉である。イネ科などでは花粉が風で運ばれる**風媒花**（anemophilous flower）も見られるが，多くの植物では訪花昆虫によって花粉が運ばれる**虫媒花**（entomophilous flower）を採用している（**図5.14**）。虫媒花の場合，訪花昆虫は同種，異種の花粉を柱頭に付着させるため，柱頭は同種と異種の花粉の識別をしていると考えられる。そうした異種花粉の識別に関与する新規の膜タンパク質をコードした遺伝子（*SPRI1*）[*32]などが解析されつつあるものの，その詳細は不明である。本節では花粉と雌ずいの相互作用である受粉反応，特に，自家不和合性反応について概説する。

＊32　*SPRI1*：アブラナ科植物の種間交雑実験から見いだされた種間不和合性の雌ずい側原因遺伝子。*STIGMATIC PRIVACY 1*の略。柱頭でのみ機能し，細胞膜を4回貫通する領域を有しているタンパク質をコードしている。

図5.14 | ハチによる受粉
[写真は著者撮影]

5.3.1 ◇ 自殖性と他殖性

多くの植物は1つの花の中に雌雄の両生殖器官である雌ずいと雄ずいを有している両性花を咲かせる。両性花は植物の固着性(動くことができない)という環境下でも効率良く子孫を残すことができるシステムである。自家受粉によって自殖種子を結実する**自殖性植物**(autogamous plants)と，異なる個体に由来する他家受粉によって種子が結実する**他殖性植物**(allogamous plants)が存在する。自殖性と他殖性は必ずいずれかを示すというような形質ではなく連続的であり，自殖性植物の場合においてもイネのように自殖率が高いものから，セイヨウナタネ(oilseed rape, *Brassica napus* L.)，カラシナ(mustard greens, *Brassica juncea* L.)のように一定程度の他殖性を示す植物も存在する。

他殖性を保証するしくみとしては，自家不和合性，雌雄異花，雌雄異株，雌雄異熟などがある。**自家不和合性**(self-incompatibility)とは，機能的，形態的に正常な生殖器官(雌ずい，雄ずい)を有しながら，自家花粉[*33]では受精・結実できず，他家受粉の場合にのみ受精に至る現象を示し，多くの場合，1つの遺伝子で制御されている。雌雄が示す自家不和合性の遺伝子(*S*遺伝子)が同一の場合には不和合性を示し，異なる場合には花粉管が侵入・伸長し，受精に至る和合性を示す。自己花粉が不和合性と判定される場所は植物種で異なり，自己の柱頭上での不発芽，花粉管の柱頭への不侵入，花柱内での花粉管伸長停止などが知られている。また，半数程度の植物種が自家不和合性の形質により他殖性を保持しているといわれているが，植物種によってその分子機構は異なる。自家不和合性における自他認識の分子機構および農学・育種学的な利用については次項で説明する。

一方，雌雄異花，雌雄異株は自殖性を示す植物が他殖性を獲得するために構築したシステムともいえる。雌雄異花は1つの個体に雄花，雌花という単性花を形成し，トウモロコシ，キュウリ・メロン・スイカなどで観察される。雌雄異株は個体ごとに雄株，雌株というように雌雄(性)

＊33　自家受粉：同一の花に由来する花粉を雌ずいの先端に受粉する場合，「自花受粉」と記すこともある。一方で，「自家」，つまり同一個体内に着生する花は遺伝的に同一であることから，「自家花粉」という言葉を使い，「自花花粉」の表記は一般には使われない。

＊34　トウモロコシの場合，雄花，雌花とは呼ばず，雄穂(tassel)，雌穂(ear)という特別な呼称がある。雌穂に形成される柱頭，花柱は細い糸状であり，絹糸(silk)と呼ばれている(149頁欄外注の写真を参照)。雌穂は苞葉(husk)に包まれており，苞葉を除去すると，後に種子となる子房と絹糸が1つずつつながっていることが観察できる(下側の写真)。また，雄穂で雌ずいが退化せずに結実することがあり，形成された種子を雄穂種子(tassel seed)という。

が決定されているものである。作物で言えば，ホウレンソウ，アスパラガス，キウイフルーツなどで見られる。この2つのしくみは雌雄が別の花，別の個体になることで他殖性を確保している(5.2.2項参照)。

それに対して，**雌雄異熟**(dichogamy)は，両性花でありながら雄ずい，雌ずいが成熟するタイミングをずらすことによって自家受粉を避け，他家受粉を促進するというしくみである。雌雄のどちらが先に成熟するかによって，**雄性先熟**(protandry)，**雌性先熟**(protogyny)に区別される。雄性先熟はタマネギなどで，雌性先熟はコスモスなどで見られる。さらに，雌雄異花であるトウモロコシでは茎の先端に雄花(雄穂)が咲き，雌花(雌穂)は下位葉の腋芽として形成され，雄性先熟を示す。そのため，トウモロコシでは，一般に複数個体(10株以上)を栽培しないと種子形成がうまく行われないとされている(**図5.15**)[*34]。

作物に利用されている植物の多くは有性生殖を経て繁殖するが，サツマイモ，サトイモ，ヤマノイモのように無性生殖と有性生殖の両方で繁殖するような場合も見られる。

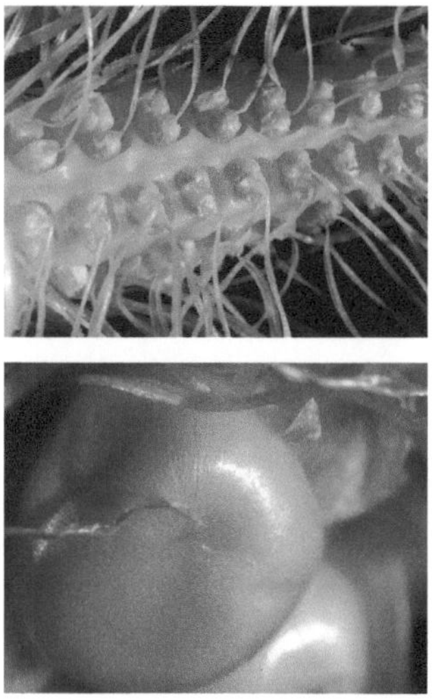

受精前のトウモロコシの雌穂(上)と発達途中の種子(下)
いずれも長い絹糸(シルク)が子房につながっている。
[写真は東北大学・増子(鈴木)潤美氏 提供]

図5.15 | **雄性先熟を示すトウモロコシ**

1つの個体を見ると雄花(雄穂：右上)の開花時期が雌花(雌穂：右下)よりも早く，また個体間でも雄穂，雌穂の成熟する時期がずれていることが見て取れる。[写真は著者撮影]

5.3.2 ◇ 自家不和合性のしくみと品種改良

自家不和合性は植物種の半数で観察される現象といわれ，古くはダーウィンの著書『*The Effects of Cross and Self Fertilisation in the Vegetable Kingdom*（植物界における他家受粉と自家受粉の効果）』にも植物の興味深い現象として紹介されている。形態的に異なる花の間で和合性（花粉管が侵入し，受精に至る）となる異形花型自家不和合性（heteromorphic self-incompatibility）*35は，ソバ，サクラソウ，スターフルーツなどで見られる（**図5.16**）。一方で，花の形態には違いがなく，自家不和合性を制御する**対立遺伝子**（allele，アレル）が雌雄で同じ場合に自家不和合性が生じる形質を同形花型自家不和合性（homomorphic self-incompatibility）という（**図5.17**）。自家不和合性を示すほとんどの植物種はこの同形花型に分類される。さらに，同形花型自家不和合性は自家不和合性制御遺伝子の発現様式に従い，**図5.17**に示す胞子体型自家不和合性（spo-

*35　異形花型自家不和合性：雌ずいと雄ずい（葯）の位置が異なる個体間での交雑時は受精できるが，同じ花の形態を示す個体間では受精に至らない不和合性現象。雌ずいと雄ずいの位置が長い，短いという2つのタイプがある場合を二形花型と呼ぶ。雌ずいが長く，雄ずいが短いタイプ（長花柱花）をピン（pin）と呼び，雌ずいが短く，雄ずいが長いタイプ（短花柱花）をスラム（thrum）と呼ぶ（図5.16参照）。遺伝学的には長花柱花が*ss*（劣性ホモ接合体）の遺伝子型，短花柱花が*Ss*（ヘテロ接合体）と仮定されている。古くは1877年にダーウィンが『*Different forms of flowers on the plants of the same species*』と題した著書を発表し，異形花型自家不和合性現象を記している。

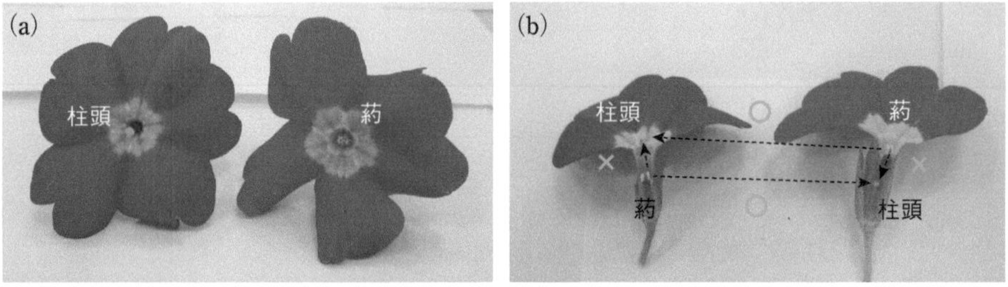

図5.16 | 異形花性を示すサクラソウ

(a)長花柱花を上から見ると花の中央に雌ずいの柱頭のみが観察される（左）。一方，短花柱花では葯が観察される（右）。(b)それぞれの花を縦に裂くと，花内部の低い位置に葯（長花柱花（左）），柱頭（短花柱花（右））が観察できる。点線は花粉の移動（交雑の方向）を表す。○，×はそれぞれの和合組み合わせ，不和合組み合わせを表す。結果として，柱頭，葯の位置が異なる花の間で受精が成立する。[写真は著者撮影]

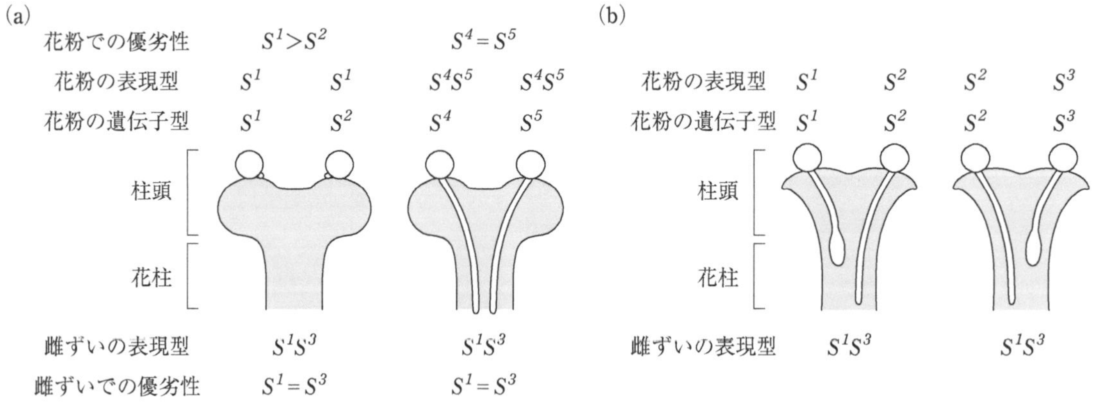

図5.17 | 胞子体型自家不和合性(a)と配偶体型自家不和合性(b)における花粉管の行動

(a)胞子体型自家不和合性についてはアブラナ科植物で観察される花粉管が柱頭表面で停止する不和合性反応を，(b)配偶体型自家不和合性についてはナス科植物で観察される花粉管は花柱の中まで伸長するが，先端が膨張して破裂する不和合性反応を示した。

雌ずい側（母親）にはS^1S^3ヘテロ個体を用いると仮定する。胞子体型，配偶体型のいずれも雌ずい側では2つの*S*対立遺伝子は共優性を示す（この場合はS^1S^3）。花粉側（父親）には雌ずい側とは異なる*S*対立遺伝子の組み合わせを仮定する。胞子体型(a)の左側の場合は*S*対立遺伝子間に優劣性があり，花粉が有する遺伝子型と花粉の表現型は異なる場合がある。それに対して，右側の場合は2つの*S*対立遺伝子が共優性であるため，2つの*S*対立遺伝子の両方の形質を示す。一方，配偶体型(b)の場合は，花粉の遺伝子型と表現型が一致する。

[渡辺正夫，日向康吉，日本花粉学会会誌 **40**：43–53（1994）より改変]

rophytic self-incompatibility)[＊36]と配偶体型自家不和合性(gametophytic self-incompatibility)[＊37]に分類される。多くの同形花型自家不和合性は，***S*遺伝子座**(*S* locus)と呼ばれる1遺伝子座の複対立遺伝子[＊38]系(S^1, S^2, S^3, ..., S^n)で説明される。なお，自家不和合性の対立遺伝子の番号は下付きの添え字で記されることが多いが，遺伝学では対立遺伝子の表記に上付きの添え字を使うことから，ここでは上付きの添え字で表記した。**図5.18**に示すように，**花粉側*S*因子**(male *S* determinant)と**雌ずい側*S*因子**(female *S* determinant)が一致したときに不和合性となる。アブラナ科植物における胞子体型不和合性の場合，花粉管は雌ずい先端の柱頭表面の**乳頭細胞**(papilla cell)上で停止する(**図5.17**(a)左，**図5.19**(a))。一方，*S*因子が一致しなかったときには和合性となり，花粉管は乳頭細胞の細胞壁のクチクラ層に侵入し，花柱内の誘導組織を伸長し，最終的に受精に至る(**図5.17**(a)右，**図5.19**(b))。ナス科，バラ科などの配偶体型自家不和合性では，花粉管は花柱まで伸長するが，受精するまでに花粉管が伸長停止し，不和合性となる(**図5.17**(b))。

自家不和合性は花粉と雌ずいの相互作用であることから，花粉あるいは雌ずいに自家不和合性を制御する*S*遺伝子の産物があるのではないかという観点から1960年代より研究が行われた。実際，アブラナ科，ナス科，バラ科植物の雌ずい抽出物中に検出されたタンパク質の分子量あるいは等電点[＊39]が*S*対立遺伝子の違いと一致したタンパク質(当時は，*S*タンパク質，*S*糖タンパク質と呼ばれた)が同定され，自家不和合性への関与が示唆された。1990年代以降に胞子体型自家不和合性を示すアブラナ科，配偶体型自家不和合性を示すナス科で雌雄の*S*遺伝子が単離・解析された[＊40]。その結果，配偶体型自家不和合性を示すナス科，バラ科，オオバコ科，ミカン科，サボテン科，パイナップル科植物では共通して，花粉因子はタンパク質の分解・リサイクルに関連したF-boxタンパク質(*S* locus F-box, SLF)[＊41]であり，雌ずい側*S*因子はRNAを分解するRNase(*S*-RNase)であることが示されている。このように科を越えて自家不和合性のシステムに共通性があるものもあれば，アブラナ科，ヒルガオ科，ケシ科植物では異なるシステムを利用している。2000年以降，多くの植物種で*S*遺伝子が解析されており，**図5.20**に示すように植物の進化系統樹とは独立に自家不和合性のシステムが構築されていることが明らかになっている。このことは植物は進化の過程で，自家不和合性というシステムを独立に獲得したことを意味する。

自家不和合性を制御する分子実体が解明されたことにより，アブラナ科，ケシ科の自家不和合性では，同じ対立遺伝子由来の花粉側*S*因子と雌ずい側*S*因子が対立遺伝子特異的に結合することにより，不和合性反応を生じることが示されている。実際，アブラナ科植物の自家不和合性を制御する*S*遺伝子座上には雌ずい側*S*因子である*SRK*(*S* receptor kinase)と花粉側*S*因子の*SP11*(*S*-locus protein 11, *SCR*：*S* locus cysteine-rich

＊36　胞子体型自家不和合性：同形花型自家不和合性のうち，*S*遺伝子の発現が花粉を産生した胞子体(親植物)の遺伝子間の相互作用の結果で決定される場合を胞子体型自家不和合性と呼ぶ。二倍体植物の場合，対立遺伝子は2対であることから，対立遺伝子間には優劣性，共優性が生じる。花粉側と雌ずい側での優劣性関係は必ずしも一致しない。花粉側優劣性については，第6章コラム6.4を参照。

＊37　配偶体型自家不和合性：同形花型自家不和合性のうち，*S*遺伝子の発現が花粉の有する遺伝子型によって決定される場合を配偶体型自家不和合性と呼ぶ。花粉側での*S*対立遺伝子間に優劣性は生じない。雌ずいは核相が$2n$である細胞からできていることから共優性を示し，どちらの*S*対立遺伝子も発現する。

＊38　複対立遺伝子：ほとんどの遺伝現象では対立遺伝子は2対であり，優性，劣性対立遺伝子からなる。それに対して，対立遺伝子が3対以上ある場合を「複対立遺伝子」と呼ぶ。身近な例では，ABO型の血液型であり，A型とB型はO型に対して優性を示す。一方で，A型とB型は共優性を示す。詳細は第6章6.2.2項を参照。さらに，自家不和合性で優劣性現象が見られるのは胞子体型の場合に限られる。アブラナ科植物の*S*複対立遺伝子間の優劣性制御機構については，第6章コラム6.4を参照。

＊39　等電点：タンパク質は塩基性アミノ酸と酸性アミノ酸を含んでいるため，電荷を有している。溶媒中でこの電荷が見かけ上なくなるpHの値を等電点という。

＊40　自家不和合性の研究では1980年代以降，遺伝学，分子生物学，生化学的手法により，アブラナ科，ナス科などの植物種を研究材料として，雌雄*S*因子の同定，雌雄*S*因子間の相互作用，*S*対立遺伝子間で生じる優劣性機構の実態解明などが行われた。これらの成果は，東北大学の日向康吉博士と奈良先端科学技術大学院大学の磯貝彰博士の共同研究によるものであり，世界の研究をリードしてきた。

＊41　F-boxタンパク質については，第9章228頁欄外注＊30を参照。

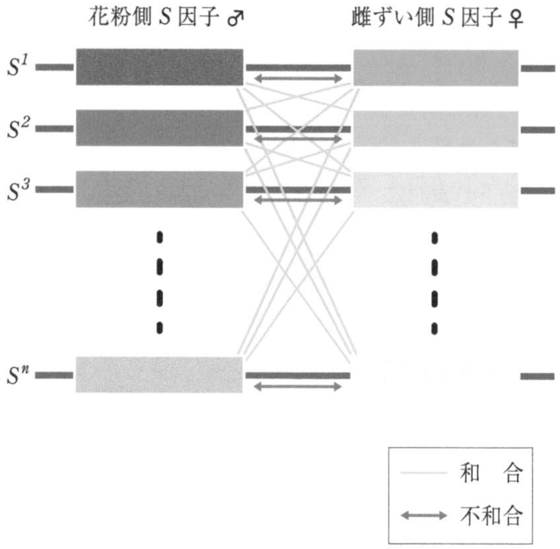

図5.18 | **自家不和合性現象を説明する遺伝的モデル**

花粉側S因子と雌ずい側S因子が一致したときには不和合性を示す。異なる対立遺伝子(S対立遺伝子の番号が違う)のときには和合性を示す。S遺伝子座上において雌ずい側，花粉側S因子をコードする遺伝子は遺伝的な組み換えが起こらない1つのユニットとしてふるまうことから，それぞれのS対立遺伝子をSハプロタイプとも呼ぶ(ハプロタイプについては，第6章167頁欄外注＊17参照)。

[武田和哉，渡辺正夫 編著，菜の花と人間の文化史，勉誠出版 (2019)，図1.3.7より改変]

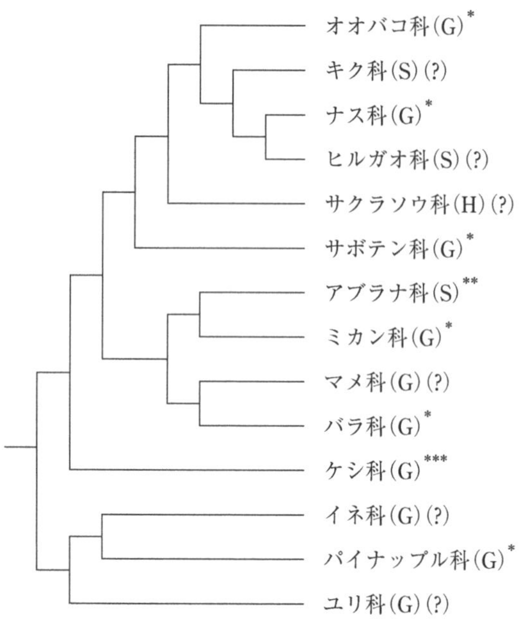

図5.20 | **被子植物の系統関係と自家不和合性**

自家不和合性を示す主たる植物を含む科と，自家不和合性の遺伝様式およびその制御因子の関係を示している。S：胞子体型，G：配偶体型，H：異形花型，＊：S-RNase/F-box型，＊＊：SRK/SP11型，＊＊＊：PrsS/PrpS型。？は機能分子が不明であるもの。

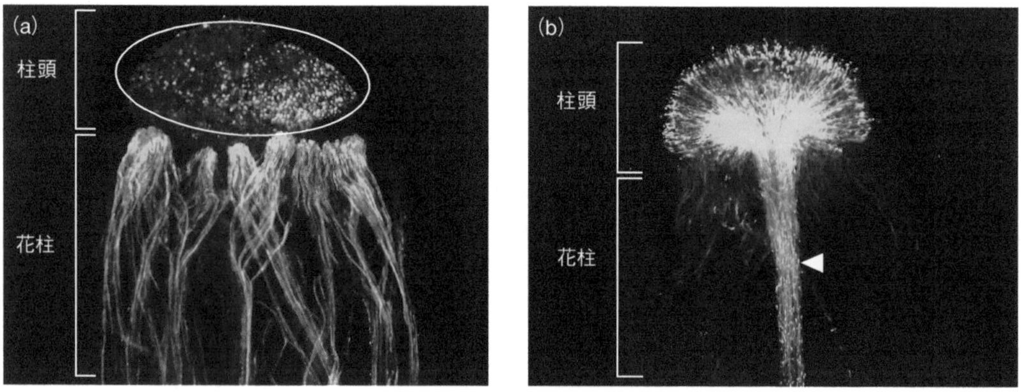

図5.19 | **アブラナ科植物*Brassica rapa*の柱頭上での自己花粉と非自己花粉を受粉した場合の違い**

花粉管はアニリンブルー染色(155頁欄外注＊50参照)後に蛍光顕微鏡で観察した。(a)自己花粉を受粉した場合には，柱頭上の乳頭細胞表面で花粉管侵入は阻害される。柱頭(白い楕円で囲まれた部分)で青白い蛍光として観察されているのは，柱頭上の乳頭細胞に花粉が付着したことで形成されたカロース(155頁欄外注＊50参照)。また，花柱に観察される繊維状の蛍光は花柱内の維管束が染色されたもの。(b)非自己花粉を受粉した場合には，乳頭細胞の細胞壁に花粉管が侵入し，受精に至る。花柱内を伸長する花粉管の束を白矢印で示した。

[写真は東北大学・林 真妃 博士提供]

proteinとも呼ばれる)遺伝子が座乗しており，2つの遺伝子は遺伝的な組換えが起こらない1つのユニットとしてふるまう(**図5.18**)。*SRK*はSドメインを細胞外ドメインにもつ膜貫通型キナーゼ，*SP11*はシステイン残基を多く含むタンパク質をコードしている。SRKのSドメインとSP11の立体構造が解明され，同一対立遺伝子由来のSRKのSドメイン

Column 5.5

自家不和合性を意味する*S*遺伝子の名前の由来—*S*の意味とは?

自家不和合性は英語でself-incompatibilityと表記する。また，この自家不和合性を制御する遺伝子座を*S*遺伝子座という。*S*遺伝子座の「*S*」は自家不和合性のselfの頭文字から取っているといわれることが多いが，実はsterility(不稔)の頭文字に由来している。不稔は配偶子が機能不全の場合を，不和合性は雌雄の組み合わせがよくない場合を示しており，両者は明らかに異なる事象を表している(不稔性については，コラム5.4を参照)。

ところが，自家不和合性研究の報告が科学雑誌に掲載されるようになった1900年代初頭は，受粉時の花粉管の様子を直接顕微鏡などにより観察することが容易ではなく，受粉後の結実を見て表現型を判断することが多かった。つまり，結実しないという現象が雌雄の不和合性の結果として起こったのか，不稔の結果として起こったのかを厳密に区別することはその当時は困難であった。こうしたことから，自家受粉をした結果，受精ができず，種子形成しないという現象に対して，self-sterilityという言葉とself-incompatibilityという言葉が混同して使われた。その後の詳細な実験により，これは花粉と雌ずいの相互作用の結果として生じる現象であり，不稔ではなく，不和合性であることがわかったが，自家不和合性現象を示す遺伝子座を表す*S*という遺伝学の記号だけが現在も使われている。

とSP11を構成するどのアミノ酸どうしが相互作用するのかというレベルまで解析が進んでいる。その結果，2分子のSRKが受容体を形成し，同一対立遺伝子由来の2分子のSP11が「鍵と鍵穴」のような関係で特異的に結合することで自己花粉シグナルを雌ずい先端の細胞(花粉を受容する乳頭細胞)内に伝達し，不和合性となる。一方，ナス科，バラ科，オオバコ科などの自家不和合性の場合，*S*遺伝子座上には雌ずい側*S*因子として*S*-RNaseが1コピー存在する。加えて，花粉側*S*因子であるSLFは複数個(ペチュニアの場合には18程度の異なるタイプ)が*S*-RNase遺伝子の周辺に存在している。興味深いことに，SLFは非自己由来の*S*-RNaseとは結合でき，これを分解できるが，自己の*S*-RNaseとは結合できない。この非自己を特異的に認識するしくみは**協調的非自己認識システム**(collaborative non-self recognition system)と呼ばれる。

アブラナ科植物の自家不和合性形質は，実際の品種改良の現場において，F_1雑種の種子生産を経済的に行う際に利用されている。純系の両親を栽植し，訪花昆虫(ミツバチなど)を用いて効率的に両親植物体に由来する花粉を相互に交雑(例えば，S^1ホモ系統とS^2ホモ系統)できれば，栽植した植物に稔実した種子は均一なF_1雑種種子(S^1S^2ヘテロ種子)*42であり，大量に得ることができる。この効率的，経済的な手法として，自家不和合性形質が用いられている。そのためにはまず，両親となる純系の種子を大量に得ることが求められる。アブラナ科植物の場合，自家受粉時のCO_2濃度を5%程度にすると自家不和合性が打破される*43。この技術の発見によりビニールハウスなどの閉鎖系で純系を栽培し，5% CO_2処理を行うことにより自殖種子を大量に増殖することが可能となっ

*42　植物で異なる系統を交雑するとき，A系統×B系統といった表記をする。A系統×B系統は，A系統を母本(雌しべ親)として，B系統由来の花粉を交雑することを意味する。

*43　アブラナ科植物の自家不和合性を打破する手法として，蕾受粉，NaCl水溶液(数%)の散布，高温(40°C程度)処理，CO_2(5%程度)処理が知られている。蕾受粉とは，アブラナ科植物が雌性先熟であるという点を利用して，開花数日前の蕾の先端を除去し，開花当日の花粉を受粉することで自殖種子を得る方法である。少量の種子を得る目的であれば，この手法で十分である。

一方，大量の自殖種子を得るためには，閉鎖したビニールハウス内のCO_2濃度を5%程度にしてミツバチなどの訪花昆虫を飛ばすことで，特定の純系(遺伝的にホモ接合体である個体)の種子を増殖できる。なお，CO_2処理により自家不和合性が打破される原因はわかっていない。

Column 5.6

自家不和合性を有する果樹と受粉樹

バラ科果樹であるリンゴ，ナシ，オウトウは自家不和合性を示し，*S*対立遺伝子が異なる品種由来の受粉によって結実する。そのため，ミツバチなどの訪花昆虫による受粉の場合，異なる品種を受粉樹として栽培するか，異なる品種の花粉を人手により受粉するという作業が必要となる。こうした受粉作業には大変な手間がかかることから，枝変わりにより，雌ずい側*S*因子である*S*-RNase遺伝子が欠損した自家和合性のナシ品種‘おさ二十世紀’が見いだされているが，これ以外のほとんどの品種は自家不和合性である。

同じバラ科果樹でもモモは自家和合性であり，受粉樹を必要としない。また，ウメの場合，いくつかの品種を除いて自家和合性を示す。一方，ツツジ科のブルーベリー，ミカン科のカンキツでは系統によって自家不和合性を示すため，そうした場合には，バラ科果樹と同様な栽培様式が必要とされる。

ている。この自殖種子を両親（例えば，S^1ホモ系統とS^2ホモ系統）として，島などの閉ざされた場所でミツバチなどの訪花昆虫を利用することで効率的なF_1雑種種子（S^1S^2ヘテロ種子）生産[*44]が行われている。

5.3.3 ◇ 自家不和合性と植物・病原微生物間相互作用の比較

自家不和合性は花粉と雌ずいの相互作用であり，植物と病原微生物（糸状菌，細菌，ウイルスなど）の相互作用と比較されることが多い。植物と病原微生物の相互作用を遺伝学的に解析した最初の例が，繊維の原料となるアマ（亜麻）とさび病[*45]菌に関する実験であり，アマにおける特定の系統（品種）と，さび病菌における特定の系統（レース（race）と呼ぶ）でのみ抵抗性反応が見られ，それ以外では罹病性を示した。つまり，さび病菌が提示する非病原性因子（現在ではエフェクターと呼ばれる）と，植物の抵抗性遺伝子が相互作用したときに抵抗性反応が生じる。このように特定の遺伝的組み合わせのときにのみ抵抗性を示すことは，自家不和合性が同じ*S*対立遺伝子間では不和合性反応が生じることと類似している[*46]。

自家不和合性の対立遺伝子としては50～100程度が実際に同定されており，まだ同定されていないものも含めて200以上存在するとも推定されている。このように多くの対立遺伝子が産生された原因は，雌雄いずれかの*S*因子が変異した場合，自家不和合性を維持するためにもう片方の*S*因子も変異するという共進化であるとされている。一方，植物と病原微生物の相互作用においても，植物側は個体を維持するために抵抗性を示すように進化し，病原微生物側はそれを打破するという**進化的軍拡競争**（evolutionary arms race）[*47]と呼ばれる共進化が起こってきたとされている。植物ゲノム中には過去に抵抗性遺伝子として機能したであろう遺伝情報が残されているのは共進化の結果と考えられている。

こうした類似性がある一方で，この両者には，自家不和合性は自己認

＊44　採種を行うためには，目的とする系統以外の同種の植物が近くに生育していない隔離条件が重要である。そのため，小さな島での採種は有効である。1920年代から宮城県松島湾の桂島でハクサイの純系採種（結球白菜‘松島純一号’など）が行われている。

同種の植物が生育していると，容易に交雑が生じ，目的以外の遺伝子が混入することになるため，採種時にはそうした植物を刈取りなどで排除する。例えば，ハクサイの採種を行う場合，別品種のハクサイはもちろん，カブ，チンゲンサイ，パクチョイなどの同種の植物を除去することが求められる。

また，訪花昆虫に用いるミツバチの視覚は人間とは異なることから，島外に出ることや，島外からの混入はないとされている。この原理を使うことにより効率的に受粉作業がなされ，経済的な採種が可能となる。1950年代には雑種強勢を示す異なる系統を植え，系統間で交雑されたF_1雑種種子（‘松島交配六号’など）の生産が松島湾の島しょ部で行われ，現在も継続してF_1品種種子の採種が行われている。

＊45　さび病：糸状菌により発生する病気で，多くの作物の葉，茎，果実などが感染し，鉄さびのような色の盛り上がった病斑をつくる。宿主植物によって感染する病原菌は異なる。アマに感染する糸状菌は*Melampsora lini*である。

識であり，植物と病原微生物の相互作用は非自己認識であるという違いがある。もちろん，ナス科，バラ科などの自家不和合性は分子レベルでの相互作用を考えると，自己認識ではなく非自己認識であり，類似性があるともいえる。また，和合性反応時，つまり花粉管侵入，花粉管伸長時には，花粉管は雌ずいの細胞壁内，あるいは**誘導組織**(通導組織：transmitting tissue)の細胞と細胞の間を伸長し，細胞を破壊することはない。一方，植物と病原微生物の相互作用の場合，病原微生物は細胞内に侵入し，結果的に細胞は壊死する。病原性を示さない根粒菌，菌根菌などの場合には，細胞内で共生している。

なお，植物が示す病原微生物への抵抗性反応の分子機構については，第10章10.7節を参照していただきたい。

＊46　罹病性を示すことを「親和性，和合性である」と表現することから，抵抗性を示すことを「不和合性である」ということもある。

＊47　進化的軍拡競争：生物間の相互作用で片方の生物の適応にあわせるように別生物が適応する現象で，生物間で相互に軍備を拡張するように見えることから「進化的軍拡競争」と呼ぶ。換言すると，生物間相互が競争関係を通じて共進化すること。植物と病原微生物の関係がその例であるが，それ以外に，動物と病原微生物，植物と昆虫(ヤブツバキとツバキシギゾウムシ)などが知られている。

5.4 ◆ 花粉発芽から重複受精

花粉が雌ずいの柱頭に付着したとき，自己花粉であればこれを排除するような自家不和合性反応が生じる。一方で非自己花粉の場合には雌ずいから水が供給されてふくらみ，花粉が発芽し，花粉管が出現する。花粉管は柱頭上の乳頭細胞の細胞壁を通過し，花柱内を伸長し，胚のう内の卵細胞に向かって花粉管伸長を続ける。

動物の受精は精子と卵細胞の融合であるが，ほとんどの作物を含む被子植物では，精細胞は卵細胞・中央細胞という2つの異なる細胞と**重複受精**(double fertilization)し，**胚**(embryo)・**胚乳**(endosperm)を形成する。本節では受粉後の過程について概説する。

5.4.1 ◇ 花粉発芽，花粉管伸長，花粉管誘引

雌ずいの先端の柱頭に受粉した花粉は**吸水**(hydration)し，膨圧に耐えることができなくなった時点で，**発芽溝**[*48](germinal furrow：アブラナなど)あるいは**発芽孔**[*49](germinal pore：イネなど)から花粉が発芽する(**花粉発芽**，pollen germination)。受粉する時点で，花粉内の細胞が栄養細胞と雄原細胞が1つずつある2細胞性花粉では，**花粉管伸長**(pollen tube elongation)とともに雄原細胞が分裂し，2つの精細胞に分化する。花粉管発芽，花粉管伸長に必要な遺伝子は花粉成熟時に，花粉内に蓄積されており，花粉管伸長時に新規な遺伝子の転写は起こらないとされている。

＊48　発芽溝：花粉管が出現する場所の花粉表面に「溝」状の構造体がある場合，その構造体を発芽溝と呼ぶ。膨圧により発芽溝が裂けることで，花粉管が出現する。

＊49　発芽孔：花粉管が出現するために円形の構造体が花粉表面にある場合，その構造体を発芽孔と呼ぶ。

成熟花粉で発現している遺伝子の網羅的解析から，糖類トランスポーター，細胞壁再構築関連因子(ペクチン分解酵素など)，アクチン縮重合因子，先端成長膜交通関連因子が特異的に発現しており，これらが花粉管伸長に関与していると考えられている。

*In vitro*の実験において，花粉発芽，花粉管伸長にはCa^{2+}，Mg^{2+}などに加えて，ホウ素イオン(B^{3+})が花粉管の細胞壁伸長において必須で

Column 5.7

生殖過程に関わるシステイン残基に富んだペプチド

近年，ペプチド性の植物生理活性物質が数多く同定され，細胞増殖，細胞分化，害虫抵抗性，根粒との共生，生殖などの多岐にわたって機能していることが示されている。5アミノ酸残基のオリゴペプチドで活性を示すファイトスルフォカイン(phytosulfokine, PSK：第9章9.4節参照)のような例もあれば，80アミノ酸残基程度の長鎖ポリペプチドで機能するアブラナ科植物の自家不和合性の花粉側*S*因子SP11のような例もある。

植物の生殖過程では，花粉発芽，自家不和合性，花粉管伸長，花粉管誘引，花粉管破裂，受精というそれぞれの現象において，システイン残基に富んだ異なるペプチドが機能している。システイン残基はジスルフィド結合(S-S結合)を形成することで厳密なタンパク質の立体構造が構築でき，結果としてタンパク質機能の発現を安定化させる。それぞれの生理現象において機能するペプチドに含まれるシステイン残基も4～16個まで多様性に富んでいる。こうしたシステイン残基に富んだペプチドが生殖過程で数多く機能している原因は明らかになってはいないが，受粉から受精に至る過程で異なる細胞とそれぞれ相互作用することから，これらのペプチドが機能していると推定されている。なお，これらのペプチドのうち，機能同定されているものの約半数の受容体は，受容体型キナーゼである。

ある。花粉管伸長を花柱内でのアニリンブルー染色[*50]によって観察すると，花粉管には一定の間隔で蛍光に染色されるカロース栓(callose plug)が観察される。このカロース栓は花粉管内の細胞質が逆走しないための「壁」のような役割をしていると考えられている。換言すれば，細胞質は花粉の先端部分のみにあり，伸長している花粉管全体に花粉の細胞質があるわけではない。

*In vitro*で花粉管伸長をさせた場合，花粉管には受精能はない。一方，受粉後，花柱内を伸長した花粉は受精能を有している。つまり，花柱を通過する際に受精能をもつ花粉に変化している。この現象に関与する物質の1つが，AMOR(activation molecule for response-capability)と呼ばれるアラビノガラクタン(arabinoglactan)であり，このAMORなどの付与により花粉管は受精能を獲得する。花粉管誘引物質については100年以上前からの興味がもたれていたが，2000年代に入り，アブラナ科植物の自家不和合性の花粉側*S*因子であるSP11(*S*-locus protein 11)と同様にシステイン残基に富んだペプチド(LURE)が花粉管誘引物質として同定された。さらに，LUREは助細胞から放出され，花粉管先端のロイシンに富んだ繰り返し構造を受容体とするキナーゼ[*51]PRK6(pollen receptor kinase 6)によって同種の花粉と認識され，助細胞に誘引される(**花粉管誘引**，pollen tube attraction)。

＊50　アニリンブルー染色：グルコースがβ-1,3-グリコシド結合で直鎖状につながった多糖であるカロースを特異的に染色する手法。塩基性のアニリンブルー溶液で染色後，紫外線照射の蛍光顕微鏡で観察すると，青白色の蛍光として見える。また，花粉管，篩管，根毛，病原菌との相互作用部位などにカロースが沈着する。花粉管が伸長するたびに，一定の間隔でカロースを沈着させ，細胞質が先端にある状態を保つことにも寄与している。このときに形成されるカロースをカロース栓と呼ぶ(第2章図2.1参照)。

＊51　ロイシンに富んだ繰り返し構造を受容体とするキナーゼをLRR受容体型キナーゼと呼ぶ。第9章9.3.6項を参照。

5.4.2 ◇ 重複受精

誘引された花粉管はいずれかの助細胞から侵入すると破裂し(**花粉管破裂**，pollen tube rupture)，助細胞内で2つの精細胞を放出する。放出

Column 5.8

隔年結果と摘果

一年生作物の場合，栄養成長と生殖成長が部分的に重なる。例えば，イネの場合，花芽分化後(幼穂形成期)，幼葉が成長し，展開するまでの間は両者の成長が重なると考えることができる。一方，多年生作物である果樹の場合，栄養成長である樹木の成長と並行して，生殖成長として当該年の果実形成を行いつつ，翌年開花の花成を行う。

リンゴの場合，当該年の小さな果実が形成されている6月から7月には翌年の花成が起こる。樹木では光合成できる量が決まっていることから，光合成産物を当該年の果実生産と翌年開花の花成にバランス良く配分することが重要となる。このバランスを取るために行う作業が小さな果実を除く「摘果」である。摘果などを適切に管理を行わない場合，果実が多数形成される年とそうではない年が隔年で生じることがあり，この現象は隔年結果と呼ばれる。

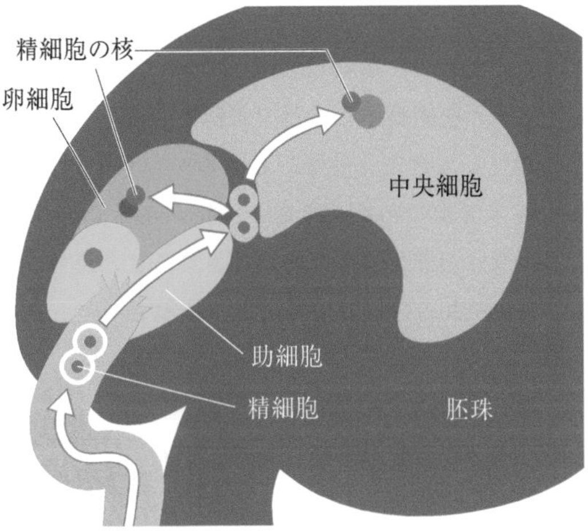

図5.21 **重複受精の模式図**
LUREにより誘引された花粉管は，助細胞内に侵入すると破裂する。精細胞の核は細胞の隙間でとどまり，その後中央細胞，卵細胞と重複受精する。

された精細胞の核は，**図5.21**に示すようにそれぞれ卵細胞の核，中央細胞の核と融合し，胚，胚乳を形成する。このように2回の受精が行われることから重複受精と呼ばれる。2つの精細胞のうち，どちらか特定の精細胞の核が卵細胞の核あるいは中央細胞の核と融合するという運命付けはなされてない。

イネ科のイネ，ムギ類，トウモロコシなどでは胚よりも大きい胚乳が形成される。それに対して，アブラナ科のシロイヌナズナ，マメ科のダイズでは受精後，一定程度まで胚乳は成長するが，乾燥種子では種皮の内側に数層の胚乳細胞を残して退化する(第7章7.1.4項参照)。

一方，受精を経ることなく果実が肥大したり，種子が形成されたりする現象も知られている。受粉・受精を経ることなく果実形成が生じる**単為結果**(parthenocarpy)はキュウリ，パイナップル，バナナなどで見られる。受粉作業が不要になることから農業形質としては重要であり，近年ではナス，トマトなどでも単為結果性の品種が育成されている。ナスの場合には，植物ホルモンのオーキシンの生合成が単為結果に関わっている(第9章9.2.1項，コラム9.6参照)。また，柑橘類では受精した種子が肥大することは稀であり，胚のうの周辺細胞(核相$2n$)から種子形成される珠心胚が種子となることが多い。

重複受精後の胚・胚乳の発生と発達については，第7章7.1節で詳細に解説する。

5.5 ◆ まとめ

植物，動物を問わず，有性生殖により遺伝的に多様な次世代を産み出すことは，その生物種の存続に関わる重要な問題である。このため，多様性の根幹をなす減数分裂のしくみは植物と動物で類似している(第6章6.1.2項参照)。一方で，植物は動くことができないため，「両性花」という生殖システムを構築することで自殖と他殖を可能とし，植物が置かれた環境に適応してきた。他殖のしくみも自家不和合性，雌雄異熟，雌雄異株などさまざまである。また，*S*-RNase/F-box型の自家不和合性は「科」という分類群を越えて見いだされることから，被子植物種ができた時点で自家不和合性のしくみとして構築された，あるいは，進化の過程では他のしくみを使いつつ，再び*S*-RNase/F-box型で自家不和合性現象を引き起こすようになり，現状に至ったという考え方もできる。特定の植物種についての生殖システムの理解だけでなく，植物全体を俯瞰的に見ることを通じて，環境への適応，それにともなう自殖性・他殖性の変化，他殖性で利用する遺伝子セットなど，新たな観点での研究が今後展開されるであろう。そのためにも，次の第6章で解説する遺伝学，ゲノム科学という点からも理解を深めてほしい。

受粉から受精に至る過程も多様であり，そこで機能する分子もさまざまである。個別の作目，植物種などによって異なる生殖システムが分化しているので，専門的な参考書を通じて吸収してほしい。

一方で，作物生産の現場から見ると，禾穀類，菽穀類，果菜類の生産には「生殖」は不可欠であり，受粉，受精が適切に行われることで，安定した子実生産につながる。また，栄養繁殖が基本であるジャガイモ，サツマイモ，果樹のような例を除き，種播きから作物生産が始まることを考えると，種子生産である「生殖」の分子レベルでの理解は，安定した農業に直結する重要な点ともいえる。また，子実生産は光合成産物を花，種子，果実にいかに転流するかという問題も含んでいる。この点については第4章4.5節を復習することで，栄養成長と生殖成長のバランスも理解していただきたい。

第6章

農学を支える遺伝学

分化，形態形成，成長，生殖など，植物生理学で取り扱う現象は多岐にわたり，それらの現象の理解が農学の幅広い理解につながる。植物生理学・農学分野の研究において遺伝子の塩基配列を決定できるようになった1980年代以降，目的形質の原因遺伝子の解析などのために遺伝学の理解がいっそう重要になってきた。本章では，そうした背景を踏まえ，減数分裂と遺伝的変異，遺伝学の基礎となるメンデルの「遺伝の法則」，作物で多く見られる倍数性，遺伝的多様性，育種素材としての近縁野生種，および植物遺伝資源の今後の利活用などについて概説する。

6.1 ◆ 体細胞分裂と減数分裂

第5章で述べたように，減数分裂により生じた**雌性配偶子**(female gamete)である卵細胞(核相n)と**雄性配偶子**(male gamete)の精細胞(n)の核が融合して受精卵($2n$)が形成される。受精卵は**体細胞分裂**(mitosis)[*1]を繰り返し，組織・器官に特徴的な細胞に分化し，植物体ができあがる(第2章2.1.1，2.1.2項参照)。本節では，体細胞分裂と減数分裂の共通点と相違点について概観する。

6.1.1 ◇ 体細胞分裂

受精により形成された受精卵(核相$2n$)が細胞分裂を繰り返し，植物の成長を支える根，茎，葉を構成する複雑な組織，器官に分化する。この細胞分裂を体細胞分裂という。**図6.1**(a)に体細胞分裂の流れを模式的に示す。体細胞分裂ではまず，遺伝情報の本体である**DNA複製**(DNA replication)[*2]が行われる。通常，体細胞は核相が$2n$であることから，DNA複製が起こった時点で核相は$4n$と倍加する。体細胞分裂時には凝縮した染色体が観察される。染色体は赤道面に並んだ後，**動原体**(kinetochore)[*3]に結合した**紡錘糸**(spindle fiber)[*4]により両極に引き寄せられて核分裂が起こり，その後細胞質が分裂し，**細胞板**(cell plate)[*5]が形成され，2つの細胞になる。分裂したそれぞれの細胞の核相は$2n$にもどる(**図6.1**(a))。

＊1　体細胞は生物体を構成する細胞のうち，生殖細胞を除いた細胞を指す。

＊2　DNA複製：DNAを構成する二重鎖が解離し，片方の鎖を鋳型として新たな鎖が半保存的に合成される現象。DNA合成を担うDNAポリメラーゼはDNAの5′末端→3′末端の方向にのみDNA合成ができることから，片方の鎖(リーディング鎖)では連続的にDNAが複製される一方，もう片方の鎖(ラギング鎖)では不連続に合成された鎖を後から結合することでDNAが複製される。

＊3　動原体：細胞分裂時，姉妹染色分体を両極に分配するために紡錘糸が結合する染色体のセントロメア(centromere)領域の特定部位のこと。歴史的には，分裂期の染色体のくびれの部分を呼んでいた。そこには特異的なサテライトDNA配列が存在し，細胞分裂における紡錘糸の結合部位となり，その構造をキネトコア(kinetochore)と呼ぶ。ヒトでは171塩基からなる「αサテライト配列」が1万回も繰り返されている。

＊4　紡錘糸：動原体に結合するチューブリンタンパク質の重合体。

＊5　細胞板：植物細胞の分裂において，核分裂後の細胞質分裂時に娘細胞間に形成される膜構造体。ペクチン性の薄い膜構造から成熟につれてセルロースが沈着することで完全な細胞壁となる。

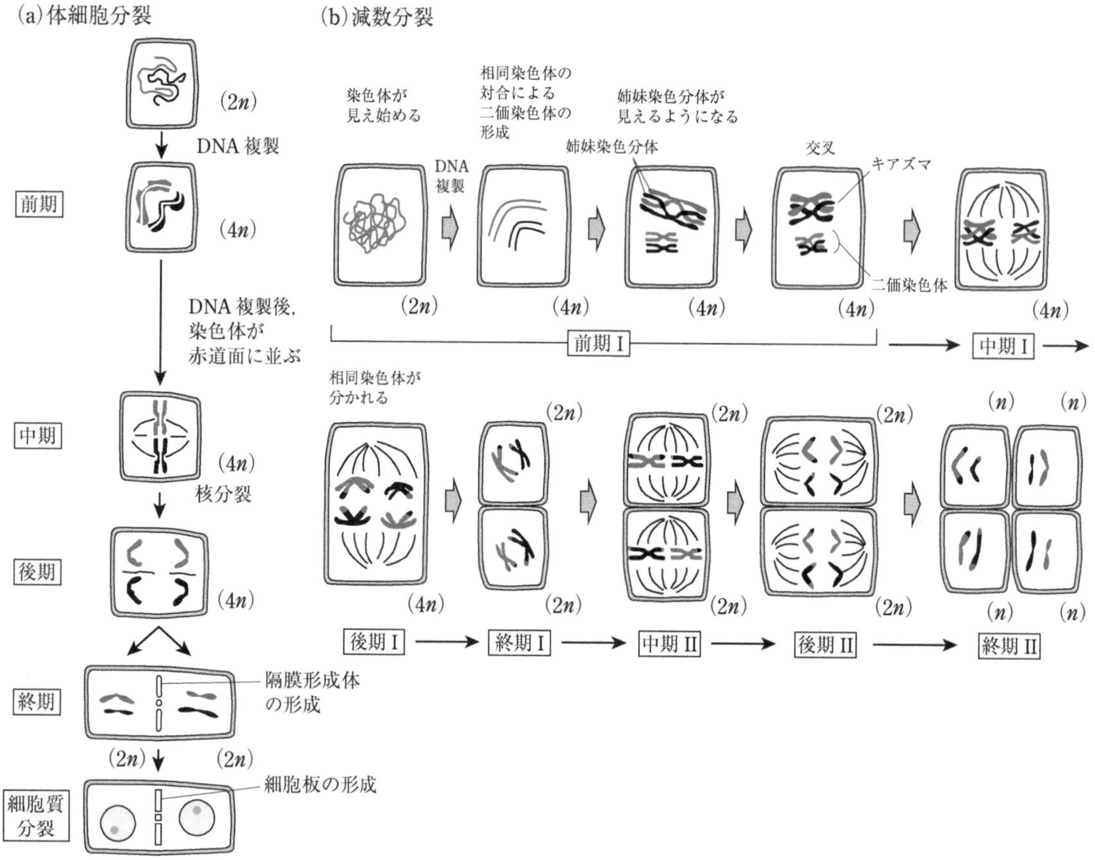

図6.1 | **体細胞分裂と減数分裂の比較**

(a)体細胞分裂はDNA複製後に染色体が赤道面に並び，両極に移動後，細胞質分裂を経て2つの細胞となる。(b)減数分裂では相同染色体の対合により，二価染色体が形成される。近接した相同染色体間で交叉が生じる。その後，相同染色体が両極に分かれ，減数第一分裂が終了する(前期Iから終期Iまで)。減数第二分裂では染色分体が分離し，4つの配偶子が形成される。交叉が生じたことにより遺伝的に多様な配偶子が形成される(中期IIから終期IIまで)。
[村井耕二 編著，発生生物学，化学同人(2008)，図3.2および図5.6を改変]

6.1.2 ◇ 生殖細胞での減数分裂と相同染色体間での組換え

減数分裂(meiosis)は次世代において遺伝的な多様性をもたらす受精に関わる雌雄の配偶子(核相*n*)形成に特徴的な細胞分裂である。**図6.1**(b)に減数分裂の流れを模式的に示す。減数分裂は雌雄生殖器官である胚のう，葯内で進行し，第一分裂と第二分裂からなる。第一分裂では，まず体細胞分裂と同じようにDNA複製により核相は4*n*となる。体細胞分裂と大きく異なるのは，父親，母親由来の**相同染色体**(homologous chromosome)*6が対合して**二価染色体**(bivalent chromosome)を形成し，その際に父親，母親由来の相同染色体間の一部で**交叉**《こうさ》(**乗換え**：crossing-over)が生じる点である。この染色体間のつなぎ換え構造を**キアズマ**(chiasma)*7と呼ぶ。染色体間での交叉の結果，染色体上に位置する対立遺伝子間の交換である**組換え**(recombination)が起こり，減数分裂開始時とは異なる対立遺伝子の組(セット)を有する染色体が生じ，配偶子に遺伝的多様性がもたらされる。

*6　相同染色体：同一の遺伝子が同じ順序で並んでいる染色体。イネ，シロイヌナズナのように染色体に番号が記されている場合は，同一番号が記されている染色体。

*7　キアズマ：相同染色体間で交叉が生じている部位。

交叉が起こるのは二価染色体において，物理的に近くにある父親，母親由来の染色体間に限られる。換言すれば，姉妹染色分体の一方の染色体では組換えが生じるが，もう一方は親由来の染色体の状態が保たれている[*8]。このため，特定の遺伝子座(6.2節参照)に着目したとき，組換えが生じた後の染色体の割合が50%を超えることはない。

第二分裂ではDNA複製をともなわず，体細胞分裂と同じ過程を経て，減数された雌雄の配偶子(n)が形成される(**図6.1**(b))。減数分裂が起こった後に配偶子に含まれる染色体の組み合わせは，染色体対の数の影響を受ける。つまり，組み合わせ数は，2の「染色体対の数」乗になる。例えば，ハクサイやカブ(turnip, *Brassica rapa* L.)などが分類される*Brassica rapa*の場合，$2n=20$なので組み合わせは2^{10}(=1,024)通りとなる。一方，*B. rapa*と*B. oleracea*の両方のゲノムをもつ**複二倍体**(amphidiploid)[*9]である*B. napus*の場合，$2n=38$なので2^{19}(=524,288)通りとなる。染色体数の増加は多様な配偶子を産み出す原動力にもなる。

*8　姉妹染色分体の一方は組換えが生じるが，残りのもう一方が親由来のままであることに生物学的意義があるのか，ある場合にはどのような意義であるのかについては不明である。

*9　複二倍体：2種類のゲノム(例えばAAとBB)から構成される異質四倍体(AABB)。異なるゲノムをもつ植物間で交雑が起こるとできた植物は複半数体(AB)になり，不稔性となる。自然条件，あるいは，コルヒチン処理などにより染色体が倍加することで複二倍体(AABB)が生じ，稔性を有した植物体になる。

Column 6.1

突然変異と枝変わり

自然突然変異が生じる原因としては，DNA複製時のエラーである「点突然変異」，細胞分裂時の染色体分配エラーである「ゲノム倍加」などが知られている。果樹や木本の花卉(観賞用に栽培する植物のこと。「卉」は草の総称)などを栽培する過程においては，特定の枝が体細胞変異に由来して親株とは違う形質を示す**枝変わり**(bud sport：芽条変異とも呼ばれる)が観察される。カンキツ類であるイヨカン(伊予柑)の枝変わり品種として‘宮内伊予柑’，カキ(柿)の平核無柿の枝変わり品種として‘刀根早生’が有名であり，この2つの品種はいずれも元の品種よりも早熟という特徴がある。カンキツの温州ミカン品種では枝変わりによる色づきのよい果実を形成するなどの変異が見いだされている。花卉のバラでも花弁の色が変化する枝変わり品種が見いだされている。これらの果樹，花卉の枝変わり変異の原因は「点突然変異」であるといわれている。

それに対して「ゲノム倍加」の場合には，果実などが巨大化するということで因果関係を理解しやすい。実際，二倍体の洋ナシ個体の一部の枝で「枝変わり」により四倍体化した洋ナシも見いだされており，果実の肥大と染色体倍化(実際には，DNA量の倍加として計測)が観察されている(**図1**)。

一方で，「点突然変異」，「ゲノム倍加」とは異なるしくみの変異として，第1章1.3.4項で記した放射線，重イオンビーム処理による「染色体一部の欠失」という変異も存在する。欠失領域に栽培などに不都合な形質(例えば，ナシの自家不和合性：第5章コラム5.6参照)があるような場合に有効である。自家和合性に変異したナシ品種‘おさ二十世紀’はガンマ線照射による枝変わり品種の代表例である。

上で記した3つの変異が生じるしくみ以外にも，アサガオ(*Ipomoea nil*)，ツツジ，オシロイバナ，トウモロコシ(*Zea mays* L.)などで見られる**トランスポゾン**(transposon，動く遺伝子)の「挿入・欠失」による体細胞変異がある(**図2**)。トランスポゾンは1951年にトウモロコシ種子の色素合成遺伝子の発現を制御する因子が移動する現象としてアメリカの細胞遺伝学者マクリントック(Barbara McClintock)によって発表され，トランスポゾンの発見に対して1983年にマクリントックはノーベル医学・生理学賞を受賞した(トランスポゾンについては第8章8.1.4項を，マクリントックについてはコラム8.6を参照)。

図1 | 洋ナシ品種ラ・フランスの二倍体と四倍体の果実の違い

下段が洋ナシ品種ラ・フランスの二倍体の果実。上段はラ・フランスの樹木で見いだされた枝変わりによる倍加で巨大化した果実。
[写真はK. Isuzugawa et al. Sci. Hortic. **170** : 196(2014)]

図2 | トランスポゾンによる変異

(a)トウモロコシの種子の色，(b)オシロイバナの花色。いずれも色素合成関連遺伝子に，トランスポゾンの挿入，欠失が起こったことで種子，花弁の色の変化が見られる。
[写真は著者撮影]

6.2◆メンデルが見いだした「遺伝の法則」と遺伝学の基本用語

メンデルによって，**遺伝の法則**(Mendel's laws of inheritance)が確立される以前，遺伝は一般的に「混合説」により理解されていた。すなわち，受精により両親の性質を示す液体状の物質が混ざり合い，子に継承されるという考えが定説であった。それに対して，メンデルはエンドウを材料とした8年間の実験データに基づき，遺伝の法則を見いだした。

メンデルの実験が成功した原因として，いくつかの点が考えられる。第一に，実験に用いたマメ科のエンドウは雌ずい，雄ずいが花弁の1つである竜骨弁(keel petal, carina)で覆われ，開花前に受粉が起こる自殖性植物であり，遺伝的に異なる花粉と受精する確率が低い。第二に，メンデルは実験材料を選択する過程で34の異なるエンドウの品種を試験し，自殖種子から得られる子孫の植物体と購入時の形質＊10に変化がない，つまり遺伝的に純系な品種を実験材料に用いている。実際には34品種の中から22品種を選抜し，7つの形質(種子の形，子葉の色，種皮の色，莢の形，莢の色，着花位置，草丈)＊11について遺伝的実験を行っている。現在までに，草丈など4つの形質の原因となる遺伝子が単離・解析＊12されている。第三は，同じ遺伝的実験の組み合わせにおいて，強壮な個体を選んで実験を行い，実験の均一性を高めている点である。第四は，いずれの実験区においても多数の個体を用いて，その結果を数学的概念の導入により解釈し，F_2からF_7世代(7つの形質により実験を行った世代は異なる)においてホモ接合体(homozygote)とヘテロ接合体(heterozygote)が出現する頻度を推定している点である。

なお，成功の原因ではないが，同一組み合わせの交雑において雌雄を入れ替えた**正逆交雑**(reciprocal crosses)をすべての実験で行っている。この正逆交雑実験から交雑後代における雌雄からの遺伝因子の影響に差異がないことが示されている。

メンデルの研究は1865年にブルノ自然科学会例会で2回の口頭発表がなされ，1866年に論文として出版された。発表当時，この遺伝の法則を理解できる研究者がおらず，35年後の1900年にオランダの植物学者ド・フリース(Hugo de Vries)，ドイツの植物学者・遺伝学者コレンス(Carl Correns)，オーストリアの農学者チェルマク(Erich von Tschermak-Seysenegg)の3人が独立に異なる植物を材料として遺伝の法則を再発見した。こうして遺伝の法則が世界的に認知されるようになった。

メンデルが発表した論文では，現在のような遺伝学の用語は用いられていなかった。その後，多くの研究者により遺伝学の用語が整理・整備され，現在に至っている。**表6.1**に遺伝学の基本的な用語をまとめた。

＊10　当時は「形質(character, trait)」という言葉がないことから，原著においては「性質」と呼んだ。

＊11　これらの形質のうち，「種子の形」と「莢の色」を制御する遺伝子は同一染色体上に位置している。一方，「子葉の色」,「種皮の色」,「莢の形」を制御する遺伝子は先の染色体とは異なる染色体にそれぞれ位置することがわかっている。

＊12　4つの形質のうちで最初に遺伝子が単離されたのは種子の形(丸としわ)を制御する*R*遺伝子で，これはデンプン合成時にデンプンの枝分かれを制御する。2番目は草丈(高いと低い)という形質を制御する*Le*遺伝子であり，これは植物ホルモン・ジベレリンの酸化酵素であるGA_3酸化酵素をコードしており，非活性化型GA_{20}を活性型のGA_1に変換できる。3番目は子葉の色(緑色と黄色)を制御する*I*遺伝子であり，光合成の中心的機能分子のクロロフィル分解酵素をコードしていた。優性対立遺伝子の*I*遺伝子は植物の生育に沿ってクロロフィルを分解できるが，劣性対立遺伝子の*i*遺伝子はクロロフィルを分解できないことから「ステイグリーン」変異体とも呼ばれている。同様の変異は，ライグラス，イネ，トウモロコシ，トウガラシなどでも同定されている。4番目は種皮の色(褐色と黄色)を制御する*A*遺伝子で，種皮にアントシアニンを沈積できるか否かを決定している。この遺伝子が花弁の色(紫色と白色)も制御しているという記述もあり，1つの遺伝子が異なる形質を制御できる点にもメンデル自身，気がついている。なお，この遺伝子はbHLH(basic helix-loop-helix)型の転写因子をコードしている。劣性対立遺伝子の*a*遺伝子では一塩基置換により不完全なタンパク質として翻訳され，転写因子としての機能を有していないため，アントシアニンが生合成できない。

Column 6.2

メンデルの遺伝の法則を再発見した3人の研究者

メンデルの遺伝の法則は1900年に3人の研究者によって再発見されたという記述はよく見かけるが，その3人はメンデルの法則の再発見以外にも植物生理学，遺伝学，育種学の分野にも貢献している。

ド・フリースは，オオマツヨイグサを用いた交雑実験からメンデルの法則を再発見した。植物生理学分野でも貢献し，「原形質分離」という用語を創出した。原形質分離とは，植物細胞内の原形質よりも電解質の濃度が高い溶液に細胞を入れた場合，細胞質が有する浸透作用によって水分が原形質膜の外部に流れ出るために細胞質が縮み，細胞壁から離れる現象である。原形質分離が起こるような状況下の植物体を外部から観察すると萎凋している状態にある様子が見られる。コレンスは，ヤナギタンポポを材料としてメンデルの法則を再発見した。さらに，オシロイバナを用いて，葉で観察される斑入りの現象が非メンデル遺伝の細胞質遺伝であることを1909年に立証した。同年の同一雑誌にコレンスの論文と並んで，バウアー(Erwin Baur)はゼラニウムを材料として細胞質遺伝を発表している。両者の仮説の比較から，バウアーの仮説が現在でも通用する概念であり，バウアーが細胞質遺伝の始祖とされている。チェルマクは，エンドウを材料としてメンデルの法則を再発見した。耐病性ムギの育種，園芸品種の改良にも尽力した。

メンデルの法則の再発見のみが注目されるが，改めて調べることで研究者の新しい側面を理解できるだろう。

表6.1 | 遺伝学の基本的な用語

用語	概念，由来など
形質(character, trait)	個体が示す形態や生理的な現象。
表現型(phenotype)	形質に着目したときに観察される形態や現象。
遺伝子型(genotype)	各個体が保持している対立遺伝子の組み合わせ。
座(位) (locus)	染色体上における特定の遺伝子や遺伝子マーカーが座乗する位置。遺伝子の場合には遺伝子座とも呼ばれる。
対立遺伝子(アレル) (allele)	同一遺伝子座上にある対立形質を示す遺伝子。優性対立遺伝子，劣性対立遺伝子がある。優性か劣性かという点でいえば，対立遺伝子は2種類であるが，遺伝子を塩基レベルで見た場合には優性，劣性の対立遺伝子には多数の多型が見られる。遺伝子として表記する場合，優性対立遺伝子は大文字で，劣性対立遺伝子は小文字で，いずれも斜体で書くことが一般的である。英語のalleleをそのままカタカナ読みしたアレルと呼ばれることもある。
対立形質 (allelomorph)	特定の遺伝子座上にある対立遺伝子で制御される形質。メンデルの実験を例にとると，種子の形を示す「丸」と「しわ」という表現型は同時にあらわれることがない形質であることから，「対立」という訳語となった。
対立性検定 (allelism test)	類似の形質を示す個体間において，その形質を制御している遺伝子が同一遺伝子座によるのか，異なる遺伝子座によるのかを明らかにすること。解析している個体が有している遺伝子が対立遺伝子の関係にあるのかどうかを検定すること。
優性形質 (dominant character)	対立の関係にあるホモ系統(例えば「丸」と「しわ」)を交雑したとき，次世代で表現型としてあらわれる形質。
劣性形質 (recessive character)	対立の関係にあるホモ系統(例えば「丸」と「しわ」)を交雑したとき，次世代で表現型としてあらわれない形質。
ホモ接合体 (homozygote)	目的とする形質を制御する遺伝子座の対立遺伝子が同じ組み合わせになっている個体。優性対立遺伝子で同じセットになっている場合を優性ホモ接合体，劣性対立遺伝子で同じセットになっている場合を劣性ホモ接合体という。
ヘテロ接合体 (heterozygote)	目的とする形質を制御する遺伝子座の対立遺伝子が異なる組み合わせになっている個体。一般的には優性対立遺伝子と劣性対立遺伝子がセットになっていることを想定している。
純系 (pure line)	すべての対立遺伝子がホモ接合体である個体。実際には自家受精を繰り返して行うが，すべての形質に関してホモ接合体にすることは困難であることから，目的とする形質を制御する遺伝子座に限り，ホモ接合体である場合を示すことが多い。
雑種 (hybrid)	交雑によって生じた子孫。親はP，雑種第一代をF_1，雑種第二代をF_2と表記する。Pはparents(親)，Fはfilius(子)の頭文字。

6.2.1◇分離，優性，独立の法則

メンデルの遺伝の法則は，「**分離の法則**(law of segregation)」，「**優性の法則**(law of dominance)」，「**独立の法則**(law of independent assortment)」の3つの法則から構成される。遺伝学の実験では，親(P：parent)からF_1，F_2世代と出現することから，ここでは「優性の法則」，「分離の法則」，「独立の法則」の順に説明を行う。

特定の形質を制御する遺伝子座に着目する。**図6.2**(a)では子葉の色が黄(*AA*)と緑(*aa*)の純系を親として交雑したとき，F_1(*Aa*)の子葉の色は黄となる[*13]。これを「優性の法則」と呼ぶ。このようにF_1において表現型にあらわれる対立形質を**優性**(dominant)と呼び，あらわれない(隠れる)形質を**劣性**(recessive)と呼ぶ[*14]。

このF_1個体(*Aa*)に着生する花では，減数分裂を経た花粉に精細胞が，胚のうに卵細胞が形成される。このとき，2種類の対立遺伝子[*15]が雌雄の配偶子に均等に配分されることを「分離の法則」と呼ぶ(**図6.2**(b))。つまり，雌雄のいずれにおいても*A*をもつ配偶子と*a*をもつ配偶子は1：1の比率で形成される。その結果，F_1の自殖によって得られるF_2世代において優性と劣性を示す比率は3：1になる(**図6.2**(c))。

ここまでは観察する形質を制御する遺伝子座が1つである場合に限っていたが，2つ以上の遺伝子座によって制御される現象においても，雌雄の配偶子に各遺伝子座の対立遺伝子は独立に配偶子に配分される。これを「独立の法則」と呼ぶ。**図6.2**(d)に子葉の色，種子の形を制御する2つの遺伝子が親世代からF_1，F_2においてどのようなふるまいをするかを示した。F_2の種子における表現型は黄・丸：緑・丸：黄・しわ：緑・しわ＝9：3：3：1となる。なお,「独立の法則」が成立するためには，個別の形質を制御する遺伝子が異なる染色体上にあるか，同一染色体上で2つの遺伝子がある程度離れていることが前提となる(**図6.2**(d))。

改めて，**図6.2**(d)における子葉の色を制御する遺伝子についてのみ表現型を整理すると，黄：緑は12：4，つまり3：1であり，個別の遺伝子においても「分離の法則」が成立していることがわかる。

メンデルは遺伝の法則を導き出すにあたり，7つの形質すべてを雑種第一代(F_1)，自殖第二代(F_2)について観察しただけでなく，形質によって異なるものの，F_5からF_7世代においても，「分離の法則」，「優性の法則」が成立することを確認している。また，上述の2つ(種子の形，子葉の色)の形質だけでなく，3つの形質(種子の形，子葉の色，種皮の色)に着目した雑種も作出し，「独立の法則」が成立することを示している。加えて，同じマメ科のインゲン，ツルナシインゲンを用いてエンドウと同様の実験を行い，同一の結果が得られたことを示しており，緻密に計画された実験の結果から3つの法則を見いだしたことがうかがえる[*16]。

コラム6.2に記した非メンデル遺伝を示す細胞質遺伝は，細胞質の葉緑体やミトコンドリアなどの細胞小器官(オルガネラ)が有する遺伝情報が母性,

＊13　優性対立遺伝子を大文字斜体(*A*)で，劣性対立遺伝子を小文字斜体(*a*)で表記することが一般的である。

＊14　「優性」「劣性」に代わり，中学校，高等学校の生物の教科書では「顕性」「潜性」が使われるようになったが，本書では従来の「優性」「劣性」を採用した。

西洋で確立されたさまざまな科学分野の多くの専門用語は，明治時代に翻訳され，日本語の専門用語が割り当てられた。その時代にどのような意図や議論があり，現在の用語が使われるようになったのか，という用語の歴史を理解し，現在の専門用語のあり方を検討することは重要である。遺伝学に関する用語については，2000年代後半から日本遺伝学会の中に設立された委員会で検討された結果，今回の用語改訂に至っている。詳細はコラム6.3を参照。

＊15　2種類の対立遺伝子：ヘテロ接合体になったとき，表現型にあらわれる優性対立遺伝子とあらわれない劣性対立遺伝子のことを示している。遺伝子を構成するDNAの塩基配列では，優性対立遺伝子，劣性対立遺伝子のいずれにも多様性が存在する。

DNA塩基配列上では3つの塩基を1つの単位として1つのアミノ酸が規定される。この3つの塩基の並びをコドンあるいは遺伝暗号と呼ぶ。劣性対立遺伝子の場合，塩基の置換，挿入，欠失により，例えばコドンの枠組みがずれて翻訳を停止する終止コドンがあらわれ，本来のアミノ酸の数よりも少ないタンパク質となり，機能が失われる。塩基の置換，挿入，欠失は遺伝子を規定しているエキソン部分であれば，あらゆる変異が可能であるため，劣性対立遺伝子には数多くのパターンが存在しうる。

優性対立遺伝子の場合には，例えば遺伝子にコードされている情報が酵素であるとき，その酵素活性に影響を与えることがないアミノ酸変異であれば形質に変化は多くの場合，生じない。このため，優性対立遺伝子にも変異に一定のバリエーションがある。

＊16　1930年代以降，メンデルの実験結果が理論値に一致しすぎているという点が統計学・数学的解析から指摘され，多くの研究者により実験・議論がなされた。2015年にScience誌に「Beyond the

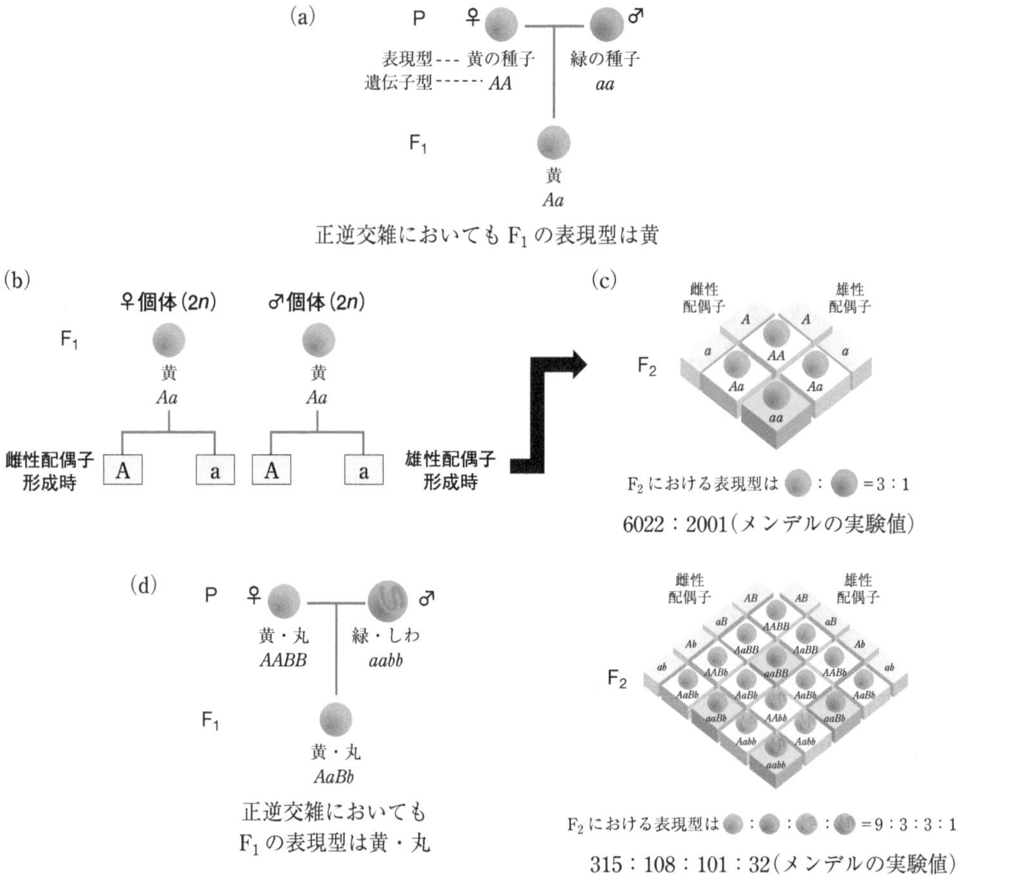

図6.2 **メンデルの遺伝の法則**

(a)優性の法則，(b)分離の法則，(c)F_2の遺伝子型および表現型とその分離，(d)独立の法則。遺伝子型のAは子葉の色が黄の遺伝子，aは緑の遺伝子。Bは種子の形が丸の遺伝子，bはしわの遺伝子。第5章153頁欄外注＊42に記した通り，植物では左に母本(雌しべ親)，右に花粉親の系統を示す。

Column 6.3

優性・劣性を顕性・潜性へ

メンデルの法則における「dominant」「recessive」の和訳として，これまで「優性」「劣性」という用語が使われてきた。優性対立遺伝子と劣性対立遺伝子からなるヘテロ接合体のとき，表現型として表にあらわれるものを「優性」と呼び，隠れるものを「劣性」と呼ぶ。もちろん，劣性対立遺伝子がホモ接合体になれば，劣性形質が表現型にあらわれる。優性/劣性とあるが，形質として優れている，劣っているというような意味ではない。

こうした間違った理解を修正するための訳語として適切なものがないかということで，日本遺伝学会が中心となって検討した結果，「優性」「劣性」の代替語として「顕性」「潜性」を注釈付きで用いることが望ましいとされている。中学校，高等学校の生物の教科書でも「優性」「劣性」に代わり「顕性」「潜性」が使われるようになり，社会的に広がることが期待されている。ただし，「顕性(ken-sei)」「潜性(sen-sei)」を発音した場合，両者は似ており，聞き間違える可能性があるという問題点が指摘されており，今後の検討課題でもある。

父性のいずれかから遺伝する現象のことを示す。葉の斑入りの多くは細胞質遺伝であるが，その詳細は割愛する。専門書などを参照いただきたい。

6.2.2◇対立遺伝子間および遺伝子間の相互作用の理解

メンデルの実験で用いた7つの形質では，対立遺伝子は優性と劣性の2つであり，遺伝学としては一般的である。一方，ABO式血液型，自家不和合性（第5章5.3.2項参照），主要組織適合遺伝子複合体（major histocompatibility complex, MHC）[*17]などを制御する遺伝子座では3つ以上の複対立遺伝子が同定されており，対立遺伝子間で**共優性**（co-dominance）あるいは**優劣性**（dominance-recessiveness）を示す。

ABO式血液型の場合，対立遺伝子間でA型＝B型＞O型の関係が成立している。つまり，A型とB型の対立遺伝子はヘテロ接合体の場合，両方の対立遺伝子の形質を示す（AB型）ことから共優性となる。一方，AO遺伝子型の血液はA型の表現型を示すことからA型，B型の対立遺伝子はO型に対して優性となる。主要組織適合遺伝子複合体の場合，*MHC*遺伝子はヘテロ接合体では共優性を示し，両方の対立遺伝子由来のMHC分子が細胞膜表面に発現する。それに対して，自家不和合性の*S*対立遺伝子間には複雑な優劣性現象が見られ，花粉側*S*因子と雌ずい側*S*因子で優劣性パターンは異なり，制御機構も異なる（花粉側における優劣性制御機構については，コラム6.4を参照）。

特定の形質を制御し，対立関係にない遺伝子間において，一方が他方の遺伝子機能を抑制する関係にあることを**上位性**（epistasis）という。通常，2種類のホモ接合体の変異体を交雑した二重変異体の解析などから遺伝子の上位，下位を決定することができる。目的の形質と関連する変異体を多数収集し，遺伝子間の上位，下位を決定することにより，その形質を制御する遺伝子が機能する順序を決定できる。例えば，**図6.3**に示すように，シロイヌナズナを用いて植物ホルモンであるエチレンへの応答反応メカニズムが遺伝学的に解明され，変異体の原因遺伝子を単離・解析することで，生物学的なプロセスが理解されている。こうした手法は**飽和変異誘発**（saturation mutagenesis）[*18]と呼ばれ，発生学にお

"Mendel-Fisher controversy"」と題した論説が掲載され，現在ではメンデルの実験結果に問題はないとされている。なお，Fisherはイギリスの遺伝学・進化生物学・統計学者であるRonald Fisher（1890〜1962）を表している。統計的手法である実験計画法・分散分析法などの統計理論も構築した。

＊17　主要組織適合遺伝子複合体：動物において非自己組織の移植などの拒絶に関連する遺伝領域。ヒトの場合，HLA（human leukocyte antigen）と呼ばれ，第6染色体上の3.6 Mb（3.6×10^6塩基）領域に200以上の遺伝子が縦列（タンデム）に並んでおり，これらの遺伝子は通常，連鎖して遺伝する。このような複数の遺伝子の対立遺伝子の組み合わせを「ハプロタイプ」と呼ぶ。花粉と柱頭との相互作用である自家不和合性を制御する遺伝子の多型は「*S*対立遺伝子（*S*アレル）」と呼ぶことが通常であるが，雌雄決定因子，優劣性制御因子などが連鎖して遺伝することから，「*S*ハプロタイプ（シロイヌナズナでは，ハプログループ）」と呼ばれることもある。自家不和合性については，第5章5.3.2項を参照。

＊18　飽和変異誘発：キイロショウジョウバエ，ゼブラフィッシュなどを材料とし，形態形成，胚発生などの特定の形質に関わる変異体を網羅的に収集し，それらの変異体の遺伝的関係，原因遺伝子を解明することにより，特定形質を制御する遺伝的ネットワークを解析する手法。昆虫，動物に続いて，モデル植物であるシロイヌナズナ，イネ，ミヤコグサなどでも同様の実験手法がとられ，植物の形態形成，胚発生などの多様な形質が解析されてきた。

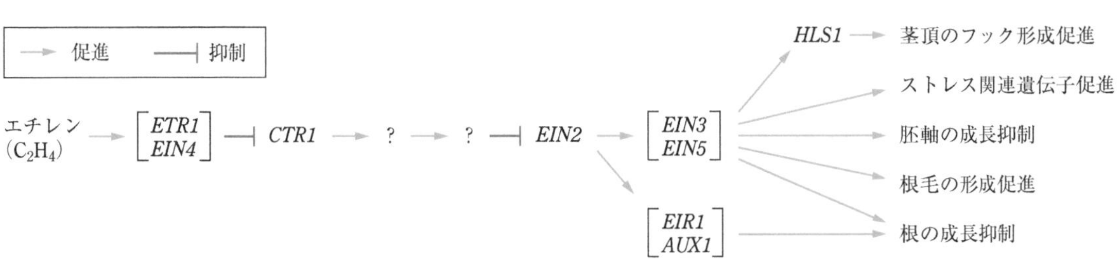

図6.3 **エチレンへの反応変異体から解明された遺伝的カスケード**

変異体の交雑による表現型の解析からエチレンシグナルがどのように受容されるかについてのシグナルカスケードが遺伝学的に解明されている。？は制御する遺伝子が当時，未同定であったことを表す。

[G. Roman et al., Genetics **139**：1393（1995）より改変]

ける形態形成などの多様な形質にも用いられている。なお，エチレンの情報伝達系の詳細については，第9章9.3.5項も参照いただきたい。

近年，ゲノム情報が公開され，網羅的なオミクス解析*19も可能になっている。これらを基盤として，特定の組織・器官で共発現している遺伝子をネットワーク化することにより，ターゲットとした組織・器官を形成するために必須な遺伝子の解析が可能になっている。加えて，遺伝子がコードするタンパク質の相互作用を解明するために酵母などを用いたタンパク質相互作用実験系が構築されている。一方で人工知能(artificial intelligence, AI)を用いた深層学習により，遺伝子がコードするタンパク質の立体構造を予測する技術が急速に進歩し，AlphaFold 2などのソフトウエアが開発され，利用されている。

＊19　オミクス解析：オミクスとはギリシャ語の「すべて」を意味する接尾語「-ome」に「学問」を意味する接尾語「ics」を合成した言葉。トランスクリプトミクス(transcriptomics)，プロテオミクス(proteomics)，メタボロミクス(metabolomics)，インタラクトミクス(inteactomics)ではそれぞれ，特定の組織・細胞などで発現している転写産物(transcripts)，翻訳産物(proteins)，代謝産物(metabolites)，相互作用(interaction)を網羅的に解析し，それらの関係から細胞，組織でどのような生理現象が生じているかを推測できる。

Column 6.4

低分子RNAによるメチル化と優劣性

ヘテロ接合体において，優性対立遺伝子の形質は表現型としてあらわれ，劣性対立遺伝子の形質はあらわれない。遺伝子，ゲノムが解析できる現在，一般的に優性対立遺伝子は機能型タンパク質をコードしており，劣性対立遺伝子は非機能型タンパク質をコードしている。非機能型となる原因は，塩基の置換，挿入，欠失などにより機能型タンパク質ができないことである。もちろん，変異体が優性形質を示す事例もあり，エチレン過剰合成変異体である*eto2-1*(*ETHYLENE OVERPRODUCER2-1*)ではC末端領域の変異がフレームシフトを引き起こし，原因遺伝子がコードするAtACS5(*Arabidopsis thaliana* 1-aminocyclopropane-1-carboxylate synthase 5)タンパク質が高度に蓄積する。

ところで，第5章5.3.2項で説明した「自家不和合性」は複対立遺伝子系で制御されており，3つ以上の対立遺伝子間で優劣性が生じる。実際，アブラナ科植物*B. rapa*の花粉側で見られる*S*対立遺伝子間の優劣性は，$S^{44} > S^{60} > S^{40} > S^{29}$である。つまり，$S^{44}$はどの対立遺伝子に対しても優性を示し，$S^{29}$はどの対立遺伝子にも劣性を示す。不思議なことに$S^{60}$, S^{40}の対立遺伝子は組み合わせとなる対立遺伝子によって優劣性が変化する。また，劣性対立遺伝子がホモ接合体になった場合であっても，自家不和合性という形質を失うわけではない。つまり，自家不和合性の*S*対立遺伝子間での優劣性では，通常の2つの対立遺伝子間において$A > a$で示される優劣性とは異なる制御系が機能していることが想定された。

そもそも，3つ以上の対立遺伝子間で優劣性が生じるような遺伝学モデルがアブラナ科植物の自家不和合性現象に広く当てはまることを示したのはイギリスの遺伝学者ベイトマン(Angus John Bateman)であり，1952年から1955年に発表した論文による。つまり，配偶子そのものがもつ*S*対立遺伝子ではなく，配偶子を作る胞子体(親植物体)がもつ2つの*S*対立遺伝子の相互作用の結果で生じるとした。

このアブラナ科植物における自家不和合性の胞子体的機能を説明しうるモデルが成り立つためには，核相nの花粉ではなく$2n$の体細胞で雌雄因子が発現していることが求められる。そこで着目されたのが，雄側の場合，葯の最内層を形成し，花粉に栄養などを提供するタペート細胞である(第5章5.2.3項参照)。一方で，雌側の場合には花粉が接着する柱頭上の乳頭細胞はそもそも体細胞であり，核相は$2n$であることから発現部位などを考える必要がなかった。

では，この胞子体的に機能し，*S*対立遺伝子が相手となるもう1つの*S*対立遺伝子によって変化するというモデルを説明できる分子機構とはどのようなものなのであろうか。花粉側で着目されたのが，タペート細胞で発現する花粉側*S*因子をコードする*SP11*遺伝子であった。興味深いことに，ヘテロ接合体では，*SP11*遺伝子は優性対立遺伝子のみが発現していた。さらに*SP11*遺伝子の周辺ゲノム領域を解析した結果，*SP11*遺伝子の発現を制御するプロモーター領域と相同なゲノム領域が存在した。この相同な領域にコードされた低分子RNA前駆体もタペート細胞で転写され，低分子RNA(*Smi2*)になった後，劣性対立遺伝子のプロモーター領域をメチル化するというエピジェネティックな制御系が機能することで，劣性対立遺伝子の発現を抑制していた(図)。このDNAメチル化による制御系であれば，自殖により世代を経ることでメチル化の解除が可能であり，ヘテロ接合体では劣性であった*S*対立遺伝子が次世代で劣性ホモ接合体になって，自家不和合性形質を示すことも説明できる(エピジェネティックな制御については，第8章8.2節参照)。この低分子RNAを介した優劣性発現機構は，従来の遺伝学で語られていた「優劣性」とは異なるメカニズムであり，自家不和合性現象に対してこのようなしくみが利用された原因などを理解することを通じて，優劣性発現機構の多様性が理解できる。

なお，ベイトマンは1948年にショウジョウバエの配偶行動の観察から，雄よりも雌のほうが繁殖に大きなコストをかけているとした「ベイトマンの原理(Bateman's principle)」を導き出した。動物植物を問わず，雄の配偶子のほうが雌の配偶子よりも多く，雌雄で繁殖に対する戦略が異なるという考えである。アブラナ科植物の自家不和合性が胞子体的に機能する*S*対立遺伝子間の相互作用の結果により制御されているという，当時としては画期的な遺伝学モデルを構築するとともに，繁殖戦略に「ベイトマンの原理」をあわせて提案していることから，当時の研究者が現在よりも幅広い研究を展開していた様子を垣間見ることができる。

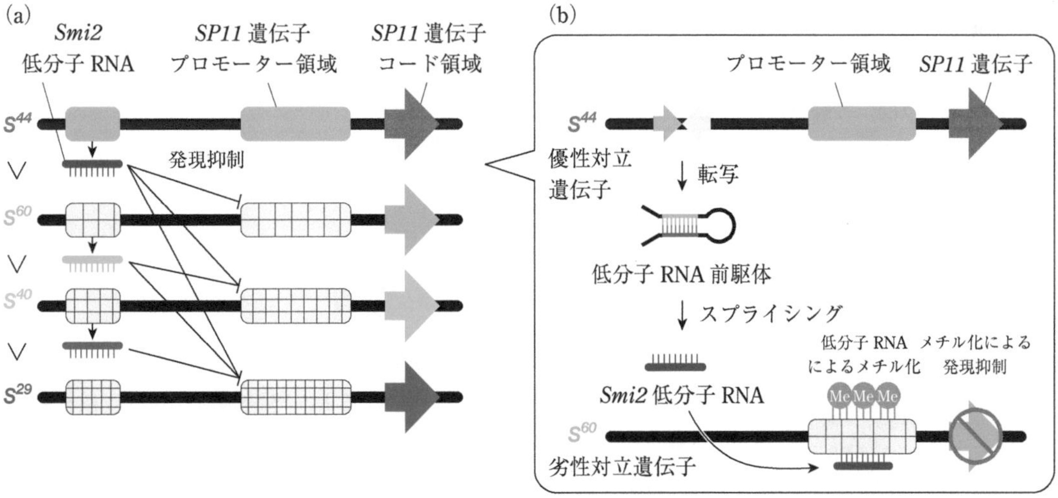

図 | **胞子体型自家不和合性を示すアブラナ科植物に見られるS対立遺伝子間における花粉側での直線的優劣性発現の分子機構**

(a)胞子体型自家不和合性を有しているアブラナ科の植物(*B. rapa* L.)では，複数の*S*対立遺伝子間で直線的な優劣性関係($S^{44}>S^{60}>S^{40}>S^{29}$)が生じる。ヘテロ接合体を作出したとき，$S^{44}$はすべての対立遺伝子に対して優性を示す。一方，$S^{60}$対立遺伝子の場合には，$S^{40}$, S^{29}に対してのみ優性を示す。*S*遺伝子座上には，雌ずい側*S*因子*SRK*遺伝子(この図中には示していない)，花粉側*S*因子*SP11*遺伝子に加えて，*SP11*遺伝子のプロモーター領域と相同性を有する低分子RNAをコードした遺伝子(*Smi2*)が存在している。(b)上位に位置する(優性)低分子RNAは下位に位置する(劣性)*SP11*遺伝子の発現調節領域に作用することでメチル化を誘導し，下位の*SP11*遺伝子の発現を抑制する。逆に下位にある低分子RNAは上位の発現調節領域には作用できず，メチル化を誘導しないため，上位の*SP11*遺伝子が発現できる。
[武田和哉，渡辺正夫 編著，菜の花と人間の文化史，勉誠出版(2019)，図1.3.13より改変]

Column 6.5

植物科学研究への深層学習の波及

1961年にアンフィンセン(Christian Anfinsen, Jr.)はリボヌクレアーゼ(RNase)を尿素と還元剤で完全に変成させた後，尿素と還元剤を除くと酵素活性をもったRNaseに自発的に再フォールディングすることを示した。このことは「アミノ酸の一次配列がタンパク質の立体構造を一義的に決定する」ということを意味している。この原理を「アンフィンセンのドグマ」と呼び，この成果によりアンフィンセンは1972年にノーベル化学賞を受賞している。タンパク質がとりうる立体構造(conformation)の数は膨大であり，実際にアミノ酸の一次配列から三次元立体構造を予測することは困難である。立体構造を決定するためにはX線結晶構造解析，核磁気共鳴分光法(nuclear magnetic resonance, NMR)，クライオ電子顕微鏡法などの手法が必要であり，これらの手法で決定されたタンパク質の立体構造に関するデータベースなどで相同なタンパク質の立体構造の推定がなされていた。つまり，タンパク質の立体構造予測はほぼ不可能とも考えられていた。

ところが，2021年にアメリカ・ワシントン大学のグループは，深層学習によるAIプログラムRoseTTAFoldを開発し，Science誌に発表した。同時期に，イギリスのGoogle傘下の企業DeepMind社がAlphaFold 2の開発をNature誌に発表した。この2つのプログラムによるタンパク質の立体構造予測の正確さは，他のプログラムの群を抜くものであった。さらに，構造決定が困難とされてきた膜タンパク質や，類似のタンパク質が存在しない場合にも立体構造を予測可能というポテンシャルを有している。「アンフィンセンのドグマ」から50年目の快挙というべき成果である。

なお，DeepMind社は，2016年にAlphaGoを開発し，当時囲碁で世界最強といわれたイ・セドル九段に勝利した。その後，2020年には「学習データなし・ルールの知識なし」という「無」の状態から学習するMuZeroの開発をNature誌に発表し，囲碁だけでなく，チェス，将棋での対戦においてもAlphaGoの後継プログラムAlphaZeroに勝利を収めている。

今後，植物科学分野に限らず，広く自然科学のさまざまな分野の発展に深層学習が貢献することが予想される。

6.3 ◆ 倍数性と倍数体作物

ゲノム(genome)[*20]という言葉の提唱者であるドイツの植物学者ウィンクラー(Hans Winkler)によると，「生物体の半数体(核相n)細胞が有している染色体の総体」というのが現在一般的に使われているゲノムの概念である。体細胞は二倍体であることから核相は$2n$である。一方，特定の属レベルの植物種が有している染色体の中で最小と考えられる数を基本数と呼び，xで示す。アブラナ属(*Brassica*)では，$n = 7, 8, 9, 10, 11$の植物種が知られており，これらの植物の祖先種は$x = 4$を基本数とする植物から分化したと考えられている。

＊20　ゲノム：ゲノムを表す記号には通常，アルファベットの大文字が用いられる。二倍体の場合，一般的にはアルファベット順にAA，BB，CCゲノムという表記が使われる。一方で，ゲノムを構成する種名の頭文字を取ってゲノムを表す記号とする場合もある。タバコを形成するゲノムはSSTTであり，これは*Nicotiana sylvestris*と*N. tomentosiformis*という異なる2種のゲノムから構成されることに由来する。

どのように多様な基本数をもつ植物種ができたのだろうか。その原因の1つが染色体の倍加である。$x = 4$の植物種($2n = 2x = 8$)において，減数分裂の異常により減数しない雌雄の配偶子が形成された場合，染色体

表6.2 | 倍数性作物の染色体数とゲノム構成の例

作物名	学名	染色体数(2*n*)	倍数性	ゲノム構成
パンコムギ	*Triticum aestivum* L.	42	6*x*	AABBDD
ワタ	*Gossypium hirsutum* L.	52	4*x*	AADD
タバコ	*Nicotiana tabacum* L.	48	4*x*	SSTT
セイヨウナタネ	*Brassica napus* L.	38	4*x*	AACC
イチゴ	*Fragaria* x *ananassa*	56	8*x*	AABBBBBB
ジャガイモ	*Solanum tuberosum* L.	48	4*x*	AAAA
サツマイモ	*Ipomoea batatas* (L.) Lam.	90	6*x*	BBBBBB

が倍加することによって$2n=4x=16$という倍数性の植物体が出現する。

染色体の倍加により，染色体数は異なるが類縁関係のある植物種が誕生する。これらの類縁関係を解析する手法を**ゲノム解析**(genome analysis)[*21]と呼ぶ。近縁種間で交雑を行い，姉妹染色体が対合した二価染色体がほとんど観察される場合，両者のゲノムは部分的に分化している可能性はあるが，同一ゲノムと判断する。例えば，$2n=20$である*Brassica rapa*に分類されるハクサイとカブを交雑した場合，10対の二価染色体が観察できる。*B. rapa*とキャベツ・ブロッコリー(*B. oleracea*, $2n=18$)との交雑の場合，同属とはいえ異なる種であるにもかかわらず，6～8対の二価染色体が観察される。それに対して，*B. rapa*と属が異なるダイコン(*Raphanus sativus*, $2n=18$)との交雑で観察される二価染色体は1～3対である。このように，交雑種で二価染色体の数が多く観察される種間のほうが近縁という判断ができる。現在では核ゲノムの全塩基配列を決定できることから種間の近遠の程度を塩基レベルで議論可能である。

＊21　ゲノム解析：同一ゲノム，あるいは異なるゲノムを有する植物種であるかどうかを判定する実験法。判定する2つの植物種を交雑し，F_1雑種植物の染色体の対合パターンがどのようになるかで決定する。同一ゲノム構成であれば，F_1雑種植物のすべての染色体が二価染色体を形成する。2つの植物種が部分的に分化している場合には，一価染色体が観察される場合もある。それに対して，2つの植物種が異なるゲノム構成である場合，すべての染色体は一価染色体として観察される。この手法を用いて，コムギ属(*Triticum*)，ワタ属(*Gossypium*)，タバコ属(*Nicotiana*)，アブラナ属(*Brassica*)などのゲノム構成が解明されている。

6.3.1 ◇ 作物における同質倍数体と異質倍数体

動物では多くの場合，倍数体が許容されないが，植物では同じゲノムが倍加した同質倍数体と，異なるゲノムから構成される異質倍数体が存在する。**表6.2**に示すように，同じ四倍体でもジャガイモは同じゲノムが倍加した同質倍数体であり，ワタ，タバコ，セイヨウナタネなどは異なるゲノムが倍加した異質倍数体である。倍数体は植物体全体が大きくなるという特徴を有している。一方で，開花，成熟などの生殖形質での遅延が見られる。

自然界に存在する同質倍数体は，減数分裂などに異常が生じ，染色体数が体細胞と同じ配偶子(非還元配偶子ともいう)により受精が起こることで同質四倍体として生じる。また，異質倍数体については，異なる種間で交雑し，本来であれば稔性がない個体において茎頂分裂組織が自然倍加することにより，複二倍体などの異質倍数体が生じる。人工的に倍数体を作出する場合には茎頂分裂組織に**コルヒチン**(colchicine)[*22]処理などが行われる。

＊22　コルヒチン：イヌサフラン(*Colchicum autumnale*)の種子や球茎に含まれるアルカロイド。細胞分裂時に形成される紡錘糸を構成するチューブリンに結合することで重合阻害を引き起こし，細胞分裂が阻害される。その結果として，染色体の倍加が誘発され，四倍体などの植物体が作出される。一方で高い毒性から代替薬剤が検討され，笑気ガス(一酸化二窒素(亜酸化窒素)N_2Oと酸素の混合ガス)，除草剤のオリザリンなどで効果があるとされている。

図6.4 | **イチゴの栽培種(八倍体)と野生種(二倍体)の幼植物の比較**
左は栽培イチゴ品種‘とちおとめ’(*Fragaria* x *ananassa*)，右はその祖先種と考えられている二倍体種のエゾヘビイチゴ(*F. vesca*)。倍数化により植物体が大きくなっていることがわかる。
[写真は栃木県農業試験場 提供]

栽培植物，作物の中には同質三倍体も存在し，バナナ，ヒガンバナ，スイセンなどが該当する。これらの植物は減数分裂時に染色体の分配が不均一になり，不稔を示す。そのため，こうした植物の増殖は挿し木，株分けなどにより行う。人工的に作出した三倍体としては，日本の細胞遺伝学者である木原 均*23が考案した「種なしスイカ」が有名である。倍加させた四倍体の雌ずいに二倍体の花粉を交配することで三倍体の種子ができ，これを播種することで種なしスイカが作出できる。先に記した通り，二倍体よりも大きなスイカとなるが，収穫期が遅くなるなどの理由から実用化はされていない。

＊23　木原 均(1893～1986)：パンコムギ，近縁野生種のゲノム解析から「ゲノム」の概念を構築し，パンコムギの祖先種を発見している。スイバ(タデ科の多年草)における性染色体の同定，細胞質置換による細胞質雄性不稔性の研究も展開している。海外でのコムギ遺伝資源研究にも注力した。1947年に出版された著書『小麦の祖先』において，「地球の歴史は地層に，生物の歴史は染色体に記されてある」という名言を遺している。

二倍体と比較したとき，高次倍数体のほうが植物体の葉，果実などで巨大化が見られる。この原因として，葉，果実などを形成する細胞そのものが二倍体よりも高次倍数体のほうが大きいためとされている(**図6.4**，コラム6.1の図1も参照)。果実などが大きくなることは，農業生産上好ましい形質であることが多い。

6.3.2◇倍数性栽培作物とその祖先種の関係

B. napus(セイヨウナタネ)は*B. oleracea*(キャベツ類)と*B. rapa*(在来ナタネ：ナ類)の交雑により倍加した複二倍体(異質倍数体)である。両者の交雑実験から，*B. oleracea*を花粉親にしたほうが雌雄を逆にしたときよりも雑種を得やすいという実験結果がある。また，細胞質(葉緑体，ミトコンドリア)が有するゲノム情報をこの3つの種で比較したとき，*B. napus*の細胞質のゲノム情報は*B. rapa*に近いことからも，現在の*B. napus*の成立過程においては，*B. rapa*の雌ずいに*B. oleracea*の花粉が交雑され，倍加を通じて現在の*B. napus*が成立したと考えられている(コラム6.6参照)。

また，六倍体パンコムギの成立までの過程を**図6.5**に示す。二倍体の

Column 6.6

禹《う》の三角形

木原均によるコムギ類のゲノム解析が行われていた頃，在来ナタネ(*B. rapa*)は収量性が悪く，セイヨウナタネ(*B. napus*)は水田土壌では耐湿性が弱く，栽培期間が長いことから日本の土壌に適した在来ナタネの遺伝形質をセイヨウナタネに導入できないか検討されていた。

そうしたことを背景に，農林省農事試験所の禹《う》長春《ながはる》らはセイヨウナタネ($n=19$)が在来ナタネ($n=10$)とキャベツ類（*B. oleracea*, $n=9$)の交雑後，自然倍加したものであるということを実験的に証明した。セイヨウナタネは在来ナタネとキャベツ類の両方のゲノムを有することから，複二倍体である。さらに，$n=8$であるクロガラシ(*B. nigra*)，$n=18$であるカラシナ(*B. juncea*)，$n=17$であるアビシニアガラシ(*B. carinata*)の関係を解明した。禹はこの6種の植物種の類縁関係について，三角形の頂点に複二倍体種を配置し，頂点を結ぶ直線の真ん中に二倍体種を置くことで示すことができるとした。この6種の類縁関係を示したものを「禹の三角形(U's triangle)」と呼ぶ(図)。U(1935)の結果にも記載されている通り，二倍体植物間で交雑を行ったとき，例えば，*B. rapa*を雌しべ親，*B. oleracea*を花粉親にしたときには，雑種を容易に得ることができる。しかしながら，雌雄を逆にした交雑である正逆交雑の場合，雑種を得ることが困難である。この原因は，雑種の核ゲノムと細胞質ゲノムの間の「不親和性(incongruity)」によるとされているが，その実体は未解明である。

この実験結果は禹 長春の単著で発表されているが，実験の実施にあたり，水島宇三郎(後に東北大農学部教授)，永松土巳(後に九州大農学部教授)が支援している。後に，水島は*Brassica*属を含む近縁種との類縁関係を同様のゲノム解析を行い，染色体の対合というレベルでのアブラナ類の類縁関係を示している。

禹 長春は「アサガオ」の形態変異に関する研究で学位論文を提出する予定であったが，火災によりデータなどがすべて消失し，その結果，「禹の三角形」につながる実験を改めて行い，まとめることにより学位を得ている。戦後，韓国の農業復興に尽力したことなど，数奇な運命をたどったことが角田房子の著書『わが祖国』に記されている。

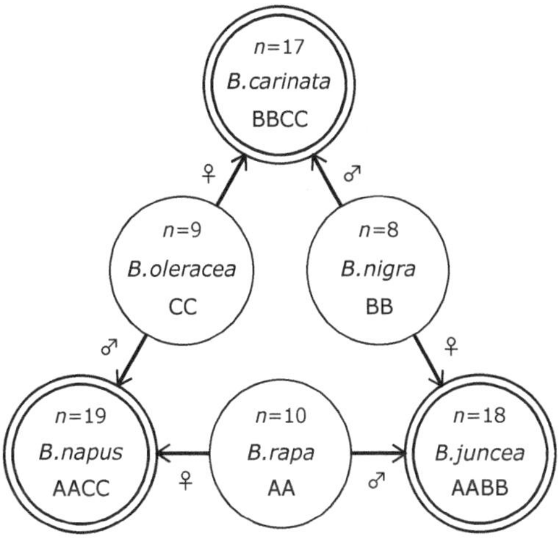

図 | ***Brassica*属における6つの植物種の類縁関係を示した，禹の三角形**

U(1935)に掲載されている図版に従った。種名の統合・改正により，当時*B. campestris*とされていた種名は*B. rapa*で記した。原著ではゲノム名称を小文字の「aゲノム」として示されていたが，ここでは現在の通例にあわせて大文字2文字で示す「AAゲノム」という表記とした。半数体の染色体数を示す「*n*」も小文字の斜体とした。なお，細胞質ゲノム(葉緑体，ミトコンドリアゲノム)の解析結果に基づく，複二倍体種形成にどちらの種が雌しべ親，花粉親であったのかという情報を「♀，♂」の記号で示した。
原著では，*B. napus*と*B. rapa*の雑種形成の実験も行われており，小さな正三角形が左下に出っ張っているが，ここでは割愛した。論文や書籍などで禹の三角形の図版を見ることがあるが，植物種の位置関係，ゲノム名称などが必ずしも，原著であるU(1935)とは一致しない場合も散見される。種間交雑でできた植物種がどちらの細胞質を有しているかなど，1935年以降に報告された研究成果を追加することはよいとしても，基本的には原著の図版のゲノム名称，パターンなどは踏襲すべきと考える。
[武田和哉，渡辺正夫 編著，菜の花と人間の文化史，勉誠出版(2019)，図1.2.3より改変]

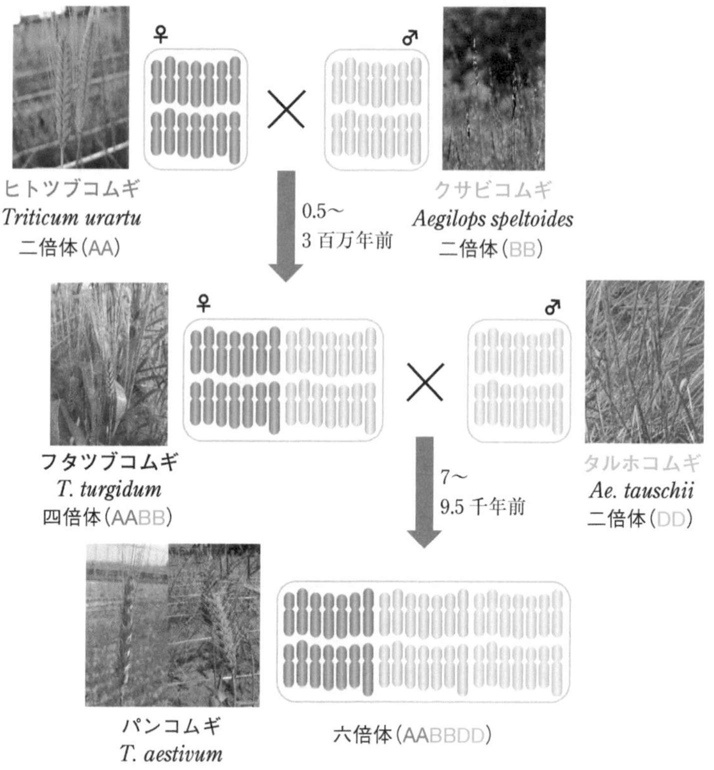

図6.5 | 六倍体パンコムギの成立過程

AゲノムとBゲノムからなる四倍体のフタツブコムギが形成された後，タルホコムギとの交雑により現在の六倍体のパンコムギが成立した。
［クサビコムギの写真は神戸大学・森 直樹教授 提供，それ以外は村井耕二 撮影］

ヒトツブコムギを母本とし，同じく二倍体のクサビコムギが花粉親となり，AABBゲノムを有する四倍体のフタツブコムギができ，さらにそのフタツブコムギを母本とし，タルホコムギの花粉を交雑することで，現在のパンコムギが成立したと考えられている。それぞれの植物のゲノム情報の比較により，その変化の程度から祖先種から現在の種ができるまでの年数も予測されている。

パンコムギのゲノムはAABBDDと表記される。A, B, Dゲノムは一定程度分化しているが，染色体上の遺伝子，遺伝子間の塩基配列は類似している。異なるゲノム構成とはいえ，類似した異質倍数体での全塩基配列の決定は現在でも困難であるため，新たな解析手法などが検討されている。決定した塩基配列がどのゲノムに由来し，倍数体を構成するゲノム間での遺伝情報にどれくらい多様性があるかを理解することがこれからの課題である。また，倍数体になった場合，どのゲノムに由来する遺伝子が機能しているのか，あるいは機能分化して異なる場所で発現，機能しているのかなど，植物が有している機能を理解するうえでも，こうした複雑なゲノム構成の作物を材料とした研究はよい事例になると考えられる。

Column 6.7

日本国内で栽培されている*Brassica*属作物

*Brassica*属には30種程度の植物種が分類されている。そのうち，以下に示す4つの種(*B. napus*，*B. oleracea*，*B. rapa*，*B. juncea*)が日本国内で栽培されている(コラム6.6参照)。

セイヨウナタネ*B. napus*

*B. rapa*と*B. oleracea*からなる複二倍体であることから種子が大きく，油量も多いため，国内外を問わずアブラナの油料作物として栽培されている。カナダで作出されたカノーラ(canola，キャノーラ)などの品種はエルシン酸，グリコシノレート含量が低く，食用に適している。日本に導入されたのは明治時代である。近年，キザキノナタネなどの品種が育成され，採油用だけでなく，野菜としての食用でも栽培されている。

キャベツ類*B. oleracea*の栽培種およびその野生種

栽培種としては，キャベツ，ブロッコリー，カリフラワー，ロマネスコ，カイラン，ケール，コールラビ，メキャベツ，ハボタンなどがある(第2章図**2.16**参照)。また，これらの栽培種間の雑種植物も作物として作出されている。ロマネスコの花蕾は大きさの異なる同じ図形が繰り返す自己相似性「フラクタル」を示す。野生種は主に，イギリス，フランスの北海沿岸部などに分布している。同じCゲノムを有する*B. oleracea*の野生種には，*B. cretica*，*B. incana*，*B. insularis*，*B. macrocapa*，*B. montana*，*B. rupestris*，*B. villosa*などが含まれる。これらはフランス，スペイン，イタリア，ギリシャなどの地中海沿岸および島しょ部に分布している。

在来ナタネ(ナ類)*B. rapa*

セイヨウナタネが明治時代以降に日本に導入されたのに対し，従来から日本にあるという意味で和種ナタネなどとも呼ばれる。従来は*B. campestris*という種名が使われていた。*campestris*はラテン語で「野に生える」という意味であり，それに対して，*rapa*は「根が太る」という意味である。人類が栽培化の過程で，野原に生えていた植物から根が太る(カブ)，葉が大きく巻く(ハクサイ)などの形質を選抜して，現在の多様な栽培種ができたという植物の成り立ちを考えると，*B. campestris*と呼ぶほうが適切である。しかし，国際的な植物の命名規則では「異なる種名である植物がこれまでの研究で同種であることがわかった場合，一番古くにその種名を定義したものに統一する」という規定があるため，この命名規則に従い，1993年に日本(横浜)で開催された国際植物学会議(International Botanical Congress)で*B. rapa* L.に統一された。

なお，在来ナタネに含まれる作物にはカブ，ミズナ，ミブナ，ザツナ(雑菜：野沢菜，小松菜など)に加えて，中国，台湾などから明治以降に導入されたハクサイ，チンゲンサイ，パクチョイ，サイシン，ターサイなどがある。これらの種子の種皮の色は黒色から茶色を示す。それに対して，インドで菜種油などに利用される作物として栽培されている*yellow sarson*は種皮の色が黄色いという特徴を有している。

カラシナ*B. juncea*

*B. nigra*ゲノム由来の辛味成分グリコシノレートを葉，茎，種子などに蓄積する野菜として栽培されている。種子は加工することで「マスタード」になる。なお，シロガラシ(*Sinapis alba*)は*Brassica*属ではない。地方により固有の名称があり，タカナ，シマナーなどと呼ばれているところもある。茎の基部がコブ状に肥大するザーサイもカラシナの一種である。

本コラムでは*Brassica*属作物に限定したが，アブラナ科に分類される作物としては，ダイコン(*Raphanus sativus*)，ルッコラ(ロケット：*Eruca vesicaria*)，ワサビ(*Eutrema japonicum*)などが食用として，マガリバナ(*Iberis amara*)，アラセイトウ(ストック：*Matthiola incana*)，ゴウダソウ(*Lunaria annua*)などが食用・観賞用として栽培されている。

6.4◆植物遺伝資源の収集と利用

植物遺伝資源(plant genetic resources)は遺伝学や植物育種学だけでなく，広範な研究領域における研究材料を提供している。中世に欧州各国が新大陸を発見してから現在に至るまで，その地に生育している植物が品種改良に導入され，新しい栽培品種が育成され続けている。一方で，植物遺伝資源を制限なく収集・利用することに対する問題点も指摘され始め，遺伝資源を提供する国々の権利なども認められつつある。本節では，植物遺伝資源の収集から利用までについて，さまざまな角度から考える。

6.4.1◇植物遺伝資源の探索と収集

植物遺伝資源の探索というと海外学術調査のようなことを直感的にイメージされるかもしれないが，国内の各地に存在する在来作物[*24]，在来品種(local variety, landrace)の探索も含まれる。国内外を問わず，植物遺伝資源の探索の目的には大きく2つのことがあげられる。第一に，ある植物種と近縁種の比較研究からそれぞれの種が有する遺伝的変異の大きさや，種分化がどのようになされたかが理解できる。こうした知見を発展させることで，植物の起源や伝播の様相を知ることもできる。第二に，収集した植物遺伝資源が有する多様な形質を評価し，育種素材として利用することができる。

植物遺伝資源を調査地から探索，収集し，その植物材料を国内に導入，評価するということが植物遺伝資源を扱ううえでの対象となる。植物遺伝資源を調査地で探索するときのポイントは，目的とする植物種とその近縁種などについてどの程度の遺伝的多様性があるのかをあらかじめ把握しておくことである。遺伝的多様性は収集場所によっても異なる。遺伝的多様性の評価には，アイソザイム[*25]，遺伝子の塩基配列などの情報が用いられる。植物遺伝資源の探索・収集は時間的，経済的，人的な制約下で行われることから，遺伝的多様性の程度以外にも事前調査は必須であり，コストに見合う探索・収集が求められる。実際に収集を行う場合には，現地研究者の協力が不可欠であり，加えて調査・収集に関する一連の許可を得る必要がある。また，サンプリング地点の選定や数，サンプリングする個体数などを考慮する必要があり，これらは植物種によっても異なる。収集した種子などのサンプルには「パスポートデータ[*26]」と呼ばれる種名，採集地(地名，緯度・経度など)，採集年月日などの記録を取ることが必要であり，こうした情報は導入後の評価で特に重要になる。

植物遺伝資源を海外から導入する場合，病害虫が植物・種子などに付着して国内に持ち込まれる危険性がある。そのため，植物防疫所[*27]での検疫が重要であり，事前に打ち合わせを行い，検疫をスムーズに進め

＊24　在来作物：厳密な定義ではないが，特定の地域で長年栽培され，食用，工芸用などに利用されてきた作物。その中には「伝統野菜」と呼ばれる「加賀野菜」,「京野菜」も含まれる。

＊25　アイソザイムについては，第1章23頁欄外注＊62を参照。

＊26　パスポートデータ：遺伝資源のサンプリングに付随し，サンプリングに関するさまざまな情報が理解できるデータのこと。生育地の環境条件，サンプリングの手法などといった植物そのもの以外の情報も含まれる。

＊27　植物防疫所：国内の植物に被害を及ぼす海外からの病害虫の侵入を防ぐため，全国の港湾・空港から輸入される植物の検疫を行っている。近年は港湾に持ち込まれるコンテナで発見される「ヒアリ」などの侵入防止対応にも当たっている。

ることで収集した植物・種子への影響を最小限にとどめることができる。果樹の苗木などの場合には，植物防疫所の隔離圃場で一定期間栽培され，病害虫の有無が確認される。

収集した植物が生物学的にどの種に分類されるのかは，遺伝資源を利用するときに重要となる。また，現地で有していた遺伝的多様性を維持できる採種法も考慮する必要がある。その植物が自殖性であるのか，他殖性を示すのかを調べることも遺伝資源の維持には重要である。なお，国内で増殖した種子はシリカゲル，活性炭などを入れた小さなビンに詰めて低温（アブラナ科種子の場合は4℃程度）で保存する（**図6.6**）[*28]。さらに，植物遺伝資源を実際に利用する場合には，先の「パスポートデータ」に加えて，サンプリングした植物が有している特性に関する情報が必要となる。必要な情報は植物種で異なり，例えばイネの場合，出穂期，稈長，穂長，穂数，芒[*29]の有無と色，玄米の形と色などの特性が調査される。それ以外にも育種目標となる病害虫への抵抗性，各種ストレス耐性検定なども実施される。

＊28　保存中の発芽を抑制するためにシリカゲルで水分を吸収する。また，種子から香気性成分などが放出されることがあり，それらを吸収するために活性炭が用いられることもある。保存するビンのサイズにもよるが，一度に利用する程度の粒数の種子を小分けにするとよい（図6.6）。

また，長期の保存のためには乾燥状態の維持が重要であることから，そのビンをまとめてプラスチックなどの箱に入れ，その中にもシリカゲルを入れるなどの工夫がなされている。

＊29　芒：イネ，ムギなどのイネ科植物の籾を形成する外頴の先端から伸びた針状の突起。現在では多くのイネ品種では芒が見られない。それに対してムギ類では長く伸びた芒が観察できる品種が多い。ムギ類の芒には光合成能があり，収量にも影響するとされてきた。近年では，長い芒は収穫時に細かな粉塵となることから芒が短い（あるいはない）品種が国内外で育成され，収量も芒が長い品種と変わらない，あるいはそれ以上という品種も登場している。それに対して，イネの芒は蒸散に寄与しているという古い報告はあるが，穀粒生産にはほとんど寄与しないとされている。なお，芒は「のげ」，「のぎ」，「ぼう」と読み，農学ではいずれの読みも使われる。

6.4.2 ◇ 植物遺伝資源保護に向けた国際的取り組み

前項でも記した通り，植物遺伝資源は世界共通の財産である。しかしながら，地球環境の悪化，人類による開発などにより，栽培作物の起源地における植物種は減少・消滅の危機にある。例えば，高収量性，良食味などの形質をもつ現代品種が各地に導入されることにより，従来から栽培されていた在来品種が栽培されなくなり，消滅しつつあるという事案も現実に生じている。こうした問題は世界レベルでの近縁野生種で起きている遠い話ではなく，日本各地に存在する在来品種でも同様に生じていることを忘れてはならない。

植物遺伝資源の探索・収集・保存という事業を国単位ではなく，国際的な組織として行うことを目的として，国連食糧農業機関（FAO）[*30]の下部組織である国際植物遺伝資源委員会（International Board for Plant Genetic Resources, IBPGR）が1973年に設立された。IBPGRでは，植物の探索・収集・保存に関する技術ワークショップ，研修センター設立，ニュースレターの発行などを行っている。IBPGRに先行して，世界銀行，FAO，各種財団が共同出資する形で国際農業研究協議グループ（Consultive Group on International Agricultural Research, CGIAR）が1971年に設立された。CGIARには**表6.3**に示す作物に関連した8つの研究センターがあり，世界各地の多様な植物種に関する遺伝資源の探索，収集，評価，開発を行っている。

＊30　国連食糧農業機関（FAO）については，第1章1頁欄外注＊2を参照。

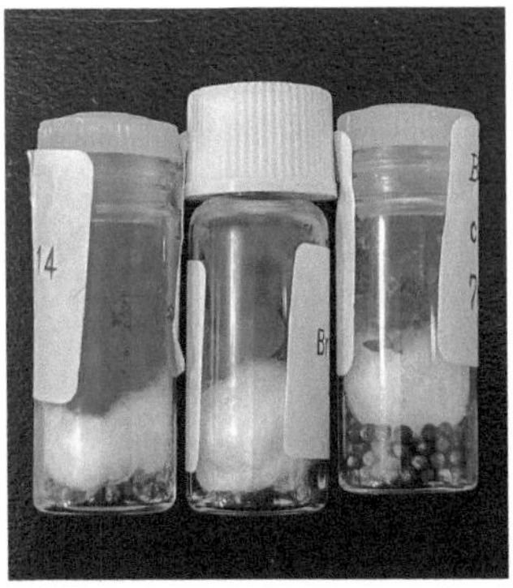

図6.6 **アブラナ科植物種子の乾燥・低温状態での保存**

［写真は東北大学・増子（鈴木）潤美氏 提供］

6.4.3 ◇ 生物多様性条約と名古屋議定書・カルタヘナ議定書

各国の研究者レベルでスタートした植物遺伝資源の探索・収集活動は，国際的な連携，国際的関係機関の設置などの取り組みもあり，1990

表6.3 | 国際農業研究協議グループ(CGIAR)に所属する8つの研究センター

研究機関	通称	所在地	対象作物
国際イネ研究所	IRRI	フィリピン	イネ
国際トウモロコシ・コムギ改良センター	CIMMYT	メキシコ	コムギ，オオムギ，ライコムギ，トウモロコシ
国際熱帯農業研究所	IITA	ナイジェリア	ササゲ，ダイズ，イネ，キャッサバ，サツマイモ，ヤマノイモ，ココヤム
国際熱帯農業センター	CIAT	コロンビア	キャッサバ，ライマビーン，ベニバナ，インゲン，マメ科牧草，ジャガイモ，サツマイモ
国際バレイショセンター	CIP	ペルー	ジャガイモ，サツマイモ
国際半乾燥熱帯作物研究所	ICRISAT	インド	ソルガム，パールミレット，キマメ，シコクビエ，アワ，キビ，ラッカセイ，テフ
国際乾燥地域農業研究センター	ICARDA	シリア	オオムギ，レンズマメ，ソラマメ，ヒヨコマメ，デュラムコムギ
アフリカイネセンター(旧 西アフリカイネ開発協会)	WARDA	コートジボワール	イネ

年代初頭までは，特に法的な規制を設けられることなく実施されてきた。一方で，植物遺伝資源を収集する国と収集地を提供する国の間で，収集する側の植物遺伝資源による利益が，収集地を提供した国々に十分に還元されていないという問題が顕在化してきた。また，地球レベルでの気候変動問題と植物遺伝資源が有する遺伝的多様性の維持に対して，地球全体としての対応が必要となってきた。こうした背景から，1992年にブラジルのリオデジャネイロで開催された**国連環境開発会議**(United Nations Conference on Environmental and Development, UNCED)，通称「地球サミット(Earth Summit)」[*31]において，環境保全への取り組みを世界全体として行うことが決議され，**生物多様性条約**(Convention on Biological Diversity, CBD)[*32]が合意された。CBDの目的は，生物多様性の保全・持続可能な利用，および遺伝資源の利用による利益の公正かつ衡平な配分(Access and Benefit Sharing, ABS)である[*33]。つまり，地球全体としての生物多様性を維持しつつ，遺伝資源を利用し，その利用に当たっては遺伝資源を提供した国々への配慮を十分に行うという，ある種の規制が設けられた。

ABSの実施に関しては2010年に名古屋で開催された国連環境開発会議において，**名古屋議定書**(Nagoya Protocol)[*34]が採択された。名古屋議定書では，ABSに基づく利益の公正かつ衡平な分配だけでなく，植物遺伝資源の探索などを行った場合には，共著での論文を発表し，実験技術・機材の提供などについても配慮することを定めている。

名古屋議定書の締結にともない，遺伝資源の収集，利用などにおいては当該二国間が事前に実施事項に対して同意し，相互に理解することが求められている。つまり，遺伝資源を提供する側へ十分に配慮し，明確な契約の下での，遺伝資源の収集，利用を行うことが必須となった。

植物遺伝資源とは異なるが，遺伝子組換え生物等(living modified

＊31　国連環境開発会議：気候変動の極端な変化抑制に向けた温室効果ガス削減に向け，国際的な枠組みが形成された。また，生物多様性，遺伝資源の保護のあり方についての条約も締結。10年，20年後の2002年，2012年にもフォローアップ会合が開催されている。

＊32　生物多様性条約：ワシントン条約，ラムサール条約でカバーしている絶滅危惧種への対応という限定的なものではなく，地球上の野生生物の保護，生物多様性を包括的に保全することを目的とした国際的な条約。

＊33　2016年にメキシコで開催されたCOP13，名古屋議定書第2回締約国会合において，生物多様性条約(CBD)と名古屋議定書の目的に対するデジタル配列情報(digital sequence information, DSI)利用に対する潜在的な影響についての議論することになった。DSIとは生物が有する塩基配列情報のことを示す。このDSIは遺伝資源なのか，CBDに含まれる事項なのかということが各国で議論されている。

Column 6.8

高速で安価にゲノム情報を得ることができる時代の遺伝資源の価値

1990年代に計画されたモデル生物のゲノム配列決定により，2000年にシロイヌナズナ，2001年にヒトの全ゲノム情報が決定(ゲノム解析)され，Nature誌に発表された。その後，マウス，ショウジョウバエ，イネ，トマトなどのモデル生物・植物だけでなく，ダイズ，トウモロコシ，オオムギ，コムギなどの作物についても世界的に基準となる系統のゲノム配列が決定された。さらに，解析されたゲノム配列情報は世界的な知的財産であることから，ウェブ上で容易に検索・解析できる。

このようにさまざまな植物種でゲノム配列が決定できるようになったのは，高速で安価に塩基配列を決定する手法(次世代シークエンサー)の開発によるところが大きい(コラム6.9参照)。次世代シークエンサーの開発により，それまでは1つの植物種で1系統のみのゲノム配列決定が基本であったのが，同一種の異なる系統・品種などが有する個別のゲノム配列を決定・解析するという戦略への方向転換が可能となった。これにより，特定の種(例えば，イネ，コムギ，トマト，キャベツ類など)が有するゲノム配列レベルでの多様性や，特定の系統・品種が有する形質を制御する遺伝子の解析などが展開されている。

大量のゲノムデータを解析する手法の1つとして，ゲノムワイド関連解析(genome-wide association study, GWAS)が用いられる。GWASとは多数の個体(系統・品種など)から構成された集団に存在する個体間の形質の違いとDNA配列の違いとの関連をゲノム全体について解析し，ターゲットとした形質と関連するDNA多型を統計的に検出する手法である。育種の過程を考えると，それぞれの系統・品種は耐病性，高収量性，高品質などの形質で選抜され，それらの系統・品種のゲノムには形質を制御する遺伝子がコードされている。従来であれば，これらの遺伝子を遺伝学的手法で個別に単離して解析していたが，GWASでは実験材料に用いる系統・品種の全ゲノム情報に基づくDNA多型との関連の程度によりターゲットとした形質を解析できる。解析に用いる集団のゲノム情報を保持していれば，集団を構成する個体についてターゲットとした形質を評価し，解析することで遺伝子にまでたどり着くことができ，従来の遺伝学ベースの遺伝子解析のような煩雑性はない。また，共同研究などにより有望な系統・品種を得て，そのゲノム配列を解析集団に加えることで，有望な系統・品種が有している形質を解析することも可能である。

植物遺伝資源は植物の起源や伝播を理解するための材料として，および，育種素材として重要であるだけでなく，作物が有する有用な形質の遺伝子レベルでの理解にこれまで以上に大きく貢献していくものと考えられる。

organism, LMO)が生物多様性などに悪影響を及ぼさないようにするバイオセーフティは世界的な問題である。こうしたことを踏まえ，2000年にコロンビアのカルタヘナで生物多様性条約に関する国際会議が開催され，生物多様性条約の下でのLMOの輸出入国間での手続きを定めた国際的枠組み(栽培，流通など)が採択され，カルタヘナ議定書(Cartagena Protocol on Biosafety)と呼ばれている。日本国内ではこれに対応する国内法として，従来からの組換えDNA実験指針に代わるカルタヘナ法が2003年に制定され，この法律に基づき，閉鎖系あるいは開放系での遺伝子組換え実験などが規制されている。

＊34　名古屋議定書：2010年に名古屋市で開催されたCOP10(生物多様性条約・第10回締約国会議)で，遺伝資源へのアクセスと利益配分について議論され，議定書として決定した。あわせて「名古屋・クアラルンプール補足議定書(カルタヘナ議定書の追加的議定書)」という遺伝子組換え生物の国境を越える移動，生物多様性への損害が発生した場合の責任と賠償も決定された。

6.5 ◆ まとめ

1866年にメンデルが著書『遺伝の法則』を出版してから150年以上になる。1990年代にはモデル植物シロイヌナズナを用いて，目的形質を制御する遺伝子の単離・解析が可能になり，2000年にシロイヌナズナの全ゲノム情報が発表された。その後，次世代シークエンサー(next generation sequencing, NGS)の登場・進化により同一種の異なる系統・品種などでゲノムを基盤とした遺伝子単離・解析が可能になっている(コラム6.9参照)。こうしたことが可能になった理由は，大量のデータから必要な情報を抽出するバイオインフォマティクス(bioinformatics, 情報生物学)技術の大きな進歩も一因である。また，植物が有する二次代謝産物[*35](アントシアニンなど)の解析技術も向上し，特定の代謝産物を指標としたゲノムワイド関連解析(GWAS)も可能になっている(コラム6.8参照)。開花時期，花色などのように表現型を判別しやすい形質はGWASをベースとすることで遺伝子単離が加速すると考えられる。このようなゲノム情報を基盤とした研究は**ゲノム科学**(genomics)と呼ばれる。一方で，果実の大きさ，果実・種子などが含有する二次代謝産物量，根の肥大の程度などといった複数の遺伝子で制御されている量的形質遺伝子座(QTL)[*36]を評価し，数値化することが複雑な形質の遺伝子単離には不可欠である。換言すれば，第2章でも述べたように，特定の形質における明確な違いを見つける「観察眼」の養成は必須である(第2章2.3，2.4節参照)。

ターゲットとした形質の遺伝子であることを証明するためには，特定の形質を示さない系統(例えば，特定形質を制御する遺伝子の劣性ホモ接合体)への遺伝子導入により，表現型の変化が起こるかを確認する実験が必須である。このためには，遺伝子導入，つまり形質転換系の構築も重要である。作物として扱う植物種の中には，形質転換が困難なものも多い。そうしたとき，どのような代替植物を使うことでその遺伝子が有する機能を意義づけられるのかを考え，その代替植物種での必要十分な形質転換系を構築することが求められる。このことは，CRISPR-Cas9によるゲノム編集での遺伝子破壊，アミノ酸置換などにより遺伝子機能の変化を生じさせた場合でも同様のことを考慮する必要がある(第1章1.4.3項，1.4.5項参照)。

遺伝学に限らず，研究分野の発展には異分野との領域横断的な研究が不可欠である。タンパク質の立体構造を予測するソフトウエアAlpha-Fold 2に代表されるような「AIを用いた深層学習」との融合により，これまでの研究展開では見ることができなかったような遺伝学・ゲノム科学の新たな方向性を示すことができる(コラム6.5参照)。こうした従来の枠組みでは取り入れられていない分野[*37]に目を向け，アンテナを張ることが求められている。

＊35　二次代謝産物：発生，成長，生殖などに直接関与しない有機化合物。

＊36　量的形質遺伝子座(QTL)については，第4章130頁欄外注＊38を参照。

＊37　2019年12月31日，WHO(World Health Organization)は中国武漢市で原因不明の肺炎の集団発生を報告し，MERS，SARSとは異なる新型コロナウイルス(COVID-19)が同定された。このウイルスに対するワクチンとしては，従来型の抗原タンパク質ではなく，ウイルスのタンパク質をコードするRNA配列を合成し，注射することにより体内でタンパク質に翻訳させて抗原タンパク質として機能させるmRNA型のワクチンが用いられている。mRNA型ワクチンの利点は，ワクチンの設計と製造が抗原タンパク質に比べて，きわめて短時間で達成できるという点にある。この例のように，これまでの研究に対して「パラダイムシフト」を起こすことができる，「ゲームチェンジ」ができる，あるいは，「コロンブスの卵」のような発想の転換により，異分野間での横断的な研究がこれまで以上に求められる。

次世代シークエンサー技術の進歩にともない，ゲノム配列を決定するためのコストは急速に低下している。これにより，従来はコストをかけることができなかったゲノムサイズのパンコムギ(シロイヌナズナの130倍のゲノムサイズ)においても多数の系統・品種のゲノム解析が可能になった。さらにゲノムサイズが大きい植物，作物をターゲットとして全ゲノム情報を得て，その情報をもとに機能遺伝子の解析が可能になることが予想される。そうしたとき，遺伝資源を有効に利活用するためには，「名古屋議定書」で示された利益の公正かつ衡平な配分ができるような国際的な共同研究体制の構築が不可欠である。また，今後，DSIをCBDの枠組みに含まれるのかなど議論が求められている。

Column 6.9

塩基配列解析技術の高速化

2022年現在，実験材料に用いる植物における遺伝情報の本体であるゲノムの塩基配列を決定することは高コストであるものの可能である。過去に遡り，1980～1990年代にはこのようなことが可能になるとは想像すらできなかった。1977年に塩基配列決定法(DNAシーケンシング)は2つの異なる画期的な手法(サンガー法(ジデオキシ法)，マキサム・ギルバート法)が発表された。開発当初，検出には放射性同位元素(ラジオアイソトープ(RI)：^{32}Pなど)を用いるという制限もあり，利用できる施設が必要であった。また，X線フィルム上で検出した塩基の並びを人が読むことでつながった塩基配列を構築する必要があり，手間のかかる実験手法であった。

1990年代に入り，サンガー法が自動化され，2000年，2001年に決定されたシロイヌナズナ，ヒトのゲノム配列は自動化されたサンガー法によって行われた。この方法では反応産物を電気泳動して合成された鎖の3′末端の塩基に付加された蛍光シグナルを検出することで，1 kb(10^3塩基)程度の塩基配列を決定することができた。ポリアクリルアミドゲル(網目構造をもつ高分子)の分子量分画限界が1 kb程度であったことから，一度に大量の塩基配列を決定することには限界があった。しかしながら，アデニン(A)，チミン(T)，グアニン(G)，シトシン(C)という4種類の塩基を異なる蛍光シグナルで検出するという手法は画期的であったことから，それ以降の手法にも用いられた。

最初に開発された次世代シークエンサーはショートリード型，すなわちリード長が150～300 bであり，一塩基伸長法(sequencing by synthesis, SBS)と呼ばれる手法に基づいて塩基配列の解析が行われた。SBS法ではDNAを断片化した後，末端にアダプター配列を結合させ，このアダプター配列をもとにPCRで増幅した後，DNAポリメラーゼにより伸長した塩基の違いを蛍光シグナルの違いとして検出する。この方法ではリード長は短いものの一度に大量のデータを得ることができ，大量遺伝子発現解析，微生物ゲノム解析などに適している。

一方，ロングリード型の次世代シークエンサーでは，一分子リアルタイムシークエンス法(single-molecule real-time sequencing, SMRT sequencing)と呼ばれる方法により塩基配列の解析が行われる。1回のリード長は5～50 kb程度であり，固定化したDNAポリメラーゼが1分子の長鎖DNAを鋳型としてミクロなセル内でDNA伸長反応を行う際に取り込んだ塩基特有の蛍光シグナルを識別することで塩基配列を決定する。環化させたDNAを複数回解読する手法の開発により，現在は99.999％という高い精度を達成している。

ロングリード型の塩基配列解析には一分子リアルタイムシークエンス法とは解析概念がまったく異なる，膜タンパク質の細孔構造（ナノポア）を長鎖DNAが通過するときのイオン電流の変化が塩基ごとに異なることを利用したナノポアシークエンス法と呼ばれる手法がある。この方法では，200～4,000 kbというひとつながりの塩基配列情報を得ることができる。これまでの手法ではRNAの塩基配列を直接決定することはできず，逆転写によりDNAにする必要があったが，ナノポアシークエンス法ではRNAの塩基配列を直接得ることができ，タンパク質のアミノ酸配列決定への応用も試みられている。また，装置は「手のひらサイズ」の大きさであり，パソコンとUSBを介して接続することで塩基配列の解析が可能である（写真）。こうしたことから屋内だけでなく，屋外での解析も想定されている。

得られた蛍光や電気シグナルを塩基の情報に変換する手法（ベースコーラーという）の改良により塩基配列情報の精度が向上し，次世代シークエンサーはゲノム配列の決定，大規模遺伝子発現解析に日々利用されるまでに普及している。今後は，大規模な塩基配列情報を解析するためにコンピューターの高速化が必須となる。

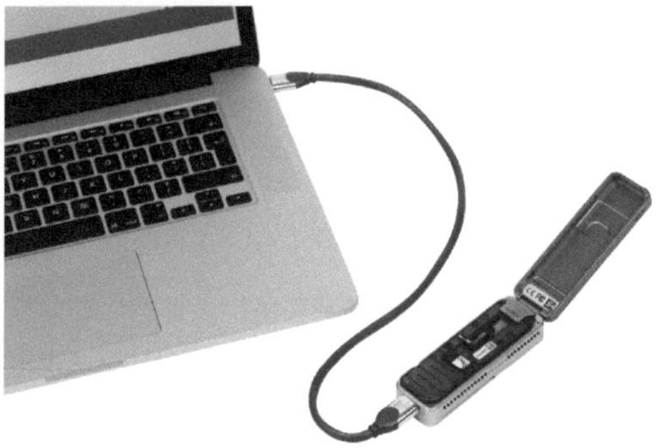

写真 **ナノポアシークエンス装置MinION**

［オックスフォード・ナノポアテクノロジーズ社より許可を得て転載］

第7章

穀物の種子形成と発芽

主要な穀類作物であるイネ，コムギ，トウモロコシ，オオムギなどは**単子葉類**(monocot)である。一方，アブラナ科の野菜やモデル植物であるシロイヌナズナは**双子葉類**(dicot)である。第2章で見たように，植物の生活環の出発点は種子の発芽とするのが農業上は実用的であるが，種子の成熟にともなって，種子の内部ではすでに**胚**(embryo)が形成されている。受精卵(接合子，zygote)[*1]から胚が形成される過程を**胚発生**(embryogenesis)と呼ぶ。単子葉類である穀物は胚乳種子を形成し，**胚乳**(endosperm)に含まれるデンプンやタンパク質は人類にとって重要な栄養源となる。本章では，穀類の胚発生と胚乳発生について，モデル植物であるシロイヌナズナとの違いに焦点を当てながら概観する。

＊1　接合子：配偶子の接合の結果として生じる細胞のこと。雌雄の配偶子(異型配偶子)の接合により生じる受精卵は接合子の一種である。原生動物や藻類などに見られる同型配偶子の接合の結果として生じる細胞も接合子と呼ぶ。

7.1 ◆ 胚発生と胚乳発生

7.1.1 ◇ 重複受精による胚と胚乳の形成

第5章5.2.3項で見たように，被子植物の雌性配偶子[*2]は卵細胞であり，雌ずいの**子房**(ovary)内部に生じた**胚のう**(embryo sac)に包まれて存在する。胚のうは胚のう母細胞の減数分裂により生じ，卵細胞は胚のうの分裂によりつくられる。雌性配偶体[*3]は胚のうである。イネやコムギといった穀類では，1つの雌ずいの中に1つの胚のうが形成される。一方，雄性配偶子は花粉の中の精細胞であり，雄ずいの葯内において花粉母細胞の減数分裂によって生じる。雄性配偶体は花粉である。**図7.1**に示すように，卵細胞の卵核(核相n)と精細胞の精核(n)の受精により胚($2n$)が形成され，胚のう内部の中央細胞の極核($2n$)と精核(n)の受精により胚乳($3n$)が形成される。

＊2　配偶子：配偶体に生じて合体して接合子となることを前提とする構造体をいう。

＊3　配偶体：減数分裂の結果として生じる生殖細胞に由来する構造体をいう。

穀類(作物)では，被子植物で一般に見られるように，精細胞の細胞質は移動の過程で消失し，受精は精核のみで行われるため，花粉由来のプ

卵細胞(卵核(n))　＋　精核(n)　⟶　胚($2n$)

中央細胞(極核($2n$))　＋　精核(n)　⟶　胚乳($3n$)

図7.1　**被子植物の重複受精**
卵細胞内の卵核と精核の受精により胚が形成され，中央細胞内の2個の極核と精核の受精により胚乳が形成される。中央細胞に極核は2個存在するので，胚乳の核相は$3n$となる。

Column 7.1

キセニア

キセニア(xenia)とは，花粉の精核と極核が融合した胚乳核において，精核の遺伝形質が優性で種子の胚乳形質にその影響が直接あらわれる現象である。イネのウルチ性とモチ性は，ウルチ性が優性である。モチ米の田んぼの近くにウルチ米の田んぼがあるときに，ウルチ米の花粉が飛散してモチ米と交雑すると，その実った種子はウルチ米となる。そこで，モチ米を栽培する場合には，ウルチ米の田んぼから離れた田んぼで栽培する必要がある(ウルチ性とモチ性については，第8章201頁欄外注＊7を参照)。

ラスチドが起源の葉緑体やミトコンドリアが有する遺伝情報は通常，子孫に伝達しない。そのため，近縁野生種などを1回母親(雌しべ親)に用い，栽培種を父親(花粉親)に用いた**連続戻し交雑**(recurrent backcrossing)*4により，1回母親の細胞質をもつ**細胞質置換系統**(cytoplasm substitution line あるいは alloplasmic line)*5が作出されている。

7.1.2◇胚珠の形成

図7.2に**胚珠**(ovule)の形成過程を模式的に示す。胚珠は雌ずいの子房の内部に形成され，胚のうを含む**珠心**《しゅしん》(nucellus)*6とそれを包む**珠皮**《しゅひ》(integument)からなる。胚珠の形成は，胚のう母細胞の出現，減数分裂，胚のうの完成をともないながら進行する。完成した胚珠は珠皮で覆われるが，1ヵ所の入口(**珠孔**《しゅこう》，mycropyle))があり，これが花粉管の侵入口となる。珠皮は1層か2層であり，双子葉類の**合弁花類**《ごうべんか》(sympetalae)*7

*4　連続戻し交雑：導入したい細胞質ゲノムをもつ親(1回親)の母親に対して花粉親(反復親)を交雑し，その雑種第一代(F_1)個体に対してさらに同じ花粉親を交雑して得られた個体を戻し交雑第一代(BC_1F_1)と呼ぶ。BC_1F_1個体に対してさらに同じ花粉親を交雑する操作が連続戻し交雑である。核ゲノムは花粉親の核ゲノムに置換されていく(理論的には，5回の戻し交雑で98%以上核ゲノムが置換される)が，細胞質ゲノムは1回親の母親系統に由来し，核−細胞質雑種が作出される。

*5　細胞質置換系統：連続戻し交配で作出された核−細胞質雑種のこと。近縁野生種の細胞質ゲノムの効果により雄性不稔を誘発する細胞質雄性不稔系統はF_1品種(ハイブリッド品種)育成のための母親系統として利用される。第5章コラム5.4も参照。

*6　珠心：珠皮に包まれた内部組織。胚のうとそれを囲む1層から多重層の珠心表皮からなる。珠心自体は成熟すると退化して痕跡程度になってしまう。合点は珠心と珠皮と珠柄が結合している部分である。

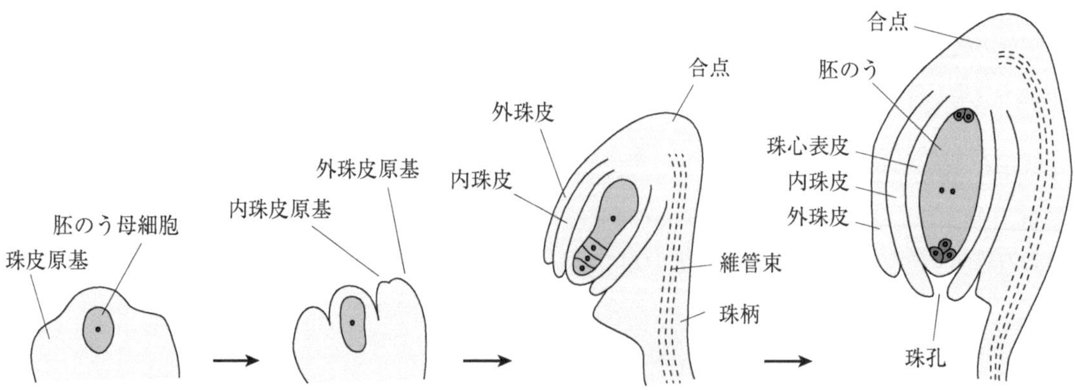

図7.2 | **胚珠の形成過程**

内珠皮と外珠皮が形成される二珠皮性胚珠で珠孔が珠柄側を向く倒生胚珠を例として示す。二珠皮性胚珠・倒生胚珠は多くの植物で見られ，イネ科のイネやコムギもこのタイプである。

[村井耕二 編著，発生生物学(基礎生物学シリーズ5)，化学同人(2008)，図13.7を改変]

では1層の単層珠皮のものが多く，双子葉類の**離弁花《りべんか》類**(polypetalae)*7や単子葉類では内珠皮と外珠皮の2層からなる二珠皮性胚珠のものが多い。穀類のイネやコムギは単子葉類で，二珠皮性胚珠を形成する。胚珠には胚柄内に形成される維管束が通じ，必要な物質が運ばれる。胚珠と維管束の接点を合点《ごうてん》と呼ぶ。珠心は珠皮に包まれた内部にある胚のうを囲む1層から多重層の組織で，層の数は植物種によって異なる。一般的に，珠心は珠皮内にとどまっているが，トレニア*8では，胚珠の入口である珠孔から珠心が突き出している。

7.1.3 ◇ 胚発生

受精卵は，胚珠の胚のうの中で体細胞分裂を繰り返すことで胚発生を進め，胚が形成される。**図7.3**にシロイヌナズナにおける胚発生の過程を示す。胚発生と胚乳発生をともないながら**種子**(seed)が形成される。種子となるのは胚珠とその付属組織である。成熟した種子中の胚は，すでに胚発生が終了しており，**子葉**(cotyledon)，**胚軸**(hypocotyl)，**幼根**(radicle)が明瞭となり，子葉から幼根までをつなぐ**維管束**(vascular bundle)の形成が見られる。胚軸の先端には**茎頂分裂組織**(shoot apical meristem)が，幼根の先端すぐ内部には**根端分裂組織**(root tip meristem)がつくられる。発芽後はこれらの細胞分裂が活発に行われて，植物体は上下方向に成長していく。双子葉類は2枚の子葉をもつのに対し，単子葉類では1枚である。

胚乳の発生過程については次節でその詳細を見ることにし，まず，胚

*7 合弁花類と離弁花類：双子葉植物の分類群で，合弁花類は花弁(花びら)が合着して1つになるグループ。サクラソウ，リンドウ，キキョウなどがある。一方，離弁花類は，花弁が合着していないグループで花弁がないものも含まれる。スミレ，バラ，キンポウゲなどがある。第2章41頁欄外注*27も参照。

*8 トレニア：双子葉類ゴマノハグサ科の一年草。インドシナ原産で和名はハナウリクサ。

トレニアの花

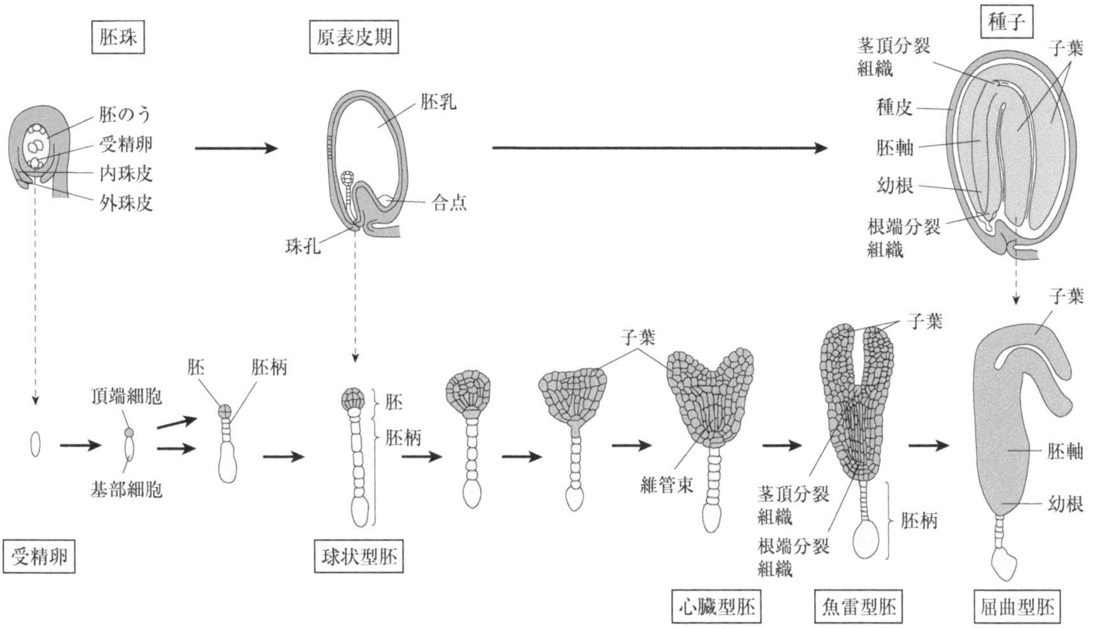

| 図7.3 | **シロイヌナズナの胚発生**

胚珠内の胚のうの受精卵から胚発生の進行と種子の形成過程を示す。
[村井耕二 編著，発生生物学(基礎生物学シリーズ5)，化学同人(2008)，図12.2 を改変]

Column 7.2

オーキシン輸送に関わる膜タンパク質PIN

植物の器官や組織内でのオーキシンの極性輸送(細胞間を決まった方向に輸送されること：第9章9.2.1項参照)には，オーキシンを細胞外へと排出する膜タンパク質PINが重要な役割を担う。PINは，細胞膜上に一定の方向で局在し，オーキシンを細胞外の一定の方向へ排出する。PINの細胞膜上での分布は，発生過程のさまざまな局面で変化し，また，重力や環境刺激などでも変化する。こうした分布の変化によって発生や環境応答時におけるオーキシンの流れの変化を生み出している。PINの細胞膜上での局在がどのようなメカニズムで制御されているのかは，興味深い課題である。

発生の過程について双子葉類と単子葉類で比較する。胚発生の過程は，双子葉類のシロイヌナズナでよく研究されている。受精卵の最初の分裂では，胚珠の入口である珠孔側に大きな**基部細胞**(basal cell)が，反対側には小さな**頂端細胞**(apical cell)が形成される。基部細胞からは胚への養分の移行に関わる器官である**胚柄**《はいへい》(suspensor)が形成される。頂端細胞は，分裂を繰り返して胚へと発生する。シロイヌナズナでは，頂端細胞は8つの細胞からなる球状型胚となり，その後の分裂によって球内の細胞数が増加する。その後，胚は左右対称となり，将来子葉となる部分で突出して体細胞分裂が起こり心臓型胚となる。つづいて，胚は上下軸方向に伸長し，子葉は発達して魚雷型胚となり，成熟する。

こうした胚発生の過程には，植物ホルモンである**オーキシン**(auxin)の極性移動が重要な役割を担い，オーキシン・シグナル伝達に関連する遺伝子の変異体では，胚発生に異常をきたすことが知られている(第9章9.2.1項参照)。双子葉類の胚発生では，特に初期の8つの細胞のでき方にさまざまなタイプが存在することが知られており，ここで示したシロイヌナズナの胚発生は一例にすぎないことに留意が必要である。

単子葉類のコムギにおける胚発生過程を**図7.4**に示す。イネやコムギといったイネ科植物では，成熟種子には胚乳から養分を吸収するための**胚盤**(scutellum)が形成される。胚盤は発生においては子葉の一部と考えることができ，発芽の際に胚盤は地下に残り，子葉の残りの部分が地上に出る。地上に出る部分は葉というよりも鞘のように茎を囲んでいることから**子**《し》**葉**《よう》**鞘**《しょう》(coleoptile)とも呼ばれる。これが単子葉類の1枚の子葉である。完成した胚は，胚盤につながる子葉鞘と短い胚軸，幼根からなる。子葉鞘に包まれた内部には，一般的に3枚の本葉の原基が分化している。

単子葉類の胚発生においても，双子葉類と同様に，受精卵の不等分裂[*9]から始まり，大きな基部細胞と小さな先端細胞が形成される。先端細胞はその後，体細胞分裂を繰り返して胚へと成長する。器官の分化はおよそ16～32細胞からなる前胚期で起こる。まず，茎頂側の側面部分から胚盤が誘導され，さらに発生が進行すると，胚盤と逆側にくびれ

*9　不等分裂：細胞分裂の結果，異なる大きさや性質をもつ2つの娘細胞が生じること。

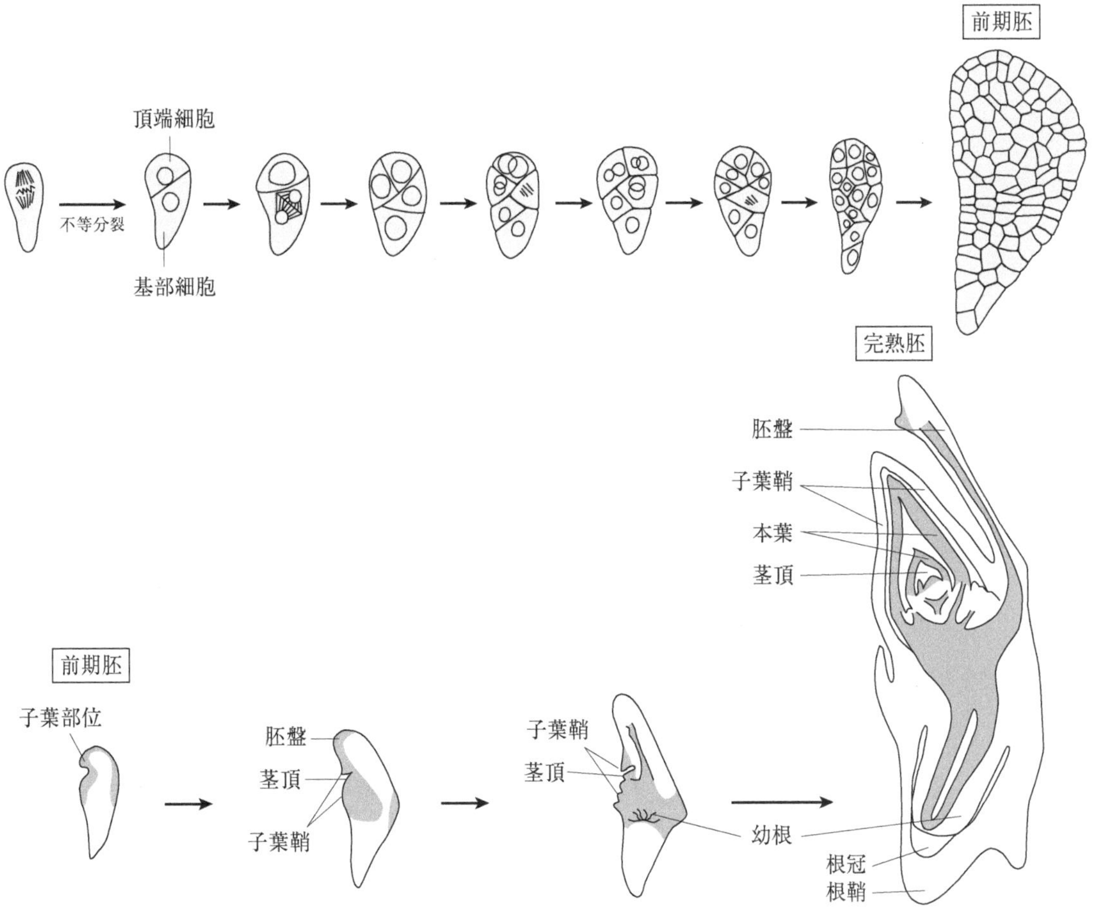

図7.4 コムギにおける胚発生過程
受精卵からの胚発生の進行と完成種子中の胚芽の形成過程を示す。
[S. S. Bhojwani, S. P. Bhatnagar著, 足立泰二, 丸橋 亘 訳, 植物の発生学―植物バイオの基礎, 講談社(1995), 図10.6を改変]

が生じ，この部分が子葉鞘の原器となる。子葉鞘のくびれには茎頂分裂組織が，その上下反対側には幼根の根端分裂組織が形成される。双子葉類のシロイヌナズナと異なる点は，幼根が胚の中央部の内側から生じる点である。完熟胚では，幼根の外側に幼根を包みこむ**根鞘**《こんしょう》(coleorhiza)がはっきりと形成される。

7.1.4 ◇ 胚乳発生

重複受精において，中央細胞に移行した精核は2つの極核と受精して**一次胚乳核**(primary endosperm nucleus)となり，中央細胞は一次胚乳細胞となって**胚乳**(**内乳**，endosperm)へと分化する。胚乳は被子植物だけで見られる種子内の栄養貯蔵組織であり，デンプン，脂質，タンパク質などを蓄え，種子の発達と発芽の際に，胚へ養分を供給する。**図7.5**(a)に示すように，イネやコムギなどのイネ科植物の種子は，胚乳が発達する**有胚乳種子**(albuminous seed)であるが，ダイズなどのマメ科植物などの種子は，種子の成熟前に胚乳組織は減衰して，子葉に養分を蓄

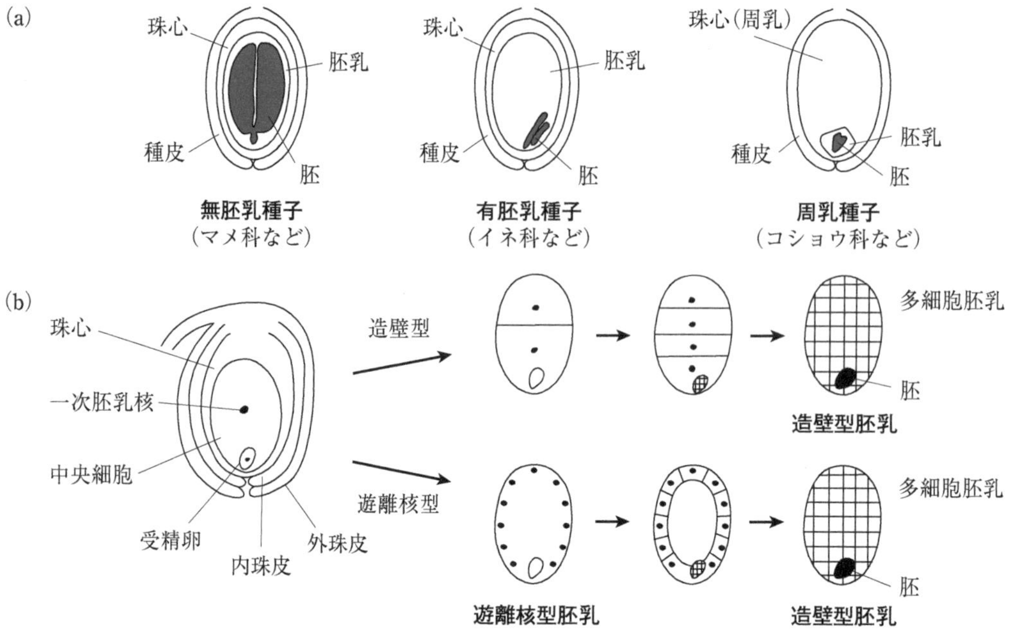

図7.5 種子中の胚乳の存在様式(a)および胚乳の発生過程(b)

える**無胚乳種子**(exalbuminous seed)である。シロイヌナズナなどのアブラナ科植物の種子も無胚乳種子であるが，胚乳は痕跡程度に存在する。無胚乳種子では，胚は成長の過程で胚乳細胞の栄養分を消費する。マメ科やウリ科など多くの種では，胚は種子が完熟するまでに胚乳の栄養分を完全に消費し，胚乳は種皮の内側に子葉(胚)に押しつぶされた組織として残っているにすぎない。また，コショウの種子のように，胚乳は痕跡程度となり，種子内栄養貯蔵組織として，胚珠を包んでいた珠心組織が大型化した**周乳**(perisperm)を形成するものもある。無胚乳種子は双子葉類の種子に見られ，単子葉類の種子は一般的に有胚乳種子である。

一次胚乳細胞の発達の仕方は植物種によってさまざまであるが，細胞内に多数の核(遊離核)を保有する状態を経るかどうかで，**図7.5**(b)に示す2つの型に大きく分類することができる。遊離核型では，一次胚乳細胞における核分裂に細胞質分裂がともなわず，胚乳がその細胞内に多数の核を保有する**遊離核型胚乳**(nuclear endosperm)を形成する。造壁型では，遊離核を経ずに細胞膜や細胞壁が形成されて**造壁型胚乳**(cellular endosperm)となる。遊離核型においても，遊離核型胚乳を形成した後に造壁型胚乳となる。造壁化の程度，すなわち，すべての遊離核で造壁化が起こるのか，あるいは一部の遊離核のみで造壁化が起こるのかは植物種によってさまざまである。トウダイグサ科植物では，胚のうの周辺部分から造壁化が起こり，最終的には完全な造壁胚乳となる[*10]。一方，マメ科植物では，胚の周辺部だけで造壁化が起こり，他の部分は遊離核のままとなる。また，アボカドやモクレン科植物では，遊離核を経

＊10　薬用植物*Acalypha indica*でこの胚乳形成が見られる。トウダイグサ科にはほかに，ヒマ(トウゴマ)，キャッサバ，パラゴムノキなどが含まれる。

Column 7.3

胚乳培養と再分化植物

胚乳は胚と同様に，雄性配偶子と雌性配偶子の合体によって生じた組織であるが，胚のように高度に組織化されて分化することはなく，ほとんど分化せずに貯蔵組織としての細胞集団として発達する。

被子植物では，なぜ重複受精によって，胚だけでなく胚乳を生じるのだろうか。胚乳は実は二次的な胚であり，本来の胚の発育に必要な栄養貯蔵器官へ変更されたものであると考えることができる。これまでに，セリ科やイネ科，トウダイグサ科などの植物から胚乳培養によって植物体が再分化することが報告されている。この事実は，胚乳は分化能を欠き，栄養貯蔵器官のみにしか発達できないのではなく，胚と同様に，植物体になる能力を保持していることを示している。胚乳組織から分化した器官や植物体は通常，三倍体である。そのため，胚乳培養によって新たな育種素材が開発できる可能性がある。

ずに多細胞の胚乳が形成される造壁型胚乳であることが知られている[*11]。

コムギの胚乳は遊離核型胚乳であり，種子の形成にともなって造壁化し，最終的には造壁型胚乳となることが知られている。造壁化は，中央細胞の細胞壁周辺部から起こる。隔膜形成体として最初に形成された細胞板が核のまわりに，中央細胞の細胞壁に対して垂直に集まり，成長を続けて互いに接して細胞壁と融合する。こうした周辺部から中心部に向かう細胞壁形成に加え，横方向への隔膜形成が進行し，単核の多細胞からなる肺胞状構造をもつ胚乳が完成する。

*11　ホオノキ（*Magnolia obovata*）でこの胚乳形成が見られる。モクレン科にはほかに，モクレン，コブシ，ユリノキなどが含まれる。

7.2 ◆ 胚乳の進化的意味

7.2.1 ◇ 生殖隔離

栽培イネ（*Oryza Sativa*）と野生イネ（*O. punctata* および *O. australiensis*）の交雑では，胚乳の発生異常により種子が形成されないことがある。生物は多種との交雑が容易に進行しないようにさまざまな手段を進化させており，これを**生殖隔離**（reproductive isolation）[*12]と呼ぶ。栽培イネと野生イネの雑種種子における胚乳の異常発生による崩壊は，生殖隔離の1つであると考えられる。胚乳の異常発生は，特に両親のゲノムの**倍数性**（ploidy）が異なる場合に顕著となる。一般に，母親側の倍数性が高い場合，胚乳細胞の造壁化やデンプン合成が早まり，胚乳は小さくなる。逆に父親側の倍数性が高い場合，造壁化やデンプン合成が遅くなり，胚乳は大きくなる。

*12　生殖隔離：交雑が容易に進行しない状況にあること。要因として，遺伝生理的な隔離のほかに，地理的隔離や行動生態的隔離がある。

これらの現象は，雑種形成において，母親ゲノムと父親ゲノムのバランスが重要であることを示しており，**コンフリクト仮説**（conflict hypothesis）によって説明される。コンフリクト仮説によると，有性生

Column 7.4

多胚性

1つの種子の中に複数の胚が形成される性質を**多胚性**(polyembryony)という。多胚性は，どのように多胚が生じるかによって以下の4つに分類できる。

・**分割型多胚性**：接合子あるいは前胚が分裂・増殖して，正常胚と異なる胚が形成されるもの。ラン科などの裸子植物では一般的に起こる現象であるが，被子植物ではまれである。

・**助細胞由来多胚性**：正常胚のほかに助細胞から胚が形成されるもの。受精した助細胞由来であるか未受精の助細胞由来であるかによって，異所的に形成された胚が二倍体であるか半数体であるかが決まる。前者は，花粉管が胚のう内に2本入る場合や花粉管内にさらに精核が存在する場合に起こる。ウマノスズクサ科，イネ科，オモダカ科の植物で観察される。

・**二胚のう型多胚性**：1つの胚珠内に双子の胚のうが形成される場合で，ミカン科植物などで見られる。

・**胚珠胞子体細胞由来多胚性**：胚のうの外側の胚珠の胞子体組織から不定胚が生じるもの。マンゴー・カンキツでよく知られている。胚珠胞子体細胞由来多胚は珠心胚とも呼ばれる。

これらの多胚性も遺伝子によって制御されており，最近，カンキツ類における多胚性を制御する遺伝子 *CitRKD1* が同定された。多胚性の個体ではこの遺伝子の遺伝子型が異なり，DNA マーカー育種に利用されている(DNA マーカーについては第8章8.1.2項およびコラム8.2を，DNA マーカー育種については第1章1.4.4項を参照)。

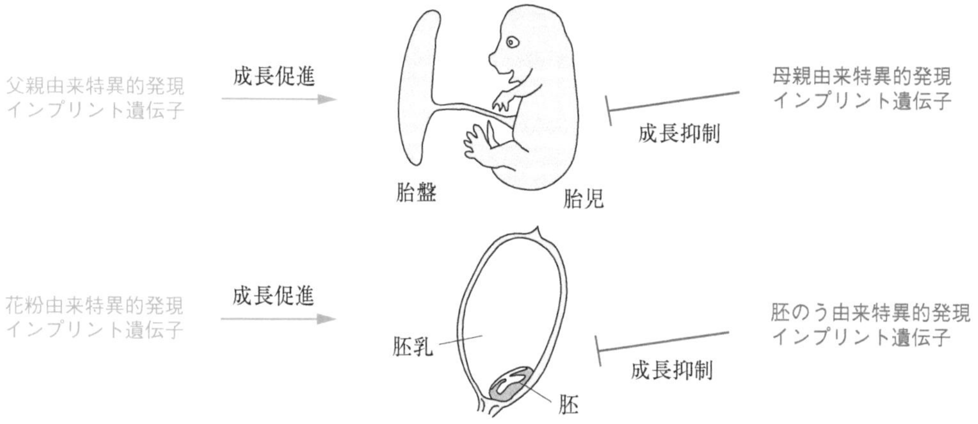

図7.6 | **哺乳動物と被子植物におけるコンフリクト仮説**
哺乳類における胎児と胎盤の成長，被子植物における胚と胚乳の成長に及ぼす雌雄配偶子特異的遺伝子の作用の類似性を示す。
[木下 哲 博士の原図より作図]

殖をする生物において，雄は自分の子供を大きくする方向に，雌は母体の負担を減らし，子をつくる機会を増やすために子供を小さくする方向に進化的圧力がかかる。このために雄性配偶子と雌性配偶子では，それぞれに特異的に発現する遺伝子があり，**父親性発現遺伝子**(paternal expression gene)は子供の成長促進に，**母親性発現遺伝子**(maternal expression gene)は子供の成長抑制にはたらくとされる。**図7.6**に示す

Column 7.5

アポミクシス

雌雄配偶子の受精（接合）による有性生殖（sexual reproduction：amphimixisともいう）に対し，無性生殖で胚が形成される現象を**アポミクシス**（apomixis）と呼ぶ。アポミクシスは，**栄養生殖**（vegetative reproduction）と**無融合種子形成**（agamospermy）に分けられる。栄養生殖の例としては，ユリ科の鱗茎による増殖や，ヤマノイモやナガイモのムカゴ（珠芽）による増殖があげられる（第2章2.1.3項参照）。無融合種子形成は，**不定胚形成**（adventive embryony），**複相胞子生殖**（diplospory），**無胞子生殖**（apospory）に分類され，それぞれ次のような特徴をもつ。

・**不定胚形成**：単一の胞子体組織由来の細胞が胚発生を行い，種子の中に2つ以上の胚を生じるもので，コラム7.4で紹介した胚珠胞子体細胞由来多胚性の異所胚と同一である。

・**複相胞子生殖**：胚のう母細胞が減数分裂をせず，複相の胚のうが形成される。胚は複相の未受精の卵細胞から形成される。イネ科やキク科で見られる。

・**無胞子生殖**：珠心の体細胞から胚のうが直接形成され，胚が複相の未受精卵から生じる。イネ科やキク科で見られる。

アポミクシスを誘発する植物は雑種起源の倍数種であることが多い。雑種では減数分裂が異常となる場合が多く，雑種の種としての維持・形成のために，アポミクシスという手段を獲得したものと考えられる。アポミクシスによる増殖では，減数分裂を経ないために，組換えなどによる分離が見られず，有用な個体や系統を無数に増殖させることができる。作物の育種の観点からも，アポミクシスの作用機序の解明と人為的制御に関する研究は重要である。

ように，この進化的圧力は哺乳類では胎盤の成長に，被子植物では胚乳の成長にかかると考えられている。

7.2.2◇ゲノムインプリンティング

前項で述べたように，コンフリクト仮説によると，雄性配偶子と雌性配偶子では，それぞれに特異的に発現する遺伝子があり，父親性（雄性）発現遺伝子は子供の成長促進に，母親性（雌性）発現遺伝子は子供の成長抑制にはたらくとされる。実際に，雄性配偶子由来あるいは雌性配偶子由来で特異的に発現が抑制されている遺伝子が見つかっており，それらの発現制御には，**ゲノムインプリンティング**（genomic inprinting，遺伝的刷り込み）と呼ばれる機構がはたらいていることが明らかになっている。

ゲノムインプリンティングは，子供の対立遺伝子のどちらが父親由来か母親由来かを記憶するしくみである。ゲノムインプリンティングを受けるインプリント遺伝子は，父親由来遺伝子と母親由来遺伝子のどちらかが**DNAメチル化**（DNA methylation，第8章8.2.2項参照）されており，発現しないように制御されている。例えば，父親由来遺伝子が特異的に発現するインプリント遺伝子は，母親由来遺伝子がDNAメチル化されて発現が抑制されている。

シロイヌナズナに関する研究により，胚乳におけるインプリント遺伝子*FLOWERING WAGENINGEN*(*FWA*)が発見されている。*FWA*遺伝子は胚乳組織において，母親(雌性配偶体である胚のうの中央細胞)から遺伝したときのみに発現する．一方で，父親(雄性配偶体である精細胞)から遺伝した対立遺伝子は不活性な状態に保たれている。*FWA*遺伝子は通常，プロモーター[*13]領域のDNAメチル化によって発現が抑制されているが，雌性配偶体の中央細胞ではこの領域がDEMETER(DME)と呼ばれるDNA脱メチル化酵素によって脱メチル化されて活性化される。そのため，受精後の胚乳においては，母親に由来する遺伝子が選択的に発現する。一方，雄性配偶子では，MET1と呼ばれる維持型DNAメチル化酵素がはたらき，遺伝子発現の抑制状態が維持される(**図7.7**，第8章8.2.2項も参照)。

*FWA*遺伝子は転写因子をコードしているが，胚乳における母親(胚のう)由来の2コピーの遺伝子が活性化され，父親(花粉)由来の1コピーの遺伝子がサイレンシングされることの意味はまだ不明である。胚乳が被子植物における生殖隔離の役割を担っていることは興味深く，今後の研究が待たれる。

＊13　プロモーター(promotor)：遺伝子DNAの転写開始点の前にあるDNA配列で，RNAポリメラーゼの結合領域やRNAポリメラーゼと共役して転写を制御する転写因子が結合する配列(シス配列)が存在する。

Column 7.6

極核活性化説

1978年に京都大学の西山市三博士は，倍数性の異なるエンバク属植物の種間雑種の詳細な研究により，六倍体の雌ずいに二倍体の花粉を受粉させると種子が実るが，逆方向の二倍体の雌ずいに六倍体の花粉を受粉させると胚乳組織の崩壊が起こり，種子が実らないことを発見し，「極核活性化説」を発表した。

この説によると，生物は遺伝的特性として雌雄配偶子がそれぞれ固有の活性化力(activation value, AV)をもち，種間交雑で両親のAVに差異があると，その差異に応じて胚乳組織に発育障害が起こって崩壊する。さらに，雄核(精核)と雌核(極核)の相互の反応力(response value, RV)が存在するとし，受精した胚核と胚乳核の活性化指数(activation index, AI)を以下の式で表した。

$$\text{胚核}(2n)\text{の}\,\mathrm{AI}=\frac{\mathrm{AV}}{\mathrm{RV}}\times 100\,[\%]$$

$$\text{胚乳核}(3n)\text{の}\,\mathrm{AI}=\frac{\mathrm{AV}}{2\mathrm{RV}}\times 100\,[\%]$$

種間交雑で，胚乳核のAI＞50％の場合，極核は過剰に活性化されて胚乳は崩壊する。一方，胚乳核のAI＜50％の場合，極核は活性化不足で発育不全となるが，小型の発芽力のある種子をつける。先のエンバク属植物の種間交雑では，AVとRVに固有の値を与えることにより，六倍体(雌)×二倍体(雄)では，AI＝17.5％となって種子が実り，二倍体(雌)×六倍体(雄)では，AI＝145％となって胚乳が崩壊するとした。

当時はこの「極核活性化説」における生物種固有のAVやRVの実体が何であるのかがまったく理解不能であったが，インプリント遺伝子やエピジェネティック制御機構が発見された現在，例えばDNAのメチル化率などを考慮すると理解できる可能性がある。

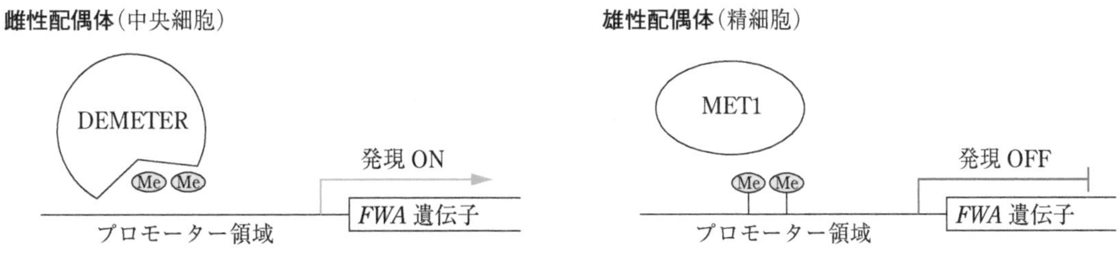

| 図7.7 | **胚乳におけるインプリント遺伝子*FWA*の雌雄特異的な発現制御**

雌性配偶子(中央細胞)ではDNA脱メチル化酵素DEMETERによる脱メチル化によって遺伝子発現がONになり，雄性配偶子(精細胞)では維持型DNAメチル化酵素MET1によってメチル化が維持されて遺伝子発現がOFFになる。

7.3 ◆ 発芽

7.3.1 ◇ 種子の構造

種子は，胚珠が受精した後に成長して，胚が発生する過程で形成される。イネやコムギは，胚珠を包む珠皮が2層である二珠皮性胚珠を形成する。イネの種子の構造を**図7.8**に示す。種子は胚，胚乳，**種皮**(seed coat)から構成される。ただし，同じ穀類であるマメ科植物などの無胚乳種子では，胚乳組織は減衰し，種子は貯蔵組織でもある子葉を発達させた胚と種皮のみからなる。また，コショウのように，珠心由来の組織が肥大して貯蔵組織(周乳)となる場合もある。種皮は種子の成熟過程において，珠皮から形成される。二珠皮性胚珠の場合，種子は内珠皮と外珠皮の両方から形成されるか，あるいは内珠皮は消失して外珠皮だけから形成される。イネの場合，種皮の外側に花器官のがく片に相当する外穎と内穎*14が付着した籾がある。脱穀した際にはさらに外側の護穎《ごえい》*15がついている場合もある。籾摺りによって外穎，内穎，護穎が取り除か

*14　外穎・内穎：イネ科植物の花器官でがく片に相当するもの。穎毛や芒(のぎ)が生えている。コムギでは，脱穀の際に外穎，内穎は除去される。第5章145頁欄外注*31を参照。

*15　護穎：イネ科植物における鼻の集合体である小穂を包む苞葉(ほうよう)。苞葉とは花芽を包む葉のこと。

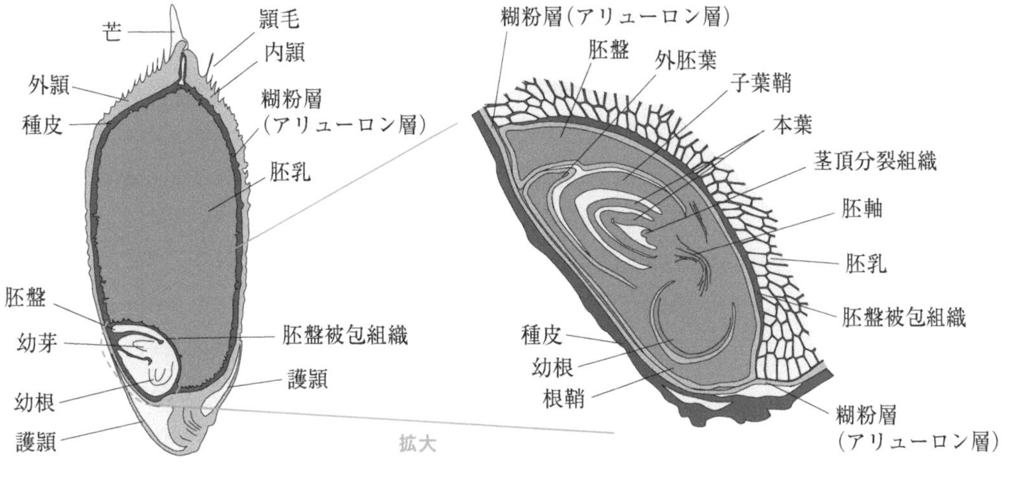

| 図7.8 | **イネの種子の構造の詳細**

種皮の内側に穀類で特徴的な糊粉層(アリューロン層)が形成される。右図には種子中の胚を拡大してその詳細を示した。
[小倉 謙，改著 植物解剖および形態学，養賢堂(1994)，図180を改変]

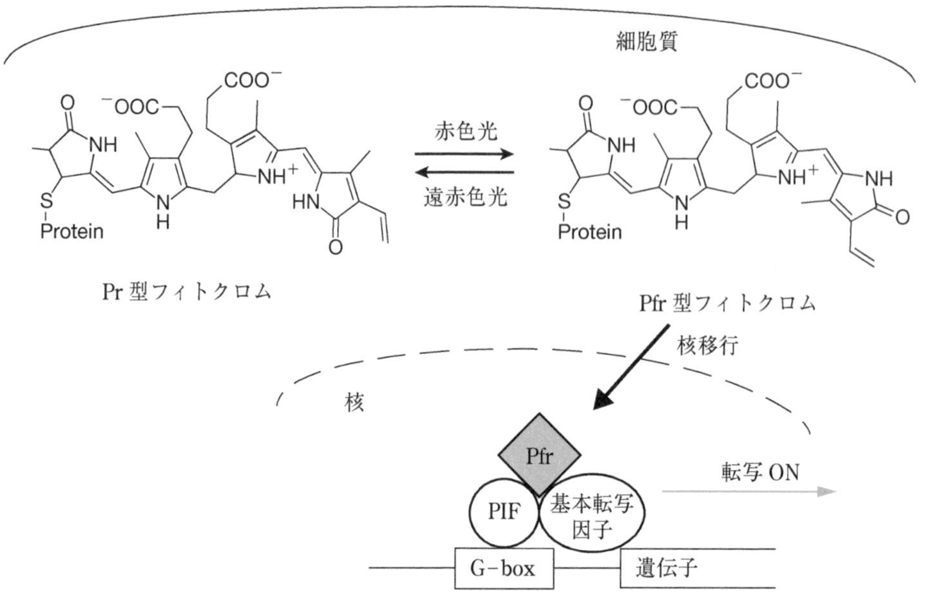

図7.9 | フィトクロムの細胞内情報伝達

赤色光によって活性化されたPfr型フィトクロムは細胞質から核に移行し，PIF転写因子と共役してプロモーター領域のG-box（CACGTGという塩基配列をもつ）に結合し，遺伝子を活性化する。この図ではPfrによる転写活性化の例を示したが，転写が抑制される場合もある。

れ，種皮に囲まれた原米となる。

イネでは，胚乳の最外層の1ないし数層の細胞が特殊化して**糊《こ》粉《ふん》層**(aleurone layer，**アリューロン層**)＊16を形成する。収穫したイネの穀粒を「籾摺り」した玄米粒には，まだこの糊粉層が残っており，精米することによってこの糊粉層を除去したものが白米である。精米で取り除かれた糊粉層が細かくなったものが糠《ぬか》である。

＊16　糊粉層(アリューロン層)：胚乳の表層部の組織で1～5層の細胞層からなる。デンプンは蓄積されず，タンパク質顆粒，脂肪顆粒，ミネラルや酵素が集積される。

7.3.2 ◇ 発芽の過程

種子は乾燥した状態でも長期間生存できるように，代謝は停止状態にある，もしくはきわめて低いレベルに抑えられているが，適切な水分と温度により**発芽**(germination)する。一般に，発芽には光の刺激も必要であるが(好光性種子：光発芽性種子)＊17，これは発芽後に，光合成のできる光条件が満たされていることを保証するための適応戦略の1つであると考えられる。多くの植物種では，この光発芽に光受容体である**フィトクロム**(phytochrome)＊18が関与している。フィトクロムは分子量約12万の色素タンパク質で，赤色光領域(660～670 nm)に吸収ピークをもつPr型として植物体内で合成される。**図7.9**に示すように，Pr型フィトクロムは赤色光を吸収すると活性型のPfr型に変化する。Pfr型フィトクロムは，光依存的にPIF(phytochrome-interacting factor)と呼ばれる転写因子と結合し，植物ホルモンである**ジベレリン**(gibberellin)＊19生合成の遺伝子を活性化することにより，発芽が促進される。

＊17　好光性種子(光発芽性種子)：光が発芽を促進させる種子。レタスはその代表。一方，光が発芽を抑制する種子を嫌光性種子(暗発芽性種子)という。ダイコンはその代表。コムギやイネは光条件によらず発芽する。嫌光性種子は比較的種子粒の大きい植物種に見られ，確実に地中で発芽して発根するように適応している。シュートは素早く伸長して土から出て光を受容する。

＊18　フィトクロムについては，第5章134頁欄外注＊7も参照。

＊19　ジベレリン：種子の発芽促進や休眠打破の促進以外に，成長方向への細胞伸長の促進，老化の抑制などに関わる植物ホルモン。第9章9.2.2項，9.3.2項およびコラム9.5，9.6も参照。

Column 7.7

ジベレリン処理

1957年にアメリカのウィーバー(Robert Weaver)によって，ジベレリン水溶液にブドウの房を浸すことによりブドウ果実の成長が促進されることが見いだされた。1959年に，日本の山梨農試果樹試験場の岸光夫が，ブドウ品種‘デラウエア’の果実の成長をジベレリンによって促進する実験の過程で，無核果(種なし)果実が生じることを発見し，これが「種なしブドウ」生産の実用化へとつながった。ジベレリン感受性はブドウの品種によって異なり，‘デラウエア’などは種なし化しやすいが，‘巨峰’などは種なし化しにくい。また，品種によって開花からジベレリン処理を行うまでの最適日数も異なるため，繊細な管理が必要となる。

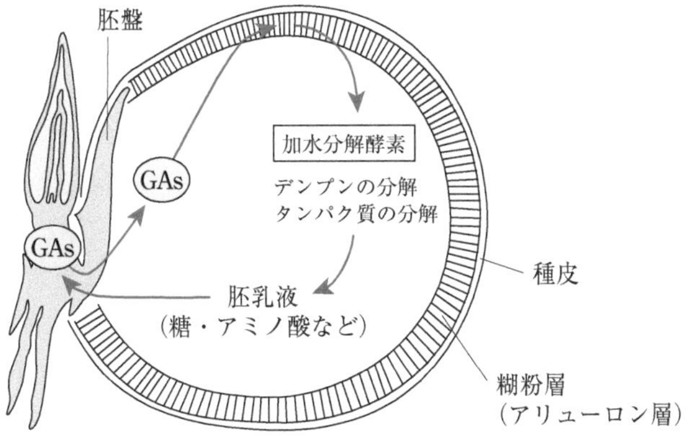

図7.10 ジベレリンによる発芽制御
穀類における糊粉層(アリューロン層)は，胚でつくられたジベレリン(GAs)のシグナルにより加水分解酵素を胚乳に放出する。

ジベレリンによる発芽制御に関しては，イネなどの穀類で研究が進んでいる。ジベレリンによる発芽制御機構を**図7.10**に模式的に示す。ジベレリンは胚で合成され，胚盤を通して胚乳へ放出される。胚乳に放出されたジベレリンは糊粉層に達し，糊粉層細胞を活性化する。糊粉層細胞では，α-アミラーゼやプロテアーゼなどの**加水分解酵素**(hydrolase)が合成されて胚乳に分泌される。胚乳で，α-アミラーゼを中心とした糖加水分解酵素はデンプンをマルトースやグルコースに，プロテアーゼはタンパク質をアミノ酸にそれぞれ分解する。これらの種子貯蔵栄養物質(胚乳液)は胚盤から吸収されて胚に送られ，発芽のための養分として使用される。

7.3.3 ◇ 穂発芽耐性

穂発芽(pre-harvest sprouting)とは，イネやコムギなどの穀類において，収穫前の立毛[*20]中の植物体の穂で，種子が発芽してしまう現象である(**図7.11**)。通常，収穫期には，種子は十分に乾燥しており休眠状

＊20　立毛(たちげ)：田畑の農作物で収穫する前の状態をいう。

図7.11 | **コムギの穂発芽（デュラムコムギの例）**
収穫期の長雨により穂発芽耐性弱品種では，穂の状態で発芽が始まる。パンや麺の原料となるパンコムギは六倍体種であるのに対し，デュラムコムギは四倍体である。湿潤な日本の気候に適しておらず，穂発芽しやすい。

態にあるはずだが，収穫期に長雨が続いたり，倒伏したり，収穫が遅れたりした場合，穂発芽が発生することがある。穂発芽した穀粒ではタンパク質やデンプンの分解が始まっており，穀粒としての品質は大きく低下する。そのため，穀類では，穂発芽耐性は重要な育種目標となる。特に収穫期が5月から6月となる本州以南のコムギやオオムギ栽培では，穂発芽耐性は最重要課題であり，研究が進んでいる。

穂発芽耐性には品種間で差がある。これまでに穂発芽耐性に関与する遺伝子として*MFT*遺伝子が知られている。*MFT*遺伝子は，昔から穂発芽耐性品種として知られていた‘ゼンコウジコムギ’から発見された遺伝子で，この遺伝子を穂発芽しやすい品種に導入することにより，穂発芽耐性とすることができる。*MFT*遺伝子はリン酸化酵素をコードし，穂発芽耐性品種と穂発芽非耐性品種のリン酸化酵素間では1つのアミノ酸が異なることから，リン酸化酵素による発芽に関する遺伝子制御が穂発芽耐性の形質を決定していると考えられる。

7.4 ◆ まとめ

本章では，重複受精後の種子の形成と発芽について概説した。種子の形成過程は，受精卵からの胚発生をともなう。種子が完成した段階で，すでに種子中には胚発生を終了した植物体が内包されていることに注目する必要がある。種子を遺伝資源として利活用する場合，常に種子中には生きた胚が存在することを念頭に置いて，探索，収集，貯蔵，配布などを行う必要がある。穀類は有胚乳種子であり，種子中の貯蔵タンパク質やデンプンが人類を養う重要な栄養源となる。インプリント遺伝子に代表される胚乳形成に関する研究は，食糧問題と直結する重要なテーマである。

第8章

植物ゲノムのエピジェネティック制御

真核生物のゲノムは，タンパク質をコードする遺伝子やリボソームRNAなどのRNA分子に転写される遺伝子のほかに，**反復配列**(repetitive sequence)と呼ばれるDNA配列に富んでいる。被子植物のゲノムには，特に**レトロトランスポゾン**(retrotransposon)と呼ばれる散在反復配列が多いことが知られており，例えば，トウモロコシのゲノムのアルコール脱水素酵素遺伝子の領域などでは，レトロトランスポゾンの海の中にポツンと小島のように存在する遺伝子がある。本章では，植物ゲノムの特徴について，特に反復配列の1つである**トランスポゾン**(transposon)[*1]に注目して解説する。また，トランスポゾンの転移を含めた遺伝子の**エピジェネティック制御**(epigenetic regulation)についても解説する。

8.1 ◆ 植物ゲノムの構成

8.1.1 ◇ 遺伝子の種類

図8.1に植物ゲノムの構成を示す。一般的に，遺伝子とはタンパク質の情報をコードしているDNA領域を指し，コード領域である**エキソン**(exon)[*2]と**イントロン**(intron)[*2]，制御領域である**プロモーター**(promoter)配列からなる。イネのゲノムでは，約28,500のタンパク質をコードする遺伝子が同定されている。一方で，遺伝子は広義には，RNAに転写されるすべてのDNA領域を指し，タンパク質コード遺伝子から転写されたmRNAの翻訳に関わるリボソームRNA(rRNA)およびトランスファーRNA(tRNA)を作るリボソームRNA遺伝子およびトランスファーRNA遺伝子も含まれる。

さらに，mRNAのプロセシング[*3]に関与する核内低分子RNA(small nuclear RNA, snRNA)，rRNAのプロセシングに関与する核小体低分子RNA(small nucleolar RNA, snoRNA)，遺伝子の発現制御に関与するマイクロRNA(microRNA, miRNA)[*4]などの低分子RNA(small RNA)もそれぞれの遺伝子から作られる(低分子RNAについては，第5章5.2.2項，第6章コラム6.4を参照)。また近年，遺伝子の発現制御に関与するmRNA型の長鎖非コードRNA(lnc RNA)が次々と発見されており，ゲノムDNA中でRNAに転写される領域はきわめて大きいと考えられてきている。遺伝子ではないDNA領域は**遺伝子間DNA**(intergenic DNA)と総称さ

＊1　トランスポゾン：マクリントックが最初に見いだした動く遺伝子はそれ自身で自律的に動くことができる*Ac*(*activator*)と*Ac*存在下で非自律的に動く因子*Ds*(*dissociator*)の2つであり，その後，*Spm*(*suppressor-mutator*)も見いだされている。こうした因子を切り出して別の部位に挿入するというタイプのほかに，自分自身の転写産物を逆転写したDNAをゲノムに挿入するレトロトランスポゾン，レトロポゾン型のトランスポゾンも存在する。この型の場合，逆転写したDNA断片はゲノム中に蓄積する。モデル植物シロイヌナズナのゲノムの20%弱がトランスポゾン配列であり，DNAメチル化などのエピジェネティックな制御を受け，熱ストレスなどで遺伝子発現が活性化型，非活性化型に変化するトランスポゾンも存在する。第6章コラム6.1，コラム8.6を参照。

＊2　エキソンとイントロン：遺伝子DNAでは，タンパク質の情報がコードされている領域が介在配列によって分断されている。このタンパク質情報のコードされている部分をエキソン，エキソンを分断している介在配列をイントロンと呼ぶ。DNAから，まず転写によってmRNA前駆体が作られ，そこからイントロンの部分が切り出されてエキソン部分が連結した成熟mRNAが作られる。イントロンが切り出される過程をスプライシング(splicing)と呼ぶ。

＊3　プロセシング：転写されたRNAが，酵素による切断や修飾などを経て，成熟したmRNA分子へと変換される過程のこと。

＊4　マイクロRNA(miRNA)：核内に存在する低分子RNAの一種で，特定の遺伝子の転写調節に関与する。miRNAはゲノム中に存在するmiRNA遺伝子から転写によって生成される。

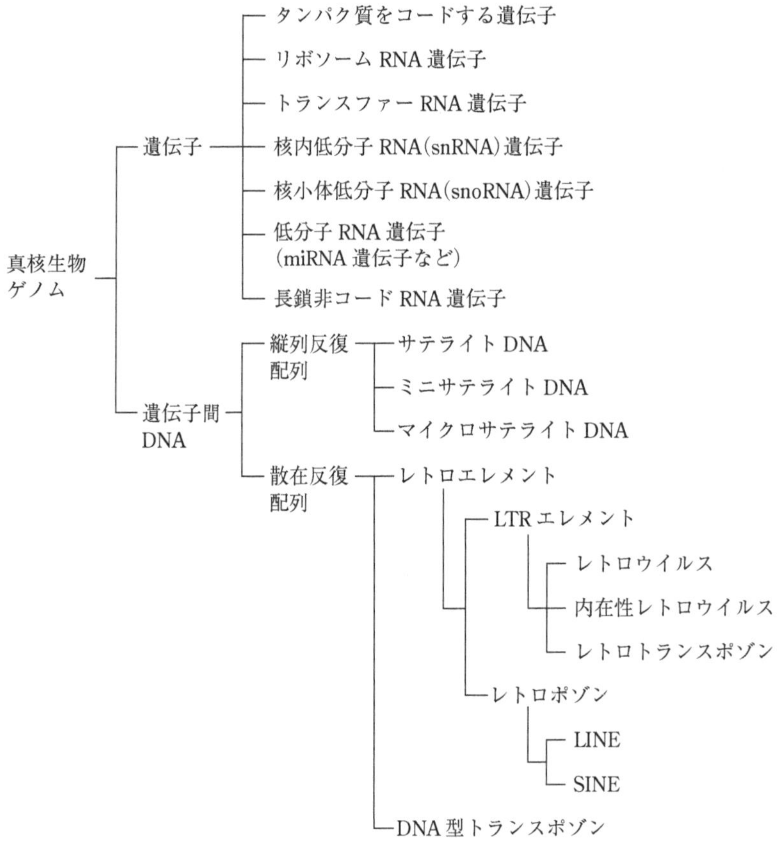

図8.1 | **真核生物のゲノムの構成**
ゲノム構成を遺伝子と遺伝子間DNAに大別して分類している。ここでの遺伝子とは，広義の意味，すなわちRNAに転写されるDNA領域である。

れ，その多くが反復DNA配列で占められている。

8.1.2◇縦列反復配列

真核生物のゲノムで，特定の塩基配列が繰り返し存在する構造を**縦列反復配列**(tandem repeat repetitive sequence)と呼び，その反復単位の塩基長により，**サテライトDNA**(satellite DNA)，**ミニサテライトDNA**(mini-satellite DNA)，**マイクロサテライトDNA**(micro-satellite DNA)に分類される。サテライトDNAは反復単位が数100 bp(塩基対)で全長が数100 kbp，ミニサテライトDNAは反復単位が25 bp以下で全長が20 kbp以下，マイクロサテライトDNAは反復単位が4 bp以下で全長が150 bp以下のものを指す場合が多い。

サテライトDNAは染色体の**動原体**(kinetochore)領域に，ミニサテライトDNAは染色体の末端の**テロメア**(telomere)[*5]領域に存在している。マイクロサテライトDNAはゲノム全体に分布していることが知られており，哺乳類では$(AC)_n$配列が多く見られ，ヒトゲノムの0.25%を占める。一方，植物ゲノム中には，$(AT)_n$や$(TC)_n$配列が多く見いだされて

＊5　テロメア：染色体の両末端に存在する反復配列構造。ヒトでは，5′–TTAGGG–3′配列が数百回反復している。細胞分裂にともなって，末端のテロメア配列は少しずつ短くなっていくが，生殖細胞では，テロメラーゼの作用により長さが復元される。

Column 8.1

シロイヌナズナの長鎖非コードRNA

第5章5.1節で述べたように，シロイヌナズナの花成は，花成ホルモンであるFT(FLOWERING LOCUS T)タンパク質によって誘導される。発芽したシロイヌナズナでは，花成抑制因子であるFLC(FLOWERING LOCUS C)タンパク質が*FT*遺伝子のプロモーターに結合し，その発現を抑制している。植物体が秋から冬にかけて低温にさらされると*FLC*遺伝子の発現量が低下し，*FT*遺伝子が発現して花成が進行する。植物が秋から冬にかけての低温に感応して花成を進行させる現象は，「春化(vernalization)」として古くから知られている。

近年，*FLC*遺伝子には，3′末端からCOOLAIRと呼ばれるアンチセンス長鎖非コードRNA(lncRNA)が発現し，*FLC*遺伝子の発現が抑制されることが明らかとなってきた。アンチセンスRNAは正常な転写産物であるmRNAと相補的な塩基配列をもち，mRNAと結合することによりmRNAの機能を阻害すると考えられる。*FLC*遺伝子のアンチセンス非コードRNAは1つの例であり，植物でも多くの非コードRNAが存在し，さまざまな機能をもつことが予想される。

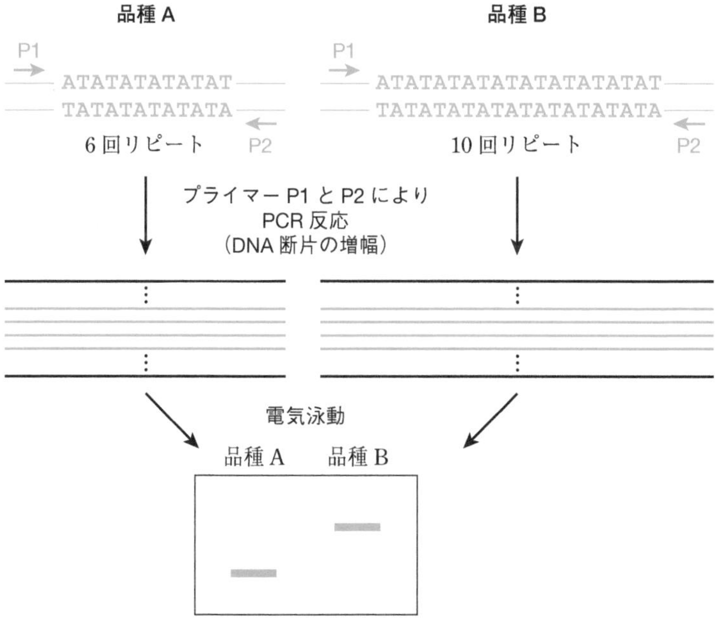

図8.2 | **マイクロサテライトDNAマーカーの原理**

AT繰り返し配列の前後のプライマー(P1およびP2)を用いてPCR反応を行い，得られたPCR産物を電気泳動する。繰り返しの数に応じてPCR産物の分子量が異なるため，バンドの電気泳動距離の差として多型が検出できる。

おり，5〜10 kbpに1個の割合でマイクロサテライトDNAが存在すると考えられる。マイクロサテライトDNAの反復の回数は，同種の植物でも系統間や品種間で多型があり，PCR反応でその違いを検出する「DNAマーカー(DNA marker)」を作ることができる(**図8.2**)。このマイ

Column 8.2

DNAマーカー

系統間や品種間の形質を支配する遺伝子の多型を「形質マーカー」あるいは「遺伝子マーカー」と呼ぶのに対し，DNAの塩基配列の多型を電気泳動などの手法で検知するために用いられるマーカーを「DNAマーカー」と呼ぶ。DNAマーカーは遺伝子マーカー(形質マーカー)と同様にメンデルの法則に従って遺伝するため，F_2集団など遺伝子型の分離する集団を用いることによって，染色体上での位置を示す連鎖地図(第1章1.4.4項参照)を作ることができる。DNAマーカーは，品種や系統の識別，連鎖する形質遺伝子の戻し交配育種の指標，量的形質遺伝子座(QTL，第4章130頁欄外注＊38参照)の解析などにおいて利用価値が高い。量的形質とは，草丈，種子の大きさ，収量のように重さや長さで計測される形質で，農業形質の多くは量的形質である。DNAマーカーが開発される以前は，量的形質の遺伝様式について，つまり，量的形質を支配する複数の遺伝子について，どのような効果のある遺伝子が，染色体上にどのように配置しているのかを解析する手段が存在しなかった。

クロサテライトDNAマーカーは，遺伝子の**マッピング**(mapping)[＊6]のみならず，系統や品種の同定など，活発に育種に利用されている。

＊6　マッピング：遺伝子の染色体上の位置を特定すること。染色体上の遺伝子の場所は，ゲノム全体に散在するマイクロサテライトDNAの位置をもとに特定すると便利である。

8.1.3◇散在反復配列：レトロエレメント

散在反復配列(interspersed repetitive sequence)は特定の塩基配列がゲノム上に散在する構造で，**レトロエレメント**(retroelement)と**DNA型トランスポゾン**(transposon)に類別される。レトロエレメントは，真核生物細胞に感染したレトロウイルス由来の配列と考えられており，**図8.3**に示すように逆転写過程を通じてそれ自身の増殖が可能となる。レトロエレメントは，**末端反復配列**(long terminal repeat, LTR)をもつLTRエレメントと，LTRをもたない**レトロポゾン**(retroposon)に分けられる(**図8.4**)。

LTRエレメントの中で，脊椎動物のゲノムに入り込むことで増殖性が失われたレトロウイルス由来の配列を**内在性レトロウイルス配列**(endogenous retroviral element)と呼び，脊椎動物以外のゲノムに存在する同様なレトロウイルス由来の配列を**レトロトランスポゾン**(retrotransposon)と呼ぶ。レトロトランスポゾンは，真核生物のゲノムに普遍的に存在することが知られている。特に，植物ゲノムにおいてはゲノムの主要な構成要素となっており，トウモロコシではゲノムの80%，コムギではゲノムの90%を占めていると推定されている。

レトロポゾンはLTRをもはや失ってしまった配列で，逆転写酵素遺伝子の配列を保持している**LINE**(long interspaced nuclear element)と保持していない**SINE**(short interspaced nuclear element)に分けられる(**図8.4**)。ヒトゲノム中のLINEとしてはLINE-1が，SINEとしてはAluファミリーが有名である。1991年に植物ゲノムにおける最初のレトロ

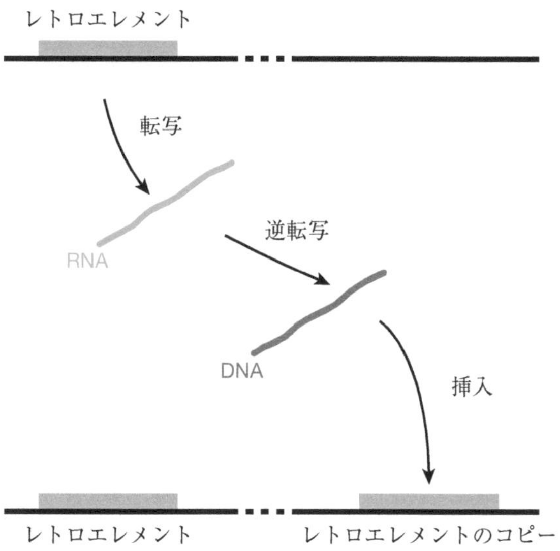

図8.3 | 逆転写によるレトロエレメントの増殖

レトロエレメントはゲノム上にDNAの状態で存在し，転写反応によってRNAとなる。さらに逆転写反応によってDNAとなり，ゲノム上の異なる場所に転移することによってコピー数を増やす。
[T. A. Brown著，村松正實 監訳，ゲノム2—新しい生命情報システムへのアプローチ，メディカル・サイエンス・インターナショナル(2003)，図2.26を改変]

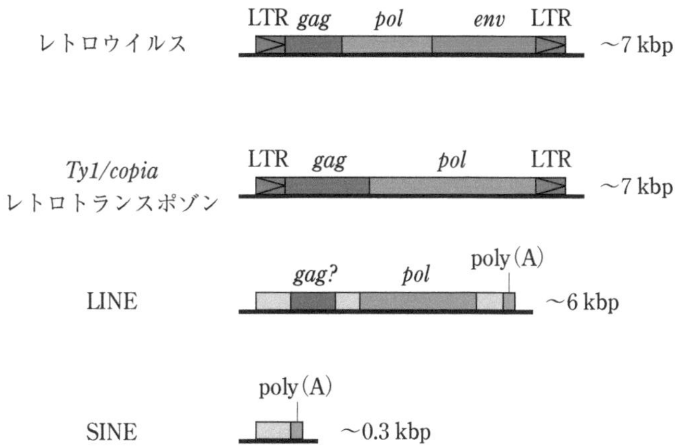

図8.4 | レトロエレメントの構造

レトロウイルスと3種類のレトロエレメントの構造の比較。レトロトランスポゾンはレトロウイルスと同様に両端に長い末端反復配列(LTR)をもつ。LINEとSINEはLTRをもたず，片方の末端にアデニン(A)の長く続くpoly(A)配列をもつ。*gag*：ウイルスのコアに含まれる一連のタンパク質をコードする遺伝子，*pol*：逆転写酵素遺伝子，*env*：外皮タンパク質遺伝子
[T. A. Brown著，村松正實 監訳，ゲノム2—新しい生命情報システムへのアプローチ，メディカル・サイエンス・インターナショナル(2003)，図2.27を改変]

ポゾンとして，イネからp-SINE1が発見された。p-SINE1はイネのウルチ性・モチ性[*7]を決定する*Waxy*遺伝子の第10イントロンに挿入されていた。その後，タバコ，アブラナ，コムギ，シロイヌナズナからもSINE配列が見いだされ，植物ゲノム内にも多数のレトロポゾンが存在することが明らかになった。

＊7　ウルチ性とモチ性：胚乳デンプンのうち，アミロース含量が約20%でアミロペクチン含量が約80%である場合にはウルチ性となる。アミロース含量がほぼゼロでアミロペクチン含量が100%の場合にはモチ性となる。アミロースはグルコースがα-1,4-グリコシド結合により直鎖状に連なった分子であるのに対し，アミロペクチンはグルコースがα-1,6-グリコシド結合により枝分かれ状になっており，アミロペクチン含量が増えるとデンプンの粘性は高まる。ウルチ性・モチ性を決定する*Waxy*遺伝子は，顆粒結合型デンプン合成酵素(granule bound starch synthase I, GBSSI)をコードしている。

8.1.4◇散在反復配列：DNA型トランスポゾン

トランスポゾンは**転移性遺伝因子**(transposable genetic element)とも呼ばれ，広義には前述のレトロエレメントも含まれるが，狭義には逆転写反応を経ずにゲノム上の位置を移動するDNA型トランスポゾンを指す。DNA型トランスポゾンは，**トランスポザーゼ**(transposase)と呼ばれる転移酵素をコードしている。このトランスポザーゼがトランスポゾンの両末端にある逆向き反復配列(inverted repeat, ITR)を認識して，トランスポゾンの配列をゲノムから切り出し，ゲノム上の別の位置に挿入する。

DNA型トランスポゾンは自ら転移能力をもつ自律性因子と，自らは転移能力のない非自律性因子の2種類に分けられる。DNA型トランスポゾンの種類によって，挿入のターゲットとなるゲノム配列の選択性は異なる。自律性因子は自身がコードするトランスポザーゼを用いて転移する。一方，非自律性因子は他の自律性因子のトランスポザーゼを利用して転移する。非自律性因子は，自律性因子と類似した逆向き反復配列をもつ数百bp程度の短いDNA配列で，**MITE**(miniature inverted-repeat transposable element)とも呼ばれる。

Column 8.3

レトロトランスポゾン・タギング

レトロトランスポゾンは，通常の生育条件下にある植物では不活性化状態にあり，ストレス条件下で活性化されて転移能力を発揮する。この性質に基づき，イネのゲノム中に見いだされたレトロトランスポゾン*Tos17*を用いて，突然変異体から原因遺伝子を同定する「タギング法(tagging)」が確立されている。*Tos17*は，植物体を組織培養するとコピー数が増加して転移する。培養した組織から植物個体を再分化させると，再分化個体は*Tos17*が新たに転移して遺伝子に挿入した突然変異体となる。多数の再分化個体を調査して目的の形質を示す再分化個体があれば，ゲノム中のどの遺伝子に*Tos17*の配列が挿入されたか(*Tos17*でタグを付けた場所)を探すことで，その形質発現に関与する遺伝子を同定することができる。

同様のタギング法として，トランスポゾンやアグロバクテリウムに内在するT-DNAを用いた方法も考案されているが，レトロトランスポゾン*Tos17*の利用には以下の利点がある。

(1)転移コピー数を培養期間によって制御できるため，突然変異獲得条件をコントロールすることができる。

(2)*Tos17*はもともとのコピー数が少ない(イネ品種‘日本晴’ではゲノム中に2コピー)ため，新たに転移したコピーを特定することが容易である。

(3)組織培養以外の条件下での*Tos17*の活性化は見られないため，転移したコピーが安定であり，突然変異形質が変化しない。

(4)内在性レトロトランスポゾンであるため，突然変異個体の作製に遺伝子組換え実験が必要でない。

*Tos17*を転移させたイネ品種‘日本晴’の突然変異体集団(ミュータントパネル)が作製され，早生突然変異体などが同定されている。

トランスポゾンは，ゲノム中を移動するため，遺伝子の内部に挿入された場合，遺伝子の機能が失われて，あるいは変更されて突然変異形質を示す。トランスポゾンによる突然変異が進化にとって有用である場合もあるが，一般的には有害な効果を示すことが多いことから，細胞内では転移は抑制されている。トランスポゾンの転移の抑制機構としては，DNAメチル化やヘテロクロマチン化などのエピジェネティック制御が多い。また近年，低分子RNAによる制御を受けていることも明らかになってきた*8。

*8 エピジェネティック制御に関わる低分子RNA(small RNA)として，核内低分子RNA(snRNA)，マイクロRNA(miRNA)，piRNA(PIWI-interacting RNA)の3種が知られている。siRNAは化学合成された外来二本鎖RNA，miRNAはゲノム内にあるmiRNA遺伝子からの転写により生産されるRNAである。また，piRNAは動物の生殖細胞で発現するRNAで，PIWIタンパク質と複合体を形成し，トランスポゾンによる突然変異を抑制することにより生殖ゲノムの品質を管理する。

8.2 ◆ エピジェネティック制御

8.2.1 ◇ エピジェネティックとは

植物も動物も，単一の受精卵(接合子)から発生が始まり，細胞の分化，組織・器官の形成，形態形成を経て，多細胞体へと成長する。多細胞体となる過程の体細胞分裂では，きわめて正確にDNAの複製が行われるため，多細胞体の体を構成するそれぞれに分化したすべての細胞が受精卵と同一のゲノムをもつ。つまり，植物では，根の細胞も茎の細胞も葉の細胞も同じゲノムをもっている。一般に植物は動物と異なり，分化した体細胞も**分化全能性**(totipotency)*9をもち，適当な栄養・ホルモン培地で培養することにより，再分化個体を得ることができる。分化した体細胞から再分化個体が形成されることからも，分化した体細胞に受精卵

*9 分化全能性：植物が有する，いずれの細胞からも植物を構成するいずれの組織・器官に分化でき，完全な個体を発生できる性質のこと。第2章コラム2.4も参照。

Column 8.4

トランスポゾンの育種的利用

自然条件下で転移活性を有するトランスポゾンを利用した新たな育種法が，京都大学(現在は近畿大学)の築山拓司らによって提案された。非自律性因子(MITE)は通常，転移活性のないトランスポゾンであるが，イネ品種‘銀坊主’のゲノム中に発見されたMITEの一種*mPing*は，転移活性をもつことで知られる。*mPing*は‘銀坊主’のゲノム中に1,000コピー以上存在し，活発に転移している。一方，その他のイネ品種では，*mPing*はDNAメチル化により不活性化されている。不活性化している*mPing*は，低温や塩ストレスによって脱メチル化されて活性化する。*mPing*は，遺伝子のプロモーター領域に挿入することが多く，不活性型*mPing*が存在する遺伝子は，*mPing*のメチル化の影響を受けて発現が抑制される(図(a))。一方，活性型*mPing*の場合には，遺伝子発現の抑制は起こらない(図(b))。

*mPing*をいろいろな遺伝子に配置し，活性・不活性を環境ストレスによって制御することにより，ゲノム配列を変更しないで，遺伝子発現制御により形質を改変できる可能性がある。このようにDNA塩基配列多型に基づく対立遺伝子(アレル：アレルという場合には，遺伝子領域であろうとなかろうと，相同染色体の対応する片側のDNA領域を意味する)に対して，DNAメチル化の違いに基づくアレルをエピアレル(epiallele)と呼ぶ。エピアレルを活用した育種は次世代の育種法として期待されている。

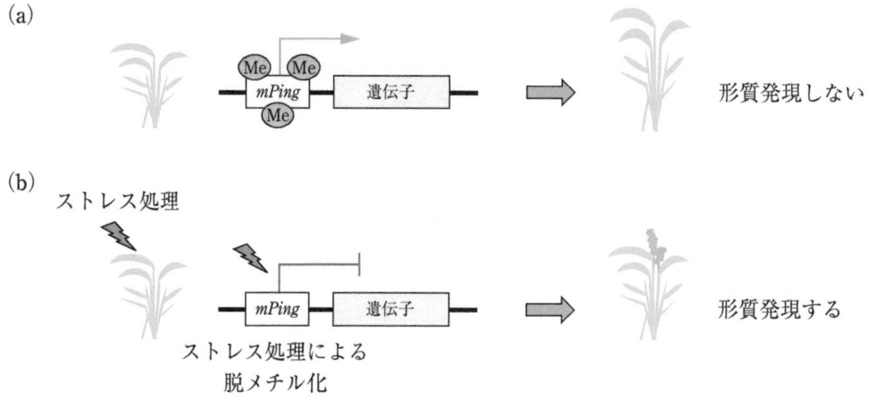

| 図 | ***mPing*を用いたエピゲノム育種法**

(a)*mPing*を目的の遺伝子のプロモーター領域に配することにより，*mPing*のメチル化の影響により遺伝子ははたらかない。(b)植物体にストレスをかけることにより脱メチル化され，遺伝子がはたらくようになり形質があらわれる。図には，開花に関する遺伝子に関してのエピゲノム育種法を示している。
[金澤 章ほか，「トランスポゾンによる変異創生とその育種への応用」(特集記事 ワークショップ報告)，育種学研究，**17**, 77 (2015)，図4を改変]

と同一の完全なゲノムが存在することがわかる。

各器官・組織の分化した細胞が，同一のゲノム，つまり同一の遺伝子セットをもっているにもかかわらず，形態や機能が分化しているのは，それぞれの種類の細胞に特異的な遺伝子がはたらいているからである。発生の過程では，各発生段階のどの細胞でどの遺伝子がはたらくかが厳密に統制されている。だからこそ，正常に発生過程が進行し，複雑な多細胞体が形成される。

遺伝子の発現制御には，**ジェネティック**(genetic)制御と**エピジェネティック**(epigenetic)制御がある。ジェネティック制御は，いわゆる**転写調節遺伝子**(transcriptional regulatory gene)*10による発現の調節であり，転写調節遺伝子のDNA配列に多型がある場合，ターゲット遺伝子の発現は異なる制御を受ける。つまり，ジェネティック制御はDNA塩基配列の多型に基づく制御である。

一方，エピジェネティック制御とは，DNA塩基配列の変異に基づかない遺伝子発現*11の制御であり，遺伝子のDNA塩基配列に変異がなくても発現が異なる。エピジェネティック制御は，前節でも述べたDNAメチル化や，DNAとともにクロマチンを構成するヒストンタンパク質の化学的修飾などによって行われる。DNAメチル化やヒストンの化学的修飾により，クロマチンの構造変化が起こる。**図8.5**に示すように，一般にクロマチンが凝集して**ヘテロクロマチン**(heterochromatin)化した領域の遺伝子は，RNAポリメラーゼなどの転写装置が近づけなくなり，転写が抑制される。一方，クロマチンが弛緩して**ユークロマチン**

*10　転写調節遺伝子：特定のターゲット遺伝子の発現を制御する転写因子をコードする遺伝子。転写調節遺伝子のはたらきのいかんによって転写因子がどのように作られるかが決まり，ターゲット遺伝子の発現が制御される。

*11　遺伝子発現とは広義には遺伝子が転写され，翻訳され，遺伝子産物の効果が形質にあらわれることを指す。クロマチン構造変異による遺伝子発現制御は転写段階で起こる。

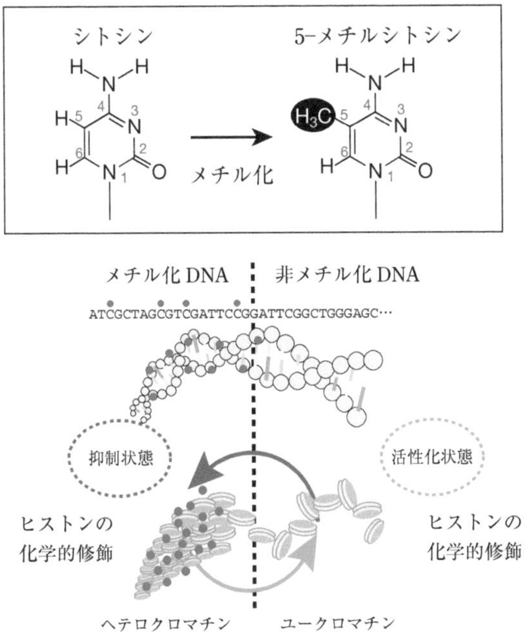

図8.5 | エピジェネティック制御の概念図

遺伝子のエピジェネティック制御は，DNAのメチル化とヒストンタンパク質の化学的修飾によって行われる。ヘテロクロマチンでは遺伝子発現は抑制され，ユークロマチンでは遺伝子発現は活性化される。

[塩田邦朗，「概論—生命科学の新たなパラダイム：エピジェネティクス」，実験医学，Vol.23, No.14 (9月号) (2005)，図1を改変]

(euchromatin)化[*12]した領域の遺伝子は，転写装置がリクルート(その部位に誘引)されて転写が活性化状態となる。このクロマチンの構造変化は，発生や環境応答時に形成され，細胞分裂を経て細胞から細胞へ引き継がれる。そのため，クロマチンの構造変化によるエピジェネティック制御は，その後の生育過程や生命活動に影響を与える。

＊12　ユークロマチン化：ヌクレオソームが凝集したヘテロクロマチンに対し，ヌクレオソームの凝集がゆるみ，DNAに転写因子が結合しやすくなり転写が活発に行われる状態となること。

8.2.2◇DNAメチル化

DNAメチル化は，**DNAメチル化酵素**(DNA methyltransferase)により，CG配列のCにメチル基が付加される反応である。動物ゲノムにおけるDNAメチル化はCG配列がターゲットとなるが，植物ゲノムでは，CG配列に加え，CHG配列あるいはCHH配列(HはG以外の塩基を表す)のCもメチル化される。動物も植物も，遺伝子のプロモーター領域のCG配列のメチル化は，一般的に遺伝子発現抑制に作用する。これは，CG配列のメチル化されたCをターゲットとしてヘテロクロマチン化を誘導するタンパク質群がリクルート[*13]されるためである。一方，遺伝子内部のメチル化や，CHH配列，CHG配列のメチル化では，遺伝子発現促進に作用する場合もある。遺伝子発現の促進は，メチル化された領域に**クロマチン・リモデリング複合体**(chromatin remodeling complex)と呼ばれるタンパク質群がリクルートされ，クロマチン構造が弛緩したユー

＊13　リクルート：特定のDNA部位に特定のタンパク質が特異的に結合してくる状態を「リクルートされる」という。同様に，化学修飾されたヒストンの特定部位に特定のタンパク質が結合してくる状態も「リクルートされる」という。

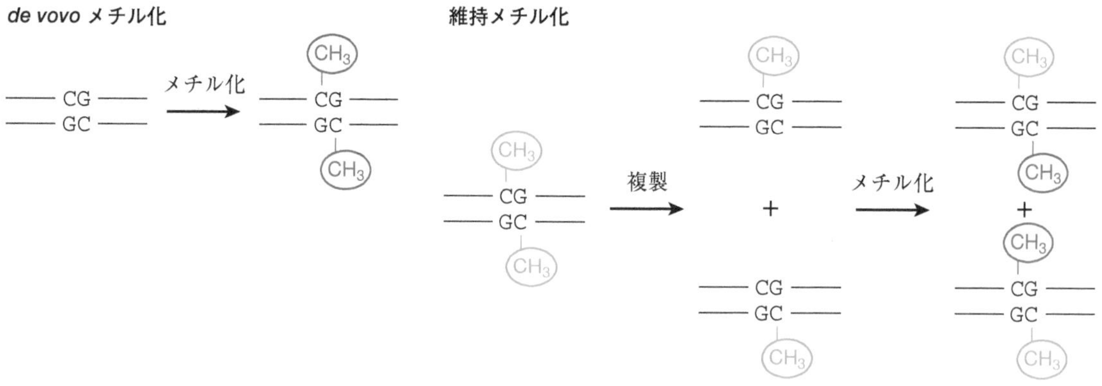

図8.6 **CG配列の*de novo*メチル化と維持メチル化**

de novo(新規)メチル化酵素は，CG配列のCへ*de novo*(新規)にメチル基を付加してメチル化する。維持メチル化酵素は，メチル化CG配列の複製にともない，メチル化部位のCG配列のCへメチル基を付加してメチル化する。

クロマチンが形成されることで，RNAポリメラーゼや転写因子複合体がプロモーターに接近できるようになるために生じる。

図8.6に示すように，DNAメチル化酵素には，非メチル化状態のCに対して新規にメチル化を誘導する新規(*de novo*)DNAメチル化酵素と，メチル化DNAの複製後のメチル化の維持にはたらく維持型DNAメチル化酵素がある。植物の*de novo* DNAメチル化酵素として，シロイヌナズナからDRM1とDRM2が同定されており，すべてのCのメチル化に関わる。また，維持型DNAメチル化酵素として，シロイヌナズナから，CG配列メチル化酵素MET1，CHG配列メチル化酵素CMT3，CHH配列メチル化酵素CMT2が同定されている。CMT2とCMT3は，植物に特異的なH3K9(ヒストンH3サブユニットの9番目のリシン残基)のメチル化に依存したDNAメチル化酵素であると考えられている。DNAの脱メチル化には，細胞分裂にともなって維持型メチル化が行われないようになる受動的な脱メチル化機構と，脱メチル化酵素が積極的に脱メチル化反応を行う能動的な脱メチル化機構がある。第7章で取り上げた胚乳のゲノムインプリンティングに関わるDEMETER(DME)は脱メチル化酵素の1つである。

DNAメチル化は，発生過程における遺伝子のエピジェネティック制御のみならず，前述したゲノムインプリンティングやトランスポゾンの活性制御など，さまざまな生命現象に関わっている。

8.2.3◇ヒストンの化学的修飾

クロマチンはDNAがヒストン(histone)に巻き付いた**ヌクレオソーム**(nucleosome)*14の集合体である。**図8.7**に示すように，DNAが巻き付くヒストンはタンパク質8量体で，H2A，H2B，H4，H3の4種類のサブユニットそれぞれ2個ずつから形成されている。それぞれのヒストンの

*14　ヌクレオソーム：クロマチンの構成要素で，ヒストン8量体にDNAが約2周(約150 bp)巻き付いたもの。各ヌクレオソームは50〜70 bpのリンカーDNAによって隔てられている。

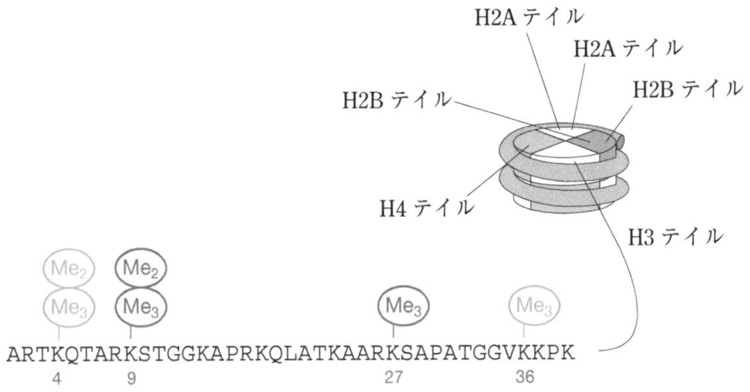

| 図8.7 | **H3ヒストンのリシン残基メチル化と転写制御の関係**
H3ヒストンのヒストンテイル上のリシン残基(K)のメチル化は部位によって逆の作用を示す。K4とK36のメチル化はユークロマチン化を誘導し，K9とK27のメチル化はヘテロクロマチン化を誘導する。

サブユニットからは，ヒストンテイルと呼ばれるポリペプチドが飛び出しているが，特にH3サブユニットのヒストンテイルの化学的修飾が，その領域のクロマチン構造に大きな影響を与えることが知られている。

その化学的修飾の1つは**リン酸化**(phosphorylation) *15 である。H3サブユニットのK9やK27リシン残基のジメチル化やトリメチル化(H3K9me2, H3K9me3やH3K27me3) *16 は，その領域のヘテロクロマチン化を誘導し，遺伝子の発現を抑制する。一方，K4リシン残基のジメチル化やトリメチル化(H3K4me2/me3)は，その領域のユークロマチン化を誘導し，遺伝子の発現を促進する。このクロマチンの構造変化は，メチル化ヒストンに特異的なタンパク質がリクルートされることによって引き起こされる。つまり，K9やK27のメチル化では，それをターゲットとするヘテロクロマチン化に関連するHP1 *17 などの因子がリクルートされる。K4のメチル化では，種々のクロマチン・リモデリング因子がリクルートされ，ユークロマチン化が誘導される。K4とK9は，アミノ酸残基で5残基分しか離れていない場所であり，このような近接したリシン残基のメチル化が，転写の促進と抑制という逆の制御を誘導するようになった進化的機構や意味は不明である。それぞれのリシン残基に特異的なヒストンKメチル化酵素とヒストンK脱メチル化酵素が多数知られており，ヒストンのメチル化は複雑な機構によって制御されていると考えられる。ヒストンのメチル化とDNAメチル化は共役的な関係にあり，DNAメチル化が引き金となってヒストンのメチル化が誘導される場合もある。

もう1つの化学的修飾は**アセチル化**(acetylation) *18 である。ヒストンのアセチル化はH2A, H2B, H4, H3の4種類すべてのヒストンテイルで起こり，多数のアセチル化はその領域のクロマチンのユークロマチン化を誘導し，脱アセチル化はヘテロクロマチン化を誘導する。ヒストン

＊15　リン酸化：リン酸基(H_2PO_4–)を付加する化学反応。

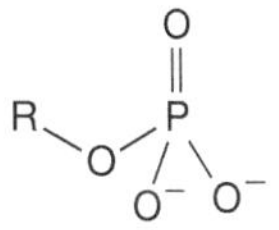

＊16　アミノ酸を一文字表記した場合，リシンはKで表される。N末端側から数えたときのリシン残基が存在する番号を用いてK9，K27などと表記する。「H3K9me2」はH3サブユニットの9番目のリシン残基がジメチル化されているという意味である。

＊17　HP1：Heterochromatin protein 1の略。HP1タンパク質はヘテロクロマチン化に関わる因子であり，植物や酵母からヒトまで広く存在している。

＊18　アセチル化：水素原子をアセチル基(CH_3CO–)で置換する化学反応。

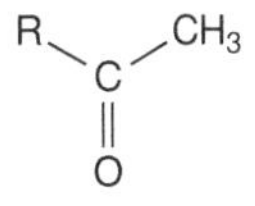

Column 8.5

コムギの春化のエピジェネティック制御

秋に発芽する多くの長日植物は，秋から冬にかけての低温にさらされることによって花芽を形成できる状態になる。この現象は「春化」と呼ばれ，暖かな秋に間違って開花し，冬の低温で枯死することを防ぐ適応戦略の1つであることが知られている(第5章5.1.2，5.1.3項参照)。コムギやオオムギなどムギ類の春化では，花成促進遺伝子*VRN1*が重要な役割を担う。図に示すように，優性*VRN1*対立遺伝子をもつコムギ品種は春播性であり，冬の低温にさらされなくても花成が早く進行する。一方，劣性*vrn1*対立遺伝子のホモ接合体の品種は秋播性となり，冬の低温にさらされなければ花成が遅くなる。劣性*vrn1*遺伝子はエピジェネティック制御機構によって発現が抑制されており，春化によってその抑制が解除されるが，優性*VRN1*遺伝子の発現は抑制されていない。

この優性*VRN1*遺伝子は，進化の過程で第1イントロンに数kbpの欠失が生じた優性突然変異である。第1イントロンの欠失領域にはエピジェネティック制御に関与する配列があると考えられている。イントロンにおける欠失変異というジェネティックな変異が，遺伝子のエピジェネティックな発現制御に大きな影響を与えている一例である。

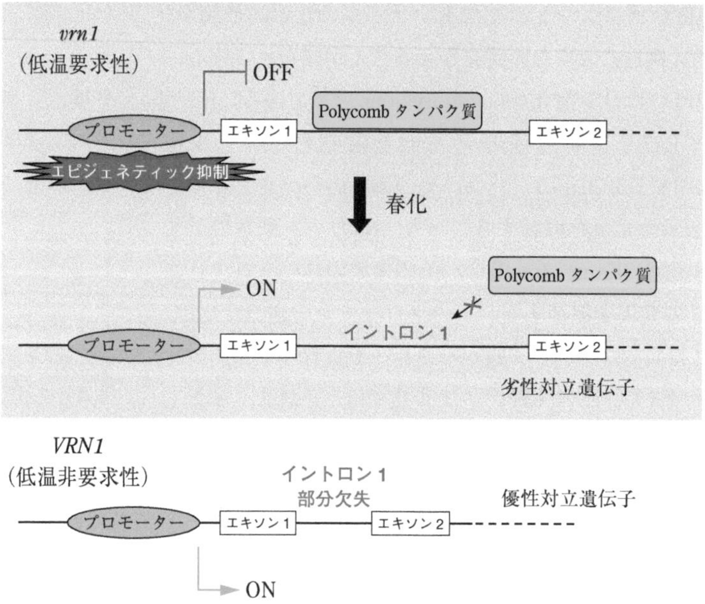

図 | **コムギの春化に関する*VRN1*遺伝子のエピジェネティック制御**

Polycombタンパク質は，ショウジョウバエから見いだされた遺伝子のエピジェネティック抑制状態の維持にはたらくタンパク質で，真核生物全体にも広く存在することが明らかとなっている。第1イントロンにPolycombタンパク質の結合部位が存在すると仮定すると，劣性・優性両対立遺伝子の作用がうまく説明できる。春化は第1イントロンからPolycombタンパク質が遊離するために起こると考えられる。

のアセチル化は**ヒストンアセチル基転移酵素**(histone acetyltransferase, HAT)が，脱アセチル化は**ヒストン脱アセチル化酵素**(histone deacetylase, HDAC)によって行われる。HATは転写の促進にはたらくコアクティベーター複合体*19の構成因子でもあり，HDACは転写の抑制にはたらくコリプレッサー複合体*20の構成因子でもある。これらの事実は，遺伝子の転写活性とプロモーター領域におけるヒストンのアセチル化状態が密接な関係にあることを示している。かつては，脱アセチル化ヒストンはヒストンテイルの自由度が減少し，ヒストン8量体にきつく巻き付くことでヘテロクロマチン化を誘導すると考えられていたが，ヒストンのアセチル化は他に重要な意味をもつ可能性がある。

*19　コアクティベーター複合体：転写因子に結合して遺伝子の転写活性を促進するタンパク質の複合体。複合体はターゲット遺伝子によってさまざまであり，構成タンパク質はヒトの場合で数百種類が知られている。

*20　コリプレッサー複合体：転写因子に結合して遺伝子の発現を抑制するタンパク質複合体。コリプレッサーはリガンド物質の結合によって活性化状態となり，コリプレッサー複合体として機能する。

8.3 ◆ まとめ

本章では，植物ゲノムの主要な構成要素である反復配列について概説した。特に，散在反復配列であるレトロトランスポゾンやDNA型トランスポゾンは，動物や植物といった真核生物のゲノム進化を理解するうえで重要な因子である。レトロトランスポゾンは明らかに真核生物細胞に感染したレトロウイルス由来と考えられ，進化の過程で真核生物ゲノムに蔓延した。しかし，現代の真核生物ゲノム，特に植物ゲノムにはこれほどまでに多数のレトロトランスポゾンが存在するにも関わらず，植物が大いに繁栄しているのは，レトロウイルス由来の配列を進化上の利点として何かしらの形で活用しているからに違いない。植物ゲノムに存在するレトロトランスポゾンの本当の意義は今後の研究により明らかになるだろう。DNA型トランスポゾンの起源については不明な点が多いが，これも生物進化に存在意義があると考えられる。反復配列は植物の品種改良におけるツールとしても，今後ますます重要となるだろう。

本章ではさらに，トランスポゾンの転移活性に関係するエピジェネティック制御についても概説した。遺伝子発現のエピジェネティック制御機構は，植物の発生や生育過程において随所で作用していると考えられ，植物に関する不思議な現象の多くは，エピジェネティック制御機構が関与しているものと考えられる。春化はその好例である。

Column 8.6

トランスポゾンの発見

ゲノム上の位置を変えるトランスポゾンは，1950年にアメリカのマクリントック(Barbara McClintock)によってその存在が提唱された。マクリントックは，トウモロコシを材料として，染色体の顕微鏡観察を通じて，メンデルの法則に従わない種子の色(種子のアントシアニン遺伝子，胚乳の黄色デンプン遺伝子)などの表現型と染色体の形態との関係を調査していた。そのなかで，トウモロコシの穀粒にあらわれる斑入りの遺伝子が座乗する染色体において，斑の形成に関わる遺伝子座が染色体の異なる位置に移動することを発見し，この現象を「転移(transposition)」と名づけた。この成果を1951年に発表したが，遺伝子の実体がDNAの二重らせん構造であるというワトソン(James Watson)とクリック(Francis Crick)の論文が発表される1953年より前ということもあり，「遺伝子が動く」という遺伝学の常識からして突拍子もない現象は受け入れられなかった。その後，1960年代から微生物を用いた分子生物学が発展し，バクテリオファージや細菌などでトランスポゾンが発見され，ショウジョウバエでも同様な現象が発見されたことで，マクリントックが発見したトウモロコシの斑の形成に関わる遺伝子座もトランスポゾンの一種であることが明らかになった(図)。マクリントックは，トランスポゾンの発見により，1983年にノーベル医学・生理学賞を受賞した(第6章コラム6.1も参照)。

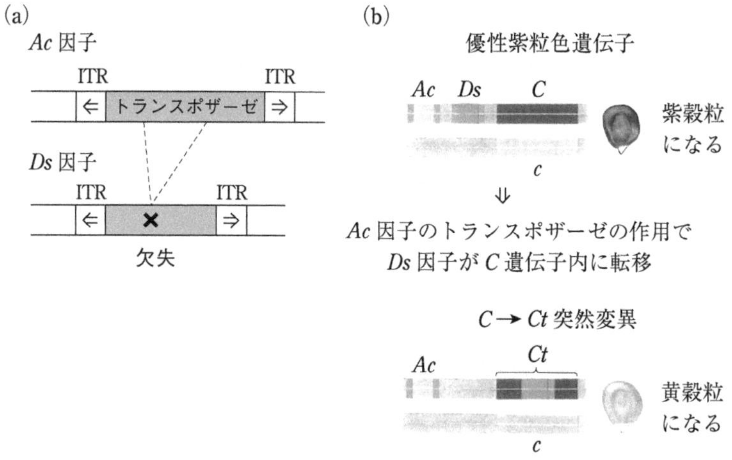

図 | **トウモロコシのAc/Dsトランスポゾンの構造(a)とトランスポザーゼの作用による穀粒色の変化(b)**

(a)トウモロコシのトランスポゾンである*Ac*因子と*Ds*因子の構造。*Ac*因子には完全なトランスポザーゼがあり*Ac*因子は自律的に転移できる。*Ds*因子ではトランスポザーゼ遺伝子の部分欠失により遺伝子が破壊され，自律的には転移できない。(b)*Ac*因子のトランスポザーゼの作用により*Ds*因子が紫粒色遺伝子(*C*)内に転移した場合，紫粒色遺伝子が破壊されて(*Ct*)，紫穀粒ではなく黄穀粒となる。写真の下段は相同染色体上の対立遺伝子を表す。

第9章

植物ホルモンとシグナル伝達

植物成長を調節する低分子化合物のうち，植物自身により生産され，ごく低濃度で植物の生理過程を調節する物質のことを**植物ホルモン**(plant hormone, phytohormone)*1と呼んでいる。植物ホルモンは，発芽から成長，開花，結実に至る植物の一生のさまざまな過程において，その調節にはたらく情報分子として重要な役割を果たしている。低分子化合物に加えて，最近では植物ホルモン様物質として数多くのペプチドも次々に見いだされ，その数は急速に増えつつある。本章では，これら植物ホルモンの生合成と輸送，情報伝達のしくみについて解説する。

*1　合成される場所と作用する場所が動物のホルモンほど厳密に区別されていないことが植物ホルモンの大きな特徴の1つである。

9.1 ◆ 植物ホルモン作用と恒常性の維持

植物ホルモンの作用のほとんどは，植物ホルモン分子(**リガンド**，ligand)が**受容体**(receptor)タンパク質に認識され，情報伝達タンパク質を介して核内の**転写因子**(transcription factor)タンパク質の機能を調節し，標的遺伝子の発現を誘導もしくは抑制することで生じる。本章で取り上げる9種類の植物ホルモンの分子構造を**図9.1**に示す。これらの植物ホルモンの受容と転写調節機構を俯瞰すると，いくつかの特徴が見いだせる。詳細は後述するが，例えば，オーキシン，ジベレリン，アブシジン酸，ジャスモン酸は**分子糊**(molecular glue)のような役割をもっており，受容体ともう片方の鍵タンパク質の会合を仲介する。オーキシン，ジベレリン，ジャスモン酸では，鍵となるタンパク質の**ユビキチン–26Sプロテアソーム系**(ubiquitin-26S proteasome system)*2による迅速な分解の引き金となることで転写のオン/オフを調節している。また，サイトカイニンとエチレンの受容体は，情報伝達機構に大きな違いはあるものの，構造的には類似性をもつ。

植物ホルモンの生体内濃度は，生合成反応と分解・修飾などの不活性化反応の間の速度バランスにより変動し，およそnM(10^{-9} mol L^{-1})レベルである*3。ごく微量でも強い作用をもつことから，活性分子の量が必要以上に増減しないように，**図9.2**に示すような**フィードバック制御**(feedback regulation)により**恒常性**(homeostasis)が保たれている。例えば，いくつかのホルモンではその情報伝達に関わる遺伝子の下流にその不活性化に関わる酵素遺伝子があり，情報が流れるとそれらが誘導さ

*2　ユビキチン–26Sプロテアソーム系：タンパク質の迅速な分解を行う酵素複合体。ユビキチンにより標識されたタンパク質をプロテアソームで分解する。ユビキチンは76個のアミノ酸からなるタンパク質で，すべての真核生物がほぼ同じアミノ酸配列をもつかたちで存在する。古細菌のうち真核生物に近い一部の系統もユビキチンをもつ。他のタンパク質の修飾に用いられ，タンパク質分解やDNA修復などに関わる。

*3　例えると，分子量200のホルモン分子の場合，およそ学校の25 mプール(幅10 m，長さ25 m，深さ1 m)に米粒2つ程度の量(50 mg)を溶解した濃度に相当。

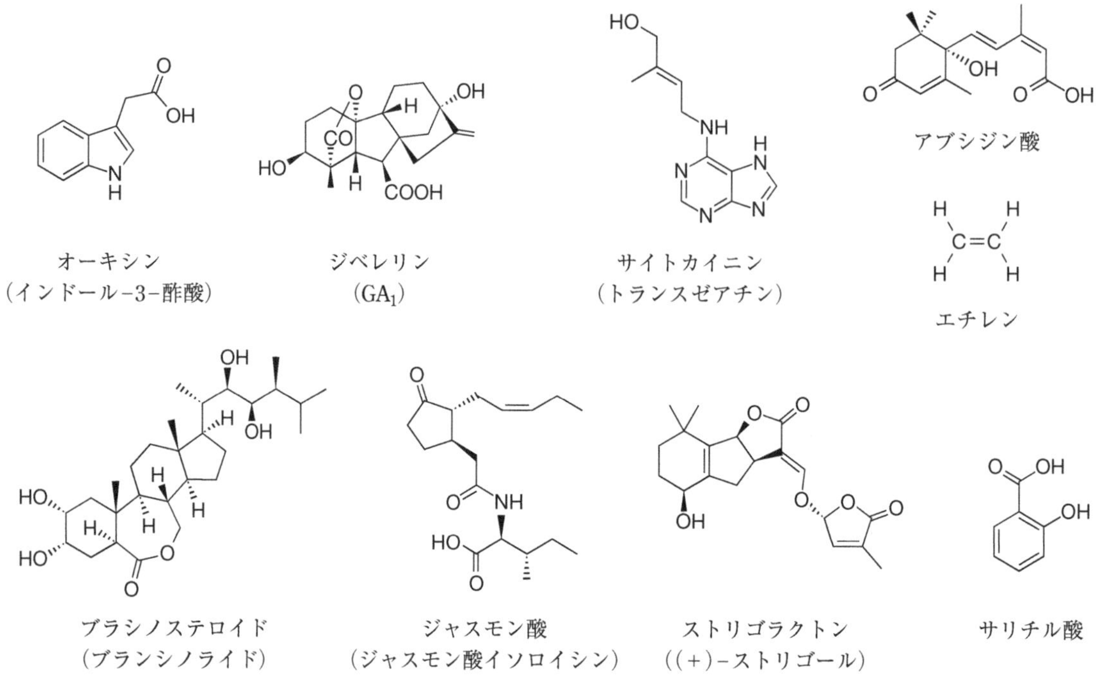

図9.1 **植物ホルモンの化学構造**

複数の活性型が存在するホルモンについては，代表的な分子種のみを示した。

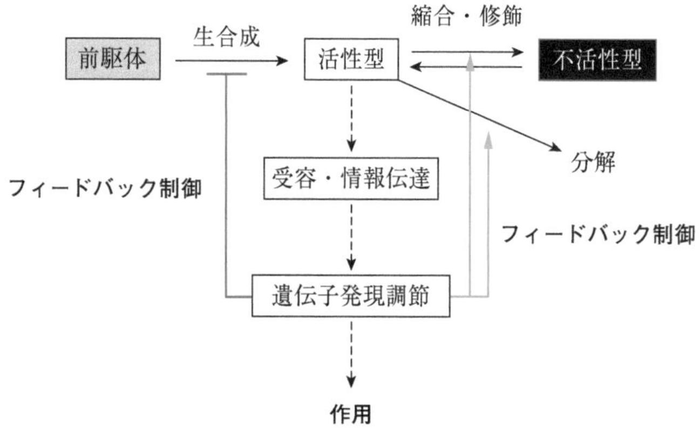

図9.2 **一般的な植物ホルモン作用と恒常性の維持機構**

黒実線矢印(⟶)は代謝の流れ，黒破線の矢印(--▸)は情報の流れを示す。青色矢印(—▸)は促進(正のフィードバック制御)，ピンク色T字(—|)は抑制(負のフィードバック制御)を表す。

れたり，生合成系遺伝子の発現が抑えられたりすることにより，そのホルモンが過剰に蓄積しないようにコントロールされている。

9.2 ◆ 植物ホルモンの生合成と輸送

9.2.1 ◇ オーキシン

オーキシン(auxin)は茎の成長促進，発根の促進，頂芽優勢[*4]，子房の成長促進や，光や重力に対する**屈性**(tropism)などのさまざまな生理作用をもつ化合物群の総称である。茎の成長促進物質として**インドール-3-酢酸**(indole-3-acetic acid, **IAA**)が最初に同定され，その後，**インドール酪酸**(indole-3-butylic acid, IBA)，**フェニル酢酸**(phenyl acetic acid, PAA)などが報告された[*5]。ただし，IAAがもっともオーキシン活性が高く，オーキシン作用のほとんどをIAAで説明できる。

IAAの生合成については多くの経路が提唱されてきたが，現在では，**図9.3**に示すようにトリプトファンを前駆体として，インドール-3-ピルビン酸を経て合成される経路が主要であることが証明されている。アブラナ科植物では**ファイトアレキシン**(phytoalexin)[*6]や**グルコシノレート**(glucosinorate)[*7]の生合成経路の中間産物であるインドール-3-アセトアルドキシムから，インドールアセトニトリルを経てIAAを合成する補助的な経路も存在する。インドール-3-アセトアミドを介する経路は，**植物病原菌**(phytopathogen)であるアグロバクテリウムの感染時に宿主細胞内でアグロバクテリウム由来の遺伝子(*iaaM*, *iaaH*)によりIAAが合成される際の経路として知られている。PAAは，トリプトファンの代わりにフェニルアラニンを前駆体として，IAAと同じ酵素群によって合成される。ほぼすべての組織で少量のIAAが合成されうるが，茎頂や若い果実，若い葉などの急速に分裂成長する組織で活発に合成される。

IAAの不活性化には複数の経路が関わっている(**図9.3**)。具体的には，IAAアミド合成酵素(Gretchen Hagen 3, GH3)によるアミノ酸の付加に続いて起こる2-オキソグルタル酸/Fe(II)依存型ジオキシゲナーゼ(dioxygenase for auxin oxidation, DAO)による酸化，UDP依存型グルコシル基転移酵素(UGT74D1, UGT84B1)によるカルボキシ基へのグルコースの付加，メチル基転移酵素(IAA methyltransferase, IAMT)によるメチル化などが知られている。また，生合成経路の中間産物であるインドール-3-ピルビン酸をトリプトファンにもどす経路もある[*8]。*GH3*遺伝子の発現は生体内のオーキシン濃度の上昇によって素早く誘導され，細胞内のオーキシンの恒常性維持に寄与している。

IAAは**図9.4**に示すように茎頂や葉から茎の基部へ，さらに根端に向かい**極性輸送**(polar transport)[*9]される。これは細胞内への取り込みと細胞外への排出を担う輸送体のうち，PINと呼ばれる排出輸送体が細胞の基部側に偏在することに起因する(第7章コラム7.2参照)。細胞内への取り込みについては**図9.5**に示す2つの経路が存在する。1つはIAAの電離状態の違いに基づく拡散吸収である。細胞外のアポプラスト(第4

＊4　頂芽優勢については，第2章30頁欄外注＊5を参照。

＊5　エンドウの豆などでは4-クロロインドール-3-酢酸(4-Cl-IAA)が報告されている。IBA, PAA, 4-Cl-IAAの分子構造は以下の通りである。

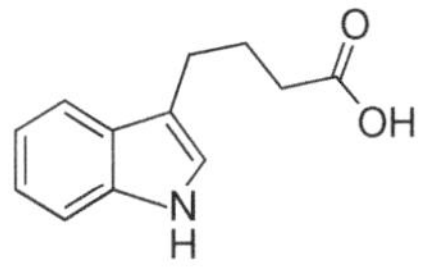

インドール-3-酪酸
(IBA)

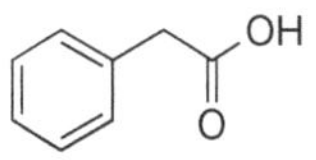

フェニル酢酸(PAA)

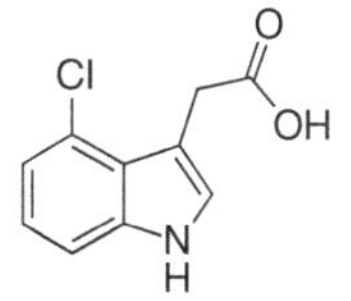

4-クロロインドール-3-酢酸
(4-Cl-IAA)

＊6　ファイトアレキシン：植物がさまざまなストレスに応答して合成する抗菌性の二次代謝産物の総称。

＊7　グルコシノレート：アブラナ科植物に含まれる辛味をもつ二次代謝産物の一種。脂肪族，芳香族，インドールの3つのグループに分類される。

＊8　ナスではこの反応を担うアミノ基転移酵素VAS1機能の欠失が，単為結果性の原因の1つになっている。

＊9　極性輸送：ある物質が方向性をもって生体内を移動すること。方向性をもって移動する物質は数多くあるが，オーキシンの場合，特に極性輸送(または極性移動)と呼ばれている。

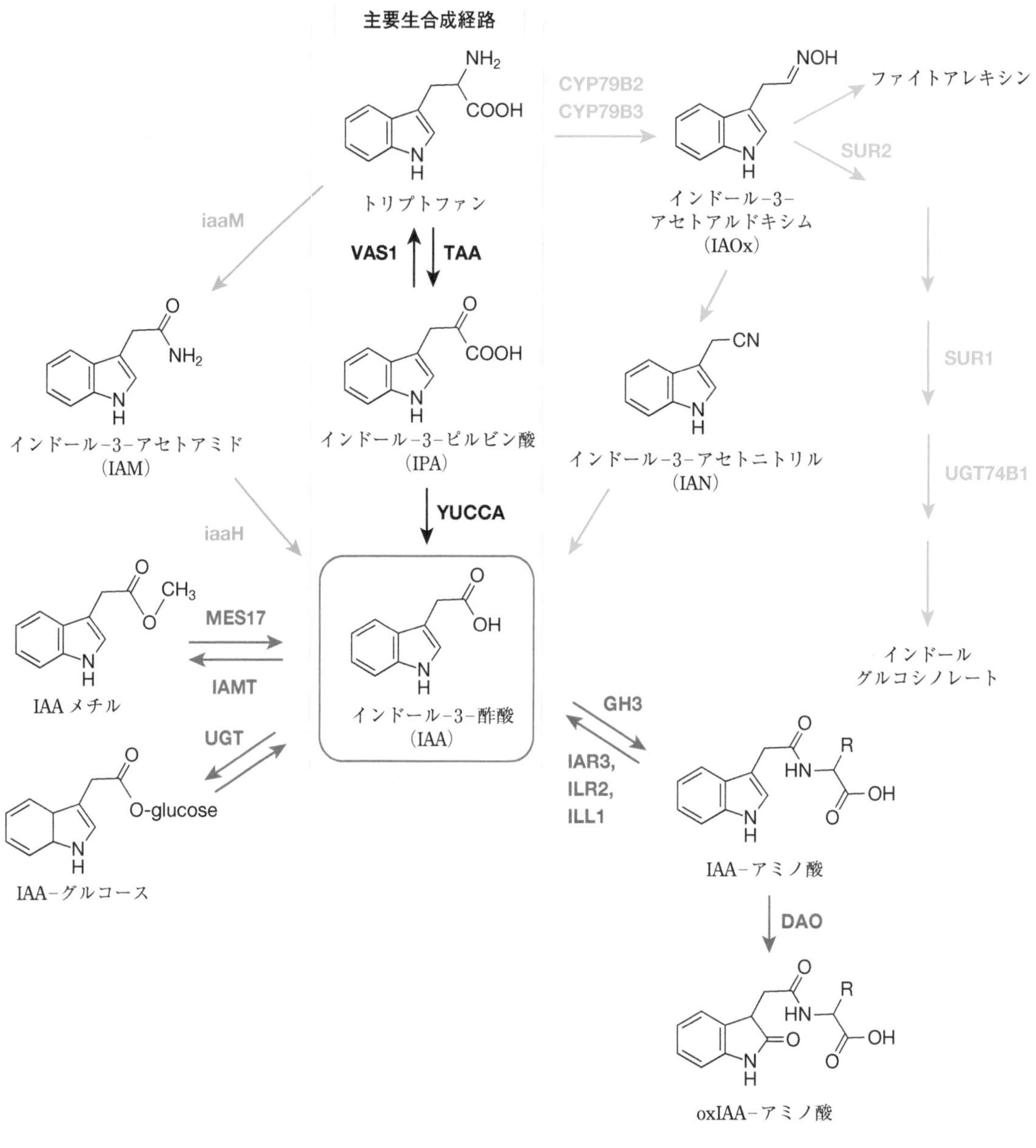

図9.3 | インドール-3-酢酸(IAA)の生合成経路および不活性化経路

アブラナ科植物における補助的な経路を緑色矢印(→)，アグロバクテリウムによる合成経路を青色矢印(→)，不活性化・再活性化経路をピンク色矢印(→)で示した。それぞれの矢印の近くにある文字は反応に関与する酵素名を表す。

章図4.4参照)は弱酸性(pH約5.5)であるが，IAAの酸解離定数pK_aは約4.75であるため，アポプラストではIAAの一部が非電離型IAAH(COOH型)となり，拡散により細胞内に入ることができる。もう1つはトランスポーターAUX1/LAX[*10]による能動的取り込みである。*AUX1*遺伝子の機能が欠失した変異体は生育に異常が見られることから，細胞内への取り込みはAUX1/LAXの寄与が大きいと考えられている。細胞内はほぼ中性であるため，IAAは電離型IAA^-(COO^-型)となり，拡散では細胞

＊10　AUX1/LAXはAuxin1/Like-Aux1の略。

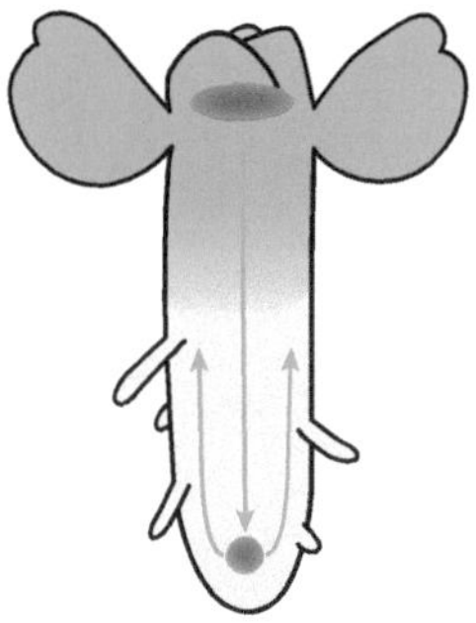

図9.4 | **植物体中でのIAA輸送**

極性輸送機構によって茎頂から根の先端まで輸送されたIAAは，先端で周縁部方向に移動し，地上部方向に輸送される。この機構にはタンパク質PINが重要な役割を担っており，周縁部組織ではPINは細胞の頂部側に局在している。

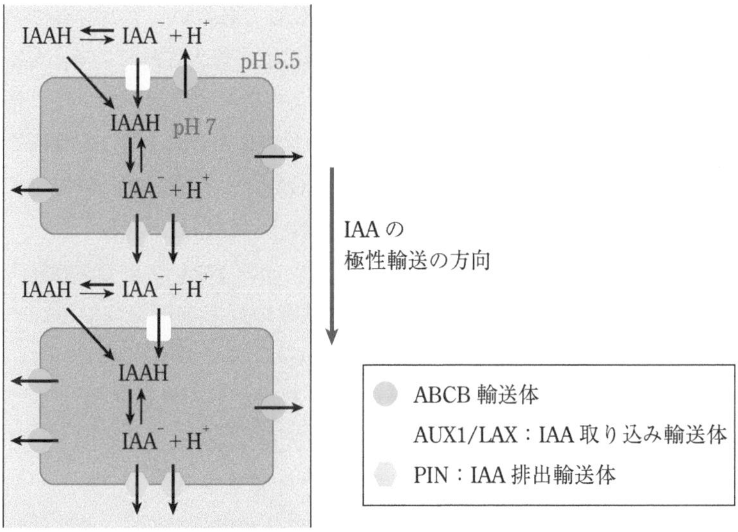

図9.5 | **IAAの極性輸送機構**

細胞内空間を濃い灰色で，細胞外のアポプラスト空間を薄い灰色で示した。AUX1/LAXは細胞の頂部側に，PINは細胞の基部側に偏在している。

外に出ることはできないため，PIN以外にも，ABCトランスポーターABCBがIAAの排出を行っている。一方，PAAはIAAとは異なり，PINによる極性輸送およびAUX1/LAXによる輸送は行われない。

9.2.2 ◇ ジベレリン

ジベレリン(gibberellin)は未熟種子，発芽種子，若い葉や伸長する節間などで合成され，発芽促進，茎や葉鞘の伸長促進，果実の成長促進など，多くの生理作用をもつ。単子葉植物の種子の発芽時には，胚でジベレリンが合成され，それが糊粉層(アリューロン層)に運ばれてα-アミラーゼ遺伝子やプロテアーゼ遺伝子の発現が誘導される。発現したα-アミラーゼは分泌され，胚乳のデンプンをマルトースやグルコースに分

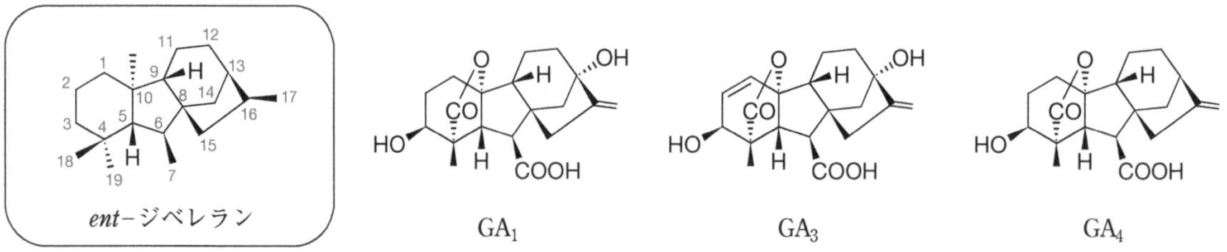

図9.6 | **ジベレリンの基本骨格と活性型分子**
炭素番号を*ent*−ジベレラン上に示した。ジベレリンの活性発現には2位と3位のヒドロキシ基の有無が重要である（図9.7参照）。

解し，プロテアーゼはタンパク質をアミノ酸に分解する。これが胚の成長に使われる（第7章7.3.2項参照）。

ジベレリンはテルペノイド*11の1つで，*ent*−ジベレランという基本骨格をもつ（**図9.6**）。活性型はGA_1, GA_3, GA_4であるが，その前駆体や派生体を含め，130種以上のジベレリンの構造が報告されている。GA_3はイネの馬鹿苗病菌*Gibberella fujikuroi*により合成されるジベレリン発見のきっかけとなった化合物であるが，植物自体が合成することは稀である。主たる植物内在性の活性型分子はGA_1とGA_4であり，植物種によって，GA_4が主要なタイプとGA_1が主要なタイプに分かれる*12。

ジベレリンの生合成経路を**図9.7**に示す。*ent*−カウレンまでが色素体内で，GA_{12}までが小胞体膜上で，それ以降の反応は細胞質で進行する*13。GA_{12}（またはGA_{53}）からGA_9（またはGA_{20}）までの多段階の反応は，GA_{20}酸化酵素（GA20ox）により触媒される。なお，後述するようにGA20ox遺伝子は，イネの「緑の革命（green revolution）」の原因として有名である（緑の革命については，第1章1.3.2項を参照）。ジベレリンとしての活性発現には2位と3位のヒドロキシ基が重要であり，前駆体からのGA_3酸化酵素（GA3ox）による3位のヒドロキシル化により活性化し，GA_2酸化酵素（GA2ox）による2位のヒドロキシル化により不活性化する。不活性化にはこのほかに，elongated uppermost internode（EUI）と呼ばれるシトクロムP450酵素（CYP714D1）によるエポキシ化*14や，メチル基転移酵素（GAMT）によるメチル化などが知られている。EUIは，イネの出穂時における茎の最上位の節間伸長を調節する酵素であり，農業形質の制御因子として重要な役割を果たしている。また，ジベレリンの情報が伝達されると*GA20ox*と*GA3ox*遺伝子の発現が抑制され，*GA2ox*の発現が誘導されることで，恒常性は維持されている。

ジベレリンは合成された細胞のごく近傍で作用すると考えられているが，前駆体の形で器官間を移動することも報告されている。輸送体についてはまだ不明な点が多いが，糖輸送体**SWEETファミリー***15の一部（SWEET3a, SWEET13, SWEET14）が細胞内へのジベレリンの吸収に関与することが示されている。

*11　テルペノイド：植物，昆虫，菌類などに広く存在する五炭素（C5）化合物であるイソプレンを構成単位とする天然物化合物の総称。イソプレノイドとも呼ばれる。

*12　GA_1はGA_4の*ent*−ジベレラン骨格の13位にヒドロキシ基が付加されたものである。シトクロムP450酵素GA13ox（CYP714B1, CYP714B2）によるヒドロキシ基の修飾は，前駆体であるGA_{12}の段階で起こる。この反応の強さの違いにより，GA_4型とGA_1型が主要な植物種に分かれる。

*13　植物成長調整剤として使用されるウニコナゾールやパクロブトラゾールは，*ent*−カウレンオキシダーゼの反応を阻害する。

*14　エポキシ化：C=C二重結合（エチレン結合）に酸素1原子が付加して3員環のエポキシド（エポキシ化合物）が生成する反応。

*15　SWEETファミリー：糖輸送に関わる輸送体ファミリーの1つ。植物で最初に発見されたが，動物，原生動物，および細菌などに広く存在している。SWEETの名前は，“sugars will eventually be exported transporter”に由来する。

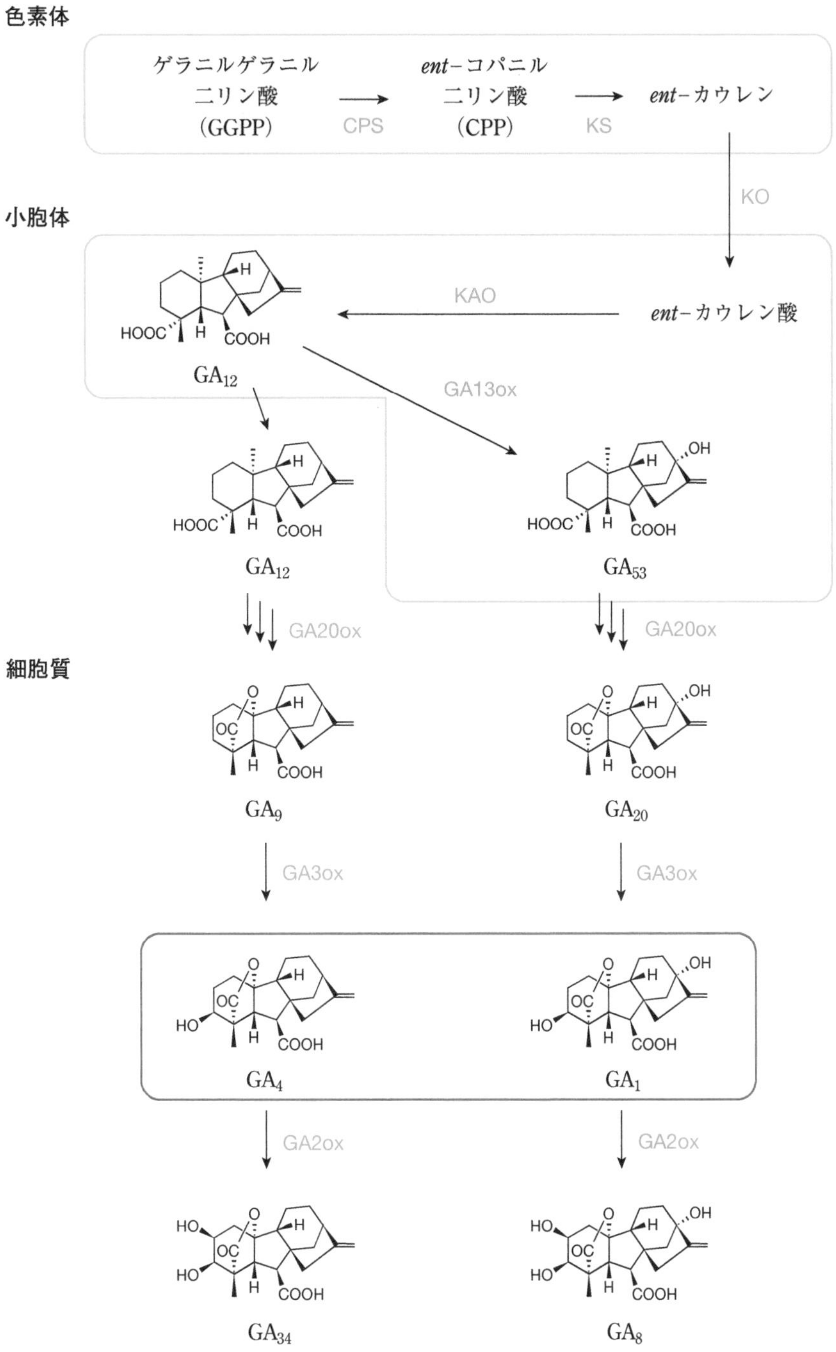

図9.7 **ジベレリンの生合成経路**

活性型(GA_1, GA_4)を赤枠で囲った。ジベレリンの生合成は色素体内，小胞体内，細胞質の3つの細胞内区画で進行する。青色の文字はそれぞれの反応に関与する酵素を表す。

Column 9.1

緑の革命とジベレリン

人類は，植物のゲノム中にある頻度で起こる自然変異が引き起こす形質への影響を観察することで，有用な影響を与える変異を選抜し，それらを交配などにより固定，集積することで作物の生産性を向上させてきた。今世紀に入り，豊富なゲノム情報を活用することで有用形質の原因となる遺伝子が明らかになり，いくつかの重要形質は植物ホルモンの作用に影響を及ぼすものであることがわかってきた。

もっとも代表的なものはイネ科作物の「緑の革命」におけるジベレリンの役割であろう。（第1章1.3.2項およびコラム1.6参照）草丈を低くする（短稈性）自然変異を利用することで，施肥を増やしても倒伏しにくい栽培品種が育種された。これによってコムギやイネの収量は2倍以上に増加した（第1章図**1.10**参照）。イネへの短稈性付与の原因は，ジベレリン合成経路の中のGA_{20}酸化酵素（GA20ox）遺伝子群の1つに自然突然変異が入ったことによりその酵素機能が低下し，出穂期の節間伸長に関わるジベレリンの作用が減衰したことである（図）。また，コムギへの短稈性付与の原因は，同じくジベレリンの情報伝達因子であるDELLAタンパク質遺伝子（9.3.2項参照）に変異が入り，転写抑制タンパク質の分解が抑制されたことである。

コラム9.6で紹介する籾数増加に関わるサイトカイニン分解酵素遺伝子（*CKX2*）への変異と短稈性を付与するGA_{20}酸化酵素遺伝子への変異をコシヒカリに同時に導入することで，両方の形質を付与することも実験的に示されている。このように，有用遺伝子を組み合わせていく（ピラミディングと呼ばれる）ことで，作物をデザインできる時代が訪れている。

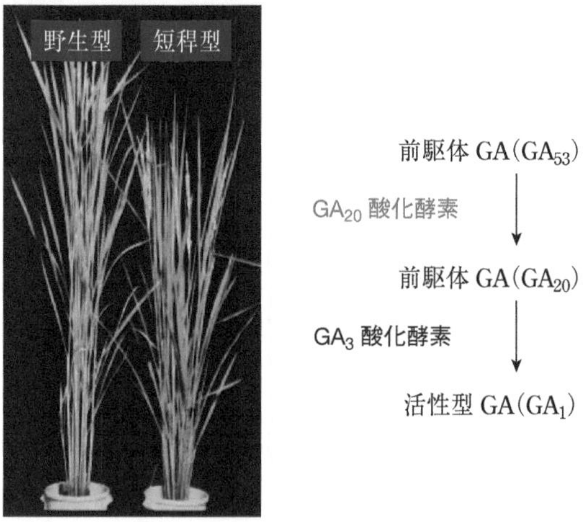

図 | ジベレリン生合成経路のGA_{20}酸化酵素遺伝子への自然変異によって生まれたイネの短稈性品種
[写真は名古屋大学・芦苅基行教授 提供]

9.2.3 ◇ サイトカイニン

サイトカイニン（cytokinin）は細胞分裂の促進，シュートの形成，葉の老化（senescence）抑制や根の伸長阻害などの生理作用をもつ。サイトカイニンはアデニンのアミノ基にプレニル側鎖が付加した構造をもつが，側鎖の構造の多様性により複数の分子種が存在する。**トランスゼアチン**

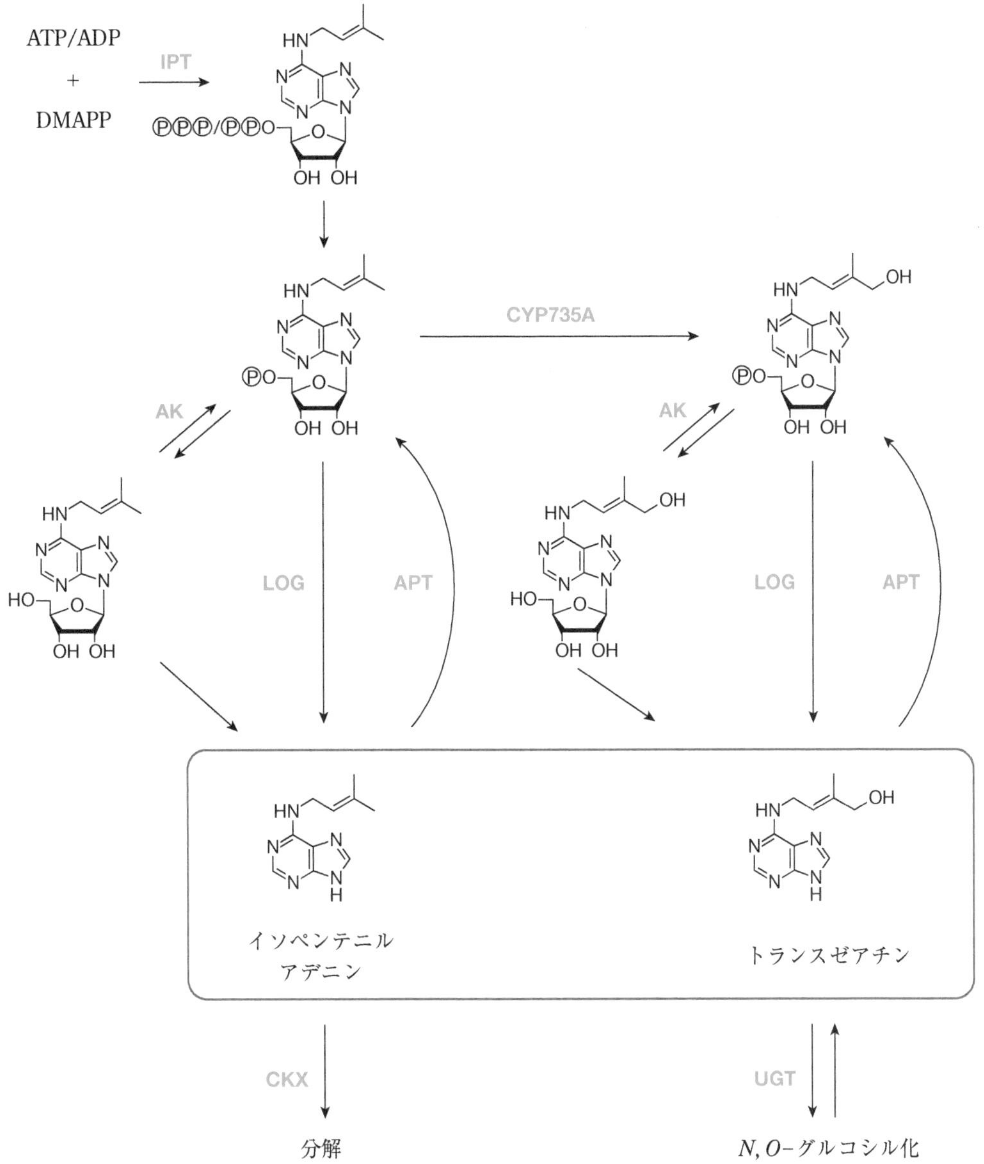

図9.8 | **サイトカイニンの生合成経路と不活性化経路**
活性型を赤枠で囲った。DMAPP：ジメチルアリル二リン酸，Ⓟ：リン酸基。青色の文字はそれぞれの反応に関与する酵素を表す。

(*trans*-zeatin)，**シスゼアチン**(*cis*-zeatin)，**イソペンテニルアデニン**(isopentenyladenine)が主要なものである[＊16]。これらの中でもトランスゼアチンは高い生理作用をもつ。

サイトカイニンの生合成経路[＊17]と不活性化経路を**図9.8**に示す。イソペンテニルアデニンとトランスゼアチンの生合成はイソペンテニル基転移酵素(IPT)による前駆体ヌクレオチドの合成と，シトクロムP450酵素(CYP735A)によるプレニル側鎖へのヒドロキシ基の付加によるトランスゼアチン前駆体合成，さらにLOG[＊18]と呼ばれるリボースリン酸加水分解酵素による活性型分子の生成の3段階で行われる。一方，シスゼ

＊16　このほかにジヒドロゼアチンが報告されており，マメ科植物には比較的豊富に含まれる。

＊17　サイトカイニンは，篩部組織や細胞分裂が活発な組織およびその近傍で主に合成される。

＊18　LOGはlonely guyと名づけられたイネの変異体の原因遺伝子として発見された。

Column 9.2

窒素栄養による成長促進とサイトカイニン

植物の成長は窒素栄養の供給量に応じて促進または抑制されるが，この促進調節にサイトカイニンが重要な役割を果たすことが明らかにされている。サイトカイニンの生合成に関わる*IPT*や*CYP735A*，輸送に関わる*ABCG14*遺伝子の発現は窒素栄養供給を感知して誘導される。このしくみにより，根でトランスゼアチンの前駆体が合成され，導管を介して地上部に輸送後，茎頂でLOGにより活性型に変換され作用する。この促進調節においては特にCYP735Aによるトランスゼアチン型への変換が重要である。トランスゼアチンは主に根で合成され，導管を介して地上部器官で作用するが，CYP735Aの機能を失ったシロイヌナズナ変異体(図の*cyp*変異体)，つまり体内のサイトカイニンのほとんどがイソペンテニルアデニン型になった植物体では，地上部の成長のみが不全になってしまう。つまりヒドロキシ基の有無というサイトカイニン分子構造の微細な変化が植物成長に対する作用に大きな影響を与えている。

図 シロイヌナズナの*CYP735A*遺伝子機能欠失変異体(*cyp*変異体)の表現型

[写真は著者提供]

アチンはプレニル側鎖のヒドロキシ基の位置が違うだけであるが，トランスゼアチンとは生合成経路はまったく異なり，tRNAの分解により生成することがわかっている。サイトカイニンはアデニンを基本骨格とすることから，プリンヌクレオチドの代謝経路酵素の基質にもなり，アデノシンキナーゼ(AK)やサルベージ経路[*19]のアデニンホスホリボシル基転移酵素(APT)により変換を受ける。

他のホルモンと同様，サイトカイニンも複数の不活性化経路により内生量の調節を受けている。サイトカイニン酸化酵素(CKX)は，プレニル側鎖を切断して不可逆的に不活性化する。加えて，UDP依存型グルコシル基転移酵素(UGT76C1, UGT76C2, UGT85A1)によるアデニンの7位と9位の窒素原子や，ゼアチンの側鎖末端ヒドロキシ基へのグルコースの付加により不活性化する。

サイトカイニンは導管や篩管を介して器官間を輸送されるが，そのときの主要な輸送型分子種はリボシド[*20]前駆体である。導管内はトランスゼアチンリボシド，篩管内はイソペンテニルアデニンリボシドが大半を占める。シトクロムP450酵素CYP735Aの機能を欠失した変異体の研究により，トランスゼアチンはイソペンテニルアデニンよりも地上部の

＊19　サルベージ経路：核酸分解の過程で生じたプリン塩基やピリミジン塩基から再びヌクレオチドを合成する経路。

＊20　リボシド：リボースの配糖体(リボースの還元末端にヒドロキシ基をもつ有機化合物が結合した化合物)。

Column 9.3

サイトカイニンの発見とセレンディピティー

サイトカイニンは，アメリカ・ウィスコンシン大学のスクーグ(Folke Skoog)らによって発見された。彼らはタバコの茎の髄組織(pith)を材料として，植物細胞を人工培地で増殖させるための必須要素を明らかにする研究を行っていた。培地にニシン精巣由来のDNAを加えると高い細胞分裂誘導活性を示したことから，再現性を確かめようと新たに購入したDNAで試したが，一向に再現性が得られず途方に暮れてしまった。しかし偶然，購入してから時間が経過した古いDNA試薬ほど細胞分裂誘導活性が高いことに気がついた。つまり，DNAの保存中に何らかの化学変化が起こり，構造変化が起こった塩基に細胞分裂誘導活性があることに気がついたのである。そこで，人工的に同様の反応を起こすことを試み，最終的にオートクレーブ処理をすれば古いDNA試薬と同等の効果が得られることを見いだした。この方法により大量の試料調製が可能となり，その物質を粗精製して**カイネチン**(kinetin)と名づけて1954年に発表した。さらにその翌年，ミラー(Carlos Miller)らが作用をもつ物質を精製し，構造を決定した。現在ではカイネチンは，天然の植物体内には存在しない，人工のサイトカイニンであることがわかっている。

成長により強い作用をもつことが示されている。導管を介した根から地上部へのサイトカイニンの輸送にはABCトランスポーターABCG14が重要なはたらきをしている。また，細胞内へのサイトカイニンの吸収にはプリン輸送体ファミリーの1つPUP14が関与している。ただし，サイトカイニンの輸送機構についてはまだ不明なことが多い。

9.2.4 ◇ アブシジン酸

アブシジン酸(abscisic acid)は発芽抑制，**気孔**(stomata)の開口抑制，腋芽休眠誘導などの生理作用が知られており，色素体をもつほぼすべての組織で合成されるが，維管束組織周辺での合成が活発である。アブシジン酸合成のほとんどの反応は色素体内で進行する。アブシジン酸の生合成経路と不活性化経路を**図9.9**に示す。テルペノイド生合成経路における中間体であるファルネシル二リン酸から生成したゼアキサンチンを初発物質として，数段階の反応を経て9-*cis*-ネオキサンチンが合成され，9-*cis*-エポキシカロテノイドジオキシゲナーゼ(NCED)によりカロテノイドは分子内部から開裂し，キサントキシンが生成する。その後，細胞質でアブシジン酸に変換される。NCEDによる反応がアブシジン酸合成の律速段階である。

アブシジン酸はUDP依存型グルコシル基転移酵素(UGT71B6, UGT71B7, UGT71B8)によるグルコース付加やシトクロムP450酵素CYP707Aによる8位のヒドロキシル化によって不活性化される。植物が**乾燥ストレス**(drought stress)[*21]にさらされると，*NCED*遺伝子の発現が誘導され，アブシジン酸が合成される。

＊21　乾燥ストレス：植物が乾燥により水分欠乏状態になったときに生じるストレスをいい，基本的には水ストレスと同様のストレスである。植物は乾燥ストレスにさらされると，伸長成長の抑制，光合成の低下，アブシジン酸(ABA)の合成，気孔の閉鎖などの生理的な応答を示す。一般に，乾燥ストレスに対して水ストレス(第4章4.2参照)のほうがより広い概念として用いられる。

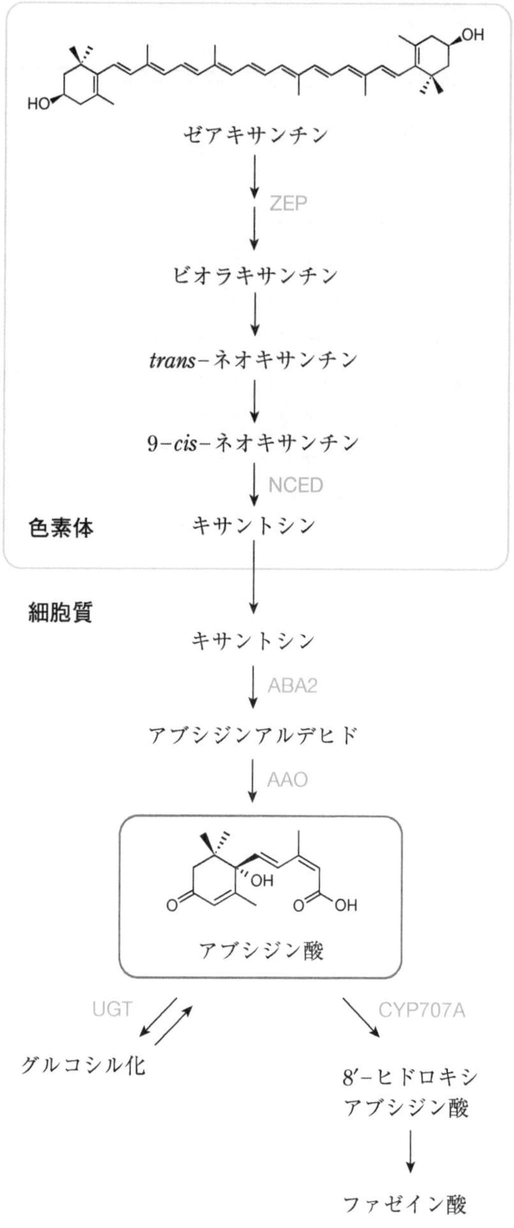

図9.9 | アブシジン酸の生合成経路と不活性化経路

活性型（アブシジン酸）を赤枠で囲った。青色の文字はそれぞれの反応に関与する酵素を表す。ZEPはゼアキサンチンデエポキシダーゼの略（第3章図3.8参照）。

アブシジン酸の一部は，導管を介して根から地上部に輸送される。細胞内への取り込みついては，IAAと同様に電離状態の違いによる拡散吸収と輸送体による吸収の2つの経路がある。ABCトランスポーターABCG25とABCG40がアブシジン酸輸送体として同定されており，ABCG25は維管束組織でのアブシジン酸の細胞外への放出を，ABCG40は孔辺細胞内への取り込みを担う。

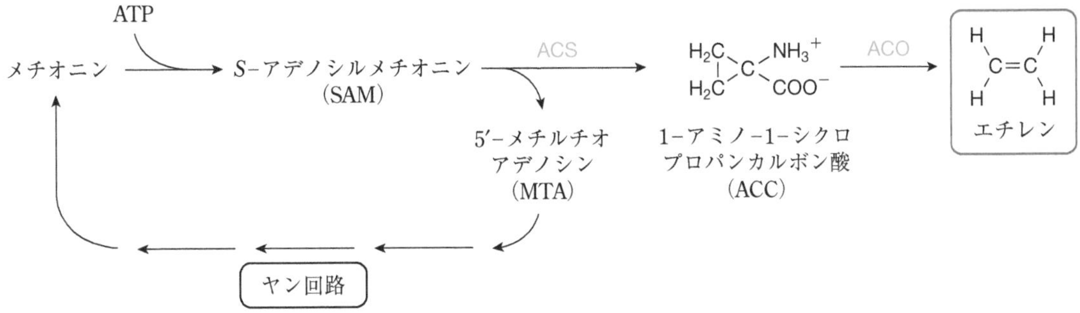

| 図**9.10** | **エチレンの生合成経路**
5′–メチルチオアデノシン(MTA)はヤン回路(Yang cycle：メチオニン回路)によってメチオニンに再生される。青色の文字はそれぞれの反応に関与する酵素を表す。

9.2.5◇エチレン

エチレン(ethylene)は果実の成熟促進[*22]，葉の老化促進，落葉促進などの生理作用をもつ。エチレンの生合成経路[*23]を**図9.10**に示す。メチオニンを前駆体として，*S*–アデノシルメチオニンから1–アミノシクロプロパン–1–カルボン酸(1-aminocyclopropane-1-carboxylic acid, **ACC**)合成酵素(ACS)によりACCが合成される。ACCはACC酸化酵素(ACO)によりエチレンに変換される。ACC合成反応がエチレン合成の律速段階であり，ACCの内生量とエチレンの合成量は比例する。

エチレンの不活性化酵素などは知られていない。エチレンは生体膜を容易に通過することができ，合成されたエチレンは作用するとともに大気中に放出されることから，自ら不活性化機構をもたなくとも，生体内の濃度は適切な範囲に保たれるためと考えられる。

＊22　果実はその成熟にともない呼吸量が著しく増加するクライマクテリック(climacteric)型と，増加しないノンクライマクテリック(non-climacteric)型に大別される。前者にはリンゴ，モモ，バナナ，トマトなどが，後者にはミカン，ブドウ，イチゴ，スイカなどが該当する。クライマクテリック型は果実の成熟過程でエチレン合成の劇的な増加が起こることが知られている。

＊23　エチレンは気体状分子であり，体内で輸送されないため，作用する場所(果実，老化葉など)で合成される。

9.2.6◇ブラシノステロイド

ブラシノステロイド(brassinosteroid)は茎の伸長促進[*24]や葉身の展開促進，花粉管の伸長などの生理作用をもつステロイドホルモンである。ブラシノステロイドの生合成経路[*25]と不活性化経路を**図9.11**に示す。テルペノイド生合成経路における中間体であるイソペンテニル二リン酸を初発物質とし，カンペステロールを経て，**カスタステロン**(castasterone)，**ブラシノライド**(brassinolide)が生成する。ブラシノライドがもっとも活性が高いが，カスタステロンにもブラシノステロイド活性があると考えられている。カスタステロンとブラシノライドはシトクロムP450酵素CYP734Aによる26位のメチル基のヒドロキシル化や，配糖化酵素UGT73C5による23位のヒドロキシ基へのグルコースの付加によって不活性化される。

＊24　オオムギの収量増産に貢献した短稈性(半矮性)付与育種に用いられた渦遺伝子(*uzu*)は，ブラシノステロイドの受容体遺伝子に自然突然変異で1塩基置換が入ったものである。この遺伝子はオオムギの品種改良に広く利用されている。第1章12頁欄外注＊32も参照。

＊25　ブラシノステロイドは，主に花粉や種子，地上部器官の表皮などで合成される。

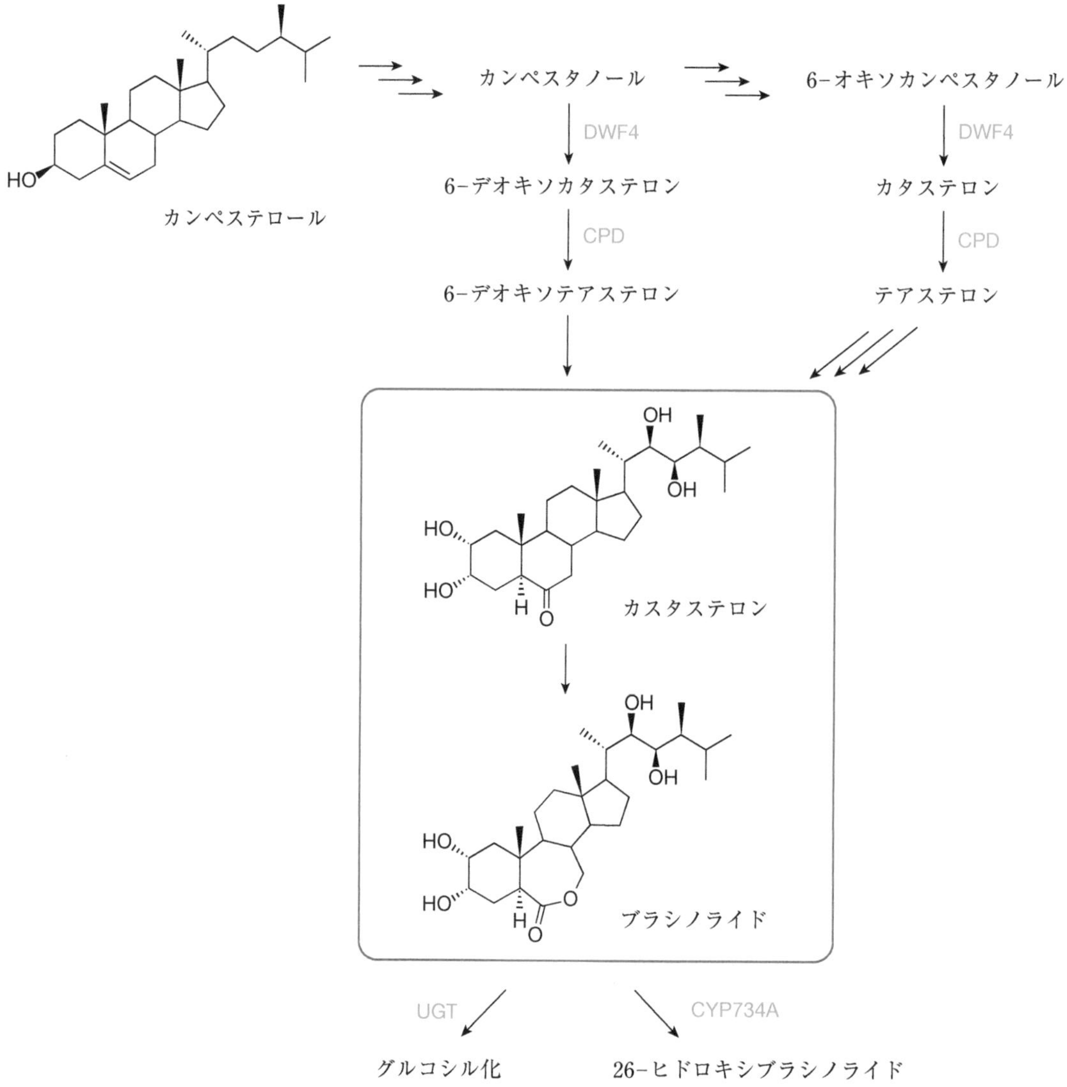

図9.11 ブラシノステロイドの生合成経路と不活性化経路

活性型(カスタステロン，ブラシノライド)を赤枠で囲った。青色の文字はそれぞれの反応に関与する酵素を表す。

Column 9.4

草型(葉の角度)とブラシノステロイド

イネの収量増加に影響する形質の1つに葉の角度が上げられる。水田のイネは密植されるが，直立葉型であれば隣の株との接触が少ないため，下位葉まで光が届く。これにより光合成の効率が上がれば，高収量が期待できる。こうしたイネの葉の直立性の制御においては，ブラシノステロイドが重要な役割を果たしている。ブラシノステロイド受容体や合成系遺伝子の変異体は草丈が短くなるだけでなく，葉が直立する。ブラシノステロイド合成関連遺伝子の変異体*osdwarf4*は，草丈はほとんど変わらないが，葉が直立する。実際に高密度で栽培する条件では，この変異体のイネの収量が増加することが示されている。

9.2.7◇ジャスモン酸

ジャスモン酸(jasmonic acid)は葉鞘の伸長阻害や葉の老化促進，葯の裂開などの生理作用をもつ。また，傷害応答反応の情報分子としても重要な役割を果たしている。ジャスモン酸の生合成経路[*26]と不活性化経路を**図9.12**に示す。色素体膜のα-リノレン酸を初発物質として，色素体内で12-オキソフィトジエン酸(*cis*-(+)-OPDA)に変換された後，ペルオキシソーム内でジャスモン酸に変換される。ただし，受容体に対して高い親和性をもつのはジャスモン酸のイソロイシン縮合体であること

＊26　ジャスモン酸は植物体内のどこでも合成されるが，老化葉や葯，食害を受けた組織などで活発な合成が起こる。

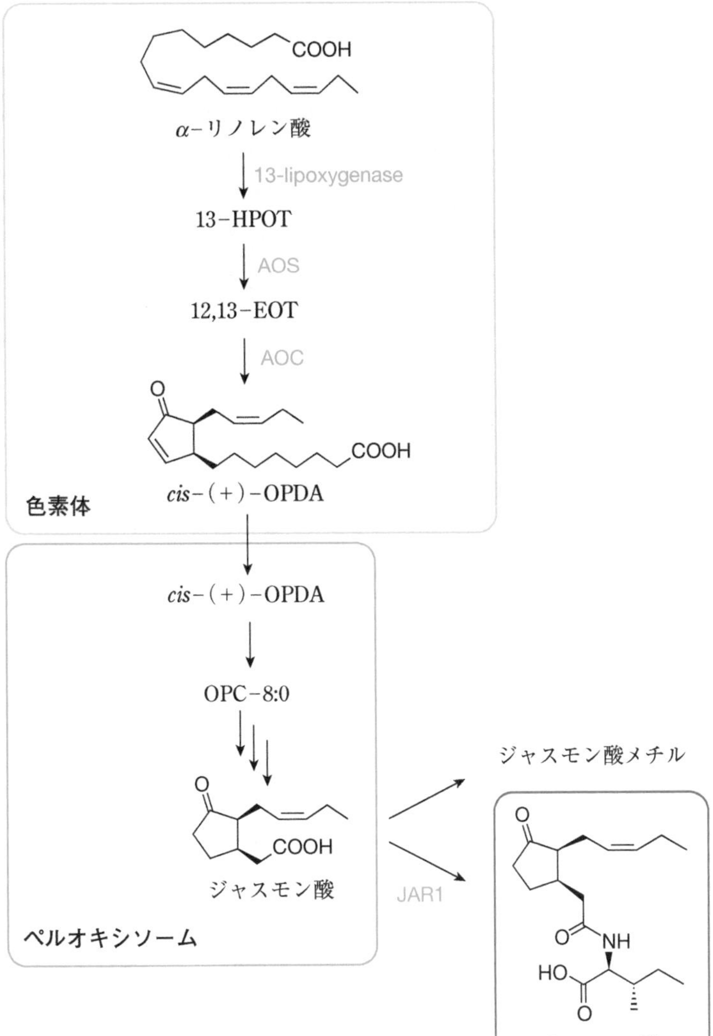

図**9.12** | **ジャスモン酸の生合成経路と不活性化経路**

活性型(ジャスモン酸イソロイシン)を赤枠で囲った。13-HPOT：13-ヒドロペルオキシ-α-リノレン酸，12,13-EOT：(9*Z*,11*E*,15*Z*)-12,13(*S*)-エポキシ-オクタデカトリエン酸，OPC-8:0：3-オキソ-2-(2′-[*Z*]-ペンテニル)シクロペンタン-1-オクタン酸。青色の文字はそれぞれの反応に関与する酵素を表す。

から，活性型はジャスモン酸イソロイシン[*27]である。ジャスモン酸イソロイシンはP450酵素による20位の炭素のヒドロキシル化によって不活性化される。

＊27　正確には，7-*iso*-ジャスモノイル-L-イソロイシンである。

9.2.8 ◇ ストリゴラクトン

ストリゴラクトン(strigolactone)は，三環系のテルペノイドにラクトン環がエノールエーテル結合した構造をもつ。もともと植物が根圏に分泌するアーバスキュラー菌根菌の菌糸分枝促進物質として知られていたが，植物自身の腋芽の成長抑制や根の伸長促進，葉の老化促進などの生理作用をもつ植物ホルモンであることが今世紀に入ってから証明された。ストライガ[*28]などの寄生植物の種子発芽誘導物質としてもはたらく(第2章2.2.1項参照)。

＊28　ストライガ：ハマウツボ科の一年生の半寄生植物で，トウモロコシやキビなどに寄生し，作物の収量を大幅に減少させる。1個体につき50万ほどの小さな種子を生産し，土壌中で20年程度生存することができるため，一度汚染された圃場での駆除は困難である。アフリカのサバンナ地帯やアメリカ大陸でも甚大な被害を及ぼしている。

ストリゴラクトンの生合成経路を**図9.13**に示す。初発物質は色素体内のall-*trans*-β-カロテンである。色素体内でD27, CCD7, CCD8と呼ばれる3つの酵素によってカーラクトンまで変換された後，シトクロムP450酵素MAX1によるカーラクトン酸への変換を経て，複数のストリゴラクトン分子種が合成される。他の植物ホルモンとは異なり，植物種によってストリゴラクトンの構造も多様であり，生合成経路に関しては未解明な点も多い。

9.2.9 ◇ サリチル酸

サリチル酸(salysylic acid)は植物の病原体に対する防御応答に関わる。サリチル酸は**図9.14**に示すように，シキミ酸経路[*29]の中間体であるコリスミ酸からイソコリスミ酸を経て合成される。また，メチル化されてサリチル酸メチルとなることで揮発性となり，近隣の植物の全身獲得抵抗性を誘導する。サリチル酸のヒドロキシ基もしくはカルボキシ基

＊29　シキミ酸経路：植物の色素体に局在する芳香族アミノ酸(フェニルアラニン，チロシン，トリプトファン)の生合成経路．シキミ酸経路は細菌にも存在する。

Column 9.5

植物ホルモン研究における日本人研究者の活躍

植物ホルモン研究において，日本人研究者の貢献は非常に大きい。代表的なものはジベレリンである。ジベレリンは，1926年にイネの苗が徒長する馬鹿苗病の研究をしていた黒沢英一により，馬鹿苗病菌*Gibberella fujikuroi*が作るイネの伸長作用をもつ物質として世界で初めて発見された。1930年代には，藪田貞治郎博士と住木諭介博士がその培養液から初めてその物質を単離結晶化し，ジベレリンと命名した。

最近では，ジベレリン，サイトカイニン，オーキシン，アブシジン酸の生合成経路の解明や，ジベレリン，サイトカイニンの受容体や情報伝達系因子の同定，さらにはストリゴラクトンの発見とその後の生合成経路の解明など，枚挙にいとまがない。さらにペプチド型のホルモンの研究においても，日本人研究者が先導している。

に対してグルコースがグリコシド結合もしくはエステル結合することで不活性化される。サリチル酸は病原菌などの感染に応答して感染組織で合成が誘導される。

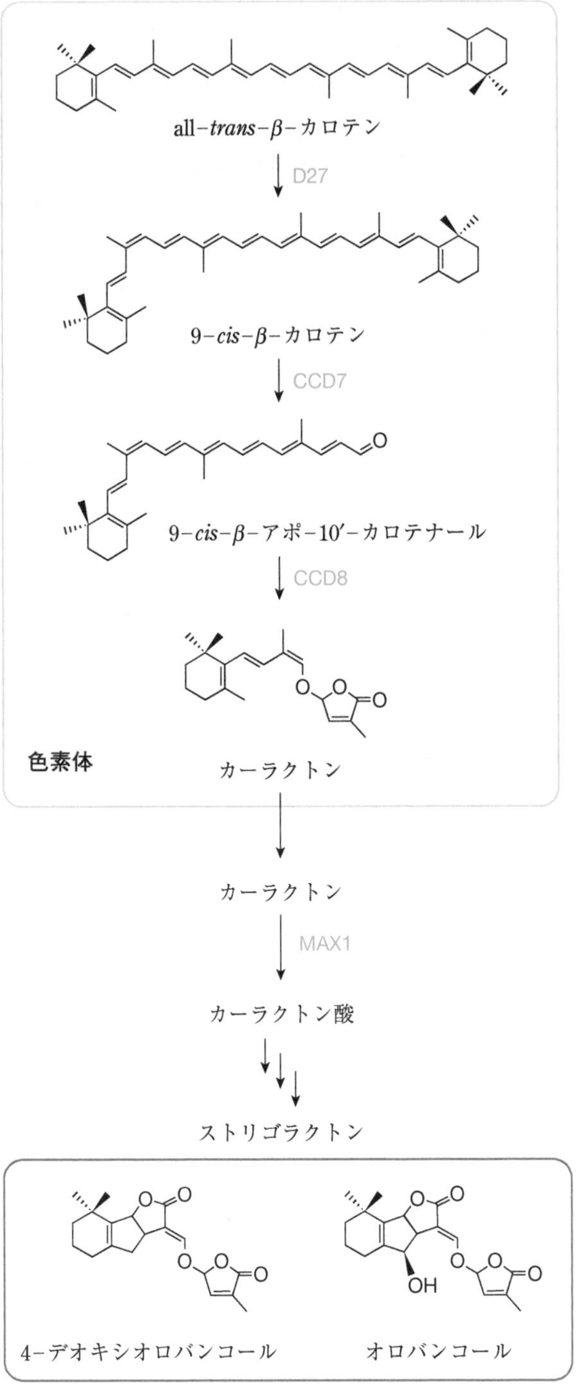

図9.13 | **ストリゴラクトンの生合成経路**

活性型(4-デオキシオロバンコール，オロバンコール)を赤枠で囲った。ストリゴラクトンの活性型は植物種によって多様である。青色の文字はそれぞれの反応に関与する酵素を表す。

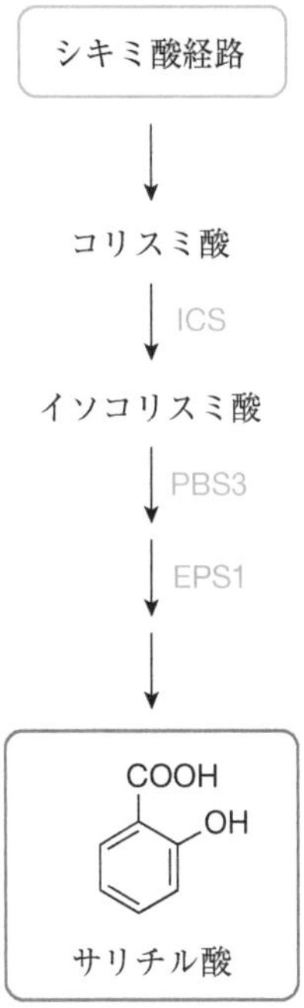

図9.14 | **サリチル酸の生合成経路**

青色の文字はそれぞれの反応に関与する酵素を表す。

9.3 ◆ 植物ホルモンのシグナル伝達

9.3.1 ◇ オーキシン

オーキシンの受容体はユビキチン–26Sプロテアソーム系のユビキチンリガーゼ複合体の構成因子であるF–boxタンパク質[*30]である。植物にはこのF–boxタンパク質遺伝子が多コピー存在する[*31]。インドール–3–酢酸(IAA)を例に，オーキシンの受容と転写制御機構を**図9.15**に示す。IAAの受容体F–boxタンパク質はTIR1(transport inhibitor response 1)と呼ばれ，核に局在している。TIR1はIAAの濃度が高くなると，IAAと結合して転写抑制因子であるAUX/IAAタンパク質と複合体を形成し，AUX/IAAがポリユビキチン化され，AUX/IAAはユビキチン–26Sプロテアソーム系により速やかに分解される。つまり，IAAはTIR1とAUX/IAAの複合体形成を仲介する分子糊の役割を果たす。AUX/IAAは本来，別の転写因子ARF(auxin response factor)と結合し，ARFにより機能を抑制するはたらきをもつ。そのため，IAAがTIR1による受容されてAUX/IAAとの複合体が形成されると，ARFの機能の抑制が解除され，結果としてその下流遺伝子，例えば側根形成に関わる転写因子*LBD16*(lateral organ boundaries-domain 16)遺伝子の転写は活性化される。

*30　F–boxタンパク質：ユビキチン–26Sプロテアソーム系において主に特定のタンパク質の認識と分解に関与している。Skp1(suppressor of kinetochore protein1)，cullin1，F–boxタンパク質でSCFタンパク質複合体を形成して機能する。

*31　F–boxタンパク質は，ポプラでは337遺伝子，シロイヌナズナでは694遺伝子，イネでは687遺伝子からなる大きな遺伝子ファミリーを形成している。

9.3.2 ◇ ジベレリン

ジベレリン(GA)の情報伝達もオーキシンと同様に，転写抑制因子のユビキチン–26Sプロテアソーム系を介した分解による転写抑制解除のしくみを利用しているが，受容体はF–boxタンパク質ではなく，α/β–ヒドロラーゼ[*32]構造をもつ核タンパク質GID1(gibberellin insensitive

*32　α/β–ヒドロラーゼ：酵素のコア部分にαヘリックスおよびβシート構造からなる共通の折りたたみ構造を有する加水分解酵素(hydrolase)の一群。

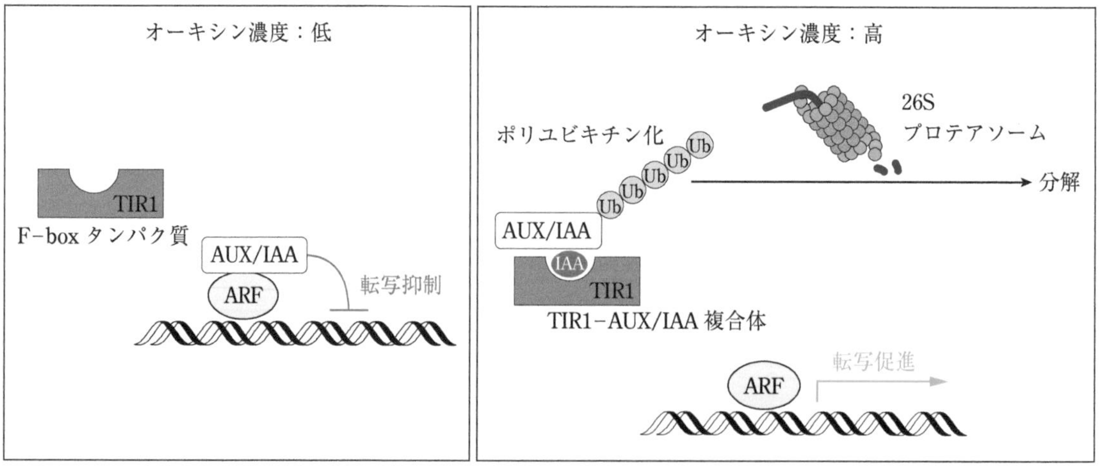

図9.15 **オーキシンの受容と転写制御機構**

IAA：インドール–3–酢酸，AUX/IAA：AUX/IAAタンパク質(転写抑制因子)，TIR1：IAA受容体タンパク質，ARF：転写促進因子，Ub：ユビキチン。IAA濃度が低い場合，AUX/IAAがARFと結合し，その転写を抑制する。IAA濃度が高くなると，IAAを介してTIR1–AUX/IAA複合体が形成され，AUX/IAAが分解されることでARFによる転写の活性化が起こる。

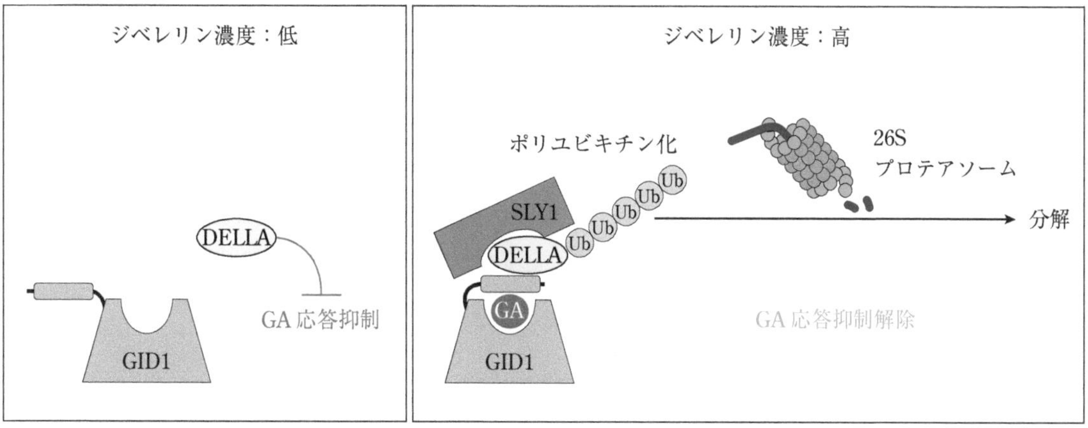

| 図9.16 | **ジベレリンの受容と作用機構**

GA：ジベレリン，GID1：ジベレリン受容体タンパク質，DELLA：転写抑制因子，SLY1：F-boxタンパク質。
ジベレリン濃度が低い場合，DELLAタンパク質がGA応答を抑制する。ジベレリン濃度が高くなると，ジベレリンを介したGID1-DELLA-SLY1複合体が形成され，DELLAが分解されることでGA応答の抑制が解除される。

dwarf 1)である[*33]。ジベレリンの受容と作用機構を**図9.16**に示す。核内でGID1がジベレリンと結合すると，転写抑制因子であるDELLAタンパク質と結合する。この複合体をF-boxタンパク質であるSLY1(Sleepy 1)が認識し，DELLAのポリユビキチン化と分解を引き起こし，ジベレリン応答抑制が解除される。

＊33　α/β-ヒドロラーゼ機能に必須のアミノ酸が保存されていないことから，酵素活性はもたない。

9.3.3 ◇ サイトカイニン

サイトカイニンの受容と情報伝達機構を**図9.17**に示す。サイトカイニンの情報は，原核生物に広く存在する**二成分情報伝達系**(two-component signal transduction system)[*34]による，ヒスチジンとアスパラギン酸残基間のリン酸リレーによって伝達される。サイトカイニン受容体はCHASE(cyclase/histidine kinase-associated sensing extracellular)ドメインと呼ばれるサイトカイニン結合部位をもち，この部位がサイトカイニンを受容するとヒスチジンキナーゼドメインが活性化してATPを基質として自身のヒスチジン残基をリン酸化し，そのリン酸基は自身のレシーバードメインのアスパラギン酸残基へ転移する。さらに，そのリン酸基は細胞質と核を行き来するヒスチジンリン酸転移タンパク質(HP)のヒスチジン残基へ転移し，つづいて核内のBタイプレスポンスレギュレーター(BタイプRR)と呼ばれる転写因子のアスパラギン酸残基へ転移する。BタイプRRは，GARP(Golden2, ARR-B, Psr1)型のDNA結合領域をもち，リン酸基転移を受けることで例えばサイトカイニンの代謝や根や茎の肥厚に関わる転写因子(LBD3，LBD4)などの標的遺伝子の転写を促進する。

＊34　二成分情報伝達系は原核生物で発見されたが，基本的な構成が受容体キナーゼと，それからリン酸基を受け取り，転写活性化を担うレスポンスレギュレーターの2つのタンパク質成分であることからこの名前が付けられた。真核生物では構成がさらに複雑化し，受容体キナーゼ内でリン酸リレーが起こるのに加え，それからレスポンスレギュレーターへのリン酸リレーの仲介をするヒスチジンリン酸転移タンパク質が存在するなど，多段階のリン酸リレーが行われている。

BタイプRRにより転写調節が行われる標的遺伝子の中に，AタイプRRと呼ばれるDNA結合領域をもたない転写因子群がある。AタイプRR

Column 9.6

単為結果とオーキシン，ジベレリン

トマトなどの果実形成においては，受粉をきっかけに雌ずいでオーキシンやジベレリンの合成が活性化し，子房の肥大が促進される(図)。一方，未受粉の状態では，AUX/IAA(SlIAA9)およびDELLA(SlDELLA)タンパク質とエチレンの合成が活発で，着果を抑制している。オーキシンやジベレリンで処理をすることで，受粉をしなくても果実を肥大させる技術が利用されている。また，受粉を必要としない単為結果性を示す品種の開発なども行われている。(単為結果については，第1章コラム1.1，第5章5.4.2項も参照)

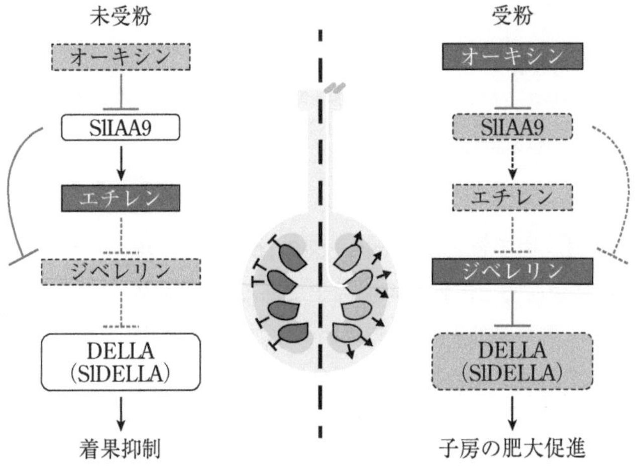

図 **トマトの受粉から着果までの過程における植物ホルモンの作用**
受粉によってオーキシンとジベレリンの合成が活性化され，子房の肥大誘導が起こる。実線はシグナルの活性化，破線は不活性化の状態を表す。
[武井 瞳ほか，育種学研究：**19**, 137(2017)，図1Aを改変]

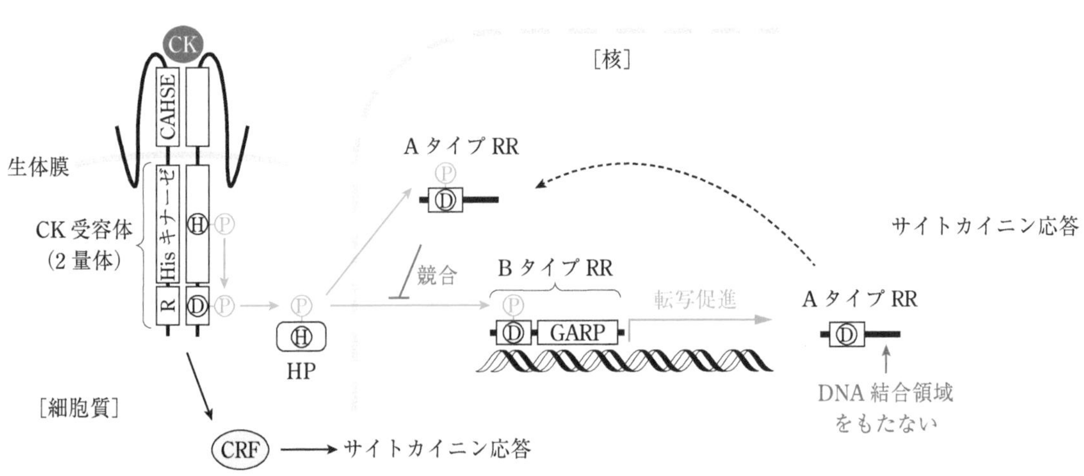

図9.17 **サイトカイニンの受容と情報伝達機構**
緑色の矢印はリン酸基の転移を示す。CK：サイトカイニン，CHASE：CHASEドメイン，Hisキナーゼ：ヒスチジンキナーゼドメイン，R：レシーバードメイン，HP：ヒスチジンリン酸転移タンパク質，CRF：サイトカイニン誘導型の転写因子群，Ⓗ：ヒスチジン残基，Ⓓ：アスパラギン酸残基，Ⓟ：リン酸基，GARP：GARP型のDNA結合領域。

の発現がサイトカイニン情報伝達によって誘導されると，HPからAタイプRRへのリン酸基転移と，BタイプRRへのリン酸基転移とが競合するため，負のフィードバック機構としてはたらく。また，CRF(cytokinin response factors)と呼ばれるサイトカイニン誘導型の転写因子群が同定されており，CRFは二成分情報伝達系とは独立にサイトカイニン受容体からの信号を受けて情報を伝達するが，詳しい機構については未解明である。

9.3.4 ◇ アブシジン酸

アブシジン酸(ABA)の受容体としては複数の候補が報告されているが，その中でもPYR/PYL/RCARタンパク質ファミリー[*35]がアブシジン酸受容の主要な役割を果たす。アブシジン酸の受容と作用機構を**図9.18**に示す。アブシジン酸濃度が低いときには，プロテインホスファターゼ2C(PP2C)[*36]であるABI1(ABA insensitive 1)により，プロテインキナーゼであるSnRK2(sucrose non-fermenting 1-related protein kinase 2)の自己リン酸化部位は脱リン酸化され，不活性化している。しかし，アブシジン酸濃度が高くなると，PYLとPP2C(ABI1)が複合体を形成し，PP2C(ABI1)の機能は阻害される。これによりSnRK2の自己リン酸化が起こって活性化し，下流因子であるAREB/ABF転写因子[*37]がリン酸化されてその標的遺伝子，例えば乾燥ストレス応答における適合溶質であるプロリン合成系遺伝子などの転写活性化や，イオンチャネルの活性の調節が生じる。

*35 PYR/PYL/RCARタンパク質ファミリー：pyrabactin resistance 1/pyrabactin resistance 1-like/regulatory components of ABA receptorsの略で，シロイヌナズナには14個の遺伝子が存在する。

*36 プロテインホスファターゼ2C：セリン/スレオニンホスファターゼのグループの1つで，活性発現にMg^{2+}もしくはMn^{2+}を必要とする。

*37 AREB/ABF転写因子：bZIP(basic leucine-zipper-type factor)型の転写因子。

9.3.5 ◇ エチレン

エチレンは二成分情報伝達系のヒスチジンキナーゼと類似の領域をもつ受容体[*38]によって受容されるが，サイトカイニンのようなリン酸リレーによる情報伝達ではない点が特徴である。エチレンの受容と情報伝達機構を**図9.19**に示す。小胞体膜上に局在するエチレン受容体ETR1(ethylene response 1)の下流にはセリンスレオニンプロテインキナーゼであるCTR1(constitutive triple response 1)があり，ETR1と複合体を形成している。エチレン濃度が低いときには，ETR1はCTR1の機能を阻害せず，CTR1はキナーゼ活性を発揮し，同じく小胞体膜に局在するEIN2(ethylene-insensitive 2)のC末端領域をリン酸化してプロテアーゼによるその近傍での切断を抑制している。しかし，エチレンが受容されるとCTR1の機能が阻害され，EIN2のリン酸化状態が低下し，C末端領域がプロテアーゼによって切り出され，それが核内に局在するF-boxタンパク質(EBF1/2)の機能を抑制することで転写因子EIN3/EIL1が安定化する[*39]。こうしてその下流転写因子タンパク質ERF1(ethylene response factor 1)の転写が誘導され，さらにその標的遺伝子，例えば果実成熟に関わる細胞壁修飾酵素遺伝子などの転写が活性化される。

*38 Never-ripe(Nr)と呼ばれるトマトの変異体は果実の成熟が起こらない。この変異体ではエチレンの受容体遺伝子の1つの機能が欠損しており，エチレンに対する感受性を喪失していることが原因である。また，エチレン受容体と不可逆的に結合してその機能を阻害する1-methylcyclopropene(1-MCP)処理により，果実の成熟を遅らせたり観賞用植物の鮮度を保つことができる。

*39 エチレンが存在しない場合，EIN3はユビキチン-26Sプロテアソーム系によるタンパク質分解の対象となり速やかに分解される。

Column 9.7

イネの籾数とサイトカイニン

今世紀に入ってから，ゲノム科学を活用した重要な農業形質遺伝子の探索が行われている。イネの籾数を左右する遺伝子に関して，日本の研究グループによるジャポニカ種の栽培品種‘コシヒカリ’とインディカ種の多収品種‘ハバタキ’を用いた量的形質遺伝子座(QTL)解析が行われ，両品種の籾数の違いを決めるもっとも強い遺伝的原因はサイトカイニン分解酵素(CKX)遺伝子群の1つ，*OsCKX2*であることが明らかにされた(図)。多収品種では*OsCKX2*の発現が減衰しており，穂の形成時の花芽分裂組織内のサイトカイニン濃度が高く維持されることで花芽分裂組織が長く維持され，より多くの花芽が形成される。これはイネの増収に直接関わる収量構成要素の遺伝子を突き止めた世界で最初の研究例である(2005年Science誌に掲載)。

人類は知らず知らずのうちに植物ホルモンの作用を利用して作物の生産性を高めていたといえる。なお，ジャポニカ種，インディカ種については，第1章1.3.3項および第1章15頁欄外注＊43，＊44を参照いただきたい。

コシヒカリ　　ハバタキ

| 図 | **サイトカイニン分解酵素(CKX)遺伝子への自然変異導入によるイネの多収化**

ハバタキ(右)では*OsCKX2*遺伝子の発現が減衰しており，穂形成時のサイトカイニン量がコシヒカリ(左)よりも多くなる。これが両者の収量の違いを決める原因の1つとなっている。

[写真は名古屋大学・芦苅基行教授 提供]

9.3.6◇ブラシノステロイド

動物のステロイドホルモンの受容は核内で起こるが，ブラシノステロイドの受容は細胞膜に存在するBRI1(brassinosteroid receptor 1)受容体により起こる。BRI1は，**ロイシンリッチリピート**(leucine-rich repeat, LRR)[＊40]をもつ膜貫通型タンパク質であり，細胞膜の内側にはセリンスレオニンプロテインキナーゼ領域をもつ。ブラシノステロイドの受容と情報伝達機構を**図9.20**に示す。ブラシノステロイド濃度が低いときには，細胞質にあるBKI1(BRI1 kinase inhibitor 1)タンパク質がBRI1の機能を抑制している。このとき，情報伝達因子の1つであるプロテインキナーゼBIN2(brassinosteroid insensitive 2)はリン酸化された活性化状態

＊40　ロイシンリッチリピート：ロイシンに富んだタンパク質の構造モチーフで，20～30残基のアミノ酸の繰り返し配列をもつ。それぞれの繰り返しは内側にβシート，外側にαヘリックスが配置された馬蹄状の構造をとる。ペプチド型ホルモンやPAMPなどの受容体としてはたらく。

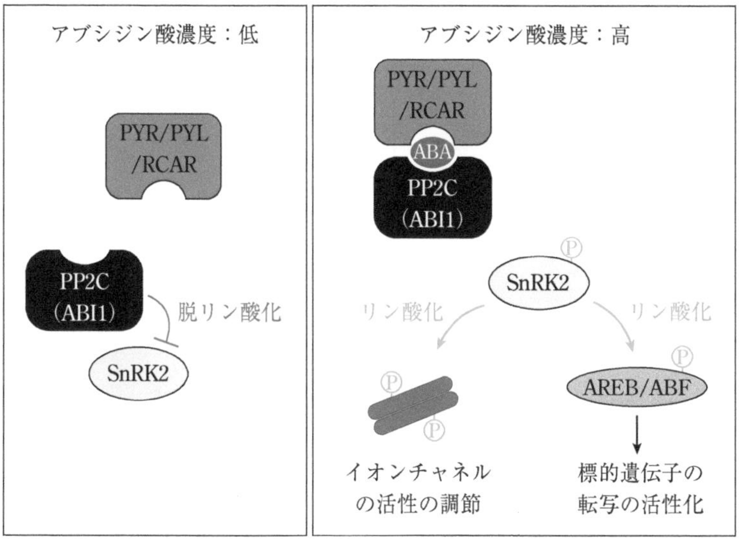

図9.18 **アブシジン酸の受容と作用機構**

ABA：アブシジン酸，PYR/PYL/RCAR：アブシジン酸受容体タンパク質，PP2C(ABI1)：プロテインホスファターゼ2C(ABI1)，SnRK2：プロテインキナーゼ，Ⓟ：リン酸基。

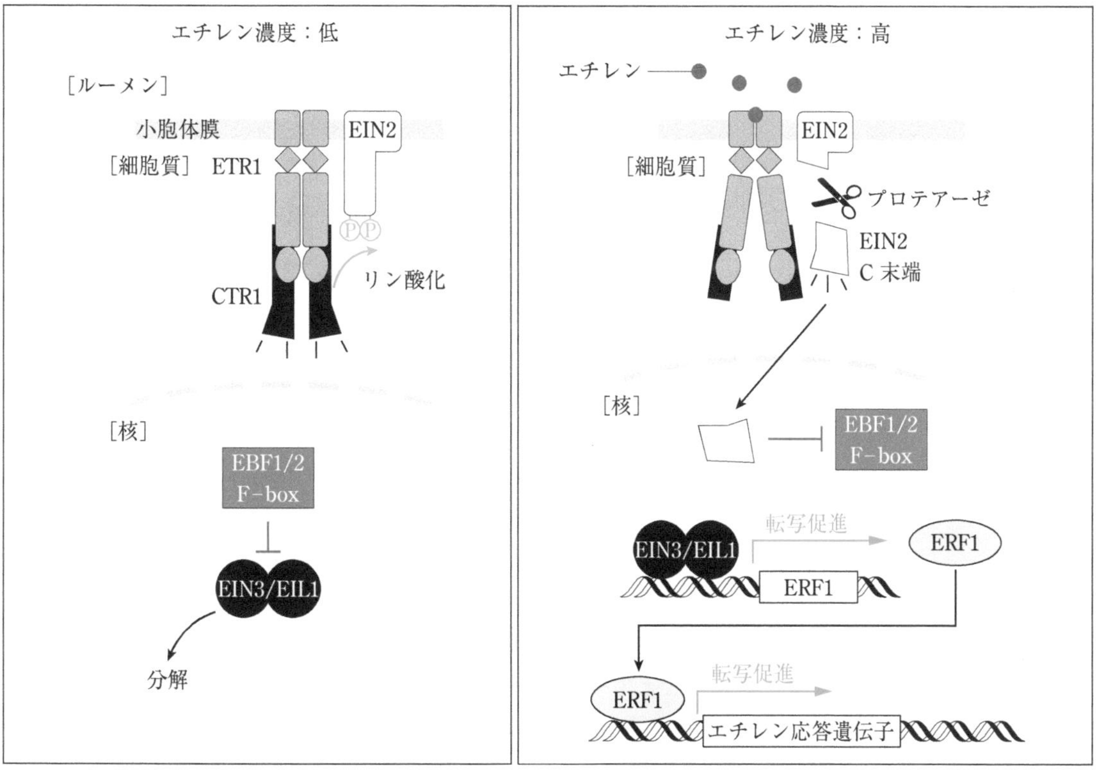

図9.19 **エチレンの受容と情報伝達機構**

Ⓟ：リン酸基，ETR1：エチレン受容体，CTR1：セリンスレオニンプロテインキナーゼ，EIN2：小胞体膜に局在し，C末端領域がEBF1/2の機能を抑制するタンパク質，EBF1/2 F-box：F-boxタンパク質，ERF1：転写因子。

エチレン濃度が低い場合，CTR1は活性型であり，EIN2をリン酸化することでプロテアーゼによる切断を抑えている。エチレンが受容されるとCTR1が不活性型になり，EIN2のC末端領域がプロテアーゼによって切り出され，核内でEBF1/2の機能を抑制することで転写因子EIN3/EIL1を安定化させ，ERF1の転写を誘導する。

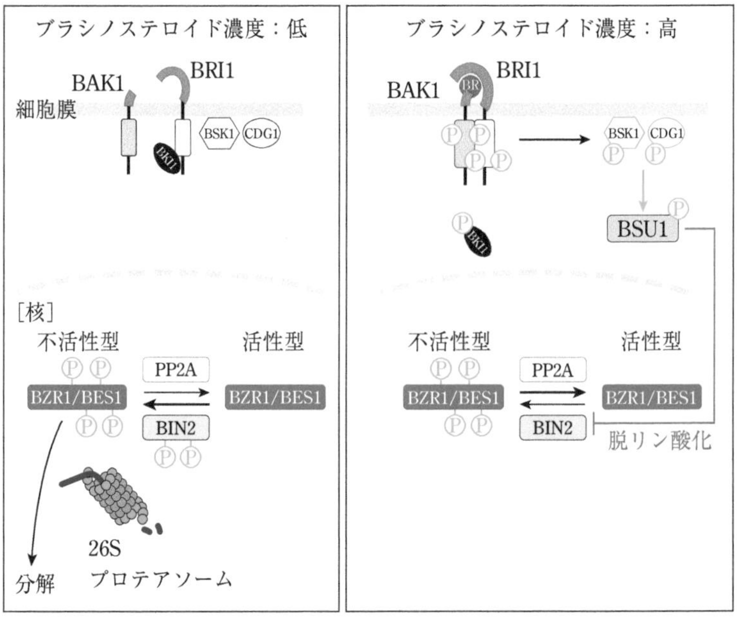

図9.20 | ブラシノステロイドの受容と情報伝達機構

BR：ブラシノステロイド，Ⓟ：リン酸基，BRI1：BR受容体，BAK1：膜タンパク質，BKI：BRI1の機能を抑制するタンパク質，BSK1およびCDG1：膜タンパク質(キナーゼ)，BZR1/BES1：転写因子，BSU1：プロテインホスファターゼ，PP2A：プロテインホスファターゼ2A，BIN2：プロテインキナーゼ(情報伝達因子)。

BR濃度が低い場合，BKIによりBRI1は抑制されており，核内のリン酸化したBIN2がBZR1/BES1をリン酸化することでユビキチン–26Sプロテアソーム系による分解に導く。一方，BRがBRI1と結合すると，リン酸化したBKIが解離するとともに，BSK1，CDG1，BSU1を介してBIN2の機能を抑制する。それによりBZR1が安定化するため，標的遺伝子の発現が起こる。

にあり，核内に移動して転写因子BZR1/BES1(brassinazole resistant 1/BRI1-EMS*41-suppressor 1)をリン酸化する。それによりユビキチン–26Sプロテアソーム系に認識され，速やかに分解されるために標的遺伝子の転写活性化は起こらない。一方，ブラシノステロイド濃度が上昇し，BRI1と結合すると，BKIが解離するとともに，BRI1と同様にロイシンリッチリピートをもつ膜タンパク質であるBAK1(BRI1-associated receptor kinase 1)と相互作用することで活性化され，同じく膜タンパク質でキナーゼであるBSK1(brassinosteroid-signaling kinase 1)やCDG1(constitutive differential growth 1)をリン酸化して活性化する。BSK1やCDG1はプロテインホスファターゼであるBSU1(BRI1 suppressor 1)をリン酸化により活性化し，さらにそれがBIN2タンパク質を脱リン酸化することでその機能を弱める。するとプロテインホスファターゼ2A(PP2A)による脱リン酸化が優勢となり，BZR1/BES1は活性型(脱リン酸化型)で安定化するため，標的遺伝子の転写が活性化される。

＊41　EMSはethyl methanesulfonic acid(メタンスルホン酸エチル)の略。

9.3.7 ◇ ジャスモン酸

ジャスモン酸の受容体はオーキシンと同様にF-boxタンパク質であり，COI1(coronatine insensitive 1)と呼ばれる。ジャスモン酸の受容と

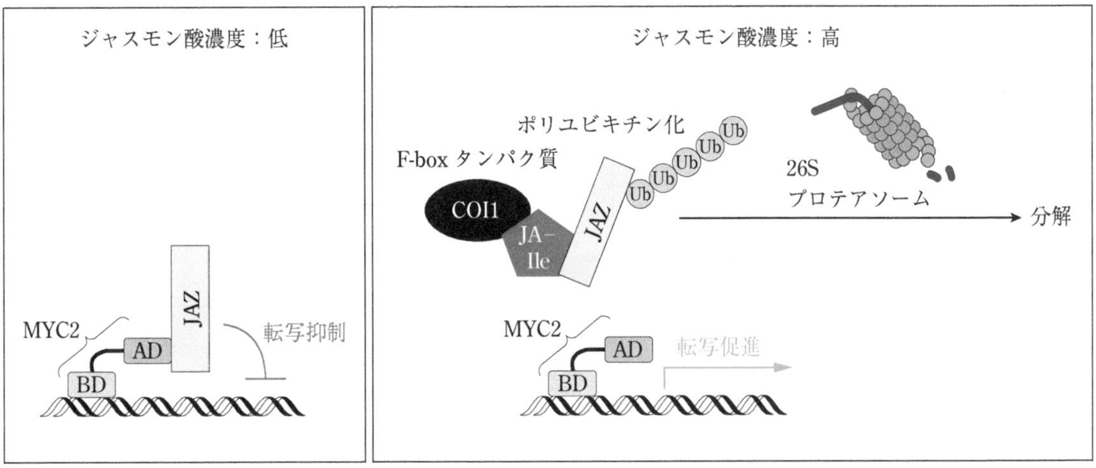

図9.21 | **ジャスモン酸の受容と転写制御機構**

JA-Ile：ジャスモン酸イソロイシン，COI1：F-boxタンパク質（ジャスモン酸受容体），JAZ：転写抑制因子，MYC2：転写活性化因子，BD：DNA結合領域，AD：転写活性化領域，Ub：ユビキチン。

転写制御機構を**図9.21**に示す。ジャスモン酸イソロイシン（JA–Ile）濃度が低いときには，転写抑制因子JAZ（jasmonate ZIM[*42]-domain）タンパク質がMYC2に結合してそのはたらきを抑えているが，JA–Ile濃度が高くなると，COI1と結合してJAZと複合体を形成する。それが引き金となってJAZがユビキチン化され，26Sプロテアソーム系により速やかに分解されることで脱抑制されて，MYC2[*43]による標的遺伝子，例えば傷害誘導性遺伝子である*VSP1*（vegetative storage protein 1）や病害応答性遺伝子*PDF1.2*（plant defensin 1.2）遺伝子などの転写活性化が起こる。

＊42　ZIMはzinc-finger inflorescence meristemの略。

＊43　MYC2：DNA結合ドメインである塩基性（basic）領域と2量体化にはたらくHLH（helix-loop-helix）モチーフおよびロイシンジッパーモチーフを有する転写因子。動物のMYC（myelocytomatosis）転写因子との構造上の類似性からMYC2と名づけられた。

9.3.8 ◇ ストリゴラクトン

ストリゴラクトンの受容体はジベレリンの受容体と同様にα/β–ヒドロラーゼ構造をもつタンパク質であり，D14（dwarf14）と呼ばれる。ストリゴラクトンの受容と作用機構を**図9.22**に示す。ストリゴラクトン濃度が低いときには，転写抑制因子であるD53（dwarf 53）タンパク質が情報伝達を抑制している。一方，ストリゴラクトン濃度が上昇し，D14と結合すると，D14はD53およびF–boxタンパク質であるD3（dwarf 3，別名MAX2，more axillary branches 2）と複合体を形成する。それによりD53がポリユビキチン化されて速やかに分解されるため，D53による抑制が解除され，例えば腋芽の伸長制御に関わる*BRC1*（branched 1）遺伝子などの転写応答が起こる。なお，D14タンパク質はジベレリンの受容体とは異なり加水分解活性をもっており，ストリゴラクトンを結合すると，ABC環とD環を切り離す。

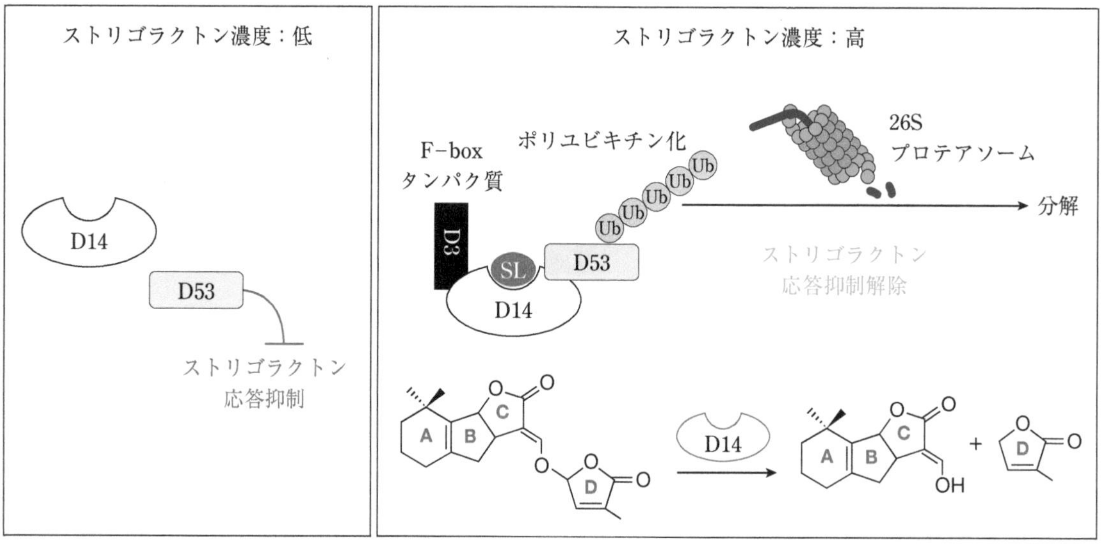

図9.22 | **ストリゴラクトンの受容と作用機構**
SL：ストリゴラクトン，D14：ストリゴラクトン受容体，D53：転写抑制因子，D3：F−boxタンパク質，Ub：ユビキチン。

9.3.9◇ サリチル酸

サリチル酸は病害応答に関わるホルモンであるため，植物病原菌感染への応答機構と関連づけて説明する。サリチル酸の受容と作用機構を**図9.23**に示す。サリチル酸の受容体はNPR3(non expressor of pathogenesis-related genes3)およびNPR4と呼ばれる核内タンパク質であり，NPR4はNPR3と比べてサリチル酸に対して高い親和性をもつ。また，NPR4はサリチル酸と結合するとNPR1と複合体を形成しないが，NPR3はサリチル酸と結合すると逆にNPR1と複合体を形成する性質をもつ。NPR1は他の転写因子とともに病害応答における全身獲得抵抗性遺伝子の発現を促進する。非感染細胞(健常な植物)では，サリチル酸濃度はきわめて低く，サリチル酸が結合していないNPR4−Cul3[*44]複合体がNPR1と結合し，その複合体が26Sプロテアソーム系により分解されるために全身獲得抵抗性遺伝子の発現は起こらない。一方，感染細胞ではサリチル酸濃度が非常に高くなり，サリチル酸はNPR3とNPR4の双方に結合する。すると，サリチル酸と結合したNPR3−Cul3複合体がNPR1と結合し，やはりポリユビキチン化を経て26Sプロテアソーム系により分解される。このため，全身獲得抵抗性遺伝子の発現は起こらないが，第10章で述べる免疫応答により細胞死を起こす。

＊44 Cul3：cullin3型E3ユビキチンリガーゼ。

感染部位から離れた細胞では，ある程度の濃度のサリチル酸が存在する。そのため，より親和性の高いNPR4がサリチル酸と優先的に結合する。それによってNRR3ともNPR4とも結合しないNPR1の存在量が多くなり，NPR1は他の転写因子とともに**全身獲得抵抗性**(systemic acquired resistance, SAR)遺伝子を発現させると考えられている。

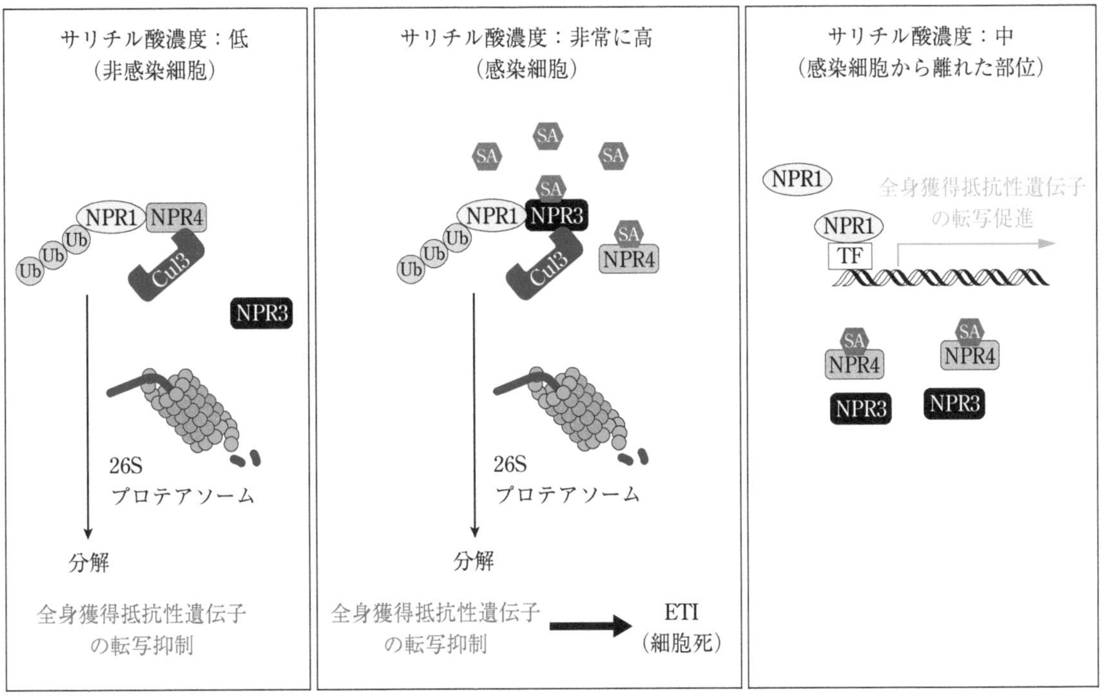

図9.23 | **サリチル酸の受容と作用機構**

SA：サリチル酸，NPR3およびNPR4：サリチル酸受容体，NPR1およびTF：全身獲得抵抗性遺伝子発現を促進する転写因子，Cul3：cullin3型E3ユビキチンリガーゼ，Ub：ユビキチン。

9.4 ◆ ペプチド型ホルモンのシグナル伝達

動物ではペプチド型のホルモンが古くから知られていたが，植物での存在が知られるようになったのは比較的最近である。**システミン**（systemin）[*45]が障害に対する全身応答に関与するペプチド型ホルモンとしてトマトから最初に同定された。その後，**ファイトスルフォカイン**（phytosulfokine, PSK）[*46]，CLE（CLAVATA3/embryo surrounding region-related）ペプチドファミリー，CEP（C-terminally encoded peptide）ファミリー[*47]，ストマジェン（stomagen）[*48]，LURE（第5章5.4.1項参照），EPF（epidermal patterning factor）[*49]など，多様な分子種が同定されている。

ペプチド型ホルモンは，翻訳後修飾小ペプチド型とシステインリッチ型に大別できる。**図9.24**に示すように，いずれも遺伝子として核ゲノムにコードされており，前者は前駆体プレプロペプチドの一部として翻訳され，翻訳後修飾とプロセシングによる切り出しにより成熟型となる。また，プロリンがヒドロキシル化を受けたり，配糖化を受けたりすることで成熟型になるものもある。後者は，システイン残基に富み，プロセシングの過程でジスルフィド結合を形成して成熟型となる。

これらペプチド型のホルモンは，近傍もしくは他の器官の細胞に到達

＊45　システミンはナス科植物から見いだされている。約150アミノ酸からなる前駆体として翻訳後，プロセシングを受けて18アミノ酸からなる成熟体となる。プロリンに富むという特徴をもつ。

＊46　ファイトスルフォカイン：細胞培養において，オーキシン・サイトカイニンの量を変化させることにより，細胞の分化，脱分化を誘導できる。低密度での培養ではあらかじめ培養しておいた細胞塊（カルス）を寒天培地内に固定化し，その培地上で培養することにより目的の細胞の生育をよくすることができる（この手法はnurse culture と呼ばれる）。また，液体培地で継代培養を行う場合，新鮮な培地にカルスだけを入れるのではなく，それまで培養に使っていた培地の一部（添加する培地をconditioned medium と呼ぶ）をカルスと一緒に移すことで生育が良くなる場合がある。これらの実験から，細胞から培地に増殖を促進する因子が放出されていることが考えられる。これらの手法で細胞増殖因子とし

て機能している5アミノ酸からなるペプチドがファイトスルフォカイン(phytosulfokine, PSK)である。PSKは数nM～数十nM程度の濃度で低密度での培養条件下の細胞の分裂・増殖を誘導する。

＊47　CEP：約100アミノ酸からなる前駆体ポリペプチドのカルボキシ末端部分にコードされており，成熟体は約15アミノ酸からなる。遺伝子ファミリーを構成しており，シロイヌナズナでは11個の遺伝子が見いだされている。根における局所的な窒素栄養の欠乏を植物全体に伝える器官間シグナル分子としてはたらくことが知られている(コラム9.9参照)。

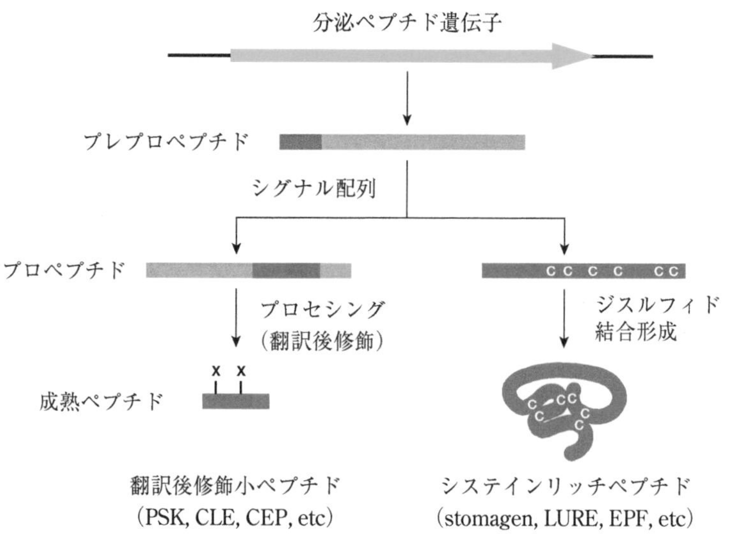

図9.24 **ペプチド型ホルモンの生成機構**
C：システイン残基，X：配糖化やヒドロキシル化などの翻訳後修飾。

Column 9.8

気孔形成を制御するストマジェンとその類縁ペプチド

気孔はCO_2を大気中から取り込み，O_2，H_2Oを放出するうえで重要であり，太陽光に含まれる青色光により開口し，乾燥時には植物体内で合成される植物ホルモン・アブシジン酸(ABA)によって閉鎖する。気孔の形成には塩基性ヘリックス・ループ・ヘリックス(bHLH)型転写因子をコードする3つの遺伝子(*SPCH*(*SPEECHLESS*), *MUTE*, *FAMA*)が順次作用し，孔辺細胞の前駆細胞が非対称分裂を行うことで孔辺細胞として機能分化する。一方，気孔開閉の程度により光合成能は変化するが，形成される気孔の数を制御できればより効果的なガス交換を図ることが期待される。

2000年代以降，モデル植物シロイヌナズナのゲノムが公開され，ゲノム中にコードされた低分子タンパク質の同定・機能解析が可能となり，そうした低分子タンパク質をコードする遺伝子の中から気孔形成に異常をきたす*EPIDERMAL PATTERNING FACTOR 2*(*EPF2*)遺伝子が同定された。*EPF2*遺伝子を過剰発現させると，気孔形成がされない。一方，この遺伝子と類似の遺伝子はゲノム中に9種類(*EPFL1*～*9*)あり，その中の*EPFL9*遺伝子を過剰発現させると，*EPF2*遺伝子の場合とは逆に気孔が高密度で形成され，*EPFL9*遺伝子はストマジェン(*STOMAGEN*)と命名されている。構造的に類似し，相反する性質をもっている2つのペプチド型ホルモン(EPF2タンパク質とストマジェン)が競合して，その受容体であるERECTA(ER)タンパク質と相互作用することにより，植物が置かれた環境，生育ステージにあわせた気孔形成数の制御がなされている。

し作用する。受容体はロイシンリッチリピート型のプロテインキナーゼであることが多い。植物にはまだ機能が同定されていないペプチド型ホルモンが多数あると考えられている。

9.5 ◆ まとめ

植物ホルモンの作用には，ホルモン分子の受容体への結合が引き金となり，鍵転写因子を速やかに分解する機構が深く関わっている。オーキシン，ジベレリン，ジャスモン酸，ストリゴラクトンなど，由来や作用点の異なるホルモンが類似の情報伝達システムを採用している点は興味深い。また，オーキシン以外のホルモンについては，輸送機構がまだ十分に理解されておらず，今後の研究により明らかにされるであろう。

＊48　ストマジェン：気孔密度の調節にはたらくシステインリッチ型分泌性ペプチド。102アミノ酸からなる前駆体として翻訳後，プロセシングを受けて45アミノ酸からなる成熟体になる。葉では葉肉組織で合成され，表皮ではたらく。ストマジェンの発現を抑制すると気孔密度が減少し，過剰に発現させると逆に増加する（コラム9.8参照）。合成ストマジェン（数μM）を葉に処理することでも気孔密度を上げることができる。EPFファミリーに属する。

＊49　EPF：ストマジェンと同じくシステインリッチ型分泌性ペプチド。遺伝子ファミリーを構成しており，シロイヌナズナでは11個の遺伝子が見いだされている。EPF1とEPF2は気孔の分化形成を抑制するはたらきをもつ。

Column 9.9

CEP–CEPR–CEPD経路による窒素栄養吸収制御の巧みなしくみ

窒素は植物にとってもっとも要求量の多い栄養素の1つであるが，土壌中の窒素源の空間的な分布は必ずしも均一ではなく，1つの植物個体から伸びる根がさらされる窒素源の濃度も場所によって異なる。このような不均一に分布する窒素源（硝酸イオン）を効率良く吸収するしくみにペプチド型ホルモンであるCEPが重要な役割を果たしていることが最近明らかにされた。シロイヌナズナを用いた研究では，一部の根において硝酸イオン欠乏を感知するとその根でCEP1ペプチドが合成され，導管を経由して地上部に輸送される。つづいて，篩管で発現するCEP受容体のCEPR（CEP receptor）に受容されると，CEPD（CEP downstream）と名づけられた約100アミノ酸からなるポリペプチドが合成され，篩管を通じて根に移動し，周辺に十分な硝酸イオンが存在する別の根において硝酸イオン輸送体遺伝子の発現を誘導することでその吸収量を増やし，個体全体として硝酸イオン量を最適に保っている。

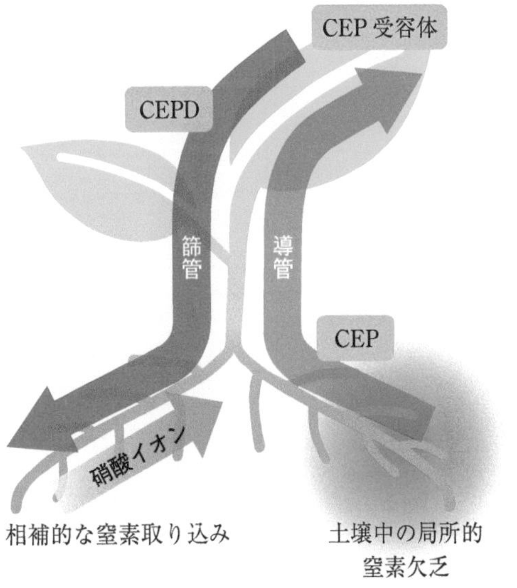

図 | **CEP–CEPR–CEPD経路による窒素栄養吸収制御のモデル**
［名古屋大学 松林嘉克教授 提供の図を改変］

第10章 ストレス応答とシグナル伝達

植物は移動できないために，発芽した場所でその一生を送る。ゆえにさまざまな環境変化にさらされる。植物成長にとって何らかの負の効果を与える因子をストレスと呼び，乾燥，温度，光，栄養などの物理化学的因子によるものを**非生物的ストレス**(abiotic stress)，病原菌や害虫などによるものを**生物的ストレス**(biotic stress)と呼ぶ。植物はいずれのストレスに対しても，それに応答して克服するためのしくみを備えている。本章では，代表的な非生物的・生物的ストレスに対する植物の応答機構のしくみを学ぶ。

10.1 ◆ ストレスと活性酸素

さまざまな環境ストレスが植物にかかったときに，細胞内ではさまざまな変化が起こるが，なかでも**活性酸素種**(ROS)[*1]の生成は多くのストレス応答に共通で見られる現象である。ROSは反応性が非常に高く，タンパク質や核酸，脂質などを酸化することで，細胞内でのさまざまな反応を阻害し，植物の成長にも負の影響を与える。植物は，これらの**酸化ストレス**(oxidative stress)に対する防御のために，ROSの消去機構を発達させている。具体的には，アスコルビン酸，グルタチオン，カロテノイドなどの抗酸化物質や，スーパーオキシドジスムターゼ(SOD)やカタラーゼ，ペルオキシダーゼなどの酵素がROSを消去している。一方で，植物はROSの蓄積を感知し，さまざまなストレス応答遺伝子の発現が誘導される。

＊1 活性酸素種：スーパーオキシドアニオン(O_2^-)，過酸化物イオン(O_2^{2-})，過酸化水素(H_2O_2)，一重項酸素($^1O_2$)，ヒドロキシルラジカル(・OH)など。第3章74頁欄外注＊47も参照。

10.2 ◆ 乾燥ストレス

10.2.1 ◇ 乾燥ストレスに応答した気孔の閉鎖機構

水は植物に限らず，すべての生物にとって非常に重要な物質であり，乾燥ストレスは世界の農業生産に与える影響がもっとも大きな環境ストレスである。植物が乾燥を感知すると，気孔を閉じて水の蒸散を抑える。この現象は以下のしくみによって駆動される。まず，乾燥を感知するとアブシジン酸(ABA)が合成されて**孔辺細胞**(guard cell)まで輸送される。孔辺細胞内で受容体に認識されるとプロテインホスファターゼ2C

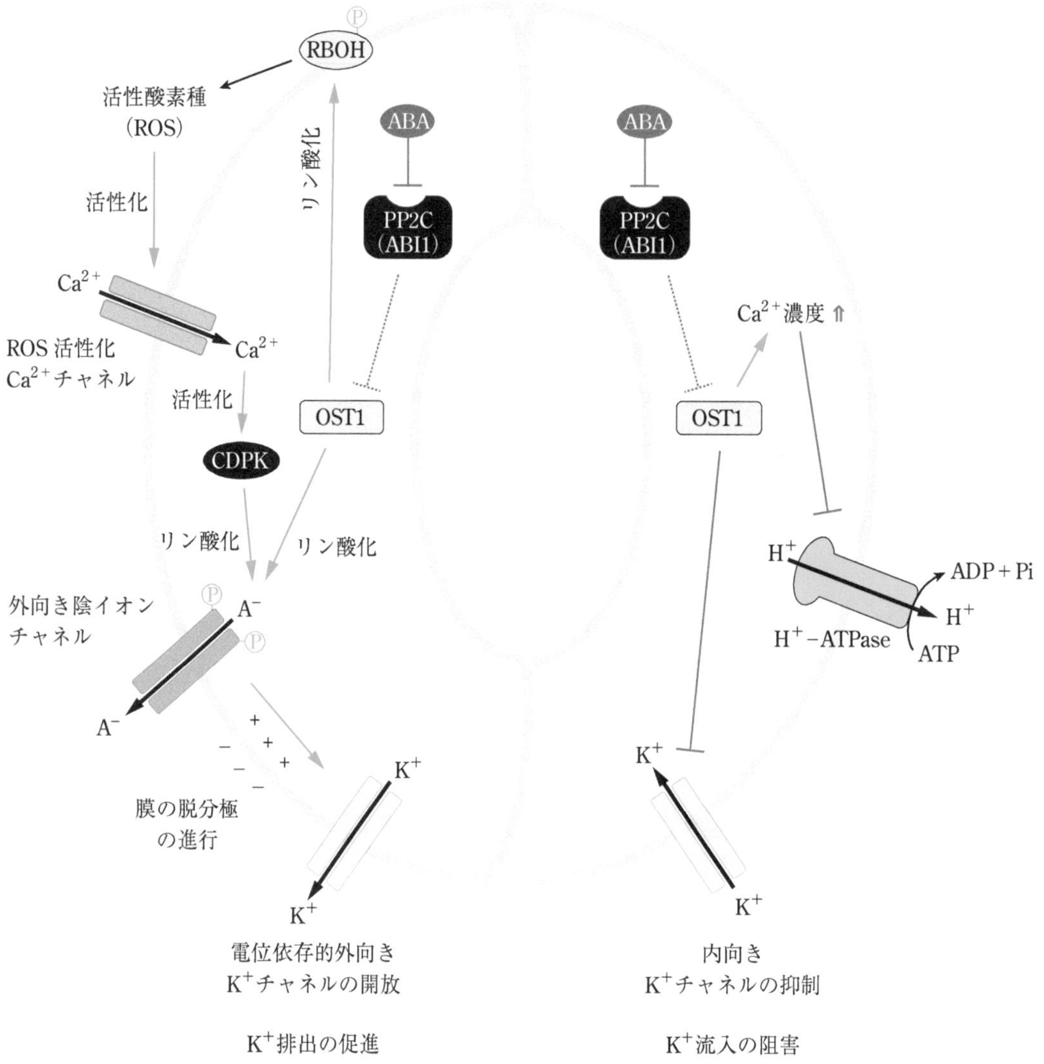

図10.1 | **乾燥ストレスに応答した気孔の閉鎖調節機構**
矢印(—►)は正の制御，T字(—|)は負の制御を表す。CDPK：Ca^{2+}依存型プロテインキナーゼ，RBOH：膜結合型呼吸バーストオキシダーゼホモログでNADPH依存型の酸化酵素活性をもつ。

(PP2C)の機能が抑制され(第9章9.3.4項参照)，その下流にありプロテインキナーゼSnRK2の1つであるOST1はリン酸化状態が変化して活性化する。OST1は膜結合型の呼吸バーストオキシダーゼホモログ(RBOH)[*2]をリン酸化して活性化することでアポプラストにおけるROSの発生を誘導する(**図10.1**)。これがROS活性化カルシウムイオンチャネルに作用し，細胞内にカルシウムイオンを取り込み，Ca^{2+}依存型プロテインキナーゼ(CDPK)を活性化し，さらに外向き陰イオンチャネルを活性化する。これにより膜の脱分極が進行し，電位依存的なK^+チャネルにより細胞外へK^+が放出されることで孔辺細胞の膨圧が低下し，気孔が閉鎖する。

＊2　活性酸素種(ROS)の生成が急激に引き起こされる現象をROSバーストと呼ぶ。ROSのシグナル伝達においては，呼吸バーストオキシダーゼホモログ(RBOH)が中心的な役割を担っている。RBOHはNADPH依存型の酸化酵素活性をもつ。

一方，PP2Cの阻害はH^+-ATPaseや，内向きにK^+を流入させるK^+チャネルのはたらきも同時に阻害し，上述のイオン流出の促進を助けている(**図10.1**)。

10.2.2◇乾燥ストレスに応答した適合溶質の蓄積

植物は乾燥ストレスや塩ストレス(salt stress)にさらされると，細胞の浸透圧(osmotic pressure)調節を行う。具体的には，**図10.2**に示すように細胞外よりも内部の水ポテンシャル[*3]を低く保つために，細胞内の液胞やサイトゾルにより多くの溶質を蓄積する。液胞には特にNa^+やK^+，Cl^-などの無機イオンを蓄積するが，液胞とサイトゾルの水ポテンシャルのバランスを保つために，サイトゾルにはプロリンやグリシンベタイン，ソルビトールなどの**適合溶質**(compatible solute，**図10.3**)と呼ばれる電気的に中和している化合物を蓄積させることが知られている。実際，乾燥ストレス条件下ではこれらの生合成系遺伝子の発現が誘導される。

＊3 水ポテンシャル(Ψ)＝浸透ポテンシャル(Ψ_s)＋膨圧ポテンシャル(Ψ_p)で表され，細胞の水分保持力の指標として使われる。水はΨが高いほうから低いほうへ移動する。第4章4.2.1項も参照。

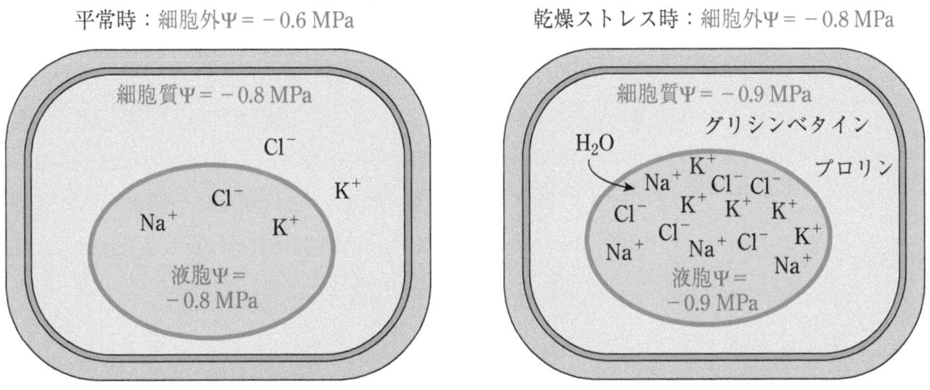

|図**10.2**| **乾燥ストレスに応答した適合溶質の蓄積様式**
Ψは水ポテンシャル。

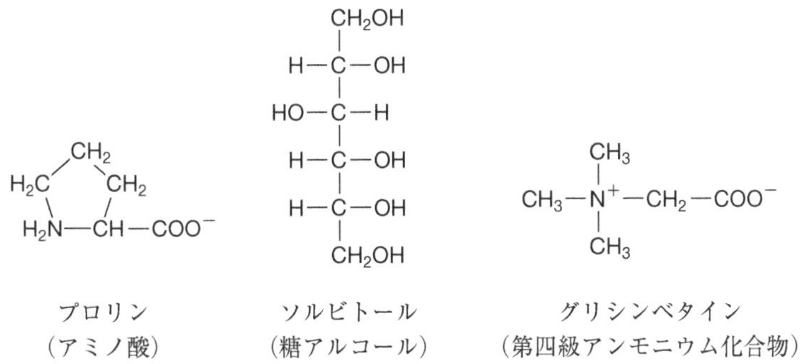

|図**10.3**| **代表的な適合溶質**

10.3 ◆ 温度

植物はそれぞれの種において生育に適切な温度範囲があり，その範囲内では温度に応じて可逆的に成長速度を調節する。高温下では膜脂質の流動性が増加し，イオンが漏出したり，タンパク質が変性する。逆に低温下では膜の流動性が下がり，膜機能の不全につながる。また，代謝酵素の至適温度は酵素によって異なることから，至適温度から大きく上下に外れた場合，有毒な副産物を生じうる代謝産物中間体が蓄積することがある。

高温にさらされると，**熱ショックタンパク質**(heat shock protein, HSP)と呼ばれる一群のタンパク質の蓄積が誘導される[*4]。HSPは，高温により異常な構造をとったタンパク質に相互作用して凝集を防ぐ分子シャペロン[*5]としてのはたらきがある。また，温度変化に応答して細胞膜の不飽和脂肪酸の比率を変えることで細胞膜の相転移を抑える機構[*6]の存在も知られている。

＊4　高温によるHSPの蓄積誘導は，原核生物から真核生物まで幅広く保存されている現象である。

＊5　分子シャペロンについては，第3章63頁欄外注＊31を参照。

＊6　生体膜は脂質二重層からなるが，通常の温度では脂質の炭化水素鎖は液状であり，膜タンパク質の膜面上の移動自由度は非常に高い。しかし，過度の低温になると炭化水素鎖が固体状になる，つまり相転移を起こすことで膜タンパク質の移動自由度が低くなり，本来の機能を十分に果たせなくなることでさまざまな障害の原因となる。そこで温度が低いときに不飽和脂肪酸の含量を高め，温度が高いときに逆に低めることで膜の流動性が保たれ，低温や高温に対する抵抗性を発揮する。

10.4 ◆ 塩ストレス

一般的に植物の生育は，NaCl濃度の高い環境で著しく阻害される。これには大きく2つの原因が考えられる。1つは細胞外のNaCl濃度の上昇による浸透圧変化によって生じる水ポテンシャルの低下であり，乾燥ストレスと同様の生理的応答が起こる。もう1つは細胞内のNa^+やCl^-の濃度の過度の上昇によって生じる代謝反応の阻害であり，細胞膜と液胞膜に存在する**Na^+/H^+交換輸送体**(Na^+/H^+ exchanger, NHE)によってNa^+がそれぞれ細胞外と液胞内に排出される。

10.5 ◆ 乾燥・塩ストレス，低温ストレス応答遺伝子発現ネットワークの制御機構

乾燥・塩ストレス，低温ストレス応答遺伝子の発現制御は，**図10.4**に示すようなABA依存的な経路と非依存的な経路により行われる。ABA依存的経路では**MYC/MYB型転写因子**(MYC/MYB-type transcription factor)，**bZIP型転写因子**(basic leucine-zipper-type transcription factor)がそれぞれ制御する遺伝子のシス配列に結合することで標的遺伝子の転写が活性化する。また，ABA非依存的経路では**NAC型転写因子**(NAC-type transcription factor)[*7]を介して標的遺伝子の発現を調節する。**DREB型転写因子**(DREB-type transcription factor)[*8]は両経路からの情報を伝達する。これらの転写因子は，遺伝子のプロモーター領域に存在するシス配列に結合することで，ストレス応答に必要な遺伝子の発現を誘導する。この標的遺伝子の中には適合溶質であるプロリン合成系

＊7　NAC型転写因子：植物に特異的な転写因子で，N末端領域にはDNA結合に関わるNACドメインが存在し，C末端領域には転写活性化領域をもつ。大きなファミリーを形成しており，シロイヌナズナには100個以上の遺伝子が存在する。NACはNAM, ATAF and CUCの略で，NAMは茎頂分裂組織なし，ATAFはシロイヌナズナ転写活性化因子，CUCはカップ型子葉をそれぞれ意味する。

＊8　DREB型転写因子：乾燥ストレス応答に関わるDNA配列(シス配列)DRE(drought response element)に結合(binding)する転写因子として同定されたもの。植物のみに見られるAP2/ERF(APETALA 2/ethylene-responsive element binding factor)DNA結合ドメインをもち，転写を活性化する因子としてはたらく。シロイヌナズナにはDREB1とDREB2の2つのグループがあり，DREB1型は低温ストレス時に主にはたらき，DREB2型は乾燥・塩ストレス時に主にはたらく。

Column 10.1

遺伝子組換え技術を利用した環境ストレス耐性作物の作出への試み

世界の作物生産は気象変動に大きな影響を受ける。干ばつ(乾燥ストレス)を例にあげると，ダイズ，トウモロコシ，コムギなどでは，年間の世界生産量の30％近くが損失の危機にさらされているといわれている。そのため，植物の乾燥ストレス応答機構を解明し，その鍵となる遺伝子を利用することで，環境ストレス耐性作物の作出が試みられている。モデル植物を用いた研究から，水の細胞内輸送を行う水チャネルタンパク質や変性タンパク質を再生するシャペロン，適合溶質である糖やプロリンやベタインの合成酵素など，約300もの乾燥ストレス応答遺伝子が明らかになった。こうしたプロリンやベタインなどの生合成遺伝子を植物に導入し，その経路を増強すると，確かに乾燥や塩ストレスに対して耐性を示したが，その効果はわずかなものであった。つまり，乾燥ストレス耐性にはたらく経路の1つのみを増強してもその効果はきわめて限定的であり，耐性機構に関与する多くの遺伝子の発現を複合的に変化させることが必要であると考えられる。

10.5節でふれたDREB型転写因子は，日本の研究グループにより見いだされた遺伝子であり，乾燥や塩，高温や低温などの多様な環境ストレス応答にはたらくことが知られている。実際に*DREB*遺伝子をストレス誘導性のプロモーターと組み合わせてシロイヌナズナに導入すると，乾燥・塩ストレス，低温ストレスに対して高い耐性を獲得することが報告されている。このような科学技術を利用することで，今後さらに深刻になると予想される気候変動に対して生産性を確保できる作物の創出が望まれる。

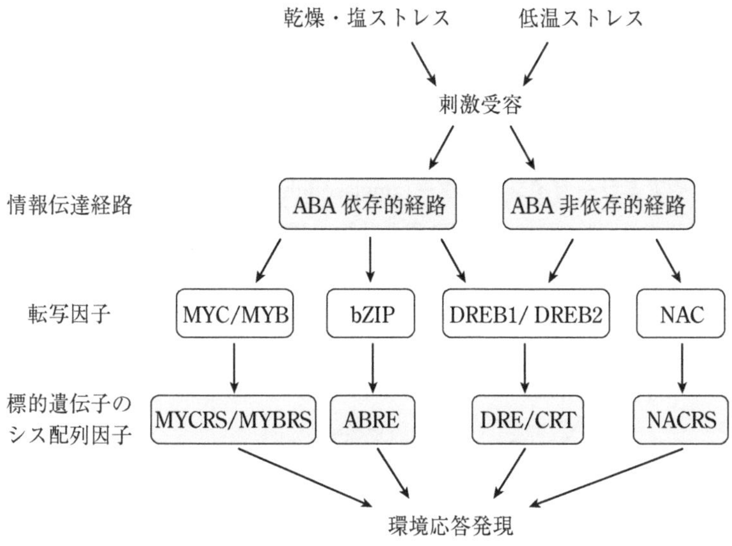

図10.4 **乾燥・塩ストレス，低温ストレスに応答した細胞内情報伝達**
MYCRS：MYC応答配列，MYBRS：MYB応答配列，ABRE：ABA応答因子，CRT：Cリピート，NACRS：NAC応答配列。

遺伝子などが含まれている。刺激受容には二成分情報伝達系の受容体型ヒスチジンキナーゼや機械刺激感受性イオンチャネルの関与が示されているが，詳細な機構についてはまだわかっていない。

10.6 ◆ 傷害(食害)応答

植物は昆虫などによる傷害(食害)を受けると，さまざまな防御反応を起こす。例えば，傷害による植物細胞破砕で，異なる細胞内区画に隔離されていた代謝物と酵素が混合されることにより，捕食者に対する忌避物質を合成する応答が知られている。アブラナ科植物に含まれるグルコシノレートは配糖化合物であるが，細胞破砕により**ミロシナーゼ**(myrosinase)と混合され，これがグルコシノレートから糖を除去することで毒性のある**イソチオシアネート**(isothiocyanate)*9やニトリルを発生する(**図10.5**)。また，細胞破砕によって細胞外に漏出するATP(extracellular ATP, **eATP**)も防衛応答プロセスに関与するシグナルとしてはたらくことが知られている*10。

昆虫の口内分泌物に含まれる消化産物や唾液成分が**エリシター**(elicitor, **防御応答誘導因子**)*11としてはたらき，これを植物側が認識して防御応答を誘導する現象も知られている。例えば，ツマジロクサヨトウ*12の幼虫の唾液に含まれるATP合成酵素のγサブユニットタンパク質分解断片(インセプチン)はエリシターとして作用し，ササゲやインゲンに存在する受容体で感知され，ジャスモン酸，エチレン，サリチル酸の合成と，その下流にある防御応答が活性化する。

トマトでは，食害を受けるとペプチド性ホルモンであるシステミンの合成が誘導され，これが周辺の細胞でのジャスモン酸の合成を誘導する。ジャスモン酸は篩管を介して他の器官に輸送され，まだ食害を受けていない器官において食害応答性の防御関連遺伝子の発現が誘導される。この防御関連遺伝子には**プロテアーゼインヒビター**(protease inhibitor)や**アミラーゼインヒビター**(amylase inhibitor)，**レクチン**(lectin)などが含まれ，いずれも昆虫や草食動物の消化を阻害するはたらきをもつ。

*9 イソチオシアネート：–N=C=Sという構造をもつ物質の総称。アブラナ科の植物に含まれるアリルイソチオシアネートは辛味の原因となっている。

*10 細胞外に漏出したATPは，傷害を受けていない細胞のDORN1/P2K1受容体により受容され，情報伝達される。DORN1/P2K1はdoes not respond to nucleotides 1/P2 receptor kinase 1の略。

*11 エリシター：植物に生体防御反応を誘導する物質の総称。植物はエリシターを感知して防御関連遺伝子を発現する。ファイトアレキシンや病原菌，食害昆虫に由来する多様な生体分子がエリシターとして機能する。

*12 ツマジロクサヨトウ：中南米原産の蛾で，幼虫はトウモロコシ，ソルガム，野菜類など80種類以上の作物に被害を与えることが報告されている。近年，日本国内でも発生が確認されている。

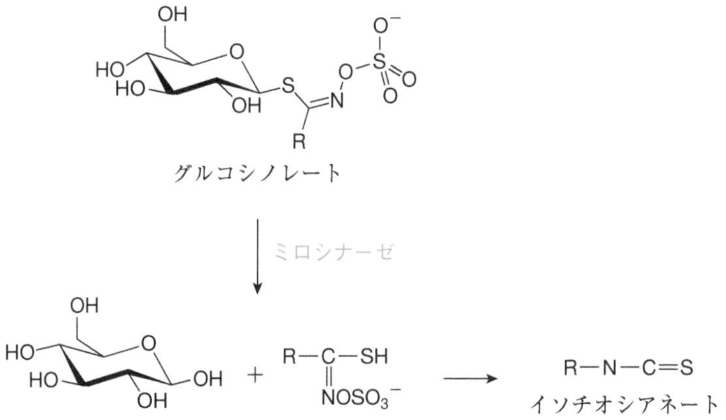

図10.5 ミロシナーゼによるグルコシノレートからのイソチオシアネート生成

Column 10.2

揮発性有機化合物(VOC)による植物間のコミュニケーション

植物は，食害を受けた際，匂い物質である**揮発性有機化合物**(volatile organic compound, VOC)を放出する。近隣の植物は食害を受けた植物から放出されるVOCを感知することで，食害に備えたり，防御反応の準備をすることが知られている。この植物間のコミュニケーションは同種内にとどまらず，他種植物との間でも行われる。例をあげると，ハーブ植物であるミントに含まれる香気成分メントールは，近くに生息する別の種の植物の防御応答を誘導し，植食者による食害を抑えることが知られている。VOCを感知した葉における防御遺伝子の発現誘導には，ヒストン修飾やDNAメチル化などのエピジェネティック制御が関与している可能性が示されている。

10.7◆耐病性応答

毎年，世界の作物生産量の約15%が病害により失われており，病害の予防や駆除は農学研究の重要課題の1つである。ただし，植物は細菌，カビ，ウイルスなどの病原体の攻撃に無防備ではなく，病原体への感染や蔓延を阻止するしくみをもち，生体内でさまざまな攻防を繰り広げている。その反応は，感染を受けた細胞だけにとどまらず植物全身におよぶ。

動物がもつ免疫応答は**獲得免疫系**(acquired immune system)と**自然免疫系**(innate immune system)に大別される。獲得免疫は動物がもつ病原体への抗原抗体反応による応答機構であり，自然免疫は病原体の感染に反応して迅速に誘導される応答機構である。植物は獲得免疫をもたないが，自然免疫をもっている。本節では自然免疫のしくみについて解説する。

10.7.1◇病原体関連分子パターン誘導免疫

植物は病原体由来成分の分子パターン，すなわち**病原体関連分子パターン**(pathogen-associated molecular patterns, PAMP)により病原体の侵入を認識している。具体的には病原菌の鞭毛タンパク質である**フラジェリン**(flagellin)の一部(flg22)[*13]や，翻訳伸長因子(elongation factor)由来のペプチド(elf18)，細胞壁成分であるペプチドグリカン(peptideglycan)やキチン(chitin)などである。

*13　flg22：フラジェリンのN末端領域に高度に保存されている22個のアミノ酸残基からなるペプチド。

植物の自然免疫応答のしくみを**図10.6**に模式的に示す。植物細胞膜

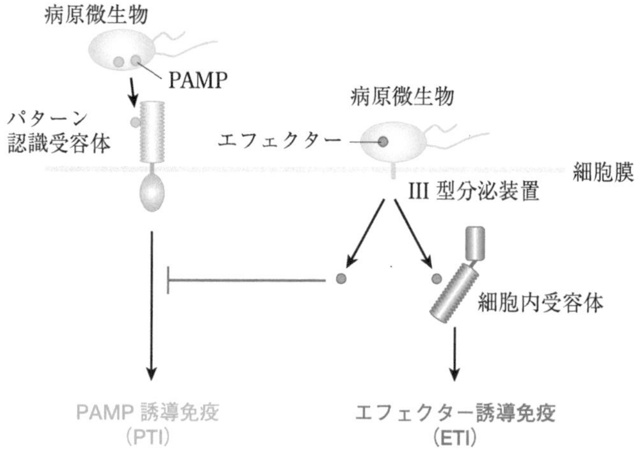

図10.6 | **植物の自然免疫応答の概要**

上にある**パターン認識受容体**(pattern recognition receptor)が病原体関連分子パターンを認識することで活性化される(PAMP誘導免疫，後述)。一方で，ある種の病原微生物はPAMP誘導免疫反応を阻害する目的で，宿主の細胞内にエフェクターを分泌する。エフェクターの一部は宿主植物の細胞内受容体により検出され，免疫反応が誘導される(10.7.2項参照)。

パターン認識受容体がPAMPを感知する細胞外ドメインには，ロイシンリッチリピート(LRR)や，ペプチドグリカン・キチンなどと結合するLysM(lysin motif)ドメイン[*14]などがある。代表的なパターン認識受容体であるシロイヌナズナのFLS2は，細胞外にLRR，細胞内にキナーゼドメインをもち，flg22の非存在下ではホモ複合体を形成している。**図10.7**に示すように，flg22がLRRに結合すると，受容体型キナーゼであるBAK1(第9章9.3.6項参照)と相互作用することで相互にリン酸化されて活性化状態になる。その後，相互作用している受容体型細胞質タンパク質キナーゼもリン酸化されることで複合体から離れ，そのシグナルが**MAPキナーゼカスケード**(MAP kinase cascade)を介して下流に伝達されて，**β-1,3-グルカナーゼ**(β-1,3-glucanase)や**キチナーゼ**(chitinase)[*15]などの標的遺伝子群(**PRタンパク質**(pathogen-related protein)遺伝子と呼ばれる)の発現が迅速に誘導され，病原体の増殖が抑えられる。このように，パターン認識受容体がPAMPを感知して駆動される免疫応答は**PAMP誘導免疫**(PAMP-triggered immunity, PTI)と呼ばれる。

＊14　LysMドメイン：約40アミノ酸残基からなるドメイン。リゾチームを含む多くの溶菌(lysis)活性をもつ酵素に見いだされたモチーフであることからLysMと名づけられた。その後，ペプチドグリカンやキチンの受容体にも見つかった。

＊15　キチナーゼ：キチンを分解する酵素。植物病原菌の細胞壁に含まれるキチンを分解することで，病害抵抗性に寄与する。

10.7.2 ◇ エフェクター誘導免疫

病原菌の中には，エフェクターと呼ばれる宿主植物の免疫応答を抑制するタンパク質を獲得し，宿主細胞内に送り込む[*16]ことにより防御応

＊16　病原菌がもつIII型分泌装置により宿主植物細胞内に分泌される。

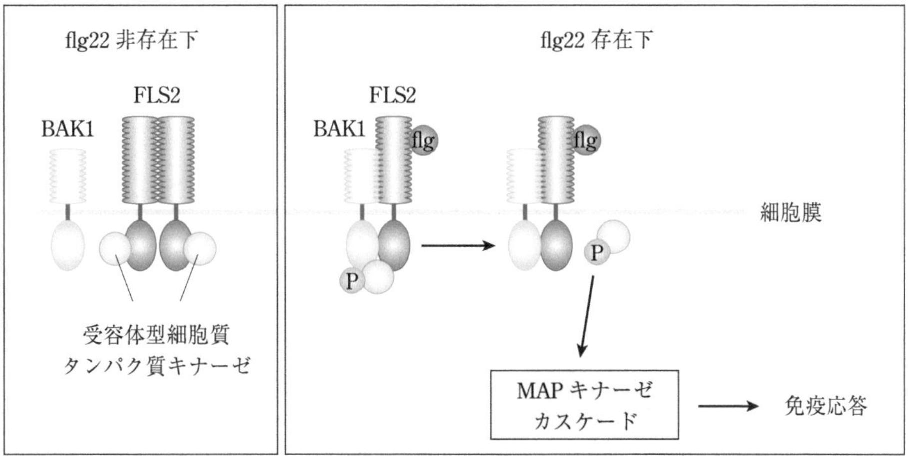

図10.7 | **パターン認識受容体によるPAMPの認識機構**
flg：flg22, Ⓟ：リン酸基。

答を弱めるものがある(**図10.6**)。*Pseudomonas*属や*Xanthomonas*属の細菌は30～50個のエフェクターをもち，宿主植物細胞内に送り込む。エフェクターの作用はさまざまで，パターン認識受容体に直接結合してその機能を阻害したり，プロテアーゼ活性をもちPAMP誘導免疫に関わる情報伝達タンパク質を切断したりするものもある。現時点では，すべてのエフェクターの機能がわかっているわけではない。

それに対して，植物は細胞内受容体(Rタンパク質)によりエフェクターを感知し，PTIよりも強い免疫応答である**エフェクター誘導免疫**(effector-triggered immunity, ETI)を誘導するしくみを備えている。例えば，病原菌の感染を受けた細胞を**プログラム細胞死**(programmed cell death)[*17]により死滅させることで，病原体の増殖を防ぐ。この反応は**過敏感反応**(hypersensitive response, HR)と呼ばれ，Rタンパク質がエフェクターを感知すると，細胞膜上に存在する呼吸バーストオキシダーゼホモログ(RBOH)のはたらきによりROSが生産され，このROSが病原体を攻撃するとともに，自らの細胞内構成要素を酸化することで細胞は死に至る。

＊17　プログラム細胞死：不要な細胞のプログラムされた細胞死。組織傷害などで起こる細胞死(壊死)とは異なる。

それとともに，周辺細胞では細胞壁にリグニンやカロースを沈着させることによる物理的な防御壁の強化や，PRタンパク質を発現させることによるファイトアレキシンの蓄積およびキチナーゼ遺伝子の発現誘導などにより病原体の増殖を抑えている。

10.7.3 ◇ 全身獲得抵抗性

植物は病原体の感染を受けると，感染部位周辺だけでなく，全身に防御反応を誘導することが知られている。感染した葉で応答を示すことを**局部獲得抵抗性**(localized acquired resistance, LAR)，異なる葉などで応

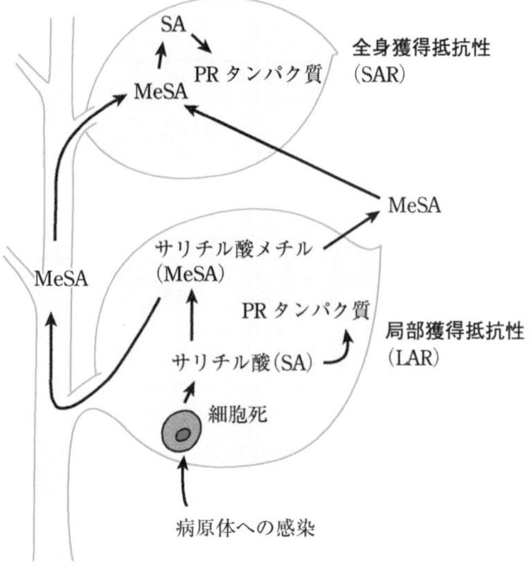

図10.8 | **全身獲得抵抗性の概要**
病原体に感染して過敏感反応により細胞死を起こした部位周辺でサリチル酸の合成が誘導される。サリチル酸はメチル化され，篩管を通って植物体の全身に輸送される。そこでPRタンパク質遺伝子の発現が誘導されることで，全身獲得抵抗性を示す。

答を示すことを**全身獲得抵抗性**(systemic acquired resistance, SAR)と呼ぶ。局部獲得抵抗性のほうが抵抗性は強い。

図10.8に示すように，過敏感反応を引き起こすような病原菌が感染すると，感染細胞周辺ではPRタンパク質の誘導とともにサリチル酸の合成が誘導される。サリチル酸はサリチル酸メチルに変換され，篩管や空気を介して植物体の全身に運ばれる。移動先ではエステラーゼのはたらきにより，サリチル酸メチルは再びサリチル酸にもどると考えられている。サリチル酸が蓄積すると，**WRKY転写因子**[*18]，PRタンパク質などの遺伝子が順次誘導され，抵抗性が発現する(サリチル酸の受容と情報伝達については，第9章9.3.9項を参照)。

＊18　WRKYの名は保存領域内に4つ並んだアミノ酸の略号(トリプトファン：W，アルギニン：R，リシン：K，チロシン：Y)に由来している。大きな遺伝子ファミリーを形成しており，イネにはWRKY型転写因子が約100種類存在する。

10.8 ◆ まとめ

移動できない植物は，さまざまな環境ストレスに応答するために，独自のしくみを発達させてきた。乾燥と塩ストレスは細胞に浸透圧変化を与える点で共通しており，同様の生理的応答を示す。乾燥・塩ストレスおよび低温ストレスは，植物ホルモンであるABAがその情報の一部を伝達する。病原菌の感染に対しては，PAMP誘導免疫とエフェクター誘導免疫の2つの機構により，病原菌との攻防を繰り広げている。

参考書・参考資料

[本書全般に関して]

- L. Taiz, E. Zeiger, I. M. Møller, A. Murphy著，西谷和彦，島崎研一郎 監訳，テイツ／ザイガー植物生理学・発生学 原著第6版，講談社(2017)
  →植物生理学の全体をカバーし，世界で各分野の最先端の研究者が分担執筆した世界標準の教科書の翻訳版。植物生理学の主要項目を網羅しているので研究者も必携。
- 寺島一郎，植物の生態—生理機能を中心に，裳華房(2013)
  →植物生態学に関する基本的な知識を幅広く学習するのに優れた教科書。植物生理学や植物生化学，さらには植物栄養学の基礎もていねいに紹介するとともに，背景にある物理や化学の知識も解説している。
- 平沢 正，大杉 立 編，作物生産生理学の基礎，農文協(2016)
  →主要作物の物質生産に関して作物学の視点から重要な学習が可能。農学で植物を学ぶ学生にとっては必読の書。
- H. W. Heldt著，金井龍二 訳，植物生化学，シュプリンガージャパン(2000)，丸善出版(2012)
  →植物の同化代謝，二次代謝，遺伝子工学などに関する植物の生理・生化学を詳細かつ的確にバランス良くまとめられた教科書。原著はドイツ語であるが，英語版の出版前に訳者によって日本語版が出版された。
- B. B. Buchanan, W. Gruissem, R. L. Jones著，杉山達夫 監訳，植物の生化学・分子生物学，学会出版センター(2002)
  →アメリカ植物生理学会(現ASPB)が企画編集した植物生化学・分子生物学に関する世界標準の教科書の翻訳版。学部学生・大学院生向け。
- 三村徹郎，鶴見誠二 編著，植物生理学(基礎生物学シリーズ7)，化学同人(2009)
  →モデル植物(シロイヌナズナ)を中心とし，発生を含む植物生理学全般について平易にかつ網羅的に解説されている。
- 日本植物学会 編，日本育種学会編集協力，植物学の百科事典，丸善出版(2016)
  →植物学に関する最新の網羅的事典。

[第1章　歴史から見た食糧生産と植物科学　に関して]

- ロイド・エバンス 著，日向康吉 訳，100億人への食糧—人口増加と食糧生産の知恵，学会出版センター(2006)
  →人類の食糧生産の歴史から今世紀半ば100億人への食糧生産への課題提起をした名著。可能であれば，原著(L. T. Evans, *Feeding the Ten Billion-Plants and Population Growth*, Cambridge University Press (1998))で読破していただきたい。
- 生源寺眞一，太田寛行，安田弘法 編，農学が世界を救う—食料，生命，環境をめぐる科学の挑戦，岩波書店(2017)
  →農学に学ぶ食糧生産のための生命科学と環境科学をわかりやすく紹介。
- レイチェル・カーソン 著，青樹簗一 訳，沈黙の春，新潮社(1974)
  →1960年代奇跡の農薬DDTの恐ろしさを最初に告発し，21世紀の食糧生産問題に通じる環境問題を指摘。歴史を変えた20世紀のベストセラー。
- 日本植物生理学会 監修，松永和紀 著，植物で未来をつくる(植物まるかじり叢書5)，化学同人(2007)
  →一般の教科書には書かれていない未来の食糧生産と植物科学の面白さをわかりやすく紹介。2021年に復刊され，2007年以降の新たな情報が追記されている。
- 田中正武，栽培植物の起原(NHKブックス)，日本放送出版協会(1975)
  →栽培植物がどのような来歴で野生植物から栽培作物に変遷したかをその研究の歴史，作目ごとの栽培化過程が記されている。
- ドゥ・カンドル 著，加茂儀一 訳，栽培植物の起原(上，中，下)(岩波文庫)，岩波書店(1958)
  →田中正武の著書でも引用されているスイスの植物学者ドゥ・カンドルが1883年に著した*Origine des plantes cultivées*の翻訳版。200以上の栽培植物種について，植物学，考古学，古生物学など，多角的な研究成果をまとめた著書。
- チャールズ・ダーウィン著，矢原徹一 訳，植物の受精，文一総合出版(2000)
  →1876年に出版された*The Effects of Cross- and Self-fertilisation in the Vegetable Kingdom*の翻訳版。多様な植物種を自殖(自家受精)，他殖(他家受精)という異なる環境下に置き，その子孫への影響を調べた研究について解説されている。巻末には訳者である矢原氏による観察された現象などに対する解説やこの著書の意義がまとめられており，理解を深めることができる。
- チャールズ・ダーウィン 著，八杉龍一 訳，種の起原(上，下)(岩波文庫)，岩波書店(1990)
  →チャールズ・ダーウィンが1859年に記した『*On the Origin of Species*』の訳本。どのような事象をもとに自然選択から進化論を構築したのか，その過程を理解できる。さまざまな生物種のゲノム情報を得られる現在，進化論のスタート地点を通読することは意義深い。

- 北村雄一，ダーウィン『種の起源』を読む，化学同人(2009)

 →上記のダーウィンの『種の起原』は訳本であるため理解しづらいところがある。そうした点をカバーし，ダーウィンは進化論で何を主張しようとしたのか，どの点が重要なのかを含めて，『種の起原』以外の著書に記されている内容なども交えながら解説した著書。内容はやや専門的であるが，ダーウィンがどのような観察，考えから『種の起原』を執筆したのかを理解できる。

- ミア・アレン著，羽田節子，鵜浦 裕 訳，植物研究と自然淘汰説ーダーウィンの花園，精興社(1997)

 →ダーウィンによって構築された「進化論」およびそれ以外にダーウィンが興味をもった植物の現象(他殖性と自殖性の違い，自家不和合性，異形花性，巻きひげの回旋運動など)について伝記的に記された翻訳書。進化論に限らず，ダーウィンの業績全体が理解できる。

- 栗原 眞，上田洋一，謎のコメが日本を狙う，日本放送出版協会(1984)

 →ハイブリッドライスの技術，生産について当事者のコメントを含めたドキュメンタリー。

- 山田康之，佐野 浩 編著，遺伝子組換え植物の光と影，学会出版センター(1999)

 →遺伝子組換え植物がどのように登場し，何をもたらしたのか，その功罪を記した著書。

- 鵜飼保雄，植物が語る放射線の表と裏，培風館(2007)

 →放射線が誘発する人為的な突然変異に始まり，作物育種への応用，放射線がもたらす悪影響などについて多角的に「放射線」をとらえた著書。

- 日本人が作り出した動植物企画委員会 編，日本人が作り出した動植物ー品種改良物語，裳華房(1996)

 →本文中で江戸時代に品種改良された「変化朝顔」を紹介したが，江戸時代に品種改良がなされたサクラ，キク，ハボタンをはじめ，近代になって育種されたイネ，コムギ，カンキツ，カキなどの事例が紹介されている。

- 仁田坂英二，変化朝顔図鑑ーアサガオとは思えない珍花奇葉の世界，化学同人(2014)

 →江戸時代にブームになり，現在でも保存されている変化朝顔の葉，花の形態的特徴，および多重変異体の形態が写真で解説された著書。変化朝顔の歴史，遺伝，栽培などについても記されている。変化朝顔の種子の入手方法も併記されている。

- 千田 篤 著，世界の食糧危機を救った男ー稲塚権次郎の生涯，家の光協会(1996)

 →コムギ短稈育種の先駆けとなった‘小麦農林10号’の育成者である稲塚権次郎の生涯が幼少期から育成過程，その後，‘小麦農林10号’を母本に用いてアメリカの植物育種学者のボーローグらにより育成された品種が「緑の革命」に繋がったことが時代を追って記されている。また，巻末には，明治以降の農林水産技術発達史年表があり，日本で発見・構築された技術などが記されている。なお，農林水産技術発達史年表は，公益社団法人 農林水産・食品産業技術振興協会のホームページ(https://jataff.or.jp/ayumi/index.html)に公開されている。

[第2章　植物の生活環から見た形態と機能　に関して]

- 長谷部光泰，陸上植物の形態と進化，裳華房(2020)

 →コケ植物，シダ植物，裸子植物，被子植物の分類に沿って，それらの形態と進化的な関係が記されている。作物として利用されている被子植物がどのような系譜をたどって進化し，現在に至ったのか，形態を統御する遺伝子の進化的関連性を含めて議論されている。図版，写真が多く使われており，初学者にも理解しやすい。

- 星川清親，新編 食用作物，養賢堂(1984)

 →穀類，イモ類，マメ類の主たる作物における分類，形態，生理，生態，栽培などが項目ごとに整理されている。形態的特徴については図版，写真が多用されており，初学者にも理解しやすい。

- 原 襄，植物の形態 増訂版，裳華房(1991)

 →植物形態学の基礎的なことから発展的な内容までていねいに説明されている。写真や図版が多用され，形態観察の基本についても説明があり，専門用語には英語表記もあり，理解を深めやすい。

- 清水建美，図説 植物用語事典，八坂書房(2001)

 →植物全般についての分類，形態の用語解説がなされている。農学的観点からではないが専門用語に英語が付されており，また，多くの図版・写真が例示されており，理解しやすい。

- 熊沢正夫，植物器官学，裳華房(1979)

 →植物の器官(葉，茎，根，花など)という観点から形態的特徴，進化軸から見た器官の変遷などの観点から記されている。農学では利用しない植物の例示もあるが，植物の形態と進化を理解できる。

- 八尋洲東，朝日百科 植物の世界 全15巻，朝日新聞社(1997)

 →発刊時の「科」の分類群に従って，植物種の特徴が記されている。花の写真が大多数を占めるが，植物の形態的な多様性を理解するうえではわかりやすいトピック的な記述もあり，植物の意外な一面を理解できる。また，最後の2巻では植物の生態地理，人間の暮らしとの関係も記されており，普段の生活の中で植物との接点を考えるには導入的な本でもある。

- 塚谷裕一，植物の＜見かけ＞はどう決まる—遺伝子解析の最前線，中公新書(1995)
  →植物形態学研究のフロントランナーである著者が，自身の研究例を示しながら，形態がどのような遺伝子で制御されているのかをどのように明らかにしたのかについて1つの物語として読み，理解できる本。初学者にとっては，研究がどのように行われるのかの理解にはよい入門書。
- 星川清親，解剖図説 イネの生長，農山漁村文化協会(1975)
  →イネの種籾から登熟した種子に至るまでの「イネの一生」に沿って，外部形態，内部構造を図版，写真とともに解説している。単子葉植物のモデル植物ともいえるイネの栽培時や各種変異体との比較時などにおける指南書となるだろう。
- 横田明穂 編，植物分子生理学入門，学会出版センター(1999)
  →植物の形態と機能についてまとめ，電子顕微鏡写真も豊富である。また，植物の形態と機能に関連した項目(生殖，耐病性など)もしっかりまとまってあり，初学者には理解しやすい入門書。

[第３章　光合成と呼吸　に関して]

- 日本光合成学会 編，光合成，朝倉書店(2021)
  →光合成の全範囲を網羅する学術専門書。光合成に関する学術論文を読むための基礎知識が得られる。
- 日本光合成学会 編，光合成事典，学会出版センター(2003)
  →光合成関連用語を調べるのに最適な書。
- 日本植物生理学会 監修，葛西奈津子 著，植物が地球をかえた！(植物まるかじり叢書1)，化学同人(2007)
  →一般の教科書には書かれていない光合成の面白さがわかりやすく紹介されている。2021年に復刊。
- R. E. Blankenship, *Molecular Mechanisms of Photosynthesis*, Blackwell, Oxford(2002)
  →光合成に関する分子生理学が幅広く詳しく解説されている。
- S. von Caemmerer and J. R. Evans, "Enhancing C3 photosynthesis", Plant Physiol. **154**, 589–592(2010)
  →C3光合成の改善について，ポイントをおさえて解説されている論文。
- A. Makino, "Photosynthesis, Grain Yield, and Nitrogen Utilization in Rice and Wheat", Plant Physiol. **155** : 125–129(2011)
  →イネとコムギの光合成改善と作物生産についてポイントをおさえて解説した論文。
- E. Carmo-Silva et al., "Optimizing Rubisco and its Regulation for Greater Resource Use Efficiency", Plant Cell Environ. **38**, 1817–1832(2015)
  →Rubiscoをめぐる光合成改善について詳しく解説されている論文。
- T. R. Sinclair et al., "Increasing Photosynthesis: Unlikely Solution for World Food Problem", Trends Plant Sci. **24** : 1032–1039(2019)
  →遺伝子組換えによる光合成改善研究を作物学的視点から厳しく批判している論文。

[第４章　植物の栄養　に関して]

- 間藤 徹，馬 建鋒，藤原 徹 編著，植物栄養学 第2版，文英堂(2010)
  →植物栄養学に関する基礎から応用まで幅広く詳しく解説されている教科書。
- 馬 建鋒，進歩総説：植物のミネラル輸送研究最前線，土肥誌 **92** : 69–165(2021)
  →12種におよぶ無機元素の輸送研究の最前線について詳しく紹介した総説。
- P. J. Kramer and J. S. Boyer, *Water Relations of Plants and Soils*, Academic Press, San Diego(1995)
  →植物と土壌の水分生理に関する基礎を解説した教科書。
- H. Marschner and P. Marschner, *Marschner's Mineral Nutrition of Higher Plants, 3rd Edition*, Elsevier/Academic Press, London, Waltham(2012)
  →植物無機栄養学に関する代表的な教科書の第3版。
- E. Epstein and A.J. Bloom, *Mineral Nutrition of Plants: Principles and Perspectives, 2nd Edition*, Sinauer Associates, Sunderland(2005)
  →植物の無機栄養に関して分子生物学から地球規模での生物循環までを幅広く解説した教科書。
- 米山忠克，長谷川 功，関本 均 編，新植物栄養・肥料学 改訂版，朝倉書店(2023)
  →植物栄養学に関する基礎から応用まで幅広く詳しく解説されている教科書。

[第５章　植物の生殖—花成，花器官形成・成熟，受粉・受精　に関して]

- 土松隆志，植物はなぜ自家受精するのか，慶應義塾大学出版会(2017)
  →自家不和合性，自殖性をキーワードとして著者が大学院生，博士研究員時代に行った研究の内容および考えたこと，他の研究者との関係などについて，時系列に沿って紹介されている書籍。植物の生殖に限らず，大学，大学院で研究を始めようとする際のモデル的な事例として読みやすい。

- 武田和哉，渡辺正夫 編著，菜の花と人間の文化史―アブラナ科植物の栽培・利用と食文化，勉誠出版(2019)
  →「菜の花」に代表されるアブラナ科植物について，分類，生殖(特に自家不和合性)，品種改良・遺伝資源，古代から近代までの歴史・社会との関連についてまとめられている書籍。文理融合的な専門書であるが，読みこなすと意外な発見に出会える。遺伝資源のあり方にとどまらず，今後の新しい研究の方向も見いだせる。
- 田中 実 編著，遺伝子から解き明かす性の不思議な世界，一色出版(2020)
  →動植物の「性」がどのような遺伝子のはたらきで機能分化するかなどについて，各動物種，植物に分けて記された著書。「性」について植物と動物を比較して理解できる。
- 平野博之，阿部光知，花の分子発生遺伝学，裳華房(2018)
  →「花」という生殖器官がどのように形成され，成熟するのかということについて，シロイヌナズナ，イネなどでの最新研究成果の専門書。
- 安田貞雄，高等植物生殖生理学―開花及び結実の理論と実験，養賢堂(1944)
  →植物の生殖生理現象(開花，受精，結果結実)を体系的にまとめた日本初といえる教科書。半世紀以上前の著書であるが，現象面はしっかりと記述されており，一読の価値がある。また，植物の生殖分野において現時点までに解明された分子メカニズムとこの本での記述を比較することで，どのような現象が分子レベルで理解され，何が問題として残されているのかを理解するうえでも興味深い。
- D. de Nettancourt, *Incompatibility and Incongruity in Wild and Cultivated Plants*, Springer-Verlag(2001)
  →自家不和合性，種間不和合性についてこれまでの研究の歴史を遺伝学，分子生物学，進化などの側面からまとめられている専門書。自家不和合性を学ぶ学生にはぜひチャレンジしてほしい1冊。
- 瀧本 敦，花を咲かせるものは何か―花成ホルモンを求めて，中公新書(1998)
  →花成ホルモンが物質，遺伝子として同定される以前の実験に関して，どのような歴史的変遷があったのかについて記された著書。著者を含め，研究者たちが追い求めた「花成ホルモン」について深く知ることができる。
- 矢原徹一，花の性―その進化を探る，東京大学出版会(1995)
  →野生植物の繁殖生態(特に花の性)について，さまざまな角度(有性生殖，無性生殖，自家受粉率，近交弱勢の程度など)から著者自身が検証を行った研究の歴史的背景などが記されている著書。本書では説明しきれなかった植物の性の複雑な面をこの本から深く理解できる。
- 日向康吉，菜の花からのたより―農業と品種改良と分子生物学，裳華房(1998)
  →著者の専門であるアブラナ科植物の自家不和合性の現象，分子メカニズムなどをまとめた著書。あわせて，日本におけるナタネ栽培の歴史，品種改良などについても記されており，育種学を含めて生殖のモデルケースを理解することができる。初学者にも読みやすい。
- 武岡洋治，環境ストレスと生殖戦略―イネ科の小穂の形態変化，農山漁村文化協会(2000)
  →イネ科作物をモデルとして，環境ストレス(低温，高温，干ばつ，冠水など)により，生殖器官にどのような変化が生じるのかについて形態学をベースに解説した専門書。また，それらのストレスに対して，農学的にどのようなアプローチで回避する，あるいは，耐性などをもたせるのかという実学的な側面についても記されている。
- 鳥山國士 編著，♂♀のはなし 植物，技報堂(1990)
  →植物の生殖(雌雄性，性染色体，自家不和合性，ハイブリッド種子生産など)に関するトピック的な内容を，多様な作物種を例にとって概説している著書。植物の生殖の多様性，その不思議を理解するうえで初学者には理解しやすい。
- 生井兵治，植物の性の営みを探る，養賢堂(1992)
  →植物の生殖過程(花器官形成，受粉，受精，結実など)に関わる事象(自家不和合性，雄性不稔，受精競争，生殖的隔離など)について記された著書。現象を理解しやすくするために，挿し絵や，文章中に「擬人化」した表現があり，初学者には理解しやすく，生殖過程を制御する事象を深く理解できる。
- 岩波洋造，花と花粉の世界，玉川大学出版部(1977)
  →花，花粉，生殖にまつわるトピックを初学者向けにまとめた書籍。「花粉症」，「生け花」という項目もあり，実学的な側面も理解できる。
- ロブ・ケスラー，マデリン・ハーレー 著，武井摩利 訳，奥山雄大 監修，世界で一番美しい花粉図鑑，創元社(2011)
  →花粉にまつわる生殖の現象についての記述に加え，多様な植物種の「花粉」の電子顕微鏡写真も掲載されており，構造を細かなところまで理解できるだけでなく，自然の造形のすごさも実感できる。
- 日本植物生理学会 監修，西村尚子 著，花はなぜ咲くの？(植物まるかじり叢書)，化学同人(2007)

→サイエンスライターによる聞き書きの書。植物の花にまつわる事象を多角的にとらえている。修正・追記および2007年以降の研究についての最新情報を学会のホームページから得ることができる。

• 横田明穂 編，植物分子生理学入門，学会出版センター(1999)

→植物の生殖(花成，受粉・受精，胚発生)について，それぞれの分野のフロントランナーが執筆しており，初学者には理解しやすい入門書。

［第6章　農学を支える遺伝学　に関して］

• D. L. Hartl 著，中村千春・岡田清孝 監訳，エッセンシャル遺伝学・ゲノム科学 原著第7版，化学同人(2022)

→2018年に出版された原著の完全翻訳版。現在の遺伝学，ゲノム科学がカバーしている遺伝，遺伝子，ゲノム，遺伝子工学，分子進化などが網羅されている。章ごとに演習問題も用意されており，その分野の理解度を確認することもできる。植物を例にした説明も多く，遺伝学・ゲノム科学を深く知ることができる。

• グレゴール・メンデル 著，岩槻邦男，須原準平 訳，雑種植物の研究(岩波文庫)，岩波書店(1999)

→メンデルが1865年2月8日，3月8日の2回にわたり，ブルノ自然科学会例会で口頭発表し，1886年に「Versuche über Pflanzen-Hybriden」として，Verhandlungen des naturforschenden Vereines in Brünn, IV Band, Abhandlungenの3–47頁に掲載された論文の翻訳版。原著論文は東京大学大学院理学系研究科附属植物園(小石川植物園)に所蔵されている。メンデルが何を思い，どのような着眼点で研究をしたのかについて明確に理解できる。遺伝学をベースに研究を行う際にはぜひ通読してほしい。巻末には訳注や解説があり，実験内容を十分理解できるようになっている。

• B. Laws 著，柴田譲治 訳，図説 世界を変えた50の植物，原書房(2012)

→世界の食糧，植物由来原料，樹木などについて50の植物種(イネ，ムギ，ダイズ，タマネギ，キャベツ，ワタなど)を厳選し，その歴史，植物としての特徴，利用に至るまでの過程などが概説されている。原産地が記されており，どのような来歴を通じて，世界に拡がったのかを「遺伝資源」という観点からも理解できる。

• S. Tsunoda, K. Hinata, and C. Gomez-Campo eds., *Brassica Crops and Wild Allies: Biology and Breeding*, Japan Scientific Societies Press(1980)

→FAOのIBPGRから委託され，東北大学で保存されているアブラナ属植物とその近縁野生種の遺伝資源に関する情報が掲載されているとともに，植物種間の類縁関係についてゲノム分析，多変量解析法などによる解析例が示されている専門書。

• 角田房子，わが祖国―禹博士の運命の種，新潮社(1990)

→アブラナ属6種の植物の類縁関係を示した「禹の三角形」を構築した禹長春がどのように誕生し，研究の道に進み，「禹の三角形」という研究成果に至ったのか，その後なぜ父の祖国である韓国にわたり，農学研究・指導などを行ったのかという禹の生涯を，研究面での関係者への取材を踏まえて記された著書。一人の植物遺伝育種学の研究者としての生涯を紹介したロールモデルともいえる。

• 日本遺伝学会 監修・編，改訂遺伝単 遺伝学用語集 対訳付き，エヌ・ティー・エス(2021)

→遺伝に関わる用語を関連事象もあわせて概説した用語集。多くの用語の英語が示されていることから，遺伝学の基礎を理解するためには秀逸な書。遺伝学に特有な用語を理解するうえで初学者にとって利用しやすい。

• 中島哲夫 監修，新しい植物育種技術―バイオテクノロジーの基盤として，養賢堂(1987)

→植物の遺伝育種学的研究だけでなく，品種改良において，「遺伝資源の導入と評価」は基礎的な事項であるが，実際の調査，導入，評価には困難な点が多い。この本ではどのように収集，維持，保存し，特性評価を行い，遺伝資源として管理するかなどが詳細にまとめられている。また，遺伝資源を実際の育種に応用するにあたっての，さまざまな形質(品質，収量，ストレス耐性など)の利用などについても紹介されている。

• 公益財団法人 遺伝学普及会 日本遺伝学会 編，遺伝学の百科事典―継承と多様性の源，丸善出版(2022)

→遺伝学に関わる用語について1項目2頁単位を基本にまとめられており，目的とする項目の重要な部分が理解しやすいように解説されている書籍。植物に特化した項目もある。遺伝学の核をなす用語の理解には適している。

• ひょうごの在来種保存会 編著，ひょうごの在来作物―つながっていく種と人，神戸新聞総合出版センター(2016)

→兵庫県内で栽培されている在来品種を地域に分けて紹介。在来種の多様性を理解し，歴史的背景なども理解できる著書。

• 山形在来作物研究会 編，どこかの畑の片すみ―在来作物はやまがたの文化財，山形大学出版会(2007)

→栽培季節ごとに在来作物がまとめまっており，栽培，加工などの面からの紹介もあり，在来作物がどのように地域に根づいているのかも理解できる書籍。在来種の意義などが巻頭にまとめられており，初学者には理解しやすい。

- 須之部淑男 文，村田道紀 絵，ダイコンをそだてる(算数と理科の本10)，岩波書店(1979)
  →ダイコンの来歴，国内在来種の多様性，栽培などについて平易に紹介。本来は小学生高学年向けの絵本であるが，遺伝的多様性を理解し，実際の栽培に興味をもつきっかけになる。
- 渡邉籟悦 編，峰岸 達 絵，ハクサイの絵本(そだててあそぼう67)，農山漁村文化協会(2006)
  →ハクサイの来歴と遺伝的多様性，アブラナ科属植物との類縁関係，品種改良，栽培，病害虫，加工などが紹介されている絵本。実際の栽培を通じて，作物の多様性などを理解し，興味をもつきっかけになる。
- 青葉 高，日本の野菜，八坂書房(2000)
  →日本で栽培されている野菜の起源・伝播，多様性などが作物別にまとめられている。遺伝資源などを理解するうえでも理解しやすい。

[第7章　穀物の種子形成と発芽　に関して]

- S. S. Bhojwani, S. P. Bhatnagar著，足立泰二，丸橋 亘 訳，植物の発生学—植物バイオの基礎，講談社(1995)
  →生殖組織の発生について，豊富な図版で詳細に解説されている。
- 村井耕二 編著，発生生物学(基礎生物学シリーズ5)，化学同人(2008)
  →植物の発生全体について，平易に解説されている。動物の発生との対比についても理解できるように工夫されている。
- 小倉 謙 著，改著 植物解剖および形態学，養賢堂(1994)
  →古典的な文献からの原図を豊富に引用し，植物の組織と器官について体系的に整理されている。
- 原 襄 著，植物形態学，朝倉書店(1996)
  →植物の組織や器官，形態に関する用語が丁寧に解説されており，用語の理解に役立つ。
- ヴェルナー・ラウ 著，中村信一，戸部 博 訳，植物形態の事典，朝倉書店(1999)
  →多種類の植物種における植物形態の詳細な説明がある。

[第8章　植物ゲノムのエピジェネティック制御　に関して]

- T. A. Brown著，村松正實 監訳，ゲノム2—新しい生命情報システムへのアプローチ，メディカル・サイエンス・インターナショナル(2003)：最新改訂版：T. A. Brown 著，石川冬木・中山潤一 監訳，ゲノム4—生命情報システムとしての理解(2018)
  →真核生物のゲノム構造について詳細に解説されている。
- 牛島俊和，眞貝洋一 編集，イラストで徹底理解するエピジェネティクスキーワード事典—分子機構から疾患・解析技術まで，羊土社(2013)
  →エピジェネティック制御について網羅的に理解できる。
- 塩田邦郎 企画，特集 疾患解明への新たなパラダイム エピジェネティクス—DNAメチル化を中心とした発生・癌研究とエピゲノム解析への展開，実験医学，Vol. 23, No. 14(9月号)(2005)
  →エピジェネティクスに関する知見を平易に解説した総説集。
- 田嶋正二 編集，特集 エピジェネティクスの制御機構，蛋白質 核酸 酵素，Vol. 53, No.7(2008)
  →動植物におけるエピジェネティクス現象を解説した総説集。
- B. A. Pierce著，*GENETICS : A conceptual Approach, 2nd Edition*, W. H. Freeman(2004)：最新改訂版は7th Edition(2019)
  →トランスポゾン含む遺伝学全般についてその概念の全体像とそれぞれの関係を重視した遺伝学の入門書。

[第9章　植物ホルモンとシグナル伝達　に関して]

- 浅見忠男，柿本辰男 編著，新しい植物ホルモンの科学 第3版，講談社(2016)
  →植物ホルモンの情報伝達機構や生合成機構が詳しく解説されている。
- 「植物の軸と情報」特定領域研究班 編，植物の生存戦略「じっとしているという知恵」に学ぶ，朝日新聞社(2007)
  →第9章では植物ホルモン作用による頂芽優勢のしくみをわかりやすく解説，第10章では植物ホルモン作用が利用されたイネの育種を「緑の革命」を例にわかりやすく紹介している。
- 水谷正治，士反伸和，杉山暁史 編，基礎から学ぶ 植物代謝生化学，羊土社(2020)
  →第6章で植物ホルモンの生合成経路を詳しく解説している。

[第10章　ストレス応答とシグナル伝達　に関して]

- 日本植物病理学会 編，植物たちの戦争—病原体との5億年サバイバルレース(ブルーバックス)，講談社(2020)
  →植物とウイルスや微生物間での攻防のしくみを最新の知見を含めて詳しく解説している。
- 眞山滋志，土佐幸雄 編，植物病理学 第2版，文永堂出版　(2020)
  →植物病理学の基礎から最先端までを網羅している。

あとがき

本書の企画が持ち上がったのは新型コロナウイルス(COVID-19)による世界的なパンデミックがスタートした2020年であった。この感染症の拡大によって，2016年以降上昇し始めた世界全体での飢餓人口の増加に拍車がかかり，2021年には世界の総人口の10分の1にあたる8億人を超えたと推定されている。さらに，2022年にはロシアによるウクライナへの軍事侵攻によってコムギやトウモロコシなどの世界の主要穀物の国際価格が急騰した。気候変動による自然災害や干ばつによって拡大し始めた食糧危機が，2020年代に入っていっそう深刻になってきた。一方，日本に目を向けると，食糧自給率がG7の先進国で最低であることがかねてより問題視されてきたが，改めて，パンデミックと軍事侵攻によって，無防備な日本の食糧安全保障体制が浮き彫りとなった。台湾有事などによってシーレーンが封鎖・破壊されるようなことがあれば，日本人も本当の飢餓にさらされる。

こうした時期に，実学である農学を支える植物生理学，植物の生命活動を解明するサイエンスにフォーカスした本書を出版できる意義は大きいと考えている。本書を手に取る大学生，大学院生の多くは実際に作物栽培の経験がないという方も多いのではないかと思う。本書では，栽培されている作物や，その過程で用いられている技術的背景，最新の話題などについても，欄外の注やコラムとして執筆者の専門性を活かして概説した。興味が持てる特定のコラムのみをつまみ食いして読むところから始めてもらってもよいのかもしれない。

本書で植物生理学を学び，ぜひ作物の栽培にチャレンジし，作物の成長，開花，結実などを実体験し，本書にもどることで理解が深まることも期待したい。さらに，普段，家庭菜園で野菜などを栽培している方々にとっても，植物生理学を基礎とした理論的背景の理解の一端になれば幸いである。

作物名索引

索　引

欧　文

著者紹介

牧野《まきの》　周《あまね》　農学博士【執筆担当：1 章，3 章，4 章】

東北大学名誉教授。東北大学高度教養教育・学生支援機構特定教授。1985 年東北大学より農学博士の学位を授与。イネを中心に光合成と窒素栄養の分子生理学から圃場《ほじょう》レベルで作物としての生産性向上を目指す研究を進めている。専門は植物栄養学。

読者へのひと言：植物は人類の生存のための最も重要なパートナーです。今世紀中ごろには 100 億人に達する人類の食糧をこの狭い地球でどのように生産していくのか？　食糧増産のみならず自然との共生も農学を学ぶ私たちの最大の課題です。しっかり勉強してほしい。

渡辺《わたなべ》　正夫《まさお》　博士（農学）【執筆担当：1 章，2 章，5 章，6 章】

東北大学大学院生命科学研究科教授。1994 年東北大学より博士（農学）の学位を授与。現在の研究は植物における受粉反応の分子メカニズムの解明，特にアブラナ科植物における自家不和合性の自他識別機構の解明。専門は植物遺伝育種学，植物生殖遺伝学。

読者へのひと言：植物生理学は作物が成長，開花，結実する現象を理解するための基礎・基盤です。本書で取り上げた内容を理解するためにも，自ら作物を栽培し，成長過程で何が起きているのかを実感することが重要です。また，周辺関連領域との領域横断的な研究があったからこそ，現在のようなこの分野の発展があったことを踏まえ，数物系，社会科学系などにも興味を持ち，本書をきっかけに広く植物科学への理解が深まることを期待しています。

村井《むらい》　耕二《こうじ》　博士（農学）【執筆担当：7 章，8 章】

福井県立大学生物資源学部創造農学科教授。1992 年京都大学より博士（農学）の学位を授与。コムギを中心にムギ類の花器官形成と花成（栄養成長から生殖成長への移行）の遺伝的メカニズムの研究を行っている。その成果をもとに，北陸地方の気象条件に適応したコムギ新品種‘福井県大 3 号（ふくこむぎ）’を開発し，農林水産省に品種登録した。現在，福井県内で 100 ～200 ヘクタール規模で栽培されており，これまで不可能であった北陸地方でのコムギの地産地消が実現されている。専門は植物遺伝育種学，植物発生遺伝学。

読者へのひと言：世の中は不思議に満ちています。本書で取り上げた内容も，常に，「え，どうしてそうなるん？　なんで？　不思議だなあ？」という疑問をもって読み進めてください。いくらでも研究課題が見えてくるはずです。次に不思議の世界の扉を開けるのは，「あなた」です！

榊原《さかきばら》　均《ひとし》　博士（農学）【執筆担当：9 章，10 章】

名古屋大学大学院生命農学研究科教授。1995 年名古屋大学より博士（農学）の学位を授与。窒素栄養による植物成長促進とその最適化のしくみの解明を目指して研究を行っている。専門は植物生化学，植物分子生理学。

読者へのひと言：私たちは植物に囲まれて生活していますが，一見静的に見える植物の体の中では，動物に負けないくらい多様な代謝物質や情報がダイナミックにやりとりされており，複雑で精緻な機構の上に植物の成長が成り立っています。教科書に記述されているのはそのうちのごく一部であり，まだ解明されていない重要なしくみは山のようにあります。そのことを理解したうえで，本教科書から植物生理学のエッセンスを学んでください。

NDC471.3　271p　26 cm

エッセンシャル植物生理学《しょくぶつせいりがく》　農学系《のうがくけい》のための基《き》礎《そ》

2022 年 10 月 20 日　第 1 刷発行
2024 年　6 月 13 日　第 4 刷発行

著　者　牧野《まきの》 周《あまね》・渡辺正夫《わたなべまさお》・村井耕二《むらいこうじ》・榊原《さかきばら》 均《ひとし》

発行者　森田浩章

発行所　株式会社　講談社

〒 112-8001　東京都文京区音羽 2-12-21
販　売　(03) 5395-4415
業　務　(03) 5395-3615

KODANSHA

編　集　株式会社　講談社サイエンティフィク

代表　堀越俊一

〒 162-0825　東京都新宿区神楽坂 2-14　ノービィビル
編　集　(03) 3235-3701

本文データ制作　株式会社　双文社印刷

印刷・製本　株式会社　ＫＰＳプロダクツ

落丁本・乱丁本は，購入書店名を明記のうえ，講談社業務宛にお送り下さい。送料小社負担にてお取替えします。なお，この本の内容についてのお問い合わせは講談社サイエンティフィク宛にお願いいたします。定価はカバーに表示してあります。

Printed in Japan

ISBN 978-4-06-529581-6